Informatik & Praxis

Christian Wolff
Einführung in Java

Informatik & Praxis

Herausgegeben von
Prof. Dr. Helmut Eirund, Fachhochschule Harz
Prof. Dr. Herbert Kopp, Fachhochschule Regensburg
Prof. Dr. Axel Viereck, Hochschule Bremen

Anwendungsorientiertes Informatik-Wissen ist heute in vielen Arbeitszusammenhängen nötig, um in konkreten Problemstellungen Lösungsansätze erarbeiten und umsetzen zu können. In den Ausbildungsgängen an Universitäten und vor allem an Fachhochschulen wurde dieser Entwicklung durch eine Integration von Informatik-Inhalten in sozial-, wirtschafts- und ingenieurwissenschaftliche Studiengänge und durch Bildung neuer Studiengänge – z.B. Wirtschaftsinformatik, Ingenieurinformatik und Medieninformatik – Rechnung getragen.

Die Bände der Reihe wenden sich insbesondere an die Studierenden in diesen Studiengängen, aber auch an Studierende der Informatik, und stellen Informatik-Themen didaktisch durchdacht, anschaulich und ohne zu großen „Theorie-Ballast" vor.

Die Bände der Reihe richten sich aber gleichermaßen an den Praktiker im Betrieb und sollen ihn in die Lage versetzen, sich selbständig in ein in seinem Arbeitszusammenhang relevantes Informatik-Thema einzuarbeiten, grundlegende Konzepte zu verstehen, geeignete Methoden anzuwenden und Werkzeuge einzusetzen, um eine seiner Problemstellung angemessene Lösung zu erreichen.

Einführung in Java

Objektorientiertes Programmieren mit der Java 2-Plattform

Von Dr. phil. Christian Wolff, Leipzig

 B. G. Teubner Stuttgart · Leipzig 1999

Dr. phil. Christian Wolff

Geboren 1966 in München. Studium der Informationswissenschaft, Linguistik, Geschichte und Anglistik in Regensburg und Bielefeld. Magister Artium 1990. Von 1990 bis 1994 wiss. Mitarbeiter bei der Informationswissenschaft, Universität Regensburg (BMB+F-Projekt Wing-IIR). 1994 Promotion zum Dr. phil. (Graphisches Faktenretrieval mit Liniendiagrammen). Seit 1994 wissenschaftlicher Assistent am Institut für Informatik der Universität Leipzig. Arbeits- und Forschungsschwerpunkte: Information Retrieval, elektronisches Publizieren und webbasierte Informationssysteme.

Die Deutsche Bibliothek – CIP-Einheitsaufnahme

Wolff, Christian:
Einführung in Java : objektorientiertes Programmieren mit der Java 2-Plattform / Christian Wolff. – Stuttgart ; Leipzig : Teubner, 1999
  (Informatik & Praxis)
  ISBN-13: 978-3-519-02993-9   e-ISBN-13: 978-3-322-84830-7
  DOI: 10.1007/978-3-322-84830-7

Vorwort

In der jungen Geschichte der Programmiersprachen hat selten eine Neuentwicklung in so kurzer Zeit ein solch breites Interesse auf sich gezogen wie die von Sun Microsystems entwickelte Programmiersprache Java. Dies hängt mit der rasanten Entwicklung des Internet bzw. des World Wide Web (WWW) in den letzten Jahren ebenso zusammen wie mit der geschickten Vermarktung von Java. Jenseits aller WWW-Euphorie will dieses Buch Java als *objektorientierte Programmiersprache* vorstellen, die sich für die Entwicklung interaktiver Anwendungen eignet. Es stellt die Java 2-Plattform vor (*Java Development Kit V 1.2.1, standard edition*), die Anfang 1999 erschienen ist.

Aufbau

Der Schwerpunkt des Buches liegt weniger auf der Erläuterung umfangreicher WWW-basierter Java-Applets oder der enzyklopädischen Darlegung aller Details der zu Java gehörigen Klassenbibliotheken, sondern auf der Einführung in die objektorientierte Programmierung mit einer höheren Programmiersprache und der Vertiefung durch ausgewählte Anwendungsbereiche der Java-Programmierung.

Das Buch gliedert sich in zwei Teilbereiche: Die Kapitel 1 bis 5 führen in die Programmierung mit Java ein und vermitteln die dazu benötigten Kenntnisse (Aufbau der Sprache, Objektorientierung, Datenstrukturen und Algorithmen, Entwicklungswerkzeuge, Funktionsprinzip der Java-Laufzeitumgebung). Der zweite Teil (Kapitel 6 bis 10) gibt anhand der Bereiche Ein-/Ausgabeprogrammierung, Benutzerschnittstellen und Graphikprogrammierung, Nebenläufigkeit, Netzwerkanwendungen und Datenbanken Beispiele für die Vielfalt der in den Java-Klassenbibliotheken vorhandenen Entwicklungsmöglichkeiten. Nach Lektüre dieses Buches soll der Leser in der Lage sein, sowohl umfangreichere Java-Programme selbst zu entwickeln als auch sich die im World Wide Web vorhandenen Beispiele gelungener Java-Anwendungen zu erschließen.

Zielgruppe

Als Lehrbuch richtet sich diese Monographie an Studierende der Informatik und benachbarter Fächer an Universitäten und Fachhochschulen sowie an Informatiker in der Praxis, die sich über die mit Java verbundenen Technologien im Überblick informieren wollen. Es entstand aufgrund vielfältiger Erfahrungen, die der Autor seit 1996 bei der Durchführung von Vorlesungen und Praktika an der Universität Leipzig sowie anläßlich verschiedener Workshops gesammelt hat. Es ist zunächst als Lehrbuch konzipiert, das als Grundlage eines einführenden Programmierkurses mit Übungen dienen kann, wobei die Anwendungsbereiche der Kapitel 6 – 10 Gelegenheit zur themenorientierten Vertiefung geben. Daneben soll es aber auch diejenigen ansprechen, die sich einen Überblick über Java verschaffen oder sich Java im *Selbststudium* aneignen wollen. Um die punktuelle Einarbeitung in einen bestimmten Anwendungsbereich zu erleichtern, sind die Beispiele möglichst kurz gehalten und jeweils auf Einzelprobleme hin orientiert.

Online-Materialien
Zu diesem Buch gibt es im World Wide Web ausführliche Zusatzinformationen. Sie umfassen

* die im Buch enthaltenen *Beispiele* (vollständiger Quellcode und kompilierte Klassendateien),
* Hinweise und/oder Lösungen zu den *Aufgaben* des Buches und
* weiteres *Material* (Texte, Beispiele) zu Themenbereichen, die hier aus Platzgründen nicht behandelt werden können (u. a. Programmieren mit objektorientierten Datenbanken, Anwendung von CORBA, Beispiele für Komponententechnologie (*Java Beans*) und verwandte Technologien).

Das Online-Material findet sich im World Wide Web unter der Adresse http://aspra9.informatik.uni-leipzig.de/javabuch. Das Buch ist zudem in einer elektronischen Fassung über InterDoc, die digitale Informatik-Bibliothek, verfügbar (http://hermes.offis.uni-oldenburg.de/~ua/ oder http://www.informatik.uni-leipzig.de/medoc/).

Danksagungen
Zahlreiche Teilnehmer an Vorlesungen, Übungen und Praktika am Institut für Informatik der Universität Leipzig haben durch ihre Fragen und Anregungen zur Entstehung dieses Buches beigetragen, wofür ich ihnen an dieser Stelle meinen Dank aussprechen möchte. Meiner Schwester Julia Wolff danke ich für die künstlerische Gestaltung des Buchtitels. Frau Dr. Bettina Mielke und Herr Dr. habil. Uwe Quasthoff haben das Manuskript kritisch durchgesehen; für ihre vielfältigen inhaltlichen wie stilistischen Anmerkungen bin ich ihnen außerordentlich dankbar. Herr Prof. Dr. Eirund hat mir als einer der Herausgeber der Reihe *Informatik und Praxis* zahlreiche Verbesserungsvorschläge gegeben; ihm sei herzlich gedankt. Herr Prof. Dr. Gerhard Heyer hat mich nicht nur ermutigt, diese Monographie in Angriff zu nehmen, sondern mir auch dankenswerterweise jederzeit den Freiraum gegeben, der für ein solches Projekt erforderlich ist.

Schließlich bin ich Herrn Dr. Peter Spuhler, B. G. Teubner Verlag, Stuttgart und Leipzig, zu größtem Dank verpflichtet, der als Verleger die Idee zu diesem Buch bereitwillig aufgegriffen hat und ohne dessen mahnende Geduld es sicher nicht fertiggestellt worden wäre.

Leipzig, im Juli 1999

Christian Wolff

Inhaltsverzeichnis

1   **Einleitung** **13**
     1.1   Aufbau und Benutzungshinweise 14
     1.2   Die wichtigsten Konzepte von Java 16
           1.2.1   Aufbau einer Java-Klasse 17
           1.2.2   Objektorientierung in Java 19
           1.2.3   Wesentliche Sprachmerkmale 22
           1.2.4   Speicherverwaltung 25
           1.2.5   Portabilität und Architekturneutralität 26
           1.2.6   Robustheit und Sicherheit 27
           1.2.7   Multithreading 27
           1.2.8   Programmtypen 28
     1.3   Aufbau des Klassensystems von Java 29
     1.4   Programmentwicklung und Arbeitsumgebungen 30
           1.4.1   Die Entwicklungsumgebung des Java Development
                   Toolkit 30
           1.4.2   Integrierte Entwicklungsumgebungen 39

2   **Aufbau der Programmiersprache Java** **43**
     2.1   Lexikalische Struktur von Java 43
           2.1.1   Zeichenkodierung 43
           2.1.2   Aufbau von Programmquelltext 44
           2.1.3   Schlüsselwörter 44
           2.1.4   Bezeichner und Literale 46
           2.1.5   Kommentare, Separatoren und Operatoren 48
     2.2   Programmstruktur und Pakete 50
     2.3   Datentypen 53
           2.3.1   Ganzzahl-Datentypen 54
           2.3.2   Gleitkommazahl-Datentypen 55
           2.3.3   Zeichentyp char 56
           2.3.4   Boolescher Typ (boolean) 56
           2.3.5   Defaultbelegungen 56
           2.3.6   Typkonversionen 57
           2.3.7   Arrays 59
     2.4   Namen, Gültigkeitsbereiche und Variablen 62
           2.4.1   Namen und Gültigkeitsbereiche 62
           2.4.2   Variablen 64
     2.5   Ausdrücke und Auswertung von Operatoren 68
           2.5.1   Ausdrücke 69
           2.5.2   Primäre Ausdrücke 71

          2.5.3   Auswertung zusammengesetzter Ausdrücke 73
   2.6   Anweisungen und Kontrollflußsteuerung 79
          2.6.1   Ausdrücke als Anweisungen 80
          2.6.2   Bedingungs- und Auswahlanweisungen 81
          2.6.3   Schleifenanweisungen (Iterationen) 83
          2.6.4   Sprunganweisungen 88
          2.6.5   Ausnahmebehandlung 92
   2.7   Aufgaben 98

3   Objektorientierung in Java 100
   3.1   Grundbegriffe der Objektorientierung und ihre Darstellung 100
   3.2   Von der Problemstellung zum Modell 108
   3.3   Aufbau und Eigenschaften von Klassen 111
          3.3.1   Eigenschaften 115
          3.3.2   Methoden 116
          3.3.3   Konstruktoren, Instantiierung von Objekten und
                   Finalisierung 120
          3.3.4   Vererbung 123
          3.3.5   Zugriffskontrolle von Methoden und Eigenschaften 125
          3.3.6   Statische Eigenschaften und Methoden 126
          3.3.7   Finale und abstrakte Klassen 128
          3.3.8   Innere Klassen 129
   3.4   Schnittstellen 134
          3.4.1   Schnittstellen als Datentyp bei der
                   Variablendeklaration 135
          3.4.2   Verwendung von Schnittstellen 136
   3.5   Übersicht: Objektorientierung in Java 137
   3.6   Grundfunktionalität von Objekten 139
          3.6.1   Die Klasse Object 139
          3.6.2   Informationen über Objekte ermitteln (class
                   reflection) 144
   3.7   Hilfsklassen im JDK 149
          3.7.1   Zeichenkettenverarbeitung 149
          3.7.2   Hüllenklassen für primitive Datentypen 153
          3.7.3   Applets 155
          3.7.4   Zugriff auf Systemfunktionen und
                   Eigenschaftsdateien 161
   3.8   Hinweise und Aufgaben 168

4   Algorithmen und Datenstrukturen 170
   4.1   Algorithmen 170
   4.2   Iterative und rekursive Programmierung 172

4.3 Datenstrukturen 175
4.3.1 Das Java Collection Framework 187
4.3.2 Dynamisch erweiterbare Arrays......................... 189
4.3.3 Suchen und Sortieren in Arrays und Kollektionen 190
4.3.4 Listen.. 196
4.3.5 Verwenden von Hash-Tabellen......................... 202
4.4 Hinweise und Aufgaben 205

5 Die virtuelle Java-Maschine und das Java-Sicherheitssystem **207**
5.1 Die virtuelle Java-Maschine...................................... 207
5.2 Das Format des Java-Bytecode 208
5.3 Sicherheit.. 211
5.4 Die Sicherheitsarchitektur der Java-Ausführungsumgebung 212
5.4.1 Der Java class loader................................. 212
5.4.2 Der bytecode verifier................................ 214
5.4.3 Der security manager 215
5.5 Flexiblere Sicherheitslösungen................................. 216
5.5.1 Kryptographische Sicherheitswerkzeuge 216
5.5.2 Sicherheitsstrategien (policies) und Rechte (permission)... 219
5.6 Hinweise.. 221

6 Ein- und Ausgabeprogrammierung **223**
6.1 Eingabeströme.. 225
6.2 Ausgabeströme.. 226
6.3 Hilfsklassen für die Ein-/Ausgabe........................... 227
6.4 Anwendungsbeispiele... 229
6.4.1 Einlesen von Daten aus einer Datei 229
6.4.2 Einlesen von der Konsole und Textausgabe in eine Datei 230
6.4.3 Verschachteln von Stromklassen 232
6.4.4 Manipulation des Dateisystems..................... 235
6.4.5 Speicherung von Objekten durch Serialisierung.............. 237
6.5 Aufgaben 240

7 Benutzerschnittstellen und Graphikprogrammierung **242**
7.1 Aufbau von Benutzerschnittstellen mit dem AWT 242
7.1.1 Gestaltungselemente des AWT........................ 244
7.1.2 Verwenden von Layoutmanagern 249
7.1.3 Ereignisverarbeitung 256
7.1.4 Menüs und Zwischenablage........................... 271

7.2   Swing/Java Foundation Classes 277
    7.2.1   Swing-Komponenten und Fensterklassen....................... 279
    7.2.2   Zusätzliche Funktionalität der Swing-
             Komponenten.. 280
    7.2.3   Verwendung von Swing-Komponenten....................... 282
    7.2.4   Pluggable look-and-feel (plaf)..................................... 291
7.3   Graphikprogrammierung mit dem AWT 293
    7.3.1   Arbeiten mit dem Graphikkontext (Graphics)................. 295
    7.3.2   Exkurs: Animationen 301
    7.3.3   Das Graphik-2D-API – erweiterter Graphikkontext........ 310
    7.3.4   Koordinatensysteme und Transformationen................... 311
    7.3.5   Objektdarstellung durch Pfade und Umrisse 315
    7.3.6   Füllmuster, Gradienten und Transparenz...................... 317
    7.3.7   Textausgabe 319
    7.3.8   Bildverarbeitung 320
7.4   Hinweise und Aufgaben.. 323

8   Nebenläufige Programmierung 325
8.1   Sprachkonstrukte für Nebenläufigkeit 326
8.2   Eigenschaften von Threads 333
8.3   Steuerung von Threads.. 335
    8.3.1   Zustände von Threads... 335
    8.3.2   Scheduling der Threads durch das System 336
    8.3.3   Steuerung durch unterschiedliche Threadprioritäten....... 336
    8.3.4   Zeitabhängige Threadsteuerung...................................... 337
    8.3.5   Steuerung über wait(), notify() und notifyAll() 337
    8.3.6   Gruppierung von Threads 338
    8.3.7   Dämonen.. 338
8.4   Synchronisation von threads 338
8.5   Hinweise und Aufgaben.. 343

9   Netzwerkprogrammierung 344
9.1   Basisklassen zur Netzwerkprogrammierung.................................. 345
    9.1.1   Adressierung von Rechnern in TCP/IP-Netzen.............. 345
    9.1.2   Verwenden von Uniform Ressource Locators
             (URL).. 347
9.2   Client-Server-Programmierung über Sockets 351
9.3   Remote Method Invocation (RMI) 357
    9.3.1   RMI im Überblick... 357
    9.3.2   Der Namensdienst bei RMI 358
    9.3.3   Implementierung einer RMI-fähigen Klasse 358
9.4   Hinweise und Aufgaben.. 363

10 Datenbankprogrammierung mit Java - JDBC **364**
10.1 Überblick über das Paket *java.sql* 365
10.2 JDBC-Treibertypen 367
10.3 Verwendung von SQL 367
10.4 Schrittweiser Aufbau eines JDBC-Programms 368
    10.4.1 Herstellen einer Datenbankverbindung 368
    10.4.2 Aufbau von SQL-Statements in JDBC 369
    10.4.3 Abfrage von Ergebnissen 371
    10.4.4 Datentypen in JDBC und getXXX-Methoden 372
    10.4.5 Prepared Statements, Stored Procedures und
        Transaktionen 374
    10.4.6 Zusammenfassende Beispiele 377
10.5 Abfrage von Datenbank-Metadaten mit JDBC 379
    10.5.1 Informationen über eine Datenbank ermitteln 380
    10.5.2 Beschreibung von Ergebnismengen 381
    10.5.3 Metadaten-Anwendung: ein generisches
        Datenbankinterface 381
10.6 Hinweise und Aufgaben 387

11 Ausblick **388**
11.1 Java Beans: Entwicklung von *component ware* mit Java 388
11.2 Java und JavaScript 391

12 Anhänge **398**
12.1 Syntax von Java in erweiterter Backus-Naur-Form 398
12.2 Operatorenpräzedenz 405
12.3 Übersicht der Pakete in der Java 2-Plattform 406
12.4 Verzeichnis der Abkürzungen 408
12.5 Verzeichnis der Codebeispiele 409
12.6 Verzeichnis der Tabellen 412
12.7 Verzeichnis der Abbildungen 413
12.8 Literatur- und Quellenverzeichnis 415
12.9 Glossar 418

13 Sachverzeichnis **434**

1 Einleitung

Bei der hohen Zahl verfügbarer Programmiersprachen bedarf es der Begründung,
warum man eine bestimmte Sprache erlernen sollte:

- In technologischer Hinsicht waren die Programmiermöglichkeiten im World
  Wide Web vor Einführung von Java weitestgehend auf Client-Server-
  Anwendungen beschränkt. Java hebt diese Beschränkungen auf, da durch die
  Möglichkeit, Applets in WWW-Seiten zu integrieren, viele traditionell als Cli-
  ent-Server-Programme realisierte Anwendungen nun allein auf der Client-Seite
  implementiert werden können.
- Mit Java ist die Entwicklung von Software in Form kleiner Komponenten
  möglich, die sich über das Internet dynamisch zusammenstellen lassen (*component ware*). An die Stelle großer monolithischer Anwendungen wie man sie
  z. B. in Office-Paketen findet, treten kleine, über das Netz verteilte Programmodule.
- Als ganz wesentlicher Faktor kommt die Plattformneutralität hinzu – Java ist
  von vornherein so angelegt, daß ein in Java geschriebenes Programm auf einer
  Vielzahl von Hardware- und Betriebssystemplattformen lauffähig ist. Ein nicht
  unerheblicher Aufwand für die Portierung von Programmen entfällt so.

Der Ausgangspunkt für die Entwicklung von Java war der Bedarf nach einer
leicht zu erlernenden höheren Programmiersprache, die geeignet ist, die Anwendungsprogrammierung für die unterschiedlichsten Einsatzgebiete[1] zu vereinfachen. Man spricht von *höheren* Programmiersprachen im Unterschied zu maschi-
nennahen Sprachen wie Assembler, wenn eine Sprache über Konzepte wie Datentypen oder differenzierte Möglichkeiten der Kontrollflußsteuerung verfügt und
den Entwickler von der Notwendigkeit von Kenntnissen über die Hardwareebene
befreit. Aufgrund der Entwicklung der Programmiersprachen nennt man solche
Sprachen (Pascal, C, etc.) auch *fourth generation languages* (4GL). Gebräuchli-
che höhere Programmiersprachen wie Pascal oder C wurden vor mehr als 25 Jahren entwickelt, im kommerziellen Bereich heute noch weit verbreitete Sprachen
wie Cobol oder Fortran vor noch längerer Zeit.

Eine wichtige Motivation für die Entwicklung von Java sind Nachteile der heute
verbreiteten höheren Programmiersprachen: Sie sind in der Regel nur bedingt
portabel, d. h. die für eine Maschinenplattform geschriebenen Programme sind
kaum ohne weiteres auf anderen Plattformen lauffähig. Dieser Aspekt ist gerade
für Anwendungen im Internet oder WWW besonders gravierend, da dort unter-
schiedlichste Hardware- und Betriebssystemarchitekturen miteinander verbunden
sind und das Ziel der Anwendungsprogrammierung sein muß, ein Programm auf

---

[1] Dabei war insbesondere an eingebettete Programme in Haushaltsgeräten etc. gedacht.

allen Plattformen im Netz laufen lassen zu können. In dem Maß, in dem das Internet und das WWW über den akademischen Bereich hinaus an Bedeutung gewonnen hat, ist die Anforderung der Plattform- und Architekturneutralität immer wichtiger geworden. Außerdem umfassen typische höhere Programmiersprachen Konzepte wie Zeiger-Datentypen und benutzerdefinierte Speicherverwaltung, die zwar sehr mächtig und leistungsfähig sind, aber typischerweise zu Programmierfehlern führen. Bei der Entwicklung von Java hat man sich bewußt dafür entschieden, auf einige dieser Konzepte zu verzichten, um die Entwicklung „robusterer" Programme zu fördern.

Bei Sun Microsystems wurde etwa ab 1990 unter dem Namen *OAK* eine solche Sprache entwickelt. Erst mit dem Durchbruch des World Wide Web wurde die Zielrichtung der Sprachentwicklung geändert, da der Bedarf nach einer Sprache für die Entwicklung von *active content* im WWW offensichtlich wurden. Die Entwickler bei Sun vermieden es, eine völlig neue Sprache einzuführen und gingen bei der Entwicklung vielmehr von der wohl am weitesten verbreiteten objektorientierten Sprache, C++, aus, nicht ohne Konzepte aus anderen objektorientierten Sprachen mit zu integrieren (SmallTalk, Eiffel). Damit sollte gleichzeitig erreicht werden, daß die große Zahl mit C und v.a. C++ vertrauter Entwickler ohne größere Schwierigkeiten auf Java umsteigen können.

1.1 Aufbau und Benutzungshinweise

Die Kapitel dieses Buches haben jeweils folgenden Aufbau:

1. Zunächst werden die Grundprinzipien eines Sachgebiets eingeführt.
2. Die dafür relevanten Klassen(-bibliotheken) und ihre Methoden werden exemplarisch erläutert.
3. Anschließend illustrieren in sich abgeschlossene Beispiele die Anwendung der neu eingeführten Klassen.
4. Am Ende jedes Kapitels finden sich weiterführende Hinweise, Literaturangaben und Aufgaben. Hinweise und/oder Lösungen zu den Aufgaben kann man bei den Online-Materialien zu diesem Buch im Word Wide Web unter der Adresse **http://aspra9.informatik.uni-leipzig.de/javabuch** nachlesen.
5. Die verschiedenen Anhänge (Übersicht zu den Klassenpaketen der Java 2-Plattform, Produktionsregeln der Syntax von Java, Übersicht zur Operatorenpräzedenz, ein Glossar der wichtigsten Fachbegriffe und das Sachregister) sollen die Benutzung des Buches erleichtern.

Die in den Kapiteln 5 – 10 besprochenen Pakete der Java 2-Plattform enthalten darüber hinaus zahlreiche weitere Klassen und Methoden, deren Diskussion den Rahmen dieses Buches sprengen würden, vgl. unten Tabelle 1.

Die Beispiele sollen elementare Mechanismen der Programmierung veranschaulichen und den Leser in die Lage versetzen, sich von ihnen ausgehend tiefer einarbeiten zu können. Sie sind ausführlich kommentiert, so daß sie in der Regel aus sich selbst heraus verständlich sind.

Es wird vorausgesetzt, daß der Leser für die Arbeit mit Java den *Java Development Kit* (JDK) oder eine graphische Entwicklungsumgebung zur Verfügung hat und sich durch Zugriff auf die Java-Dokumentation weitere Klassen und Methoden leicht erschließen kann (s. u. Kap. 1.4). Falls die Beispiele die Java 2-Plattform erfordern (JDK 1.2.1), ist dies gesondert vermerkt.

Für den Einsatz in einem Programmierkurs erscheint folgende Vorgehensweise sinnvoll: Zunächst dienen die Kapitel 1 – 4 der Erarbeitung des Handwerkszeugs für den Umgang mit Java; anschließend kann eine Auswahl der Kapitel 6 – 10 zur Vertiefung bearbeitet werden. Alternativ dazu können ausgewählte Beispiele aus den Kapitel 6 – 10 parallel zur Einführung in Java als Grundlage für Übungen dienen. Die Kapitel 6 – 10 sind weitgehend voneinander unabhängig, so daß z. B. eine Einarbeitung in die Datenbankprogrammierung (Kap. 10) auch ohne vorheriges Durcharbeiten der Kapitel 6 – 9 möglich ist:

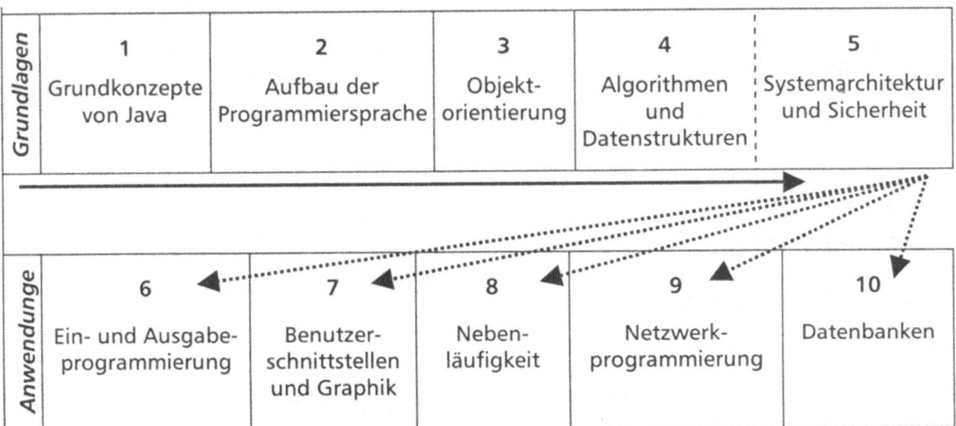

Abbildung 1:Aufbau des Buches

Die Beispiele in diesem Buch sind nach einem einheitlichen Schema strukturiert:

1. Sie enthalten i. d. R. je *eine* Klasse.
2. Sie sind als Java-Applikationen mit main-Methode realisiert.
3. Die Beispiele werden über die main-Methode mit dem Interpreter gestartet und bekommen ggf. Argumente von der Kommandozeile übergeben.
4. In der main-Methode erzeugt ein Konstruktor ein anonymes Objekt dieser Klasse.
5. Der Konstruktor enthält dann bereits den relevanten Beispiel-Code.

6. Bei längeren Beispielen werden im Konstruktor Methoden aufgerufen, die den eigentlichen Beispielcode enthalten.

Der nachfolgende Quellcode zeigt das Gerüst einer Beispiel-Klasse, wie sie in den Beispielen in diesem Buch verwendet wird:

```
// 1.  Eine Beispiel-Klasse.
class BeispielKlasse
{
  // 2.  Die main-Methode einer Java-Applikation.
  // 3.  Sie bekommt Kommandozeilenargumente im Zeichenkettenarray argv[]
  //      von der Konsole übergeben.
  public static void main(String argv[])
  {
    // 4.  Aufruf eines Konstruktors mit dem ersten Kommandozeilenargument ;
    //      dabei Erzeugen eines anonymen Objekts vom Typ BeispielKlasse.
    new BeispielKlasse(argv[0]);
  }

  // Konstruktor der Klasse BeispielKlasse
  BeispielKlasse(String einArgument)
  {
    // 5.  relevanter
    //      Beispielcode
    //      ...
    //      oder
    // 6.  Methodenaufrufe:
    eineMethode();
  }
  void eineMethode()
  {
    // eine Methode der Klasse BeispielKlasse
  }
}
```

Codebeispiel 1:   Schematischer Aufbau der Programmbeispiele

Die Beispiele verwenden Namen für Klassen, Variablen etc. in *deutscher* Sprache, damit sich der neue Beispielcode deutlich von den vorgegebenen Klassen, Methoden etc. der Java-Standardbibliothek abhebt. Es wurden dabei möglichst „sprechende" Namen gewählt; nur einfache Zählvariablen haben kurze Variablennamen (i, j, k, ...).

1.2   Die wichtigsten Konzepte von Java

Die einführend genannten Anforderungen an eine objektorientierte Programmiersprache werden durch die folgenden wesentlichen Merkmale von Java umgesetzt:

- Java ist vom Sprachumfang her relativ einfach und verwirklicht die wichtigsten Konzepte der objektorientierten Programmierung: Java-Programme bestehen aus Klassen, die Eigenschaften und Methoden aufweisen. Zur Laufzeit werden diese Klassen als Objekte instantiiert. Durch Vererbungsbeziehungen zwischen Klassen ist der Aufbau von Klassenhierarchien möglich.
- Java ist eine plattform- und architekturneutrale Sprache, d. h. kompilierter Java-Code kann auf praktisch allen Rechnerplattformen ohne Portierung ausgeführt (interpretiert) werden.
- Java verfügt über eine *automatische Speicherverwaltung*. Sie stellt sicher, daß Java-Programme robust sind, da keine Fehler durch falsch programmierte Speicherbelegung und -freigabe entstehen können.
- Mit Java sind durch das *multithreading*-Konzept nebenläufige Programme möglich, d. h. es können zu einem Zeitpunkt mehrere Ausführungsstränge (Threads) eines Programms aktiv sein, was gerade für Multimediaanwendungen wichtig ist.
- Java verfügt über ein flexibles Sicherheitsmodell, dessen Sicherheitsmechanismen Java-Programme für den Einsatz in Datennetzen tauglich machen.
- Bezüglich der Syntax und der lexikalischen Struktur kann Java als eine Weiterentwicklung der höheren Programmiersprache C++ verstanden werden, da Schlüsselwörter, Operatoren, Programmstruktur und Kontrollflußsteuerung große Ähnlichkeiten mit C++ aufweisen. Java ist daher bei entsprechenden Vorkenntnissen schnell zu erlernen.

1.2.1 Aufbau einer Java-Klasse

Ein wichtiges Merkmal von Java ist die Einfachheit der Programmstruktur: Programme sind grundsätzlich aus Klassendeklarationen aufgebaut, es gibt keine Koexistenz objektorientierter und prozeduraler Konzepte wie etwa in C++. Das nachfolgende klassische Einstiegsprogramm HelloWorld, das die Zeichenkette „Hello, world, hello *einName*" an die Konsole ausgibt, soll zur Veranschaulichung der Grundstruktur einer Java-Klasse dienen:

```
class HelloWorld
{
    String derText;

    static public void main(String[] argv)
    {
        new HelloWorld(argv[0]);
    }
```

```java
HelloWorld(String einText)
{
  derText = new String(einText);
  gibHelloAus(derText);
}

private void gibHelloAus(String AusgabeText)
{
  System.out.println(„Hello, world, hello " + AusgabeText);
}
}
```

Codebeispiel 2: Die Klasse HelloWorld

Das Programm besteht aus einer Klasse mit dem Namen HelloWorld, in ihrem durch geschweifte Klammern eingeschlossenen Rumpf der Klasse finden sich die Bestandteile von HelloWord:

1. Eine *Eigenschaft* vom Typ String (Zeichenkettenobjekt, die Mitgliedsvariable derText der Klasse HelloWorld),
2. ein *Konstruktor* für die Klasse HelloWorld. Konstruktoren sind ähnlich wie *Methoden* einer Klasse aufgebaut und werden beim Erzeugen eines Objekts vom Typ der Klasse ausgeführt. Sie dienen der Initialisierung des Objekts bzw. seiner Eigenschaften (hier: Zuweisen eines Kommandozeilenarguments an die Eigenschaft derText),
3. die *Methode* gibHelloAus, die vom *Konstruktor* aufgerufen wird und die die Zeichenkette an die Konsole ausgibt, wobei sie sich der Systemmethode System.out.println bedient und
4. die Deklaration der vordefinierten Programmeintrittsmethode main(), die beim Programmstart vom Interpreter automatisch aufgerufen wird.

Kompiliert man das Beispiel (javac HelloWorld.java) und ruft anschließend den Interpreter mit dem Kommandozeilenargument *Fritz* auf (java HelloWorld Fritz), so geschieht folgendes:

- Der Interpreter ruft die Methode main() der Klasse auf und übergibt ihr das Kommandozeilenargument („Fritz") als erstes Argument im Argumentarray argv
- Die Methode main() erzeugt mit dem new-Operator und dem Aufruf des Konstruktors HelloWorld ein neues Objekt vom Typ HelloWorld.
- Beim Erzeugen dieses (hier nicht an eine Variable gebundenen Objekts) initialisiert der Konstruktor die Eigenschaft derText von HelloWorld und weist ihr den Inhalt des Kommandozeilenarguments zu. Anschließend ruft er die Methode gibHelloAus der Klasse HelloWorld mit dem Argument derText auf.

- Schließlich wird die Methode gibHelloAus ausgeführt. Sie ruft eine vordefinierte Systemmethode (System.out.println) auf, die dazu dient, zeilenweise Text an der Konsole auszugeben.

Das kleine Beispiel zeigt bereits einige grundlegende Merkmale von Java:[2]

- Alles, was zur Laufzeit von einem Programm ausgeführt werden kann, muß innerhalb einer Klassendeklaration definiert sein, d. h. Java ist in dieser Hinsicht strikt objektorientiert.
- Klassen bestehen aus Eigenschaften, Methoden und Konstruktoren. In den Eigenschaften sind die Daten gespeichert, über die ein Objekt vom Typ dieser Klasse zur Laufzeit verfügt. Methoden sind die Operationen, die mit dieser Klasse bzw. ihren Objekten ausgeführt werden können, Konstruktoren sind methodenähnliche Operationen, die bei der Erzeugung von Objekten ausgeführt werden.
- Java stellt für die Programmierung eine sehr umfangreiche Bibliothek vordefinierter Klassen zur Verfügung, die alle wesentlichen Aspekte der Programmierung abdeckt. Das Beispiel verwendet einen Ausgabestrom (Klasse OutputStream), der eine Eigenschaft der System-Klasse ist.

1.2.2 Objektorientierung in Java

Das Konzept der Objektorientierung steht heute im Mittelpunkt vieler Programmiersprachen (C++, SmallTalk, Eiffel etc.). Zunächst bedeutet Objektorientierung eine im Vergleich mit den klassischen prozeduralen Programmiersprachen wie C, Pascal, Cobol oder Fortran geänderte Sichtweise auf das Problem, das mit einem Programm gelöst werden soll: Während man sich in den *prozeduralen* Programmiersprachen vornehmlich an der Entwicklung von Prozeduren orientiert, also an dem „Wie" der Programmausführung, stehen bei der Objektorientierung die Daten im Mittelpunkt, also das „Was" der Programmierung. Dabei versucht man, die zu modellierenden Daten eines Problems in Klassen gliedern, die als konkrete Objekte während der Programmausführung instantiiert werden. Jede Klasse kann über Eigenschaften (Mitgliedsvariablen, *member variables*) und Methoden verfü-

---

2 Will man lediglich einen Text ("Hello, world: ") und ein Kommandozeilenargument (argv[0]) ausgeben, ohne wie in Codebeispiel 2 den Klassenaufbau in Java zu erläutern, so könnte das Programm vereinfacht auch wie folgt aufgebaut sein:

```java
class HelloWorld
{
  static public void main(String[] argv)
  {
    System.out.println("Hello, world: " + argv[0]);
  }
}
```

gen. In den Methoden gibt der Entwickler an, was mit den Objekten geschehen soll, d. h. welche Operationen mit ihnen ausgeführt werden können. Objekte können untereinander durch Zusenden von *Nachrichten* Informationen austauschen.

Die Grundkonzepte Klassen/Objekte, Eigenschaften, Methoden und Nachrichten werden durch das Prinzip der Vererbung ergänzt, mit dem man von einer Klasse Unterklassen ableiten kann, die jeweils von ihrer Oberklasse die Eigenschaften und Methoden „erben" und verwenden oder modifizieren und ergänzen können. Durch Vererbung können Klassenhierarchien aufgebaut werden, wie das nachfolgende Modellierungsbeispiel belegen soll: Eine Klasse Boot verfügt über die Eigenschaft Kurs und die Methode KursEinstellen(), die für alle unterschiedlichen Typen (Unterklassen) von Boot benötigt werden. Denkbare Unterklassen wie Segelboot oder Motorboot deklariert man nach dem Schema *Unterklasse* extends *Oberklasse*. Sie verfügen zusätzlich über Eigenschaften wie Drehzahl bzw. SegelFlaeche und Methoden wie erhoeheDrehzahl() bzw. setzeSegel(). Die Verwendung der Vererbung kann zu einer effizienten Programmierung führen, da nicht für jede Unterklasse Eigenschaften und Methoden neu implementiert werden müssen, sondern von der Oberklasse geerbt und direkt verwendet werden können. Im Bootsbeispiel heißt dies, daß Segelboot und Motorboot die Eigenschaft Kurs und die Methode setzeKurs() von Boot erben und verwenden können.

```
class Boot
{
  int Kurs;
  void setzeKurs (int neuerKurs)
  {
    Kurs = neuerKurs;
  }
}
class Segelboot extends Boot
{
  int SegelFlaeche;
  void setzeSegel (int neueSegelFlaeche)
  {
    SegelFlaeche = neueSegelFlaeche;
  }
}
class Motorboot extends Boot
{
  int Drehzahl;
  void erhoeheDrehzahl (int mehrGas)
  {
    Drehzahl = Drehzahl + mehrGas;
  }
}
```

Codebeispiel 3:   Vererbung von Bootsklassen

Das Prinzip der objektorientierte Programmierung läßt sich in vielen Bereichen sinnvoll einsetzen, z. B. bei Client-Server-Software, graphischen Benutzerschnittstellen, komplexen netzbasierten Anwendungen etc. Der Aufbau eigener Klassen mit den Methoden der Objektorientierung Java wird ergänzt durch Möglichkeit, vordefinierte Klassen aus dem *Java Development Toolkit* (JDK) oder aus Klassenbibliotheken von Drittanbietern in eigenen Programmen zu verwenden, vergleichbar etwa den Funktionsbibliotheken prozeduraler Programmiersprachen.

Die oben genannten Grundprinzipien der Objektorientierung werden durch folgende Merkmale ergänzt:

- Java unterstützt die Kapselung von Daten und das *Geheimnisprinzip*, d. h. bei der Definition von Eigenschaften und Methoden einer Klasse kann man regeln, inwieweit andere Klassen diese Eigenschaften „sehen" und verwenden oder ob nur die Klasse selbst ihre Daten manipuliert und ihre Methoden aufruft.
- Es können mehrere Methoden mit *gleichem Methodennamen* definiert werden, die sich z. B. hinsichtlich der Art und Anzahl ihrer Parameter unterscheiden (Polymorphismus). Dies ist z. B. bei der Unterstützung unterschiedlicher Eingabeformate nützlich.
- Man kann in Java *abstrakte* Oberklassen anlegen, die nicht unmittelbar zu Objekten instantiiert werden. Sie können dazu dienen, die gemeinsame Funktionalität von Unterklassen zu bündeln und sind ein wichtiges Instrument der objektorientierten Modellierung.
- Schnittstellen sammeln abstrakte Methodenspezifikationen zu einem bestimmten Funktionalitätsbereich, die von Klassen implementiert werden (eineKlasse implements eineSchnittstelle). Dabei ist auch Mehrfachvererbung möglich.
- Eigenschaften und Methoden einer Klasse können nicht auf die instantiierten Objekte von Typ einer Klasse, sondern auf die Klasse selbst bezogen sein (statische Eigenschaften und Methoden). Ihre Verwendung wirkt sich auf alle Objekte vom Typ einer Klasse zugleich aus, da sie als Bezugspunkt die Klasse und nicht ein instantiiertes Objekt haben.
- Java-Klassen und –Schnittstellen können zu Paketen (*packages*) zusammengefaßt werden. Klassen sind nur außerhalb ihrer Pakete sichtbar, wenn man sie als öffentlich (public) deklariert. Die Pakete können einen hierarchisch aufgebauten Namen haben, der üblicherweise analog im Dateisystem verwendet wird (z. B. liegt eine Klasse DatenClient.class des Pakets ClientServer.Client) vom Wurzelverzeichnis des Java-Klassenpfads aus gesehen im Verzeichnis $classpath$\ClientServer\Client.
- Klassen können auch zur Laufzeit dynamisch in ein Programm geladen werden.

Neben den vorhandenen Eigenschaften der Objektorientierung ist für das Verständnis von Java auch wichtig zu wissen, welche in anderen Sprachen vorhandenen Merkmale in Java *nicht* vorhanden sind:

- Java-Klassen haben immer nur *eine* direkte Oberklasse, sie können also nicht von mehreren Oberklassen gleichzeitig abgeleitet sein (Mehrfachvererbung). Da Mehrfachverarbeitung zu Interferenz- und Kompatibilitätsproblemen führen kann und zudem schwer zu überblicken ist, gibt es die Möglichkeit der Mehrfachvererbung in Java nicht unmittelbar. Mittelbar kann die Zusammenführung der Methoden mehrerer Klassen in einer weiteren, neuen Klasse aber durch Schnittstellen, also Sammlungen abstrakter Methoden bewirkt werden. Da die Methoden von Schnittstellen *abstrakt* sind und keine Implementierung aufweisen, ist die Mehrfachvererbung für Schnittstellen zulässig.
- Da die Objektorientierung in Java gleichzeitig einfacher und strikter als in C++ ausgeprägt ist, gibt es in Java *keine Funktionen* – jegliche Funktionalität eines Programms wird über die den einzelnen Klassen zugeordneten *Methoden* verwirklicht.
- Manche objektorientierte Programmiersprachen erlauben es, die Operatoren der Sprache für neue Klassen zu definieren (z. B. Einführung des Additionsoperators + auch für eine neue Klasse KomplexeZahl). Aus Gründen der Einfachheit und Klarheit gibt es diese Möglichkeit in Java nicht, d. h. die Funktionalität einer neuen Klasse muß man ausschließlich durch Methoden definieren, nicht durch die „Uminterpretation" vorhandener Operatoren.

1.2.3 Wesentliche Sprachmerkmale

Der folgende Überblick soll einen schnellen Einblick in den Sprachumfang von Java geben; die einzelnen Merkmale werden in Kap. 2 im Detail erläutert.

Anweisungen

Anweisungen sind die einzelnen ausführbaren „Bausteine" eines Programms. Aus ihrer Ausführung ergibt sich der Kontrollfluß im Programm, d. h. die Reihenfolge, in der ein Programm ausgeführt wird. Anweisungen werden i. d. R. mit einem Strichpunkt (;) abgeschlossen. Sie können sehr unterschiedlichen Typs sein:

- Anweisungen zur Steuerung des Kontrollflusses (s. u.),
- Zuweisung von Werten,
- Deklaration und Instantiierung von Variablen und Objekten und
- Zugriffe auf Methoden (Methodenaufruf).

Datentypen

Java unterscheidet primitive Datentypen und Referenz-Datentypen. Zu den einfachen Datentypen zählen

- numerische Datentypen – Ganzzahlen (**byte**, **short**, **int**, **long**) und Gleitkommazahlen (**float**, **double**) mit unterschiedlichem Darstellungsbereich,
- der Zeichen-Datentyp **char** zur Kodierung einzelner Zeichen und der
- Wahrheitswert-Datentyp **boolean** für logische Werte (**true/false**, wahr/falsch).

Variablen eines Referenz-Datentyps speichern nicht die Daten direkt, sondern eine Referenz auf das eigentliche Objekt eines Referenz-Datentyps. Zu ihnen zählen

- ein- und mehrdimensionale Arrays, die als Komponenten sowohl primitive Datentypen als auch Referenz-Datentypen enthalten können,
- Klassen und
- Schnittstellen.

Steuerung des Kontrollflusses
Zur Steuerung des Kontrollflusses in den Methoden einer Java-Klasse dienen folgende Anweisungstypen:

- Gliederung von Anweisungen zu Anweisungsblöcken durch geschweifte Klammern (**{}**)
- „wenn-dann-sonst"-Anweisung (**if-else**-Anweisung)
- Fallunterscheidungen (**switch**-Anweisung)
- bedingte Schleifen und Zählschleifen (**while-**, **do-while-** und **for**-Schleifen)
- Sprunganweisungen (**break-**, **continue-**, **return**-Anweisung)
- Anweisungen zur Ausnahmebehandlung (**throw-/throws**-Konstrukte, **try/catch**-Blöcke)

Operatoren und Separatoren
Java stellt eine Vielzahl von Operatoren zur Verfügung, die der Berechnung von Werten in Ausdrücken dienen. Zu den wichtigsten Operatoren gehören

- arithmetische Operatoren (Addition +, Subtraktion -, Division /, Rest %)
- Vergleichsoperatoren (kleiner (gleich) <, <=, größer (gleich) >, >=, Gleichheit ==, Ungleichheit !=)
- Zuweisung von Werten (einfache Zuweisung =, Kombinationen von Operation und Zuweisung +=, *=, /= etc.)
- logische Operatoren, die ihre Operanden logisch verknüpfen und Wahrheitswerte als Ergebnis liefern (UND-Verknüpfung **&&**, (inklusive) ODER-Verknüpfung **||**)
- Objekt- und Arrayerzeugung (**new**)

Durch die Anwendung von Operatoren auf konstante Werte (Literale) und Variablen entstehen *Ausdrücke*, die der Interpreter zur Laufzeit auswertet und deren Ergebnis in einer Variablen gespeichert werden kann (int x = 5 * 7;)

Separatoren gliedern die Programmstruktur. Zu ihnen gehören

- geschweifte Klammern (**{}**), die Klassen-, Schnittstellen- und Methodenrümpfe einfassen und Anweisungen zu Anweisungsblöcken zusammenfassen,
- eckige Klammern für die Angabe von Indices beim Zugriff auf Komponenten eines Arrays (**[]**, **einText = argv[0]**),
- runde Klammern für die Angabe von Parametern von Methoden und die Steuerung der Auswertungsreihenfolge von Operatoren (**()**,   z. B. Methodenaufruf **gibHelloAus(derText)**),
- Kommata (**,**) für die Gliederung von Argumentlisten oder Variablendeklarationslisten (**int i = 5, j = 10, k = 20;**),
- Punkte (**.**) für die Gliederung von Namen bzw. beim Zugriff auf Methoden und Eigenschaften von Klassen und Objekten (Methodenzugriff nach dem Schema **Objekt.Methode**, (**einBoot.SegelSetzen(20);**) bzw. Eigenschaftszugriff nach dem Schema **Objekt.Eigenschaft**, (**int x = einBoot.SegelFlaeche;**) und
- der Strichpunkt für die Abgrenzung von Anweisungen (**x = 3 * 4;**)

Nicht realisierte Sprachmerkmale

Da Java von der Sprachstruktur her sehr eng mit C bzw. C++ verwandt ist, werden typische Eigenschaften von Java oft dadurch erklärt, daß man auflistet, welche Merkmale in Java im Gegensatz zu C++ nicht zur Verfügung stehen. Auch ohne hier C++-Kenntnisse voraussetzen zu wollen, soll auf folgende Eigenheiten von Java aufmerksam gemacht werden:

- Viele Programmiersprachen (Pascal, Modula-II, C, C++) verfügen über Zeiger-Datentypen, die dem Zweck dienen, auf Speicherbereiche und damit auf Daten *beliebigen Typs* zu zeigen (*pointer*). Ein solcher „Metadatentyp" ist gerade für die Speicherverwaltung ein äußerst leistungsfähiges und flexibles Mittel der Programmierung. Es hat sich aber gezeigt, daß die Verwendung von Zeigern eine der wichtigsten Fehlerquellen bei der Programmierung ist. Durch die Verwendung einer automatischen Speicherverwaltung in Java ist daher dieser (Meta-)Datentyp in der Sprachdefinition nicht vorgesehen. Dies ist eine Lösung zugunsten robusterer Programme – auf Kosten der Flexibilität.
- Java hat keinen strukturierten bzw. zusammengesetzten Datentyp (**Record/Struct/Union** etc.), d. h. alle zusammengesetzten Datentypen werden als *Klassen* definiert. Will man z. B. Datenstrukturen für die Position von Punkten und Rechtecken definieren, so legt man jeweils Klassen bzw. verwendet sie als Bestandteil anderer Klassen:

```
class Punkt
{
    double xWert;
    double yWert;
}
```

```
class Rechteck
{
    Punkt linksoben;
    Punkt rechtsunten;
}
```

Codebeispiel 4:   Klassen als strukturierte Datentypen

Das Beispiel zeit das Prinzip der Komposition von Klassen: Klassen können
Objekte anderer Klassen als ihre Eigenschaften enthalten, wie hier die Klasse
Rechteck Objekte vom Typ Punkt enthält - die Funktionalität zusammenge-
setzter Datentypen, die in vielen Anwendungen eine erhebliche Rolle spielt
(z. B. Adreßdatensätze oder Artikelverwaltung) kann problemlos durch Klassen mit Eigenschaften unterschiedlichen Klassentyps modelliert erden.

- Eine beliebig verwendbare Sprunganweisung (goto-Anweisung) ist in Java
  nicht vorhanden. Die negativen Auswirkungen des **goto** sind unter dem
  Schlagwort „Spaghetticode" wohlbekannt – die Lesbarkeit und Übersichtlichkeit von Programmen leidet erheblich, wenn man durch Sprunganweisungen
  im Programmcode „hin- und herspringen" kann. Studien belegen, daß das **goto**
  in 90% der Fälle lediglich zum Verlassen von Schleifen verwendet wird, was
  in Java durch die eingeschränkten Sprunganweisungen wie **break** und **continue**
  möglich ist.

- Java enthält keine Präprozessoranweisungen: Manche Programmiersprachen
  lassen solche Anweisungen zu, die vor der eigentlichen Compilierungsphase
  von einem Präprozessor ausgeführt werden und z. B. dem Einlesen von Quell-
  dateien in die aktuelle Datei, dem Setzen betriebssystemspezifischer Merkmale
  oder der Definition von Konstanten dienen. Teilweise ist diese Funktionalität
  in Java durch die Plattformneutralität von Java obsolet, andere Merkmale wie
  die Definition von Konstantenwerten oder die Zusammenstellung von Funkti-
  onsköpfen (Signaturen) werden in Java durch die Merkmale der Sprache selbst
  erledigt (finale Variable als Konstantenwerte; Schnittstellen für die Zusammenstellung von Funktionsprofilen etc.)

1.2.4   Speicherverwaltung

In Java muß sich der Entwickler nicht um die Verwaltung des dem Programm zur
Verfügung stehenden Speichers kümmern, da dies durch die automatische Speicherverwaltung des Java-Interpreters erledigt wird (*automatic garbage collection*). Sie läuft als Thread mit geringer Priorität immer im Hintergrund eines Programms mit und gibt nicht mehr benötigten Speicher wieder frei. Das Speicher-
modell arbeitet mit Objekten und Referenzen auf Objekte; verlieren Objektreferenzen ihre Gültigkeit, z. B. weil die Methode, in der eine Referenz auf ein Objekt

verwendet wurde, beendet ist, kann die Speicherverwaltung erkennen, daß der für die Objektreferenz verwendete Speicherplatz freigegeben werden kann.

1.2.5 Portabilität und Architekturneutralität

Damit Java-Programme auf unterschiedlichen Plattformen lauffähig sind, müssen zwei Voraussetzungen erfüllt sein:

- Der Java-Compiler erzeugt Klassendateien (*.class) in einem plattformneutralen Zwischenformat, den sog. *Bytecode*. Die Bytecodedateien können als Binärformat auf unterschiedlichen Rechnerplattformen und Betriebssystemen ausgeführt werden, der Quellcode muß also nur einmal kompiliert werden und kann dann überall ausgeführt werden (*compile once, run anywhere*).
- Der kompilierte Bytecode wird durch den Java-Interpreter, die „virtuelle Java-Maschine" (*Java virtual machine, jvm*) ausgeführt. Sie ist in der Lage, den Bytecode zu verstehen und auszuführen. Ihre Implementierung richtet sich nach der einheitlichen Spezifikation der *jvm* und muß für jede Java-fähige Plattform entwickelt werden (vgl. Kap. 5.1).

Um Unterschiede in der Interpretation der Java-Datentypen auf unterschiedlichen Plattformen auszuschließen, sind in Java Umfang und Größe von Datentypen sowie die Bedeutung der Operatoren eindeutig und plattformunabhängig definiert, d. h. ein Portierungsproblem existiert streng genommen nicht mehr. Beispielsweise ist eine Ganzzahlvariable vom Typ int anders als in der Programmiersprache C nicht von der Darstellungsbreite des Maschinenworts der Ausführungsplattform abhängig, sondern eindeutig definiert, d. h. sie hat auf allen Plattformen denselben Darstellungsbereich.

Das Konzept der virtuellen Java-Maschine bedingt, daß es sich bei Java um eine interpretierte Sprache handelt. Ein kompiliertes Java-Programm (der Bytecode in den .class-Dateien) ist also kein ausführbares Programm, das direkt von der Betriebssystemebene aufgerufen werden kann, sondern muß durch einen Java-Interpreter als Implementierung der virtuellen Java-Maschine ausgeführt werden. Gegenüber direkt ausführbaren Programmen liegt hier ein Performanznachteil. Plattformspezifische *just-in-time*-Compiler (JIT-Compiler), die den Bytecode nach Bedarf zur Laufzeit in den Maschinencode der Ausführungsplattform kompilieren, erhöhen die Ausführungsgeschwindigkeit von Java-Programmen erheblich. Ein solcher JIT-Compiler ist auch im Java Development Kit der Java 2-Plattform enthalten. Auch mit Hilfe eines JIT bestehen zwar noch Performanznachteile gegenüber schnellen C- oder C++-Compilern, die Unterschiede verringern sich jedoch deutlich.

1.2.6 Robustheit und Sicherheit

Java ist eine streng typisierte Sprache, d. h. man muß genau darauf achten, daß die verwendeten primitiven Datentypen und Objekte einen korrekten Typ aufweisen. Verlangt eine Methode als Übergabeparameter einen bestimmten Datentyp, so kann an dessen Stelle ein Objekt anderen Typs nur dann treten, wenn es sich auf den verlangten Typ abbilden läßt (sog. *cast*-Operation). Die Typprüfung ist ein wesentliches Merkmal höherer Programmiersprachen – in Java soll die Typprüfung auch zur Laufzeit die Verläßlichkeit der Programme erhöhen und die Portabilität ermöglichen. Hinzu kommt, daß die Beseitigung des Zeiger-Datentyps die Möglichkeit unwillentlichen Überschreibens von Speicherbereichen weitgehend ausschließt und eine wesentliche Fehlerquelle eliminiert.

Da Java-Programme als Applets über das World Wide Web geladen werden können, ohne daß ihr Nutzer genaue Kenntnis von Funktionalität und Verhalten hat, stellen sie ein potentielles Sicherheitsrisiko dar. Um unerwünschte Effekte von Java-Programmen zu vermeiden, ist Java bzw. die virtuelle Java-Maschine in eine differenzierte Sicherheitsarchitektur eingebettet. Dies umfaßt die Speicherverwaltung, die für ein bestimmtes Programm erst zur Laufzeit festlegt, wie die konkrete Speicherbelegung des Programms aussieht sowie einen Verifikationsprozeß, der den geladenen Java-Code formal auf Korrektheit überprüft. Dieser Prozeß der *Bytecode-Verifikation* nimmt eine Formatüberprüfung der Datensequenz des Bytecodes vor und überprüft mit einem einfachen Theorembeweiser, ob Zugangsrestriktionen verletzt sind. Er stellt sicher, daß Objekte nur typgerecht interpretiert werden und nicht auf andere Typen abgebildet werden. Die Bytecode-Verifikation sichert folgende Merkmale eines auszuführenden Java-Programms ab:

- Auf dem Stack kann kein Überlauf (*under-/overflow*) eintreten.
- Die Parametertypen aller Instruktionen sind korrekt.
- Alle Objektzugriffe sind zulässig und entsprechen den im Quellcode festgelegten Zugriffsebenen (private, public oder protected).

Applets, die in einem Web-Browser geladen werden, unterliegen zusätzlichen Einschränkungen und können beispielsweise nicht auf das lokale Dateisystem zugreifen (sog. *applet sandbox*). In neueren Versionen von Java ist dieser „Sandkasten", in dem die Java-Applets „spielen" dürfen, unter bestimmten Voraussetzungen durch den Benutzer parametrisierbar, d. h. der Benutzer kann gezielt Rechte vergeben (z. B. für Dateizugriff, für den Aufbau von Netzwerkverbindungen, vgl. Kap. 5.5.2).

1.2.7 Multithreading

Viele Programme im Multimediabereich müssen mehrere Aufgaben parallel verarbeiten (z. B. Laden von Ressourcen aus dem Internet während gleichzeitig am

Bildschirm eine Animation abläuft und eine Sounddatei abgespielt wird). Um die Ressourcen eines Rechners hierfür möglichst effizient zu nutzen, ist es sinnvoll, in solchen Programmen mehrere Kontrollflüsse parallel laufen zu lassen (*Nebenläufigkeit* von Programmen). Dies gewährleistet, daß nicht eine einzelne Anweisung, die sehr lange Zeit benötigt, den Programmablauf blockiert. Teilt man die Programmfunktionalität sinnvoll auf unterschiedliche Stränge auf, so kann ein einzelner Ausführungsstrang die Ausführung anderer Kontrollstränge nicht aufhalten. Die Programmiersprache Java beinhaltet von vornherein Möglichkeiten der Definition paralleler Ausführungsstränge (*flow of execution*) und ihrer Synchronisation. Diese Ausführungsstränge werden in Java als *threads* („Faden") bezeichnet. Grundsätzlich kann jedes Programm nebenläufig programmiert werden, also mehrere *threads* parallel erzeugen. Inwieweit die Nebenläufigkeit des Programmcodes auch in „echte" Parallelität auf einer Mehrprozessormaschine übersetzt wird, hängt von der jeweiligen Implementierung der virtuellen Java-Maschine ab. Ein Beispiel für die Nebenläufigkeit ist die automatische Speicherverwaltung (*garbage collection*). Sie läuft parallel zu jedem Programm als *thread* mit geringer Priorität im Hintergrund ab.

1.2.8   Programmtypen

Java-Programme können in unterschiedlicher Form auftreten: Als Applikationen (*applications*) sind sie „gewöhnliche" Programme, die die Programmeintrittsmethode main() aufweisen und vom einem Java-Interpreter ausgeführt werden. Als *Applets*, d. h. Programme, deren Hauptklasse eine Unterklasse der vordefinierten Klasse java.applet.Applet des JDK ist, können sie in einem Web-Browser ausgeführt werden. Der Web-Browser muß hierfür entweder über eine eigene virtuelle Java-Maschine verfügen oder das Java-plug-in von Sun installieren. Bei der Entwicklung von Java-Applets ist besonders darauf zu achten, welche JDK-Version bereits von gängigen Web-Browsern unterstützt werden. Einige der in diesem Buch erläuterten Beispiele setzen den JDK 1.2 voraus, der erst Anfang 1999 erschienen ist und von den Web-Browsern bisher nur über das neueste Java-plug-in unterstützt wird.

Applets werden nicht vom Interpreter über die main()-Methode, sondern von der virtuellen Java-Maschine des Web-Browser über Methoden der Klasse Applet (init(), start()) gestartet. Beide Konzepte – Applications und Applets – schließen sich nicht gegenseitig aus, d. h. ein Programm kann sowohl Unterklasse von Applet sein als auch die main()-Methode implementieren und somit auf beide Arten ausführbar sein. Ein dritter Programmtyp – sog. *Servlets* – steht für serverseitige Java-Programme auf Java-basierten Web-Servern zur Verfügung. Auf sie wird hier nicht näher eingegangen.

1.3 Aufbau des Klassensystems von Java

Die Java 2-Plattform enthält eine umfangreiche Klassenbibliothek enthalten, die für viele Probleme bereits eine geeignete Lösung bereithält. Die einzelnen Klassen des JDK sind nach Anwendungsbereichen zu Paketen (*packages*) zusammengefaßt. Mit wenigen Ausnahmen beginnen alle Paketnamen des JDK mit „java.". (z. B. java.lang, java.awt.event). Mit dem Erscheinen der verschiedenen Versionen des JDK ist der Umfang dieser Klassenbibliothek stark angewachsen, wie die nachfolgende Übersicht eindrucksvoll belegt:[3]

JDK	*Pakete*	*Klassen/Schnittstellen*	*Eigenschaften*	*Methoden*	*Konstruktoren*
1.0	8	212	261	1545	319
1.1	23	504	926	3851	701
1.2	60	1781	3538	15060	2337

Tabelle 1:   Umfang der Java-Klassenbibliotheken

Im JDK stehen dem Benutzer also annähernd 2.000 Klassen mit insgesamt mehr als 20.000 Feldern (Eigenschaften, Methoden, Konstruktoren) zur Verfügung. Die Basis der Java-Programmierung bilden die nachfolgenden sechs Pakete aus dem JDK 1.0:

java.lang
Basisklassen der Programmiersprache Java wie die Wurzelklasse Object, die Klasse Thread für die nebenläufige Programmierung oder die Zeichenkettenklasse String. Das Paket java.lang wird immer benötigt und steht automatisch in jedem Java-Programm zur Verfügung.

java.io
Das Paket bündelt die für die Ein-/Ausgabeprogrammierung benötigte Funktionalität und beinhaltet vor allem Klassen zur Manipulation von Datenströmen (*streams*), insbesondere für die Dateimanipulation. Die zahlreichen Stromklassen bilden ein differenziertes System vom Ein- und Ausgabeströmen (Ein- und Ausgabe, Dateizugriff, mit/ohne Pufferung etc.). Es wird in Kap. 6 näher erläutert.

java.net
Die Klassen dieses Pakets unterstützen die Netzwerkprogrammierung mit Java (u. a. Client-Server-Programmierung mit *sockets*, Zugriff auf Dateien und Ressourcen im Internet über *uniform resource locators* (URLs)). Beispiele für die Netzwerkprogrammierung mit java.io sind in Kap. 9 zu finden.

java.awt
Der *abstract windowing toolkit* (AWT) ist eine Klassensammlung für die Entwicklung plattformneutraler graphischer Benutzerschnittstellen. Er enthält u. a. Steuerelemente (*controls*) wie Schaltflächen (*push button, checkbox, radio but-*

---

3   Die Angaben in Tabelle 1 wurden nach CHAN 1999:701ff zusammengestellt.

ton), Rollbalken (*scrollbar*), Schriften (*font*) etc. Der AWT ist ein zentrales Element von Java und gleichzeitig seine Achillesferse, da die erfolgreiche Implementierung plattformunabhängiger graphischer Benutzerschnittstellen äußerst schwierig ist und die Beschränkung auf den kleinsten gemeinsamen Nenner der Merkmale unterschiedlicher graphischer Bedienungsumgebungen verlangt. In der Java 2-Plattform ist mit den Swing-Paketen (javax.swing und Unterpakete) eine *vollständig in Java implementierte* Alternative zur Verwendung des AWT enthalten (vgl. Kap. 6.5).

java.applet
Das Paket java.applet enthält die notwendigen Klassen für die Entwicklung von Java-Applets, insbesondere die Klasse Applet (vgl. Kap. 3.7.3).

java.util
Sammelpaket für Hilfsklassen verschiedener Art. Dazu gehören u. a. komplexe Datentypen wie Hash-Tabellen, Stacks oder dynamisch erweiterbare Arrays (Vektoren) sowie Klassen zur Datums- und Zeitmanipulation.

Neben diesen Basispaketen werden in den Kapiteln 6 – 10 einige weitere Pakete erläutert. Dazu gehören Pakete für die Graphikprogrammierung und Benutzerschnittstellenentwicklung (java.awt.event, java.awt.geom, java.awt.image, javax.swing), für die Client-Server-Programmierung (java.rmi) und für die Datenbankprogrammierung (java.sql). Tabelle 53 in Anhang 12.3 gibt einen Überblick über alle 60 Pakete, die im JDK 1.2 (*Java 2 platform*) enthalten sind. Java-APIs, die von SUN entwickelt wurden, aber nicht Teil der Java 2-Plattform (*standard edition*) sind, beginnen in der Regel mit dem Bezeichner javax. (z. B. das API für die Entwicklung serverseitiger Java-Programme (*Servlets*, Paket javax.servlet).

1.4 Programmentwicklung und Arbeitsumgebungen

Um Java-Klassen kompilieren und interpretieren zu können, sind geeignete Entwicklungswerkzeuge erforderlich. Als Referenzimplementierung dient dabei der offizielle *Java Development Kit* von Sun Microsystems. Die zahlreichen „kommerziellen" Entwicklungsumgebungen, die am Markt erhältlich sind, können hier nicht im Detail vorgestellt werden. Kap. 1.4.2 enthält aber einige Hinweise und Auswahlkriterien für solche *integrated development environments* (IDE).

1.4.1   *Die Entwicklungsumgebung des* Java Development Toolkit

Der Java Development Kit enthält neben den Paketen mit den vordefinierten Java-Klassen auch eine vollständige Entwicklungsumgebung. Für die in diesem Buch enthaltenen Beispiele wird sie vorausgesetzt. Der JDK kann über das Internet vom ftp-Server von Sun Microsystems bezogen werden (http://www.javasoft.com),

seine Installierung ist unproblematisch. Die im JDK enthaltenen Entwicklungswerkzeuge sind einfache kommandozeilenorientierte Tools. Sie werden von Sun
Microsystems für die Java-Referenzplattformen *Sun Sparc* und *Windows95/98/NT*
zur Verfügung gestellt. Reimplementierungen des JDK für andere Plattformen
(z. B. Apple Macintosh, UNIX-Betriebssysteme, Linux-Dialekte) liegen in großer
Vielfalt vor, eine Übersicht zu aktuellen Fassungen findet sich im World Wide
Web unter der Adresse http://java.sun.com/cgi-bin/java-ports.cgi. Die nachfolgende Erläuterung der Werkzeuge des JDK bezieht sich auf die MS-Windows-
Fassung der Java 2-Plattform (*Java Development Kit* V. 1.2.1, Stand: Mai 1999).
Vollständige Beschreibungen der Funktionalität von Werkzeugen im JDK enthält
die Online-Dokumentation (auf der Windows-Plattform nach Installation der Do-
kumentation unter ...\JDKBasisverzeichnis\docs\tooldocs\win32\tools.html zu finden).

Tabelle 2 zeigt die im JDK 1.2 enthaltenen Entwicklungswerkzeuge:

Werkzeug	*Funktion*
javac	Java-Compiler
java	Java-Interpreter
appletviewer	Interpreter für Java-Applets
jdb	Java-Debugger
javadoc	Compiler für die Generierung von Dokumentationsdateien aus Java-Quellcode (den Java-Kompilierungseinheiten)
jar	Werkzeug für die Erzeugung und Verwaltung von Java-Archiven (jar-Dateien (*jar*: „Schüssel“, „Behälter“)
javah	Generiert C-Headerdateien für die Einbindung von *native methods* in Java
javap	Deassemblierer für Java-Klassendateien

Tabelle 2:   Entwicklungswerkzeuge im JDK 1.2

Neben Werkzeugen für die Lokalisierung von Programmen und Tools für den
Einsatz von CORBA (*common object request broker architecture*, eine
sprachunabhängige Middleware-Architektur für verteilte Objektsysteme), die im
Rahmen dieses Buches keine Rolle spielen, sind folgende Werkzeuge zusätzlich
im JDK 1.2 enthalten:

Werkzeug	*Funktion*
rmic	RMI-Compiler, erzeugt *stub-* und *skeleton*-Dateien (Java-Quellcode) und –Klassen für den Zugriff auf *remote objects* mit Hilfe der *remote method invocation* (RMI, vgl. Kap. 9.3)
rmiregistry	Registrierungsdienst für *remote objects*
rmid	Dämon des RMI-Aktivierungssystems
serialver	Gibt die Seriennummern (serialVersionUID) von RMI-Klassen aus
keytool	Verwaltet digitale Schlüssel und Zertifikate
jarsigner	Erzeugt und überprüft digitale Unterschriften für jar-Dateien, vgl. Kap. 5.5)
policytool	Werkzeug für die Verwaltung von *policy*-Dateien (Rechteverwaltung der Sicher-heitsarchitektur von Java 1.2, vgl. Kap. 5.5.2)

Tabelle 3:   Zusatzwerkzeuge für remote method invocation und Sicherheit

Compiler und .class-Dateien

Der Compiler javac dient dazu, aus dem Quelltext einer oder mehrerer Kompilierungseinheiten (Dateien mit Extension .java) für jede in den Kompilierungseinheiten enthaltene Klasse oder Schnittstelle eine Klassendatei (.class) zu erzeugen.
Dies gilt auch für *innere* bzw. *lokale* Klassen. Jede .class-Datei ist nach folgendem Format benannt:

Klassenname.class bzw.
Schnittstellenname.class bzw.
Klassenname$Name_der_inneren_Klasse.class

Enthält eine Kompilierungseinheit, also eine Quellcodedatei mehr als eine Klasse
(oder Schnittstelle), so wird für jede Klasse/Schnittstelle eine eigene .class-Datei
erzeugt. Bei Klassen, die als öffentlich (public) deklariert sind, erwartet der Compiler eine Übereinstimmung zwischen Klassenname und Dateiname (Name der
Kompilierungseinheit).

Der Compiler erzeugt Bytecode in dem in Kap. 5.2 erläuterten Format, der sich
auf jeder Plattform mit einer lauffähigen virtuellen Java-Maschine ausführen läßt.
Um den Compiler zu starten, übergibt man ihm neben optionalen Befehlszeilen-
schaltern die Namen der Kompilierungseinheiten mit Extension .java, die kompiliert werden sollen. Will man das Beispiel HelloWorld kompilieren, so ist (zumindest) folgender Aufruf erforderlich:

Prompt:>javac HelloWorld.java

Der Compiler erzeugt eine Datei HelloWorld.class, die vom Interpreter ausgeführt
werden kann. Die Befehlszeile sieht schematisch wie folgt aus:

javac [Optionen] [Quellcodedateien] [@Quellcodelisten]

Folgende Standardoptionen stehen zur Verfügung:

Option	*Bedeutung*
-classpath *Klassenpfad*	Setzt den Pfad (bzw. die Pfade), unter dem nach Klassen, die für ein Programm benötigt werden, gesucht werden soll. Mehrere Pfadanga-ben werden durch Strichpunkte getrennt. Diese Option überschreibt die Umgebungsvariable CLASSPATH. Wenn weder diese Option ange-geben ist, noch die Umgebungsvariable spezifiziert wurde, besteht der Klassenpfad ausschließlich aus dem aktuellen Verzeichnis.
-d *Verzeichnis*	Ausgabeverzeichnis für Klassendateien; bei Anlegen der Klassen-dateien werden Paketnamen berücksichtigt: Bei Option –d c:\MeineKlassen und der Zuordnung einer Klasse MeineKlasse zum Paket MeinPaket lautet der vollständige Pfadname der Klassendatei anschließend c:\MeineKlassen\MeinPaket\ MeineKlasse.class. Ist die Option nicht angegeben, wird das aktuelle Verzeichnis verwendet.
-deprecation	Gibt Informationen zur Verwendung nicht mehr gültiger empfohlener Klassen des JDK an (*deprecated classes*).
-encoding *KodeName*	Bestimmt das Kodierungsschema für die Quellcodedateien.

Option	Bedeutung
-g	Erzeugt vollständige Debugging-Informationen.
-g:none	Erzeugt keinerlei Debugging-Information.
-g:{source|lines|vars}	Erzeugt Debugging-Information über die Quellcodedatei, Zeilen-nummer bzw. lokale Variablen. Die Optionen müssen durch Kommata getrennt sein, wenn sie angegeben werden.
-nowarn	Unterdrückt Warnungen des Compilers.
-O	Optimiert den Bytecode.
-sourcepath *Pfadangabe*	Gibt an, wo nach Quellcodedateien gesucht werden soll. Dabei kann es sich um Pfadangaben, jar-Dateien oder ZIP-Dateien handeln; Mehrfachangaben müssen durch Strichpunkte (;) getrennt sein.
-verbose	Gibt detaillierte Information während des Kompilierungsvorgangs aus (u. a. alle vom Compiler geladenen Klassen).

Tabelle 4:   Optionen des Java-Compilers

Das Kompilieren von HelloWorld.java mit der Option –verbose erzeugt folgende ausführliche Ausgabe:

```
Prompt:>javac -verbose HelloWorld.java
[parsed HelloWorld.java in 1320 ms]
[loaded C:\PROGRAMME\JDK12\JRE\lib\rt.jar(java/lang/Object.class) in 160 ms]
[checking class HelloWorld]
[loaded C:\PROGRAMME\JDK12\JRE\lib\rt.jar(java/lang/String.class) in 60 ms]
[loaded C:\PROGRAMME\JDK12\JRE\lib\rt.jar(java/io/Serializable.class) in 0 ms]
[loaded C:\PROGRAMME\JDK12\JRE\lib\rt.jar(java/lang/Comparable.class) in 0 ms]
[loaded C:\PROGRAMME\JDK12\JRE\lib\rt.jar(java/lang/StringBuffer.class) in 50 ms]
[loaded C:\PROGRAMME\JDK12\JRE\lib\rt.jar(java/lang/System.class) in 0 ms]
[loaded C:\PROGRAMME\JDK12\JRE\lib\rt.jar(java/io/PrintStream.class) in 0 ms]
[loaded C:\PROGRAMME\JDK12\JRE\lib\rt.jar(java/io/FilterOutputStream.class) in 0 ms]
[loaded C:\PROGRAMME\JDK12\JRE\lib\rt.jar(java/io/OutputStream.class) in 0 ms]
[loaded C:\PROGRAMME\JDK12\JRE\lib\rt.jar(java/io/IOException.class) in 0 ms]
[loaded C:\PROGRAMME\JDK12\JRE\lib\rt.jar(java/lang/Exception.class) in 0 ms]
[loaded C:\PROGRAMME\JDK12\JRE\lib\rt.jar(java/lang/Throwable.class) in 0 ms]
[wrote HelloWorld.class]
[done in 5760 ms]
```

Die Ausgabe zeigt den Speicherplatz der JDK-Klassen (C:\PROGRAMME\JDK12\ JRE\lib\rt.jar) und den Paketpfad innerhalb dieser jar-Datei (z. B. java/lang/String.class).

Interpreter

Der Standard Java-Interpreter java wird mit dem Klassennamen als Argument (aber ohne Extension .class) von der Kommandozeile aus aufgerufen. Er startet eine Java-Ausführungsumgebung, d. h. eine virtuelle Java-Maschine. Seine Kommandozeilensyntax ist wie folgt aufgebaut:

java [Optionen] Klassenname [KommandozeilenArgumente] bzw.

java [Optionen] -jar JarDatei.jar [KommandozeilenArgumente]

Die aufgerufene Klasse muß eine main-Methode als Programmeintrittspunkt enthalten, damit sie als application ausgeführt werden kann, z. B.:

Prompt:>java HelloWorld

Ruft man den Interpreter unter Angabe einer jar-Datei auf, so muß in der jar-Datei angegeben sein, welche Klasse die main-Methode enthält (*main class manifest header* in der jar-Datei).

Auch der Interpreter verfügt über eine Reihe von Optionen, die z. T. mit denen des Compilers identisch sind:

Option	*Bedeutung*
-classpath Klassenpfad	S. o.
-cp Klassenpfad	Liste von Verzeichnissen, jar-Dateien und ZIP-Dateien, die nach Klassen durchsucht werden sollen: Die Einträge der Liste sind durch Strichpunkte abzugrenzen (;). Die Optionen –classpath und –cp überlagern die Umgebungsvariable CLASSPATH.
-DAttribut=Wert	Setzt ein Systemattribut.
-verbose	Ausgabe ausführlicher Informationen.
-verbose:class	Ausgabe von Informationen über jede geladene Klasse
-verbose:gc	Informationen über jeden Aufruf der Speicherbereinigung (*garbage collection*).
-verbose:jni	Informationen über den Aufruf plattformspezifischer Methoden (*Java native interface, jni*).
-version	Versionsnummer der Java-Ausführungsumgebung.
-?, -help	Zeigt Syntax und Optionen an.
-X	Informationen über Nichtstandard-Optionen des Interpreters.

Tabelle 5:   Optionen des Java-Interpreters

Appletviewer
Der Appletviewer lädt Applets mit Hilfe der HTML-Dateien, in die die Applets eingebettet sind (vgl. Kap. 3.7.3). Er erwartet als Aufrufargument einen oder mehrere *uniform resource locators* (URL), im einfachsten Fall den Dateinamen der HTML-Datei, in die ein Applet eingebettet ist (z. B. Beispiel.html):

appletviewer [Optionen] URLs

Dabei besteht kein zwingender Zusammenhang zwischen der Klassendatei des Applets und dem Namen der HTML-Datei. Welches Applet also in einer HTML-Datei eingebettet ist, geht allein aus dem APPLET- oder EMBED-Tag in der HTML-Datei hervor (vgl. Kap. 3.7.3). Zu den Optionen des Appletviewers gehören -Debug, die das Applet im Java-Debugger jdb startet und -encoding KodeName, mit der man die Zeichenkodierung der HTML-Seite angeben kann.

Debugger

Im JDK ist auch ein einfacher Debugger enthalten. Er arbeitet kommandozeilen-orientiert und dient der Fehlersuche bei der Programmentwicklung. Er wird ähnlich wie der Interpreter aufgerufen:

jdb [Optionen] Klassenname [KommandozeilenArgumente]

Nach Aufruf des Debuggers kann man sich die verschiedenen aktiven Ausführungsstränge (*threads*) der Java-Ausführungsumgebung anzeigen lassen. Nach Auswahl eines Thread lassen sich im Quellcode einer Klasse Haltepunkte (*breakpoints*) setzen, man kann sich schrittweise durch das Programm arbeiten und den Inhalt von Variablen ausgeben. Der Debugger verfügt über einen einfachen Befehlssatz, mit dem man von seiner Kommandozeile aus die Programmausführung im Debugger steuern kann. Das nachfolgende Listing zeigt den Aufruf des Debuggers mit der Klasse HelloWorld und gibt einige Beispiele für dessen Steuerungsmöglichkeiten.

Zunächst werden von der Kommandozeile des Debuggers alle Ausführungsstränge aufgelistet und Thread 7 (Hauptausführungsstrang) gewählt und angehalten (Benutzereingaben sind **fett** wiedergegeben):

```
C:\Programme\JBuilder\myprojects>jdb -classpath . HelloWorld
Initializing jdb...
0xae:class(HelloWorld)
> threads
Group system:
1. (java.lang.Thread)0xb1                            Signal dispatcher     running
2. (java.lang.ref.Reference$ReferenceHandler)0xb2 Reference Handler     cond. wait
3. (java.lang.ref.Finalizer$FinalizerThread)0xb3  Finalizer             cond. wait
4. (java.lang.Thread)0xb4                            Debugger agent        running
5. (sun.tools.agent.Handler)0xb5                    Breakpoint handler    cond. wait
6. (sun.tools.agent.StepHandler)0xb6                Step handler          cond. wait
Group main:
7. (java.lang.Thread)0xb7                            main                  cond. waiting
> thread 7
main[1] suspend
All (non-system) threads suspended.
```

Anschließend gibt der Debugger Informationen über die Klasse HelloWorld aus:

```
main[1] dump HelloWorld
HelloWorld = 0xae:class(HelloWorld) {
    superclass = 0x2:class(java.lang.Object)
    loader = (sun.misc.Launcher$AppClassLoader)0xaf
}
```

Mit dem **methods**-Befehl kann man die Methoden einer Klasse auflisten:

```
main[1] methods HelloWorld
void <init>(java.lang.String)
void gibHelloAus(java.lang.String)
void main(java.lang.String[])
```

Stop in MethodenName bzw. stop at Zeilennummer setzen Haltepunkte:

```
main[1] stop in HelloWorld.gibHelloAus
Breakpoint set in HelloWorld.gibHelloAus
```

Der run-Befehl führt den Programmcode einer Klasse aus, bis er auf einen Haltepunkt trifft:

```
main[1] run HelloWorld Fritz
running ...
Breakpoint hit: HelloWorld.gibHelloAus (HelloWorld:13)
```

Mit dem dump-Befehl kann man sich die Inhalte von Variablen ansehen (hier: der Übergabeparameter AusgabeText der Methode gibHelloAus):

```
main[1] dump AusgabeText
AusgabeText = Fritz {
    private int count = 5
    private int offset = 0
    private char value[] = "Fritz"
}
```

Jar: Archivierung von Klassen in jar-Dateien
Größere Java-Projekte oder Applets, die als Multimediaanwendungen eine Vielzahl von Bild- und Tondateien verwenden, kann man mit dem jar-Werkzeug bündeln und zu einem komprimierten Archiv zusammenfassen, das dann anstelle einer .class-Datei auch von den gängigen WWW-Browsern geladen werden kann. Jar hat folgende Syntax:

```
jar [Optionen] [Manifest-Datei] jar-Datei Archivdateien
```

Um alle Klassendateien in einer jar-Datei MeineKlassen.jar zu bündeln, ruft man folgenden Befehl auf:

```
jar cf MeineKlasse.jar *.class
```

Die wichtigsten Optionen zeigt Tabelle 6:

Option	Bedeutung	Anwendung
c	(*create*) Erzeugt ein neues Archiv.	jar cf MeineKlassen.jar *.class
f	(*file*) Gibt einen Dateinamen für das Archiv an.	S. o.
x	(*extract*) Entpackt ein Archiv.	jar xf MeineKlassen.jar
t	(*table of contents*) Gibt den Inhalt eines	jar tf MeineKlassen.jar

Option	Bedeutung	Anwendung
	Archivs aus.	
v	(*verbose*) Gibt zusätzliche Informationen aus.	jar xvt MeineKlassen.jar
m	(*manifest file*) Schließt eine Informationsdatei ein.	jar cmf ManifestDatei MeineKlassen.jar *.class

Tabelle 6:   *Optionen bei der Archiverstellung mit jar*

Dokumentationserstellung

Das Programm **javadoc** des JDK erlaubt die automatische Erstellung von Programmdokumentationen im HTML-Format auf der Basis der Quelltexte der Kompilierungseinheiten. Dabei wird der Quelltext analysiert, die darin enthaltenen Klassen und Schnittstellen sowie deren Eigenschaften, Konstruktoren und Methoden ermittelt und anhand der in den Quelltexten enthaltenen Dokumentationskommentare beschrieben. Gibt man für **javadoc** als Kommandozeilenargumente mehrere Klassendateien oder Paketnamen an, so wird nicht nur für jede Kompilierungseinheit eine Dokumentation erstellt, sondern auch eine Indexdatei und ein Klassenbaum aufgebaut. Die einzelnen Dateien sind durch Hypertextlinks untereinander vernetzt und können als zusammengehöriges Hilfesystem benutzt werden. Sie werden aufgrund einer Standardspezifikation erstellt. Mit Hilfe des *Java Doclet-API* (ab JDK 1.2) kann man **javadoc** für die Generierung beliebiger Ausgabeformate nutzen (z. B. RTF oder XML). **Javadoc** hat folgende Kommandozeilensyntax:

javadoc [Optionen] [Paketnamen] [Quellcodedateien] [@Dateiliste]

Die Vielzahl der Optionen, die für **javadoc** zur Verfügung stehen, sind in der JDK-Dokumentation ausführlich beschrieben. Für die Dokumentationskommentare (/** ... */, vgl. unten Kap. 2.1.5) in den .java-Dateien gibt es eine Reihe zusätzlicher Variablen, die vom Entwickler spezifiziert werden können:

Kommentar	Bedeutung
@author Name	Name des Entwicklers.
@deprecated	Gibt an, daß eine Methode nicht mehr verwendet werden soll.
@exception *KlassenName Beschreibung*	Gibt an, daß ein bestimmter Ausnahmetyp verwendet wird.
{@link *Name Beschriftung*}	Erzeugt eine Verknüpfung an die mit Name benannte Stelle.
@param *Parametername Beschreibung*	Beschreibt einen Parameter einer Methode.
@return *Beschreibung*	Beschreibt den Rückgabewert einer Methode.
@see *Referenz*	Fügt einen Querverweis im Dokument ein; kann auch als URL kodiert sein bzw. auf andere Dokumentationsdateien verweisen, nach dem Schema @see Klasse#Eigenschaft bzw. Klasse#Methode(Typ, Typ, ...), z. B: /** @see String#equals(Object) */.
@since *Versionsnummer*	Gibt an, seit welcher Version (des JDK oder eigener Pakete)

Kommentar	*Bedeutung*
	etwas eingeführt wurde.
@version *Versionsnummer*	Gibt eine Versionsinformation an.

Tabelle 7:   Besondere Angaben in Dokumentationskommentaren für javadoc

Kommentiert man mit Hilfe dieser Variablen sowie des Dokumentationskommentars /** ... */ die Klasse **HelloWorld**, so entsteht aus dem folgenden Quellcode die nachstehend abgebildete Dokumentationsdatei:

```java
/**
 * Die Klasse <code>HelloWorld</code> dient als einfaches
 * Einstiegsbeispiel.
 * @author Christian Wolff
 * @version 1.3, 19.3.1999
 * @see java.lang.String
 */
class HelloWorld
{
    /**    Wird verwendet, um das erste Kommandozeilenargument
           weiterzureichen
    */
    String derText;

    /**
     * Konstruktor der Klasse <code>HelloWorld</code>
     * @param einText das erste Kommandozeilenargument
     */
    HelloWorld(String einText)
    {
      derText = new String(einText);
      gibHelloAus(derText);
    }

    /**
     * Gibt eine Zeichenkette in der Konsole aus.
     * @param AusgabeText Der auszugebende Text
     */
    private void gibHelloAus(String AusgabeText)
    {
      /** @see java.lang.System#println */
      System.out.println("Hello, world: " +
                  AusgabeText);
    }

    static public void main(String[] argv)
    {
        new HelloWorld(argv[0]);
    }
}
```

Codebeispiel 5:   Verwendung von Dokumentationskommentaren

Durch folgenden Aufruf von **javadoc** werden die Dokumentationsdatei HelloWorld.html sowie Dateien mit Index, Paketliste und Klassenliste im Standardformat erzeugt:

javadoc –author –version –private HelloWorld.java

Die Dokumentationsdatei kann man anschließend in einem WWW-Browser betrachten:

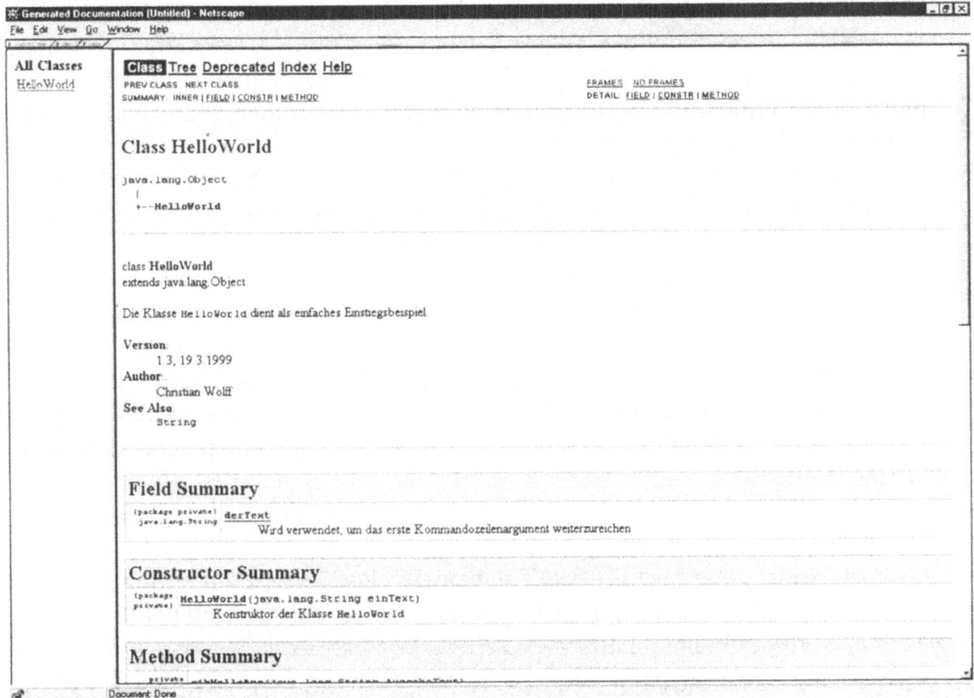

Abbildung 2: Ausgabe der Dokumentationsdatei im WWW-Browser

Bei der Kommentierung von Java-Code mit Dokumentationskommentaren kann die Verwendung von Kommentierungseditoren wie etwa der DocWiz-Utility (http://www.mindspring.com/~chroma/docwiz/) hilfreich sein, da sie ein systematisches Abarbeiten aller Klassen, Eigenschaften und Methoden in einem Projekt unterstützen.

1.4.2 Integrierte Entwicklungsumgebungen

Neben dem frei verfügbaren JDK existieren mittlerweile eine ganze Reihe integrierter Entwicklungsumgebungen verschiedener Softwarehersteller. Zu ihnen gehören u. a.

- *Symantec Visual Café*
- *IBM Visual Age for Java*
- *Inprise/Borland JBuilder*
- *Sun Java WorkShop*
- *Microsoft Visual J++*

Von den einfachen Werkzeugen des JDK unterscheiden sie sich vor allem durch folgende Merkmale:

- Die verschiedenen Entwicklungswerkzeuge wie Editor, Compiler, Interpreter, Debugger sowie weitere Tools (Klassenbäume, Dokumentationserstellung) sind in einer einheitlichen Benutzerschnittstelle zusammengefaßt und können direkt-manipulativ bedient werden.
- Die Projekte des Entwicklers werden von einer eigenen Projektverwaltung zusammengefaßt; einige IDEs verfügen auch über eine Versionsverwaltung und unterstützende Werkzeuge für Arbeitsgruppen.
- Sie verfügen über einen komfortablen graphischen Quellcodeeditor mit programmierbarer Tastaturbelegung und Makros.
- Der Editor kann direkt auch für das Debugging verwendet werden.
- Für den Aufbau von Benutzerschnittstellen und die Verarbeitung von Nachrichten existiert ein graphischer Editor, der direkt-manipulativ für das Fensterdesign genutzt werden kann und der im Hintergrund den entsprechenden Java-Quellcode erzeugt.
- Sie verwenden *just-in-time*-Compiler, die den Entwicklungsprozeß beschleunigen können.
- Die IDEs sollten fortgeschrittene Themen der Java-Programmierung wie Datenbankanbindung, Client-Server-Programmierung und die Entwicklung Java-basierter Softwarekomponenten (*Java Beans*) unterstützen.
- Typischerweise bieten IDEs über die Standardklassen des JDK hinaus weitere Klassenpakete von Drittanbietern (z. B. die *Java Generic Language* von *ObjectSpace*, die zahlreiche strukturierte Datentypen enthält).

Die Auswahl eines geeigneten Werkzeugs ist von den konkreten Gegebenheiten (Umfang des Projekts, zur Verfügung stehende Mittel, Vorerfahrungen mit anderen IDEs des gleichen Anbieters, Rechnerplattform etc.) abhängig; eine Empfehlung erscheint daher an dieser Stelle nicht sinnvoll. Um einen ersten Eindruck zu vermitteln, zeigt Abbildung 3 die Benutzerschnittstelle von Inprise Jbuilder.

Neben den kommerziellen IDEs gibt es eine Reihe von Shareware- und Freeware-Produkten, mit denen man ebenfalls eine komfortable Arbeitsumgebung für die Java-Programmierung erhält. Eine typische Konstellation ist die Verwendung eines an verschiedene Programmiersprachen anpaßbaren und frei erhältlichen Programmiereditors wie

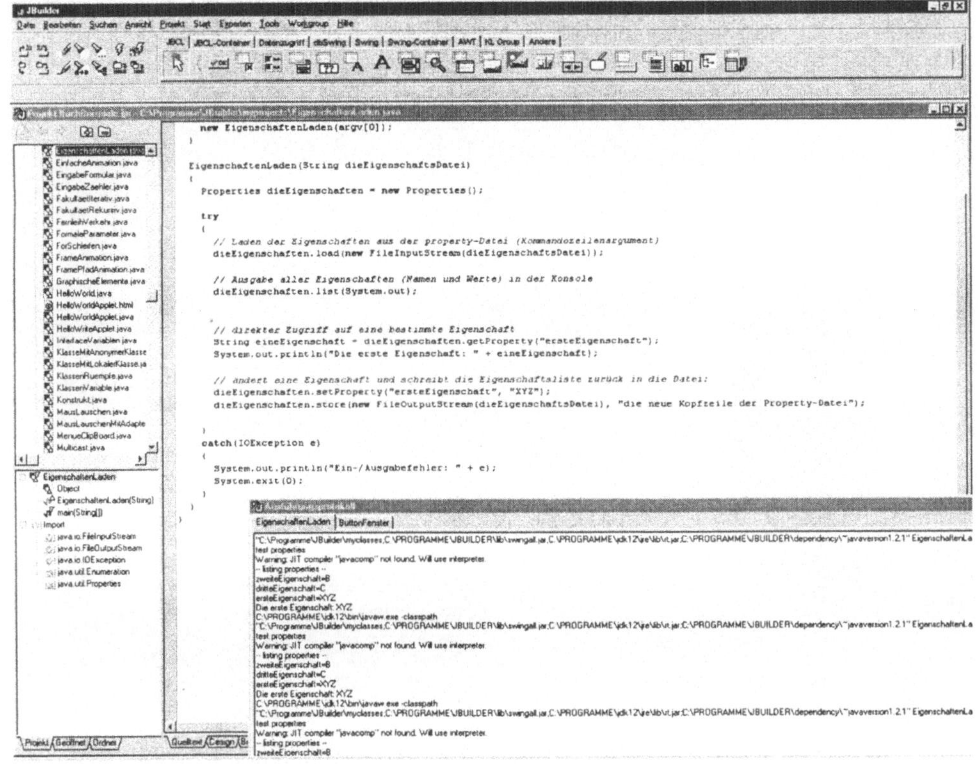

Abbildung 3:Inprise JBuilder V. 2

- Emacs (http://www.xemacs.org),
- Nedit (ftp://ftp.fnal.gov/pub/nedit/v5_0_2/) oder
- *Programmer's File Editor* (PFE, http://www.lancs.ac.uk/people/cpaap/pfe/)

in Kombination mit den Standard-Entwicklungswerkzeugen der Java 2-Plattform von SUN (JDK 1.2).

Abbildung 4 zeigt eine solche Arbeitsumgebung, bei der das Kompilieren und Ausführen der Programme in einer Kommandoshell mit den Standardwerkzeugen java bzw. javac der Java 2-Plattform erfolgt, die Bearbeitung des Quellcodes mit Hilfe von Xemacs in java-mode.

Eine Übersicht zu Java-Entwicklungswerkzeugen findet sich im WWW z. B. bei http://www.javaworld.com oder http://www.gamelan.com.

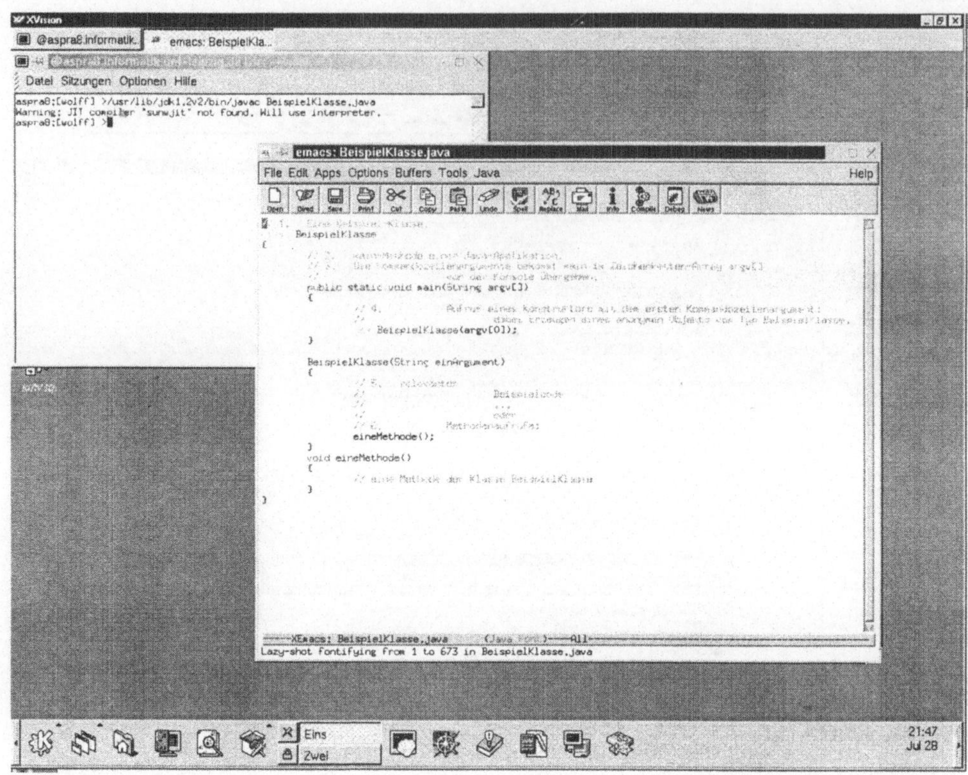

Abbildung 4: Programmierung mit dem JDK und Xemacs in einer Linux-/KDE-Umgebung

2 Aufbau der Programmiersprache Java

In diesem Kapitel wird der strukturelle Aufbau von Java erläutert; es soll dem Leser das Handwerkszeug zur Entwicklung eigener Java-Programme vermitteln. Alle Sprachmerkmale werden durch einfache Beispiele erläutert. Die Darstellung beschränkt sich auf das Wesentliche und versucht, überflüssige Details zu vermeiden – bei weitergehendem Interesse sei auf die offizielle Sprachspezifikation verwiesen (GOSLING, JOY & STEELE 1997), die auch nachfolgender Darstellung als Referenz gedient hat. In Anhang 12.1 finden sich die vollständigen Syntaxregeln (Produktionen) von Java im Zusammenhang. Auf sie wird im nachfolgenden Text soweit erforderlich verwiesen (Hinweis auf Produktion n durch P_n).

2.1 Lexikalische Struktur von Java

Unter der lexikalischen Struktur einer Programmiersprache versteht man die elementaren Bausteine, aus denen die Programme in dieser Sprache zusammengesetzt sein müssen. Zu ihr gehören

- die Art der Zeichenkodierung als elementare Voraussetzung der Programmerstellung,
- die Schlüsselwörter der Sprache,
- die zulässigen Operatoren und Separatoren,
- die (syntaktischen/strukturellen) Regeln für den Aufbau von Programmen und
- die Struktur von Bezeichnern und Literalen (Werteangaben).

Ausgehend von der Zeichenkodierung werden nachfolgend die Bestandteile von Java eingeführt und erläutert. Auf sie aufbauend werden in Kap. 2.3 und 2.6 die verschiedenen Datentypen von Java sowie die Steuerung des Kontrollflusses erklärt.

2.1.1 Zeichenkodierung

Um auf einem Computer alphanumerische Zeichen darstellen zu können, benötigt man eine Vorschrift, wie die Zeichen in die interne binäre Darstellung des Computers umgewandelt werden sollen, d. h. einen Kodierungsstandard. Der heute gebräuchlichste Standard ist der *American Standard for Information Interchange* (ASCII). In ihm werden Zeichen in 7 bzw. 8 Bit breite Zahlen umgewandelt, d. h. die Kodierungstabelle umfaßt $2^7 = 128$ bzw. $2^8 = 256$ Zeichen. Dies ist unbefriedigend, wenn man an die Vielzahl unterschiedlicher Zeichen in den Alphabeten der unterschiedlichen (natürlichen) Sprachen denkt. Java verwendet deshalb als Kodierungsbasis nicht ASCII, sondern einen noch relativ jungen Standard, UNI-CODE. Er baut auf 16 Bit-Zeichen auf, d. h. es können $2^{16} = 65.536$ verschiedene

Zeichen dargestellt werden. Obwohl die meisten Betriebssysteme bisher noch auf ASCII basieren, stellt die Verwendung von UNICODE in Java kein Problem dar: UNICODE ist gewissermaßen „rückwärtskompatibel" zu ASCII, d. h. der Anfang der UNICODE-Zeichentabelle deckt sich mit der ASCII-Tabelle. UNICODE ist also eine Obermenge von ASCII; die Kodierung eines Java-Programms, das in ASCII geschrieben wurde, kann ohne Probleme in UNICODE umgewandelt werden. Ein Java-Compiler übersetzt beim Einlesen eines Programms und vor der Prüfung auf lexikalische Korrektheit den eingehenden ASCII-Zeichenstrom in UNICODE und zerteilt den entstehenden UNICODE-Zeichenstrom anschließend in Java-Tokens, d. h. in die einzelnen (zulässigen) Bausteine der Programmiersprache. Eine Konsequenz der Verwendung von UNICODE ist, daß der Zeichen-Datentyp char 16 Bit breit ist und UNICODE-Zeichen kodiert.

2.1.2   Aufbau von Programmquelltext

Die nachfolgenden Regeln (Produktionen) zeigen die zulässigen Bestandteile (*token*) eines Java-Programms: Der Quellcode darf sich aus Kommentaren, Leerzeichen (*white space*) und den Java-Sprachelementen zusammensetzen. Leerzeichen sind Leerzeichen i. e. S. sowie Tabulatoren und Zeilenendezeichen. Die Sprachelemente lassen sich in die Schlüsselwörter von Java, Identifikatoren (Namen und Bezeichner), Werteliterale sowie die verschiedenen zulässigen Separatoren und Operatoren gliedern:

EingabeElement ::==   Kommentar | Leerzeichen | Sprachelement (P_1)

Leerzeichen   ::==   *Leerzeichen | horizontalerTabulator | Seitenvorschub |* (P_3)
                      Zeilenvorschub | Wagenrücklauf | CRLF[4]

Sprachelement ::==   Schlüsselwort | Identifikator | Literal | Separator | Operator (P_4)

Diese Regeln besagen natürlich noch nichts darüber, wie diese Elemente syntaktisch miteinander kombiniert werden müssen, um ein korrektes Programm zu erzeugen. Sie legen lediglich fest, welche „Einzelbestandteile" eines Quellcodes prinzipiell zulässig sind, d. h. wie das Lexikon der Sprache Java aussieht.

2.1.3   Schlüsselwörter

Zu den wichtigsten Bausteinen einer Programmiersprache gehören die Schlüsselwörter, die nicht zur Definition von Bezeichnern verwendet werden dürfen und die die elementare Funktionalität der Programmiersprache bereitstellen (Namen von primitiven Datentypen, Kontrollflußsteuerung etc.). Die folgende Liste gibt

---

[4]   CRFL: *carriage return + line feed* – Wagenrücklauf und Zeilenvorschub, d. h. ASCII-Zeichen 13 und ASCII-Zeichen 10.

eine Übersicht über die geschützten Schlüsselworte von Java, jeweils mit einer kurzen Erläuterung:

Schlüsselwort	*Bedeutung*
abstract	Kennzeichnung von Klassen und Methoden als abstrakt, d. h. ohne Implementierung
boolean	Name des Datentyps für Wahrheitswerte
break	Unterbrechung des Kontrollflusses, z. B. zum Abbrechen von Schleifen
byte	Name des Ganzzahl-Datentyps mit acht Bit Breite
case	Einleitung eines Falles in einer Fallunterscheidung (switch-Anweisung)
catch	Leitet eine Anweisung zum Abfangen von Ausnahmen ein
char	Name des Zeichen-Datentyps
class	Leitet eine Klassendeklaration ein
const	Derzeit noch nicht in Java verwendet, aber für spätere Entwicklungen reserviert
continue	Sprunganweisung zum Abbruch einer Schleifeniteration (Schleife wird fortgesetzt)
default	Standardfall in einer Fallunterscheidung (switch-Anweisung)
do	Leitet eine bedingte Schleife mit Bedingungsprüfung *nach* dem Schleifenrumpf ein
double	Name des Gleitkommazahl-Datentyps mit doppelter Genauigkeit
else	Leitet den Alternativzweig in einer Bedingungsprüfung ein (if ... else)
extends	Vererbung: Klasse ist Unterklasse einer anderen Klasse (KlasseB extends KlasseA)
final	Gibt bei Klassen, Methoden und Variablen an, daß ihre Implementierung bzw. ihr Wert nicht durch Unterklassenbildung oder Wertzuweisung geändert werden kann
finally	Abschlußanweisung beim Abfangen von Ausnahmen (catch ... catch ... finally ...)
float	Name des Gleitkommazahl-Datentyps mit doppelter Genauigkeit
for	Leitet eine Zählschleife ein
goto	Derzeit noch nicht in Java verwendet, aber für spätere Entwicklungen reserviert
if	Leitet eine Bedingung ein (if ... else)
implements	Gibt an, daß eine Klasse eine Schnittstelle implementiert
import	Leitet eine Importanweisung ein (Einbindung anderer Klassen)
instanceof	Operator, der prüft, ob ein Objekt vom Typ einer Klasse ist
int	Name des Ganzzahl-Datentyps mit 32 Bit Breite
interface	Leitet eine Schnittstellendeklaration ein
long	Name des Ganzzahl-Datentyps mit 64 Bit Breite
native	Leitet einen Methodenkopf für eine externe, in einer anderen Programmiersprache geschriebene Methode ein
new	Initialisierungsoperator für Referenz-Datentypen
package	Leitet eine Paketzuordnungsanweisung ein
private	Zugriffsbeschränkung für Eigenschaften, Methoden und Konstruktoren
protected	Zugriffsbeschränkung für Eigenschaften, Methoden und Konstruktoren
public	Zugriffsbeschränkung für Klassen, Schnittstellen, Eigenschaften, Methoden und Konstruktoren
return	Sprunganweisung für das Verlassen einer Methode
short	Name des Ganzzahl-Datentyps mit 16 Bit Breite
static	Ordnet eine Eigenschaft bzw. eine Methode einer Klasse (nicht einem Objekt vom Typ einer Klasse) zu
super	Zeiger auf Eigenschaften und Methoden der jeweiligen Oberklasse
switch	Leitet eine Fallunterscheidung ein
sychronized	Gibt an, daß eine Methode oder eine Anweisung synchronisiert werden soll (bei

Schlüsselwort	Bedeutung
	nebenläufiger Programmierung mit *threads*)
this	Zeiger auf die aktuelle Klasse (Selbstreferenz)
throw	Löst eine Ausnahme aus
throws	Gibt an, daß eine Klasse oder Methode bestimmte Ausnahmen auslösen kann
transient	Kennzeichnet Variablen (Eigenschaften den Objekten), deren Wert bei der Speicherung von Objekten (Serialisierung) nicht gespeichert werden soll (Gegensatz von *persistent*).
try	Leitet einen Anweisungsblock ein, der Ausnahmen auslösen kann (try … catch)
void	Gibt an, daß eine Methode keinen Rückgabewert liefert
volatile	Markiert Variablen als durch nicht-synchronisierte *threads* veränderbar
while	Leitet eine bedingte Schleife ein (mit Schleifenbedingung am Anfang)

Tabelle 8:   Schlüsselwörter von Java

2.1.4   Bezeichner und Literale

Bezeichner für Variablen, Klassen, Objekte etc. können in Java beliebige Länge aufweisen, das erste Zeichen des Bezeichners muß ein Buchstabe sein, danach können Buchstaben und Ziffern in beliebiger Anordnung folgen:

Bezeichner ::== JavaBuchstabe {JavaZifferOderBuchstabe} (P_{19})

Zu den für Bezeichner verwendbaren Buchstaben gehören die ASCII-kompatiblen Zeichen von UNICODE sowie die Sonderzeichen _ und $. Gültige Bezeichner sind also:

a   b   c   a1   _1 $1   a1_ $0_1a   einBezeichner   einBezeichner
$einBezeichner   ein_Bezeichner   ein$123$45_   Bezeichner

Literale (Konstanten) dienen der Darstellung von numerischen Werten, Zeichen, Zeichenketten und Wahrheitswerten. Ganzzahl-Literale (Integer) werden als Ziffernfolgen dargestellt; soll anstelle des Dezimalsystems die Darstellung im Oktal- oder Hexadezimalsystem erfolgen, so ist 0 (die Ziffer 0) für die Oktaldarstellung bzw. 0x für die Hexadezimaldarstellung voranzustellen. Long-Werte sind durch ein nachfolgendes L (bzw. l („l")) zu kennzeichnen (vgl. $P_{22} - P_{29}$).

Beispiele:
321   789   111111111111L   0555555555555L   0123
0x123   0x9374   0xABCDEF   0xccccccccccccccL   0xfed01

Gleitkomma-Literale sind nach folgendem Schema aufgebaut (vgl. $P_{30} - P_{33}$):

[Ganzzahlteil] [Dezimalpunkt] Nachkommateil [Exponent]   [Typsuffix]

Ein Gleitkommaliteral muß wenigstens eine Ziffer **und** entweder einen Dezimalpunkt, einen Exponenten oder ein Typsuffix enthalten. Der Exponent wird mit E/e [Vorzeichen] Wert kodiert, Typsuffixe sind f/F für einen **float**-, d/D für einen **double**-Wert. Fehlt das Typsuffix, so handelt es sich um ein **double**-Literal.

Beispiele:
.01   2.45f   3.3456E-3   0.00001F   934.32789E45D   23E4   1D

Werte vom Typ **boolean** werden durch die Literale **true** und **false** (BOOLEsche Literale) ausgedrückt, also die Wahrheitswerte „wahr" und „falsch" (vgl. P_{34}).

Für Referenz-Datentypen gibt es das Literal **null**, das signalisiert, daß die Referenz ungültig ist oder das Objekt, auf das sie zeigt, noch nicht geschaffen wurde. Die Überprüfung, ob der Wert einer Referenz dem null-Literal entspricht, wird daher häufig verwendet, um zu testen, ob ein Objekt mit dem new-Operator angelegt werden muß (vgl. P_{41}):

if (einObjekt == null) einObjekt = new einReferenzDatentyp();

Zeichenliterale (P_{35}) stehen in einfachen Anführungszeichen (Apostroph, UNICODE-Zeichen '\u0027') und enthalten entweder ein einzelnes alphanumerisches Zeichen ausschließlich Backslash (\) und Apostroph (') oder eine Escape-Sequenz (Fluchtzeichenfolge). Escape-Sequenzen dienen der Kodierung nicht darstellbarer Zeichen und der direkten Spezifikation eines UNICODE-Zeichens. Tabelle 9 zeigt die verfügbaren Escape-Sequenzen:

Escape-Sequenz	*Bedeutung*
\b	Rückschritt (*backspace*)
\t	horizontaler Tabulator
\n	Zeilenvorschub (*newline*)
\f	Seitenvorschub
\r	Wagenrücklauf (*carriage return*)
\"	Doppelte Anführungszeichen
\'	einfaches Anführungszeichen, Apostroph
\\	*Backslash* (Rückwärts-Schrägstrich)
\uZifferZifferZifferZiffer	Unicode-Escapesequenz, z. B. \u4822

Tabelle 9:   Escape-Sequenzen in Zeichenkettenliteralen

Beispiele:
'a' '\u1111' '\n' 'Y' '3'

Zeichenkettenliterale (Strings, vgl. $P_{39} - P_{40}$) bestehen aus Folgen von Zeichenliteralen und werden in doppelte Anführungszeichen eingeschlossen. Ist eine Zeichenkette länger als eine Zeile oder soll sie über mehrere Zeilen verteilt kodiert werden, so hängt man mehrere Zeichenkettenliterale mit dem +-Operator zusammen. Das bedeutet, daß eine Zeichenkette keinen Zeilenbegrenzer enthalten darf, also auf einer Zeile abgeschlossen werden muß. Tabelle 10 gibt einige Beispiele für die Kodierung von Zeichenketten.

Kodierung	*Ausgabe/Wert des Literals*
""	(leere Zeichenkette)
"eine Zeichenkette"	eine Zeichenkette

Kodierung	Ausgabe/Wert des Literals
"\u003a\u003b\u003c"	ABC
"\\\\""	\"
"mehr als" + "eine Zeile"	mehr alseine Zeile

Tabelle 10:   Kodierung von Zeichenkettenliteralen

Identität zwischen Zeichen- und Zeichenkettenliteralen ist nur bei genauer Übereinstimmung der UNICODE-Zeichenfolgen gegeben, d. h. etwa, daß lateinisches und griechisches großes 'A' nicht identisch sind, da sie jeweils einen unterschiedlichen numerischen Code im UNICODE-Alphabet haben. Eine Übersicht der in UNICODE enthaltenen Alphabete und ihrer Zeichen findet sich bei CHAN 1999:730.

2.1.5   Kommentare, Separatoren und Operatoren

Kommentare
Für die Dokumentation des Quellcodes sind – neben einer möglichst selbsterklärenden Wahl von Bezeichnern – Kommentare ein wichtiges Hilfsmittel. In Java gibt es drei unterschiedliche Typen von Kommentaren:

1. Alles, was rechts von zwei Schrägstrichen auf einer Zeile steht, ist ein Kommentar:
   // Kommentartext ...
2. Alles, was zwischen /* und */ steht, ist ein Kommentar, auch über beliebig viele Zeilen hinweg:
   /* Kommentar
   ... fortgeführter Kommentar ...
   bis zum Kommentarende */
3. Ein- oder mehrzeilige Kommentare, die mit /** beginnen und mit */ enden, sind Dokumentationskommentare, die in die automatisch generierte Programmdokumentation aufgenommen werden (vgl. oben Kap. 1.4.1). Innerhalb solcher Dokumentationskommentare gibt es Sonderzeichen, um Autor, Datum etc. zu kodieren (vgl. oben Kap. 1.4.1 die Beispiele zu **javadoc**).

Anwendungsbeispiel:
```
public class Kommentare
{
  int i = 0;
  // Ein einzeiliger Kommentar:
  static public void main(String[] argv)
  {
    /*   Ein
       Kommentar
```

```
    ueber mehrere
    Zeilen
  */
System.out.println("Eine Ausgabe");
}
/** Kommentar für die
    automatische Dokumentation
  */
}
```

Codebeispiel 6:   Verwendung von Kommentaren

Separatoren

Separatoren dienen in einer Programmiersprache dazu, Sprachelemente zu strukturieren und voneinander abzugrenzen. Typische Beispiele für Separatoren sind z. B. der Strichpunkt als Markierung des Endes einer Anweisung oder runde Klammern für die Angabe der Parameterliste von Methoden. Tabelle 11 zeit die in Java verwendeten Separatoren.

Begrenzer	*typische Verwendung*	*Beispiel*
()	Parameterangabe bei Methodenaufrufen	eineMethode(Parameter1, Parameter2)
[]	Indexangabe für Arrays	einArray[einIndex]

{}	Blockbildung (Anweisungen, Methoden, Klassen)	{
		   Anweisung1; Anweisung2;
		}

;	Anweisungsende	Anweisung;
,	Aufzählung von Parametern	eineMethode(P1, P2, P3)
.	Abtrennung Objekt-Methode/Eigenschaft	Objekt.eineEigenschaft, Objekt.eineMethode()

Tabelle 11:   Separatoren in Java

Operatoren

Mit den Operatoren einer Programmiersprache werden elementare Berechnungs-, Zugriffs- und Zuweisungsaktionen ausgeführt. In Java ist die Menge der Operatoren fest vordefiniert. Die Anwendbarkeit der Operatoren auf die verschiedenen Datentypen ist ebenfalls abschließend definiert, d. h. man kann anders als z. B. in C++ bereits vorhandene Operatoren nicht für neue Datentypen redefinieren. Dies dient der Verständlichkeit, da i. d. R. die Wiederverwendung eines vorhandenen Operators in einem neuen Kontext nicht unmittelbar einleuchtend ist. Tabelle 12 gibt einen Überblick zu den in Java definierten Operatoren. Ihre Bedeutung und Verwendung wird unten in Kap. 2.5 erläutert. Eine detaillierte Tabelle mit Angabe von Operatorenpräzedenz und Assoziativität der Operatoren findet sich in Anhang 12.2.

Operator	Bedeutung	Beispiel
=	Zuweisung	int x = 5;
>	größer-als-Operator	if(x > 10) // ...
<	kleiner-als-Operator	if(x < 10) // ...
!	logisches Komplement (Negation)	if(!(x < 10)) // ...
? :	konditionaler Operator	if(y < 10) ? x = 5; : x = 15;
==	Gleichheitsprüfung	if(x == 10) // ...
<=	kleiner-gleich-Operator	if(x <= 10) // ...
>=	größer-gleich-Operator	if(x >= 10) // ...
!=	Ungleichheitsprüfung	if(x != 10) // ...
&&	logisches UND	if((x > 10) && (y < 5))
||	logisches ODER	if((x > 10) || (y < 5))
++	Inkrement-Operator (Werterhöhung um 1)	x++; ++y;
--	Dekrement-Operator (Werterniedrigung um 1)	x--; --y;
+	Addition	x = x + 5;
+=	Addition und Zuweisung	x += 5; // wie x = x + 5;
-	Subtraktion	x = x – 5;
-=	Subtraktion und Zuweisung	x -= 5; // wie x = x – 5;
*	Multiplikation	x = x * 5;
*=	Multiplikation und Zuweisung	x *= 5; // wie x = x * 5;
/	Division	x = x / 5;
/=	Division und Zuweisung	x /= 5; // wie x = x / 5;
%	Rest bei Division (Modulo-Operator)	x = 12 % 5; // Ergebnis: 2
%=	Modulo und Zuweisung	x %= 5 // wie x = x % 5;
&	bitweises/Boolesches UND	x = x & 1;
&=	bitweises/Boolesches UND und Zuweisung	x &= 1; // wie x = x & 1;
|	bitweises/Boolesches ODER	x = x | 1;
|=	bitweises/Boolesches ODER	x |= 1; // wie x = x | 1;
^	bitweises/Boolesches XOR	x = x ^ 1;
^=	bitweises/Boolesches XOR	x ^= 1; // wie x = x ^ 1;
<<	bitweises Verschieben nach links	x = x << 2;
<<=	Linksshift und Zuweisung	x <<= 2; // wie x = x << 2;
>>	bitweises Verschieben nach rechts	x = x >> 2;
>>=	Rechtsshift und Zuweisung	x >>= 2; // wie x = x >> 2;
>>>	bitweises Verschieben nach rechts mit Nullextension	x = x >>> 2;
>>>=	Rechtsshift mit Nullextension und Zuweisung	x >>>= 2; // wie x = x >>> 2;

Tabelle 12: Operatoren in Java

2.2 Programmstruktur und Pakete

Die einzelnen Quelltextdateien (*.java) eines Java-Projektes bilden sog. Kompilierungseinheiten. Jede Kompilierungseinheit in Java (*compilation unit*) besteht aus einer optionalen Paketzuordnung, beliebig vielen Importanweisungen und beliebig vielen Typdeklarationen (für Klassen und Schnittstellen).

Syntax	*Bedeutung*
[Paketzuordnung]	Zuordnung zu einem Paket, optional
{Import}	Import von Pakten und Klassen, optional, kann mehrfach auftreten
{Typdeklaration}	Deklaration von Klassen

Tabelle 13:   Bestandteile einer Kompilierungseinheit

Die formalen Regeln für den Aufbau der Bestandteile einer Kompilierungseinheit lauten wie folgt:

KompilierungsEinheit ::== [PaketDeklaration]{ImportDeklaration}{TypDeklaration} (P_{42})
PaketDeklaration   ::== **package** *Name*; (P_{43})
ImportDeklaration   ::== EinzeltypImport | ImportNachBedarf (P_{44})
EinzeltypImport   ::== **import** *Name*; (P_{45})
ImportNachBedarf   ::== **import** *Name*.*; (P_{46})
TypDeklaration   ::== KlassenDeklaration | SchnittstellenDeklaration (P_{47})

Das nachfolgende Beispiel zeigt eine Kompilierungseinheit, in der eine neue Klasse von java.applet.Applet abgeleitet wird. Die Klasse ist einem Paket zugeordnet; damit die neue Klasse als Unterklasse von **Applet** erfolgreich gebildet werden kann, muß java.applet.Applet importiert werden:

```
package NeuesPaket;                         // Paketzuordnung
import java.applet.Applet;                  // Import der Klasse Applet aus dem
                                            // Paket java.applet

class Test extends Applet                   // Typdeklaration der Klasse Test
{
  int EineEigenschaft = 0;                  //Deklaration einer Eigenschaft
  int EineMethode(int EinFormalerParameter) //Deklaration einer Methode
  {
    return EinFormalerParameter +5;         // Methodenrumpf
  }
}
```

Codebeispiel 7:   Aufbau einer Kompilierungseinheit

Durch import-Anweisungen werden externe Klassen verfügbar, z. B. importiert die import-Anweisung import java.util.Vector; die Klasse Vector aus dem Paket java.util. Sie kann anschließend direkt über ihren Typnamen Vector und nicht über den voll qualifizierten Namen java.util.Vector angesprochen werden. Bei den import-Anweisungen ist auch der Platzhalter * zulässig, es werden dann jeweils alle aus diesem Paket benötigten Klassen nach Bedarf importiert: java.util.*; deklariert alle Klassen aus java.util für den Import.

Einzelne Codemodule kann man zu Paketen (*packages*) zusammenfassen; das im JDK enthaltene Java-Kernsystem umfaßt die schon genannten Basis-Packages applet, util, awt, net, lang und io sowie 54 weitere Pakete, die in Tabelle 53 auf-

gelistet sind. Ihre Namen sind hierarchisch strukturiert (java.awt, java.awt.image
...). Die Pakete des JDK sind im Archiv **rt.jar** (*runtime*) gesammelt und im Bibliotheksverzeichnis des JDK (... /JDKBasisverzeichnis/lib) abgelegt. Dieser Pfad ist der Standard-Klassenpfad (CLASSPATH), unter dem der Compiler bzw. Interpreter nach angeforderten (in einem Programm importierten) Klassen sucht. Das Paket java.lang steht als Basispaket auch ohne **import**-Anweisung immer zur Verfügung, d. h. man kann in einem Programm z. B. die Klasse **String** aus java.lang auch ohne expliziten Typimport verwenden. Zusätzliche Klassenpfade können in der CLASSPATH-Umgebungsvariablen bzw. in der Kommandozeile der JDK-Werkzeuge angegeben werden. Dabei wird die hierarchische Paketstruktur auf das Dateisystem abgebildet: Eine Klasse **Beispiel.class** im Paket **BeispielPaket** sucht der Compiler im Dateisystem unter dem Pfad **$CLASSPATH$/BeispielPaket/Beispiel.class**. Dies bedeutet, daß man bei Verwendung einer Paketzuordnung (**package einPaket;**) in einer Kompilierungseinheit (.java-Datei) dafür sorgen muß, daß sich die Datei bzw. die kompilierte .class-Datei auch im entsprechenden Verzeichnis des Paktes befindet.

Da Java verteilte Anwendungen unterstützt, d. h. der Zugriff auf Codemodule auf unterschiedlichen Servern möglich sein muß, kommt der Organisation und Bezeichnung der Pakete besondere Bedeutung zu. Damit für das gesamte Internet eindeutige Paketnamen entstehen, schlägt Sun folgende *Benennungskonvention* vor: *global unique package names* verwenden den Internet-Domänennamen des Entwicklers in umgekehrter Reihenfolge.(z. B. COM.sun, DE.gesis, DE.uni-leipzig.informatik) sowie ggf. weitere Namen von Unterverzeichnissen der gewählten Paketstruktur (z. B. DE.informatik.uni-leipzig.beispiele.netz). Der erste Teil des *global unique package name*, d. h. der Name der *top-level domain*, soll immer in Großbuchstaben geschrieben werden. Bei Beachtung dieser Konvention kann man problemlos fremde Pakete zu den JDK-Paketen hinzufügen und verwenden, ohne daß Namenskonflikte zu befürchten sind (vgl. auch das Beispiel zu Typnamen in Kap. 2.4.1).

Der nachfolgende Quellcode sei in einer Datei **ErsteKlasse.java** in einem Verzeichnis **$classpath$/KlassenTest** gespeichert:

```
// Paketzuordnung: Ordnet alle in dieser Kompilierungseinheit enthaltenen
// Klassen und Schnittstellen dem Paket Klassentest zu
package KlassenTest;

// Importanweisung: Alle im Paket java.util enthaltenen Klassen und Schnittstellen können
// verwendet werden
import java.util.*;
```

```
// Typdeklarationen (i. d. R. Klassendeklarationen)
public class ErsteKlasse
{
  static public void main(String[] argv)
  {
    System.out.println("Erste Klasse");
  }
}

class ZweiteKlasse
{
  static int iEins;
  static String Zwei = "Zwei";
  static public void main(String[] argv)
  {
    System.out.println("Zweite Klasse");
    System.out.println(Zwei);
    System.out.println(iEins);
  }
}
```

Codebeispiel 8:   Paketzuordnung

Der Code enthält zwei Klassen, für jede erzeugt der Java-Compiler eine .class-Datei (ErsteKlasse.class und ZweiteKlasse.class). Beide .class-Dateien lassen sich vom Java-Interpreter ausführen, wenn der Pfad, unter dem sie (als Paket) abgespeichert sind, dem Interpreter bekannt sind (über die Kommandozeile oder durch geeignetes Setzen der CLASSPATH-Umgebungsvariable). Durch die **package**-Anweisung können beide Klassen gemeinsam in andere Codemodule importiert werden (import KlassenTest.*).

2.3   Datentypen

Ein Grundprinzip von Java ist die strenge Typisierung der in einem Programm verwendeten Daten. Jede Variable in Java hat einen wohldefinierten Typ; Umwandlungen zwischen unterschiedlichen Typen sind nur unter bestimmten Bedingungen (durch explizite Anweisung) möglich.

Die Datentypen lassen sich in *einfache* oder *primitive* Datentypen und *Referenz-*Datentypen unterscheiden. Zu den einfachen Datentypen zählen die Ganz- und Gleitkommazahl-Datentypen, der Zeichen-Datentyp und der Wahrheitswert-Datentyp (BOOLEscher Datentyp). Die Referenz-Datentypen umfassen Arrays, Klassen und Schnittstellen (*interfaces*). Tabelle 14 gibt eine Übersicht der in Java verfügbaren Datentypen.

einfache Datentypen	Name
numerische Datentypen	
Ganzzahl-Datentypen	byte short int long
Gleitkommazahl-Datentypen	float double
Zeichen-Datentyp	char
BOOLEscher Datentyp (Wahrheitswerte)	boolean
Referenz-Datentypen	
Array-Typen	*einDatentypName*[]
Klassen-Datentypen	*einKlassenName*
Interface-Datentypen	*einSchnittstellenName*

Tabelle 14:   Übersicht der Datentypen in Java

2.3.1   Ganzzahl-Datentypen

Die Ganzzahl-Datentypen kodieren numerische Werte in vorzeichenbehafteter
Zweierkomplementdarstellung, d. h. es können positive und negative ganze Zahlen dargestellt werden. Die vier Typen unterscheiden sich hinsichtlich ihres internen Speicherformats: Je mehr Speicher zur internen Speicherung einer Integer-
Variablen verwendet wird, um so größer ist ihr Darstellungsumfang:

Typ	interne Speicherung	darstellbare Werte
byte	8 Bit	-2^7 bis 2^7-1, d. h. die Werte von -128 bis 127
short	16 Bit	-2^{15} bis $2^{15}-1$, d. h. die Werte von -32768 bis 32767
int	32 Bit	-2^{31} bis $2^{31}-1$, d. h. die Werte von -2147483648 bis 2147483647
long	64 Bit	-2^{63} bis $2^{63}-1$, d. h. die Werte von −9223372036854775808 bis 9223372036854775807

Tabelle 15:   Ganzzahl-Datentypen und ihr Darstellungsbereich

Typumwandlungen (*cast*-Operationen) sind zwischen allen Integer- und allen anderen numerischen Datentypen möglich; sie sind darüber hinaus zwischen allen
Integer und dem Typ **char** möglich sowie umgekehrt. Eine Typumwandlung zwischen einem Ganzzahl-Datentyp und einem BOOLEschen Wert ist dagegen nicht
möglich. Die für Ganzzahl-Datentypen zulässigen Operationen sind:

* Vergleiche (<, <=, >, >=, ==, !=),
* Zuweisung (==) bzw. die Kombinationen aus Operation und Zuweisung (*=,
  += etc.),
* Arithmetische Operationen und ihre Kombinationen mit Zuweisungen (+, -, *,
  /, %, ++, --),
* Bitoperationen (~, |, &, ^, <<, >>, >>>),
* Typumwandlung (*cast*) und

- Verkettung (+) mit einer String-Variablen unter automatischer Konvertierung des numerischen Datentyps in einen String.

2.3.2   Gleitkommazahl-Datentypen

Die beiden Gleitkommazahl-Datentypen, **float** und **double**, unterscheiden sich wie die Integer-Datentypen nur hinsichtlich der internen Speicherung:

Typ	*interne Speicherung*	*Genauigkeit*
float	32 Bit	einfach
double	64 Bit	doppelt

Tabelle 16:   Genauigkeit der Gleitkommazahl-Datentypen

Java verwendet dabei eine Gleitkommazahl-Arithmetik nach dem IEEE 754-Standard. Folgende Werte lassen sich darstellen:

- negative Unendlichkeit ($-\infty$),
- negative Werte,
- negative Null,
- positive Null,
- positive Werte
- positive Unendlichkeit ($+\infty$) und
- keine Zahl (*not a number*, NaN).

Die vorzeichenbehafteten Nullwerte, die positive und negative Unendlichkeit und der Sonderfall „keine Zahl" (*not a number*, NaN) entstehen bei unzulässigen Divisionen bzw. Modulo-Operationen zwischen Gleitkomma-Werten. Die nachfolgende Tabelle zeigt, unter welchen Umständen diese Sonderwerte bei Division bzw. Modulo zweier Gleitkommazahlen (**Zahl1** und **Zahl2**) auftreten:

Wert von **Zahl1**	*Wert von* **Zahl2**	*Ergebnis von* **Zahl1 / Zahl2**	*Ergebnis von* **Zahl1 % Zahl2**
endlich	$\pm\, 0.0$	$\pm\, \infty$	NaN
endlich	$\pm\, \infty$	$\pm\, 0.0$	Zahl1
$\pm\, 0.0$	$\pm\, 0.0$	NaN	NaN
$\pm\, \infty$	endlich	$\pm\, \infty$	NaN
$\pm\, \infty$	$\pm\, \infty$	NaN	NaN

Tabelle 17:   Besondere Werte bei Division und Modulo von Gleitkomma-Zahlen

Wie die Ganzzahl-Datentypen lassen sich Gleitkommazahlen in jeden anderen numerischen Typ umwandeln (und umgekehrt). Zulässige Operationen über Gleitkommazahlen sind:

- Vergleiche (<, <=, >, >=, ==, !=),
- Zuweisung (==) bzw. die Kombinationen aus Operation und Zuweisung (*=, += etc.),

- Arithmetische Operationen (+, -, *, /, %, ++, --),
- Bitoperationen (~, |, &, ^, <<, >>, >>>),
- Typumwandlung (*cast*) und
- die Verkettung (+) mit einer String-Variablen unter automatischer Konvertierung des numerischen Datentyps in einen String.

2.3.3 Zeichentyp char

Der Datentyp char ist ein vorzeichenloser 16 Bit Integer-Typ, der zur Darstellung eines UNICODE-Zeichens von ('\u0000' bis '\uffff') dient. Für ihn stehen die Operatoren der Ganzzahl-Datentypen zur Verfügung.

2.3.4 Boolescher Typ (boolean)

Der Datentyp boolean stellt einen Wahrheitswert dar und hat daher nur zwei mögliche Werte: false und true. Er ist der Ergebnistyp z. B. bei logischen Vergleichen. Eine Konvertierung zwischen boolean und int ist nicht direkt, sondern nur hilfsweise über Ausdrücke wie x != 0 möglich (da der Ausdruck x != 0 genau dann als false interpretiert wird, wenn x den Wert 0 hat).

2.3.5 Defaultbelegungen

In Java gibt es (wegen der Portabilität) keine undefinierten Werte, d. h. für die unterschiedlichen Datentypen gelten Standardbelegungen (*defaults*), wie Tabelle 18 zeigt.

Datentyp	Vorbelegung
short	0
int	0
long	0
float	0.0
double	0.0
char	\u0000 (*null character*)
boolean	false

Tabelle 18:   Defaultbelegungen für die primitiven Datentypen

Für *lokale Variablen* (vgl. Kap. 2.4.2) ist die Instantiierung allerdings zwingend erforderlich, d. h. der Compiler meldet einen Fehler, falls eine lokale Variable nicht vor ihrer ersten Verwendung mit einem Wert initialisiert wurde.

2.3.6   Typkonversionen

Da Java eine streng typisierte Sprache ist, kommt der Behandlung von Typumwandlungen besondere Bedeutung zu. Typkonversionen kann man hinsichtlich ihrer Durchführung – *explizit* oder *implizit* – und ihres Ergebnisses – *ausweitend* oder *einengend* – unterscheiden. In der Regel können Typumwandlungen nur explizit durch eine sog. *cast*-Operation durchgeführt werden. Implizite Typumwandlungen treten auf, wenn der Wert einer Variablen einer anderen Variablen mit größerem Darstellungsbereich zugewiesen wird (also z. B. von int nach long, von byte nach short, von short nach long, von float nach double, auch von long nach float).[5] Implizite Typumwandlungen kommen vor allem bei Zuweisungen vor:

```
int i = 10;
long l = i;
byte b = 123;
short s = b;
float f = 34.456f;
double d = f;
```

Bei der expliziten Typumwandlung muß durch die *cast*-Operation angegeben werden, in welchen Typ umgewandelt werden soll. Dies geschieht durch geklammerte Angabe des Zieltyps vor der Umwandlung.

Beispiele:
```
long l = 10L;
int i = (int)l;
short s = 126;
byte b = (byte)s;
double d = 24.456E23;
float f = (float)d;
```

Mit Hilfe der *cast*-Operation kann man Informationsverlust erzwingen, man sollte also bei Ihrem Einsatz sehr vorsichtig vorgehen. Das nachfolgende Beispiel belegt, daß bei einer expliziten einengenden Typumwandlung immer dann Information verloren geht oder verfälscht wird, wenn der umzuwandelnde Wert über den Darstellungsbereich des Zieltyps hinausgeht:

```
long l = 1000000000000000000L;
int i = (int)l;
short s = 129;
byte b = (byte)s;
double d = 24.456E230;
float f = (float)d;
System.out.println(l);
```

---

5   Dies steht nicht im Widerspruch zu der Tatsache, daß ein long-Wert 64 Bit, ein float-Wert aber nur 32 Bit breit ist. Der Wertebereich von float ist größer als der von long, es kann bei dieser Art Typumwandlung also ein Verlust an Genauigkeit der Darstellung auftreten.

```
System.out.println(i);
System.out.println(s);
System.out.println(b);
System.out.println(d);
System.out.println(f);
```

Codebeispiel 9:   Einengende explizite Typkonversion mit dem cast-Operator

Ausgabe:
1000000000000000000
1486618624
129
127
2.4456000000000005E231
Infinity

Explizite Typumwandlungen sind nicht nur bei einfachen Datentypen, sondern auch bei Objekten möglich, allerdings nur unter der Einschränkung, daß die umzuwandelnden Klassen durch eine Ableitungsbeziehung miteinander verbunden sind. Man unterscheidet zwischen *sicherer Umwandlung* – von der Unterklasse (Apfel) zur Oberklasse (Obst) – und *unsicherer Umwandlung* – von der Oberklasse (Obst) zur Unterklasse (Apfel). Letztere sind unsicher, da eine Objektreferenz vom Typus Oberklasse (Obst) auf ein Objekt verweisen kann, das einer weiteren Unterklasse von Obst entspricht (Birne), die ggf. mit der Ziel-Unterklasse (Apfel) nicht kompatibel ist. Typumwandlungen zwischen sonst nicht miteinander in Beziehung stehenden Klassen (Obst, Gemuese) sind ausgeschlossen. Die Typkonversionen zwischen Objekten sind ein wichtiges Prinzip der objektorientierten Programmierung mit Java: Eine Unterklasse kann überall dort eingesetzt werden, wo der Typ einer ihrer Oberklassen erwartet wird wie das folgende Beispiel zeigt:

```
package KlassenKonverter;
public class KlassenKonverter
{
  static public void main(String[] argv)
  {
    Obst dasObst  = new Obst();
    Gemuese dasGemuese = new Gemuese();
    Apfel einApfel = new Apfel();
    Birne eineBirne= new Birne();
    dasObst = (Obst) einApfel;        // sichere Umwandlung (Unterklasse → Oberklasse)
    einApfel = (Apfel) dasObst;       // unsichere Umwandlung (Oberklasse → Unterklasse)
    dasObst = (Obst) eineBirne;       // sichere Umwandlung (Unterklasse → Oberklasse)
    einApfel = (Apfel) dasObst;       // unsichere Umwandlung (Oberklasse → Unterklasse)
    dasGemuese = (Gemuese) dasObst;   // nicht zulässig, da außerhalb der
                                      // Klassenhierarchie von Obst, Fehler
  }
}
```

```
class Obst
{   String Reifezeit;   }

class Apfel extends Obst
{      String Sorte;     }

class Birne extends Obst
{      String Geschmack;   }

class Gemuese
{      String Farbe;   }
```

Codebeispiel 10: cast-*Operationen bei Referenz-Datentypen (Objekten)*

2.3.7   Arrays

Arrays sind echte Objekte in Java, nicht lediglich aus den Basisdatentypen abgeleitet. Ein Array-Typ wird durch den Namen des Elementtyps und leere eckige
Klammern angegeben, die Anzahl der Klammerpaare ergibt die Zahl der Dimensionen des Arrays. Die Syntax für eindimensionale Arrays ist der von C vergleichbar, wie in der folgenden Deklaration:

```
int IntReihe[];
// oder
int[] IntReihe;
```

$(vgl.\ P_{15},\ P_{55} - P_{60})$

Arrays sind in Java immer nur eindimensional. Das bedeutet, daß jeder Array ein
Objekt ist, das eine beliebige Anzahl Variablen enthält, die *Komponenten* des
Arrays. Alle Komponenten haben den gleichen Typ. Da eine Komponente eines
Arrays selbst ein Array sein kann, erhält man auf diese Weise die Möglichkeit,
mehrdimensionale Arrays zu spezifizieren. Bei mehrdimensionalen Arrays ist die
innerste Dimension des Arrays mit Komponenten eines primitiven Datentyps bzw.
mit Komponenten eines Referenz-Datentyps gefüllt. Arrays müssen – wie alle
anderen Objekte (Referenz-Datentypen) auch – explizit alloziert werden. Dazu
kann man

- den new-Operator verwenden, der den benötigten Speicherbereich bereitstellt,
- den Array direkt mit Werteliteralen instantiieren oder
- den Array durch Zuweisung einer gültigen Array-Referenz initialisieren.

Die Variablen*deklaration* selbst alloziert noch keinen Speicher für den Array,
lediglich für die Variable selbst wird Platz geschaffen. Die exakte Größe der einzelnen Dimensionen entsteht erst zur Laufzeit, wenn der Array instantiiert wird.
Die Instantiierung kann über den Aufruf des new-Operators oder durch direkte
Zuweisung von Werten (Literalen) erfolgen. Die Literale sind dabei als kommase-

parierte Liste in geschweiften Klammen anzugeben, bei mehrdimensionalen Arrays können die Wertelisten durch geschachtelte geklammerte Listen erfolgen.

Beispiele für Arraydeklarationen:

```
// ein eindimensionaler Array mit Integer-Komponenten
int[]    ArrayTest;

// ein zweidimensionaler Array mit short-Komponenten
short[][]  ArrayTest2;

// ein Array von Objekten
Object[]  ArrayTest3;
```

Beispiele für Arraydeklarationen und –initialisierungen:

```
// legt einen zweidimensionalen Array mit Komponenten vom Typ
// int an; der Array wird durch die Zuweisung zu einem
// Array vom Typ int[2][3]:
int  ArrayTest4[][]   = new int [2][3];

// Initialisierung des Arrays durch direkte Wertzuweisung
int[]    ArrayTest5 = {1,2,5,6,7,0};
String[]ArrayTest6 = {"ein", "Array", "aus", "Strings"};

// Bei mehrdimensionalen Arrays werden die Klammern verschachtelt:
int[][] ArrayTest7 =  { {1,2},  {3,3},  {6,7},  {1,7},  {9,2}  };
```

Die Länge eines Arrays ist nicht Teil seines Typs, eine Variable kann also während ihrer Lebenszeit auf einen Array unterschiedlicher Größe verweisen. Zu jedem Array gehört allerdings ein Feld **length**, das die Zahl der Komponenten des Arrays angibt. Zur Laufzeit werden alle Zugriffe auf einen Array überprüft; wird der Index über- oder unterschritten, so wird eine Ausnahme zur Fehlerbehandlung generiert (ArrayIndexOutOfBoundsException). Der Zugriff auf den Arrayindex kann über Werte vom Typ **int**, **short**, **byte** oder **char** erfolgen.

Das nachfolgende Beispiel für die Initialisierung von Arrays zeigt die Verwendung des **length**-Attributs bei der Erzeugung einer zweidimensionalen int-Matrix mit Hilfe von **new** sowie bei der Ausgabe des Inhalts der Matrix:

```
// Methode, die eine n × m-Matrix erzeugt und mit einem
// gegebenen Anfangswert belegt
int[][] erzeuge2Dmatrix (int ersteDimension, int zweiteDimension, int derAnfangswert)
{
  // Array initialisieren
  int[][] dieMatrix = new int[ersteDimension][zweiteDimension];

  // geschachtelte Schleife für die Wertebelegung; Schleifen-
  // durchlauf in jeder Dimension bis zur Länge der Dimension
  // (Zugriff auf .length)
```

```
  for(int i=0; i < dieMatrix.length; i++)
  {
    for(int j=0; j < dieMatrix[i].length; j++)
    {
      dieMatrix[i][j] = derAnfangswert++;
    }
  }
  return dieMatrix;
}

  // Ausgabe einer Matrix; Prinzip wie oben
  void gib2DMatrixAus(int[][]eineMatrix)
  {
    for(int i=0; i < eineMatrix.length; i++)
    {
      for(int j=0; j < eineMatrix[i].length; j++)
      {
        System.out.print(eineMatrix[i][j] + "\t");
      }
      System.out.print("\n");
    }
  }
```

Codebeispiel 11: Erzeugung und Manipulation mehrdimensionaler Arrays

Der Zugriff auf die Komponenten eines Arrays erfolgt – wie an den Beispielen bereits zu sehen war – über den []-Operator. Die Zählung der Array-Indices beginnt bei 0, d. h. in einem Array vom Typ int einIntArray = new int[5] kann man auf die Komponenten einIntArray[0] bis einIntArray[4] bzw. einIntArray [einIntArray.length-1] zugreifen. Der Zugriff auf einIntArray[5] löst bereits eine ArrayIndexOutOfBoundsException aus. Als Indexzähler kann nicht nur ein einfacher Zahlenwert (oder eine einfache Zählervariable) verwendet werden, sondern auch ein Ausdruck, z. B.:

```
int einWert = einIntArray [    java.util.Math.min(  einIntArray.length-1,
                          einIntArray[1] – (einIntArray[2] / 2))
                 ];
```

Im Beispiel wird der tatsächliche Indexzähler aus dem Minimum von größtem zulässigen Index und einer Berechnung unter Verwendung der Werte zweier Komponenten des Array bestimmt.

2.4   Namen, Gültigkeitsbereiche und Variablen

Bei der Implementierung eines Programms benötigt man geeignete Mechanismen, um die verwendeten Einheiten (Klassen, Objekte, Eigenschaften, lokale Variable etc.) bezeichnen zu können – dazu dienen Namen. Will man nicht rein funktional programmieren, so muß man Daten und Zwischenergebnisse in Variablen ablegen; vom Kontext einer Variablendeklaration hängt es ab, welchen Gültigkeitsbereich die Variable aufweist; da Java-Codemodule nicht nur lokal, sondern auch verteilt im Internet abgelegt sei können, ist eine genaue Regelung der Gültigkeitsbereiche notwendig, um Namenskonflikte zu vermeiden (*name spaces*).

2.4.1   Namen und Gültigkeitsbereiche

Ein *Name* ist ein *Bezeichner*, der dazu dient, in einem Programm deklarierte Einheiten ansprechen zu können. Ein Name kann

* ein Paket,
* einen Typ,
* ein Feld, d. h. Attribut einer Klasse oder einer Schnittstelle,
* eine Methode einer Klasse oder einer Schnittstelle,
* eine Variable, die formaler Parameter einer Methode ist,
* eine lokale Variable oder
* ein Anweisungslabel

bezeichnen. Man unterscheidet dabei einfache und qualifizierte Namen. Ein einzelner Name ist ein einfacher Bezeichner (i, dasObst, eineMethode etc.). Ein qualifizierter Name setzt sich aus einem Namen, einem Punkt und einem Bezeichner zusammen, wie etwa einObjekt.einAttribut, einObjekt.eineMethode, java.lang.String oder dasObst.einApfel.Sorte. Man spricht von einem vollqualifizierten Namen, wenn der Name den vollständigen Paketpfad enthält (z. B. java.io.StreamTokenizer). Welche Art von Einheit durch einen Namen bezeichnet wird, entscheidet sich durch den Kontext, in dem der Name auftritt (in Deklarationen als Name der deklarierten Einheit, in package-Anweisungen als Name eines Paketes etc.). Da Namen eine Untermenge der Bezeichner darstellen, gelten für ihren Aufbau die schon erläuterten Regeln für Bezeichner.

Die Unterscheidung zwischen einfachen und (voll) qualifizierten Namen ist deshalb wichtig, da in unterschiedlichen Paketen Klassen mit gleichem Namen definiert sein können. Dies gilt auch für die vordefinierten Klassen der Java 2-Plattform: Beispielsweise enthält sie die Klassen java.util.Date und java.sql.Date. Hat man beide Pakete in einer Kompilierungseinheit importiert, so muß man bei der Deklaration von Variablen jeweils den voll qualifizierten Namen für den Variablentyp verwenden. Der vollqualifizierte Name macht eine entsprechende import-Anweisung (für diesen Typ) überflüssig, da die Klasse auch ohne den

„Hinweis" auf die zu importierenden Pakete und Klassen gefunden werden kann. Das folgende Beispiel zeigt erst ein mehrdeutiges, also nicht korrektes Beispiel und anschließend die korrekte Lösung mit Hilfe voll qualifizierter Namen.

```
// Nicht zulässig, da zwei Klassen mit identischem Namen aus externen Paketen importiert
// werden (Namenskonflikt):
// import java.util.Date;
// import java.sql.Date;
// public class QualifizierteNamen
// {                    -
//    Klasse kann nicht eindeutig bestimmt werden
//    Date einUtilDatum;
//    Date einSQLDatum;
// }


// Vollständig qualifizierte Namen ersetzen die Importanweisung und lösen den
// Namenskonflikt; für die Verwendung weiterer Klassen aus den beiden Paketen kann
// aber nach wie vor ein Import notwendig sein
public class QualifizierteNamen
{
   java.util.Date einUtilDatum;
   java.sql.Date einSQLDatum;
}
```

Codebeispiel 12: Verwendung voll qualifizierter Namen

Im letzten Beispiel konnte man die Wirkungsweise verschiedener Gültigkeitsbereiche bereits beobachten. Ein Gültigkeitsbereich einer Deklaration ist derjenige Bereich, in dem auf die deklarierte Einheit (z. B. eine Eigenschaft, eine lokale Variable) durch ihren einfachen Namen zugegriffen werden kann. Folgende Gültigkeitsbereiche sind in Java unterschieden:

- Der Gültigkeitsbereich eines mit package definierten Pakets wird durch das System festgelegt; das Paket java.lang ist für alle Java-Programme gültig und erreichbar.
- Importierte Klassen- und Schnittstellentypen haben in allen Klassen und Schnittstellen der Kompilierungseinheit, in die sie importiert wurden, Gültigkeit.
- Deklarierte oder geerbte Eigenschaften sind in der gesamten Klassen- oder Schnittstellendeklaration gültig, in der sie deklariert werden. Eine Ausnahme gilt nur für Variableninitialisierungen: Eine Eigenschaft kann nicht mit einer anderen Eigenschaft initialisiert werden, wenn diese erst weiter unten deklariert wird.
- Methoden- bzw. Konstruktorenparameter sind im Rumpf der Methode bzw. des Konstruktors gültig.

- Eine lokale Variable ist in einem Anweisungsblock ab ihrer Initialisierung bis zum Ende des Blocks gültig.
- Eine Schleifenzählvariable in einer for-Schleife ist im Rest des Initialisierungsausdrucks der for-Schleife, der Bedingungsprüfung, der Ausdrucksmodifikation und dem Schleifenrumpf gültig.

Die Verwendung identischer Bezeichner für Elemente unterschiedlicher Namensräume ist zwar zulässig, aber verwirrend, und sollte soweit als möglich vermieden werden. Das nachfolgende Beispiel zeigt den Extremfall der Namensgleichheit; erstaunlicherweise handelt es sich um ein syntaktisch korrektes Programm:

```
class NamensGleichheit
{
  NamensGleichheit NamensGleichheit;
  NamensGleichheit NamensGleichheit(NamensGleichheit NamensGleichheit)
  {
    NamensGleichheit:
    while(true)
    {
      if(      NamensGleichheit.NamensGleichheit(NamensGleichheit)
        ==
             NamensGleichheit)
      break NamensGleichheit;
    }
    return NamensGleichheit;
  }
}
```

Codebeispiel 13: Verwendung von Namensräumen

2.4.2   Variablen

Variablen sind typisierte Speicherplätze, in denen man Werte ablegen kann (*typed storage locations*). Jede Variable hat als Attribute ihren Typ und ihre Speicherklasse, wobei der Typ entweder einfach (*primitive*) ist oder ein Referenz-Datentyp (Klasse, Schnittstelle, Array). Man unterscheidet verschiedene Speicherklassen und Typen von Variablen: Aus dem Kontext einer Variablendeklaration geht hervor, wo und wie lange eine Variable gültig ist. Folgende Typen von Variablen können in einem Java-Programm auftreten:

Eigenschaften
Eigenschaften (Feld, (Objekt-/Klassen-)Attribut, (Objekt-/Klassen-)Eigenschaft, Mitglieds- oder Membervariable) sind unmittelbare Bestandteile einer Klassendeklaration und werden automatisch bei der Objekterzeugung instantiiert. Eine Eigenschaftsvariable Variable wird im Unterschied zu statischen Variablen (s. u.)

für jedes von der Klasse instantiierte Objekt gesondert angelegt; der Wert des Attributs (Felds) kann also für jedes der Objekte unterschiedlich sein. Beispiel:

```
class Eigenschaften
{
  static public void main(String[] argv)
  {
    KlasseMitEigenschaft     erstesObjekt   = new KlasseMitEigenschaft();
    KlasseMitEigenschaft     zweitesObjekt = new KlasseMitEigenschaft();

    System.out.println(erstesObjekt.eineEigenschaft);
    System.out.println(zweitesObjekt.eineEigenschaft);

    erstesObjekt.eineEigenschaft="erstesObjekt";
    System.out.println(erstesObjekt.eineEigenschaft);
    System.out.println(zweitesObjekt.eineEigenschaft);

    zweitesObjekt.eineEigenschaft="zweitesObjekt";
    System.out.println(erstesObjekt.eineEigenschaft);
    System.out.println(zweitesObjekt.eineEigenschaft);
  }
}

class KlasseMitEigenschaft
{
  String eineEigenschaft = "objektbezogene Eigenschaft einer Klasse";
}
```

Codebeispiel 14: Verwendung von Eigenschaften

Ausgabe des Beispielprogramms:
    objektbezogene Eigenschaft einer Klasse
    objektbezogene Eigenschaft einer Klasse
    erstesObjekt
    objektbezogene Eigenschaft einer Klasse
    erstesObjekt
    zweitesObjekt

Statische Variablen (Klassenvariablen)
Klassenvariablen sind Variablen, die auf eine Klasse bezogen sind und die für eine Klasse nur einmal angelegt werden, unabhängig davon, wie viele Objekte dieser Klasse instantiiert sind (Klassenattribut, Klassenvariable). Die Variable existiert während der Lebenszeit der Klasse, zu der sie gehört. Um eine Variable als Klassenattribut zu kennzeichnen, muß bei ihrer Deklaration das Schlüsselwort static vorangestellt werden. Der Einsatz einer Klassenvariable ist sinnvoll, wenn von vornherein feststeht, daß das Attribut für alle Objekte einer Klasse immer den gleichen Wert aufweisen soll. Das nachfolgende Beispiel illustriert die Verwendung von Klassenvariablen und illustriert gleichzeitig, wie derselbe Name in un-

terschiedlichen Kontexten unterschiedliche Dinge (Einheiten) bezeichnen kann (hier: **KlassenVariable** als Name einer Klasse und einer statischen Klassenvariable).

```
class KlassenVariable
{
  static public void main(String[] argv)
  {
    Klasse erstesObjekt = new Klasse();
    {
      Klasse zweitesObjekt = new Klasse();
      System.out.println(erstesObjekt.KlassenVariable);
      System.out.println(zweitesObjekt.KlassenVariable);

      erstesObjekt.KlassenVariable="erstesObjekt";
      System.out.println(erstesObjekt.KlassenVariable);
      System.out.println(zweitesObjekt.KlassenVariable);

      zweitesObjekt.KlassenVariable="zweitesObjekt";
      System.out.println(erstesObjekt.KlassenVariable);
      System.out.println(zweitesObjekt.KlassenVariable);
    }
    System.out.println(erstesObjekt.KlassenVariable);
  }
}

class Klasse
{
  static String KlassenVariable = "Wert einer statischen Eigenschaft";
}
```

Codebeispiel 15: Verwendung statischer Variablen (Klassenvariablen)

Das Beispielprogramm erzeugt folgende Ausgabe:

```
Wert einer statischen Eigenschaft
Wert einer statischen Eigenschaft
erstesObjekt
erstesObjekt
zweitesObjekt
zweitesObjekt
zweitesObjekt
```

Lokale Variablen

Lokale Variablen werden innerhalb eines lokalen Anweisungsblocks deklariert, z. B. im Rumpf einer Methode oder in einer Schleife innerhalb des Rumpfs einer Methode. Sie sind nur in diesem Block gültig; ihre Lebensdauer endet mit Verlassen des Blocks. Sie gleichnamige Eigenschaften einer Klasse überdecken. Beispiel:

```
while(true)
{
  // Beginn eines Anweisungsblocks
  int iLokal = 0; // lokale Variablendeklaration
  if (iLokal > 5)break;
  iLokal++;
  // Ende des Anweisungsblocks
}
// iLokal = 10;      Fehler: iLokal hier nicht mehr gültig, Lebensdauer von iLokal beendet
```

Codebeispiel 16: Verwendung von lokalen Variablen

Parameter (Übergabeparameter, formale Parameter)
Variablen können schließlich als *formale Parameter* von Methoden, Konstruktoren und bei der Ausnahmegenerierung eingesetzt werden. Der Variablenname bezeichnet in diesen Fällen den Argumentwert, der einer Methode, einem Konstruktor oder einer Ausnahmeroutine als Parameter übergeben wird; bei Aufruf z. B. einer Methode initialisiert der übergebene Wert die Parametervariable. Beispiel:

```
class ParameterVariablen
{
  static public void main(String[] argv)
  {
    eineMethode(2489209);
  }

  // eine Methode der Klasse ParameterVariablen
  static void eineMethode(int iParameterVariable)
  {
    System.out.println(iParameterVariable);
  }
}
```

Codebeispiel 17: Verwendung von Parametern

Jeder Name kann in unterschiedlichen Namensräumen für die Deklaration von Variablen verwendet werden. An jeder Stelle im Programm ist dann diejenige Variablenreferenz gültig, die im innersten erreichbaren Namensraum vereinbart wurde, d. h. die Namensresolution erfolgt schichtweise von innen nach außen, nur der erste „Treffer" wird berücksichtigt. Dabei gilt allerdings die Einschränkung, daß keine lokale Variable vereinbart werden darf, die den gleichen Namen wie ein Übergabeparameter der Methode oder eine bereits vereinbarte lokale Variable hat. Dies veranschaulicht das nachfolgende Beispiel – die lokale Variable eineVariable bzw. der Übergabeparameter eineVariable verdecken die Eigenschaft eineVariable der Klasse; ein direkter Zugriff auf die Eigenschaft kann dann über den this-Zeiger erfolgen (vgl. unten Kap. 3.3.1 und Codebeispiel 41 in Kap. 3.3.2).

```
class Ueberdeckung
{
  int eineVariable = 100;
  public static void main(String[] argv)
  {
    einObjekt = new Ueberdeckung ();
  }

  Ueberdeckung ()
  {
    System.out.println("Die Eigenschaft: " + eineVariable);
    int eineVariable = 200;
    System.out.println("Die lokale Variable: " + eineVariable);
    System.out.println("Die Eigenschaft: " + this.eineVariable);
    {
      // Nicht zulässig, da gleichnamige lokale Variable bereits vorhanden ist:
      // int eineVariable;
    }
    eineMethode(300);
  }
  void eineMethode(int eineVariable)
  {
    System.out.println("Der Parameter: " + eineVariable);
    System.out.println("Die Eigenschaft: " + this.eineVariable);
    // Nicht zulässig, da gleichnamiger Parameter bereits vorhanden ist:
    // int eineVariable;
  }
}
```

Codebeispiel 18: Sichtbarkeit gleichnamiger Eigenschaften, Parameter und lokaler
Variablen

Ausgabe:
Die Eigenschaft: 100
Die lokale Variable: 200
Die Eigenschaft: 100
Der Parameter: 300
Die Eigenschaft: 100

Unabhängig davon können gleiche Namen in unterschiedlichen Namensräumen
parallel existieren, wenn die Namen unterschiedliche Sprachelemente bezeichnen
(Variablen, Methoden, Klassen etc., vgl. oben Codebeispiel 13).

2.5 Ausdrücke und Auswertung von Operatoren

Um die in einem Programm vorhandenen Objekte verändern zu können, z. B.
durch Wertezuweisungen oder Berechnungen, bildet man Ausdrücke. Unter einem
Ausdruck versteht man die syntaktisch korrekte Kombination von Sprachelemen-

ten durch Operatoren. Ausdrücke berechnet man im Rahmen von Anweisungen oder bei der Steuerung des Kontrollflusses.

2.5.1 Ausdrücke

Ausdrücke werden zur Werteberechnung und zur „Indikation" von Variablen benutzt. Das Ergebnis jedes Ausdrucks kann

- ein Wert (z. B. Auswertung eines arithmetischen Ausdrucks),
- eine Variable (z. B. der Rückgabewert einer Methode) oder
- nichts (Rückgabewert void bei Methoden ohne Rückgabewert) sein.

Um einen Ausdruck richtig interpretieren zu können, muß eine eindeutige Auswertungsreihenfolge festgelegt sein; die Operanden von Operatoren werden in Java von links nach rechts ausgewertet. Die links-rechts-Auswertung gilt auch für Methodenaufrufe, mehrdimensionale Arrays und Allokationsanweisungen. Zusammen mit den Regeln für die Präzedenz und die Assoziativität der Operatoren in Java (vgl. Tabelle 52 in Anhang 12.2) ergibt sich eine eindeutige Interpretation für alle Ausdrücke. Die vollständige Syntax für den Aufbau von Ausdrücken in Java geben die Produktionen $P_{108} - P_{140}$ wider (Anhang 12.1). Um eine bestimmte Auswertungsreihenfolge abweichend von der vorgegebenen Operatorenpräzedenz zu erzwingen, setzt man Klammern ein:

```
int i = 2 * 3 + 5;    // "Punkt vor Strich", i = 11
int i = 2 * (3 + 5);  // durch Klammerung erzwungene geänderte
                      // Auswertungsreihenfolge, i = 16
```

In den nachfolgenden Beispielen kann man unter Beachtung dieser Regeln die Auswertung von Ausdrücken nachvollziehen:

```
i = 2;                // Zuweisung eines Werteliterals zu einer Variablen
System.out.print(i + "\t ");
i = ++i*3;            // (Prä-)Inkrementieren einer Variablen, anschließend Multiplikation mit
                      // einem Literal, schließlich Zuweisung zu einer Variablen
System.out.print(i + "\t ");
i = (i-- %3) + 5;     // (Post-)Dekrementieren einer Variablen, anschließend Restbildung bei
                      // Division mit einem Literal, Addition mit einem Literal, schließlich
                      // Zuweisung zu einer Variablen
System.out.print(i + "\t ");
i = i << ++i-2;       // (Prä-)Inkrementieren einer Variablen, anschließend Subtraktion, dann
                      // Bitverschiebung nach links, schließlich Zuweisung zu einer Variablen
System.out.print(i + "\t ");
i = i + (i=3);        // Bildung einer Summe aus Variablenwert und Wertzuweisung
                      // zur Variablen, anschließend erneute Zuweisung
System.out.print(i + "\t ");
```

Codebeispiel 19: Auswertung von Ausdrücken

Das Beispiel erzeugt folgende Ausgabe:
2   9   5   80   83

Bei Arrayreferenzen wird zunächst der Teil links der eckigen Klammern ausgewertet, d. h. es wird ermittelt, auf welchen Speicherbereich die Arrayvariable
verweist. Erst dann wird der Ausdruck in der Indexangabe berechnet. Diese Auswertungsreihenfolge gewährleistet, daß Beispiele, wie sie oben zur Erläuterung
der Arrayzugriffe erfolgten, korrekt berechnet werden können.

Beispiel:
```java
public class AusdrucksAuswertung
{
  public static void main(String[] argv)
  {
    new AusdrucksAuswertung();
  }

  public AusdrucksAuswertung()
  {
    int[]  ersterArray   = {10,11,12,13, 14, 15};
    int[]  zweiterArray = {1,2,3,4,5};

    // Zugriff auf eine Komponente im ersten Array, dabei auch Zuweisung
    int x = ersterArray[(ersterArray=zweiterArray)[3]];
    System.out.println(x);

    // Ausgabe der Inhalte der Arrays, auf die die beiden
    // Arrayreferenzen verweisen
    for(int i = 0; i < ersterArray.length; i++)
    System.out.print(ersterArray[i] + " ");

    System.out.println();
    for(int i = 0; i < zweiterArray.length; i++)
    System.out.print(zweiterArray[i] + " ");
  }
}
```

Codebeispiel 20: Auswertung von Arrayzugriffen

Das Programm erzeugt folgende Ausgabe:
14
1 2 3 4 5
1 2 3 4 5

Zunächst wird der Wert von **ersterArray** bestimmt, bevor (ersterArray =
zweiterArray = b)[3] berechnet wird. Dieser Index bekommt dann einen Wert, der
dem Inhalt der dritten Komponente von **zweiterArray** entspricht. Der Zugriff erfolgt dann unter Zuhilfenahme der bereits berechneten Adresse von **ersterArray**,

die Referenzänderung durch die Zuweisung (im Zugriffsoperator!) wird erst bei der nächsten Anweisung (Ausgabeschleife) wirksam.

2.5.2 Primäre Ausdrücke

Unter primären Ausdrücken versteht man

- Namen (einfache und qualifizierte Namen sowie die Sonderfälle this, super und null),
- Literale (s. o. Kap. 2.1.4),
- Arrayzugriffe (s. o. Kap. 2.3.7),
- Feldzugriffe (Zugriffe auf die Eigenschaften von Klassen und Objekten),
- Methodenaufrufe und
- Allokationsausdrücke.

Der Arrayzugriff erfolgt durch Bezeichnung des Arraynamen und Angabe eines Indexausdrucks in eckigen Klammern, also Name[Ausdruck], wobei statt Name auch ein Arrayzugriff, Methodenaufruf etc., d. h. ein *primärer Ausdruck* stehen darf. Der Feldzugriff für Objekte, Arrays, Klassen oder Interfaces erfolgt durch den Zugriffsoperator („.") in folgender Weise:

Ausdruck.Bezeichner

Beispiel:

einObjekt.eineEigenschaft

Methodenaufrufe erfolgen ebenfalls in dieser Weise, d. h. Methodenname (oder ein entsprechender komplexer Ausdruck z. B. als Feldzugriff) und anschließend runde Klammern mit einer (auch leeren) Argumentliste:

Ausdruck.Methodenaufruf

Also:
get(x);
EineKlasse.Tue(Etwas);

Dabei ist zu beachten, daß bei Feld- und Methodenzugriffen der Ausdruck links des Zugriffsoperators ebenfalls ein Methodenaufruf sein kann, wobei der Methodenaufruf als Rückgabewert eine Objektreferenz liefert, auf deren Methoden sich der Methodenaufruf rechts vom Zugriffsoperator bezieht.

Beispiel:
Graphics g = new Graphics();
g.getColor().darker().darker().darker();

Die Graphics-Klasse im Paket java.awt (vgl. Kap. 7.2) verfügt über eine Methode getColor(), die als Rückgabewert ein Objekt vom Typ Color liefert. Color wieder-

um hat eine Methode **darker()**, die den aktuellen Farbwert ändert („verdunkelt")
und als Ergebnis ebenfalls ein Objekt vom Typ **Color** (mit den geänderten Farb-
werten) liefert, das wieder mit **darker()** manipuliert werden kann.

Der Methodenzugriff ist durch den Compiler so aufzulösen, daß unter Berücksichtigung einer evtl. vorhandenen Vererbungshierarchie und überladener Methoden der Zugriff auf die richtige Methode erfolgt: Dabei gibt es jeweils genau eine
Methodenimplementierung, die zur *compile time* am besten auf den Methodenaufruf paßt, diese nennt man auch die *compile time definition* für einen Methodenaufruf; ihr Name und ihre Parametertypen nennt man ihre Signatur (*signature*).

Allokationsanweisungen erfolgen mit dem **new**-Operator; sollte dabei nicht ausreichend Speicher vom System zur Verfügung gestellt werden können, erfolgt
eine **OutOfMemoryException**. Die Syntax ist wie folgt (vgl. $P_{109} - P_{113}$):

new TypName (Argumentliste);

bzw.

new TypName Dimensionsausdruck;

Dabei steht die erste Variante für die Allokation von Objekten, die zweite für die
Allokation von Arrays. Die Argumentliste kann auch leer sein (Defaultkonstruktor). Die Allokation eines Objekts bewirkt den Aufruf des passenden Konstruktors
dieses Objekts unter Berücksichtigung der vorhandenen Argumente. Bei Arrayal-
lokationen besteht der Dimensionsausdruck aus eckigen Klammern für jede Dimension. Davon müssen alle Dimensionen außer der letzten angegeben werden.
Alternativ ist es möglich, die Dimensionen wegzulassen, dafür aber eine direkte
Initialisierung des Arrays vorzunehmen. Bei der Allokation von Arrays mit primitiven Datentypen als Komponenten erhält jedes Element des Arrays seinen Defaultwert (z. B. 0 oder null). Bei mehrdimensionalen Arrays erfolgt eine geschachtelte Initialisierung der Elemente. Beispiele:

```
String eineZeichenkette;
// Allokation mit Typnamen, ohne Argumente
// ("Defaultkonstruktor" des Typs, vgl. Kap. 3.3.3)
eineZeichenkette = new String();
// Allokation mit Typnamen, Verwendung eines Konstruktors mit
// Argumenten
eineZeichenkette = new String("irgendein Text");
String[][] ein2dStringArray;
// Array-Allokation mit vollständiger Dimensionsangabe
ein2dStringArray = new String[3][5];
// Array-Allokation mit Dimensionsangabe; letzte Dimension bleibt unspezifiziert
ein2dStringArray = new String[3][];
// Fehler: bei n Dimensionen müssen n-1 Dimensionen angegeben werden
// ein2dStringArray = new String[][];
// korrekt: leere Dimensionen, dafür aber explizite (hier: leere) Initialisierung
```

```
ein2dStringArray = new String[][]{};
// korrekt: leere Dimensionen, dafür aber explizite Initialisierung
ein2dStringArray = new String[][] { {"a", "b", "c"},
                                    {"d", "e", "f"} };
```

Codebeispiel 21: Allokationsanweisungen

2.5.3 Auswertung zusammengesetzter Ausdrücke

Durch die Verwendung von Operatoren entstehen zusammengesetzte Ausdrücke unterschiedlichen Typs (Multiplikationsausdruck, Zuweisungsausdruck etc.). Die Operatoren von Java wurden bereits – als elementare Bestandteile von Java – in Kap. 2.1.5 eingeführt. Sie unterscheiden sich hinsichtlich ihrer Bedeutung, Präzedenz, Assoziativität sowie hinsichtlich der Art und Anzahl der Argumente (Ausdruckstypen). Unter der Assoziativität eines Operators versteht man die Anwendungsreihenfolge des Operators auf seine Argumente. Beispielsweise ist die Zuweisung („="") *rechtsassoziativ*, d. h. zunächst wird der Ausdruck rechts des Operators = berechnet; dessen Ergebnis wird dann auf das Argument links des Operators übertragen (Zuweisung). Bei der Zahl der Argumente unterscheidet man *unäre* Operatoren (ein Argument), wie z. B. die Inkrement- und Dekrement-Operatoren, *binäre* Operatoren (zwei Argumente), wie z. B. die Grundrechenarten (+, -, *, /) und ternäre Operatoren (drei Argumente), in Java ausschließlich der Bedingungsoperator (Arg1 ? Arg2 : Arg3). Für jeden Operator gibt es Regeln, die genau festlegen, von welcher Art ihre Argumente (Ausdruckstyp) sein dürfen.[6]

Nach der Zahl ihrer Argument sowie nach ihrer Bedeutung kann man die Operatoren und die mit ihnen entstehenden Ausdrücke zu Gruppen zusammenfassen:

Unäre (einstellige) Operatoren
Zu den unären Operatoren gehören die Präfix-Inkrement- und Dekrement-Operatoren (++, --), die explizite Typumwandlung (*cast*-Operation) die Vorzeichenoperatoren (+, -) und die Komplement-Operatoren (!, ~).

Inkremente und Dekremente bewirken jeweils eine Werterhöhung oder Werterniedrigung ihres Arguments (einer Variablen) um 1, der Wert wird der Variablen wieder zugewiesen.

Die *cast*-Operation führt eine explizite Typumwandlung ihres Arguments vom ursprünglichen Typ in den im *cast*-Operator angegebenen Typ durch, soweit dies nach den Regeln für Typumwandlungen (vgl. Kap. 2.3.6) zulässig ist.

---

[6] Aus Platzgründen wird hier darauf verzichtet, diese Regeln vollständig aufzulisten und zu Erläutern. Vgl. aber $P_{108} - P_{140}$ im Anhang und Kap.15 der *Java Language Specification* (GOSLING, BOY & STEELE 1997:289ff).

Die Vorzeichenoperatoren + und – passen jeweils den numerischen Typ ihres Operanden an. Der negative Vorzeichenoperator führt dabei die arithmetische Negation seines Operanden (Subtraktion von 0) durch.

Die Komplement-Operatoren ! (logisches Komplement) und ~ (Bitkomplement) bewirken, daß die Werte ihrer Argumente umgewandelt werden: Das Argument des logischen Komplements ist ein Wahrheitswert, das Ergebnis der jeweils komplementäre Wahrheitswert (aus true wird false, aus false wird true). Der logische Komplement-Operator wird z. B. bei der Bedingungsprüfung in if-Anweisungen genutzt (if(! istSichtbar() //...). Der Bitkomplement-Operator erwartet als Argument einen Ganzzahlwert und „dreht" jedes seiner Bits um (aus 0 wird 1, aus 1 wird 0). Aufgrund des internen Formats der Ganzzahlen in Java ist der Bitkomplement-Operator äquivalent mit dem um eins verringerten Ergebnis der Anwendung des negativen Vorzeichenoperators (~i bzw. (-i)-1).

Arithmetische Operatoren (, /, %, +, -)*
Die arithmetischen Operatoren führen folgende arithmetische Operationen durch:

- Multiplikation,
- Division,
- Rest bei Division (Modulo),
- Addition und
- Subtraktion.

Bei Division von Ganzzahlen wird das Ergebnis auf die größtmögliche Ganzzahl abgerundet (z. B. 7/3 = 2, Rundung des Bruchanteils gegen 0). Bei Gleitkommazahlen wird – soweit nicht ein Ausnahmefall wie Division von Unendlich durch Unendlich vorliegt – der Quotient exakt berechnet. Der Restoperator berechnet den Rest einer Division mit ganzzahligem Ergebnis, wobei gilt:

```
(Dividend / Divisor)   * Divisor + Dividend   % Divisor  = Dividend
// Z. B.:
// (14    /    3)    *    3    +    14   % 3    =    14
//         4         *    3    +         2      =    14
```

Der Additionsoperator ist auch für Objekte vom Typ String definiert (*string concatenation*). Bei der String-Verkettung ist auch die Verknüpfung eines String-Objekts mit anderen (primitiven) Datentypen zulässig; diese werden dabei automatisch in ein Objekt vom Typ String umgewandelt (z. B. erzeugt die Anweisung String eineZeichenkette = new String("Der Wert ist " + 4.523f * 3.2f); die Zeichenkette „Der Wert ist 14.473599"). Ansonsten können bekanntlich die Operatoren in Java nicht überladen, d. h. für neue Klassen definiert werden.

Verschiebeoperatoren (<<, >>, >>>)
Die Verschiebeoperatoren bewirken eine Verschiebung der Bits des linken Arguments des Verschiebeoperators um die im rechten Argument angegebene Zahl von

Stellen nach links ($<<$), nach rechts ($>>$) bzw. nach rechts unter Setzen des Vorzeichens auf 0 ($>>>$). Das Verschieben der Bits nach links entspricht der Multiplikation mit der Zweierpotenz der Anzahl der verschobenen Stellen, beim Verschieben nach rechts der ganzzahligen Division durch diese Zweierpotenz.

Beispiel:

```
int i = 5;

// Bits um zwei Stellen nach links verschieben
i = i << 2;
System.out.print(i + "\t");

// Bits um fünf Stellen nach rechts verschieben
i = 356;
i = i >> 5;
System.out.print(i + "\t");

// negative Zahl, Bits um zwei nach rechts schieben,
// Vorzeichen belassen
i = -16;
i = i >> 2;
System.out.print(i + "\t");

// negative Zahl, Bits um zwei nach rechts schieben,
// Vorzeichen auf 0 setzen
i = -16;
i = i >>> 2;
System.out.print(i + "\t");
```

Ausgabe:
```
20    11    -4    1073741820
```

Vergleichsoperatoren ($<$, $<=$, $>$, $>=$, $==$, $!=$, instanceof)
Die Vergleichsoperatoren ermöglichen Wertevergleiche zwischen numerischen Werten (numerische Vergleichsoperatoren, $<$, $<=$, $>$, $>=$), die Überprüfung zweier Ausdrücke auf Gleichheit/Ungleichheit ($==$, $!=$) sowie die Typüberprüfung (instanceof). Ihr Ergebnis ist jeweils ein Wahrheitswert (**true**, **false**).

Während die numerischen Vergleichsoperatoren auf Zahlenwerte beschränkt sind, kann man auf Gleichheit/Ungleichheit auch Wahrheitswerte oder Objektreferenzen prüfen. Dieser Vergleich liefert dann true, wenn die *Typen* beider Argumente ineinander umgewandelt werden können und sie auf dasselbe Objekt verweisen (*object equality*). Dabei ist zu beachten, daß etwa ein Vergleich zweier Zeichenketten (Objekte vom Typ **String**) mit dem $==$-Operatur nur dann true liefert, wenn die *Objektreferenzen* identisch sind, also nicht bereits dann, wenn die Inhalte – die Zeichenketten – gleich sind. Zwei **String**-Objekte können jeweils die gleiche Zeichenkette enthalten (z. B. "abc"), es muß sich bei ihnen aber keineswegs um identische Objektreferenzen handeln, der Vergleich mit == kann also das Ergebnis **false** liefern. Der Typprüfungs-Operator prüft, ob sein linkes Argument den Referenztyp des rechten Arguments aufweist oder in ihn umgewandelt werden kann. Wird dabei rechts ein Referenztyp angegeben, der mit dem linken Argument in keiner Vererbungsbeziehung steht, so ist das Ergebnis **false**.

Die Anwendung der numerischen Vergleiche ist offensichtlich (z. B. i > 10, j <= 20). Das nachfolgende Beispiel zeigt daher nur die Anwendung der Gleichheitsprüfung und der Typprüfung. Im Beispiel erfolgt zu Testzwecken die Definition dreier (leerer) innerer Klassen (vgl. Kap. 3.3.8):

```java
public class VergleichsOperatoren
{
  public static void main(String[] argv)
  {   new VergleichsOperatoren();  }

  public VergleichsOperatoren()
  {
    Oberklasse Objekt_OK = new Oberklasse();
    Unterklasse Objekt_UK = new Unterklasse(), Objekt_UK2;

    // Zuweisung der Objektreferenzen und Identitätsprüfung
    Objekt_UK2 = Objekt_UK;
    if (Objekt_UK2 == Objekt_UK)
    System.out.println("Verweis auf gleiche Objekte.");

    // Zuweisung der Objektreferenzen und Identitätsprüfung
    Objekt_OK = Objekt_UK;
    if (Objekt_OK == Objekt_UK)
    System.out.println("Verweis auf gleiche Objekte.");

    // Typprüfung
    if(Objekt_OK instanceof Oberklasse)
       System.out.println("Ist Instanz von Oberklasse.");
    else    System.out.println("Ist nicht Instanz von Oberklasse.");

    // Typprüfung
    if(Objekt_OK instanceof Unterklasse)
       System.out.println("Ist Instanz von Unterklasse.");
    else
       System.out.println("Ist nicht Instanz von Unterklasse.");

    // nicht zulässig, wird bereits vom Compiler abgefangen
    // keine Typumwandlung möglich
    // if(Objekt_OK instanceof AndereKlasse)
  }
```

```
// Hilfsklassen
class Oberklasse {}
class Unterklasse extends Oberklasse {}
class AndereKlasse {}
}
```

Codebeispiel 22: Anwendung von Vergleichsoperatoren bei Referenz-Datentypen

Bitoperatoren und logische Operatoren (&, ^, |)
Ähnlich wie bei den Komplement-Operatoren gibt es für die Operatoren &, ^ und | je eine Interpretation für die Anwendung auf Ganzzahl-Werte bzw. für die Anwendung auf Wahrheitswerte (Operanden vom Typ **boolean**). Als Bitoperation

- bewirkt der Operator ^ die bitweise Verknüpfung seiner Operanden mit logischem UND, d. h. im Ergebnis wird ein Bit auf 1 gesetzt, wenn das Bit in beiden Operanden bereits den Wert 1 hatte (1 und 1),
- der Operator & die bitweise Verknüpfung seiner Operanden mit exklusivem ODER, d. h. im Ergebnis wird ein Bit auf 1 gesetzt, wenn die Bits in den Operanden unterschiedlich sind (0 und 1 oder 1 und 0) und
- der Operator | die bitweise Verknüpfung seiner Operanden mit inklusivem ODER, d. h. im Ergebnis wird ein Bit auf 1 gesetzt, wenn wenigstens ein Bit auf 1 gesetzt ist (1 und 1; 0 und 1; 1 und 0).

Das folgende Beispiel zeigt die Anwendung der Bitoperatoren. Zum besseren Verständnis sind die Bitmuster im niederwertigsten Byte der int-Variablen mit angegeben (die drei anderen Bytes enthalten ohnehin nur Nullwerte):

```
int linkerOperand, rechterOperand, Ergebnis;

linkerOperand  = 106;  // Bitmuster   ... 0110 1010
rechterOperand = 85 ;  // Bitmuster   ... 0101 0101
                       // & ergibt     ... 0100 0000
                       // ^ ergibt     ... 0011 1111
                       // | ergibt     ... 0111 1111

Ergebnis = linkerOperand & rechterOperand;
System.out.println("Ergebnis UND: " + Ergebnis);
Ergebnis = linkerOperand ^ rechterOperand;
System.out.println("Ergebnis exkl. ODER: " + Ergebnis);
Ergebnis = linkerOperand | rechterOperand;
System.out.println("Ergebnis inkl. ODER: " + Ergebnis);
```

Codebeispiel 23: Anwendung von Bitoperatoren

Das Programm gibt folgendes aus:

```
Ergebnis UND: 64
Ergebnis exkl. ODER: 63
```

Ergebnis inkl. ODER: 127

Bei Wahrheitswerten (logische Operatoren) gilt die analoge Auswertung, d. h. die Anwendung des ^-Operators auf zwei Wahrheitswerte liefert nur dann den Wert true, falls die beiden Operanden einen unterschiedlichen Wahrheitswert aufweisen (true *und* false oder false *und* true).

Konditionaler logischer Vergleich (&&, | |)
Wie die entsprechenden logischen Operatoren & und | operieren && und || mit Wahrheitswerten und haben die gleiche Bedeutung. Der Unterschied zwischen & und && bzw. | und || besteht darin, daß der rechte Operand nur ausgewertet wird, falls der linke Operand den Wert true ergibt. Bei || bedeutet dies, daß der rechte Operand ausschließlich dann ausgewertet wird, falls der linke Operand false ergibt (sonst steht das Ergebnis true des Vergleichs bereits fest, s. u. Codebeispiel 24.

Bedingungsoperator
Der Bedingungsoperator (Ausdruck1 ? Ausdruck2 : Ausdruck3) ist der einzige dreistellige Operator in Java. Er prüft den Wahrheitswert seines ersten Operanden und wertet anschließend den zweiten Operanden aus, falls der Wahrheitswert true ist. Ansonsten wird der dritte Operand ausgewertet. Dabei ist zu beachten, daß es sich hierbei um einen Ausdruck handelt, der für sich genommen noch keine Anweisung bildet. In der Regel wird man den Bedingungsoperator daher mit einer Zuweisung verbinden: Eine Variable bekommt in Abhängigkeit von der Auswertung des ersten Ausdrucks entweder das Resultat des zweiten oder des dritten Ausdrucks des Bedingungsoperators zugewiesen, s. u. Codebeispiel 24.

Zuweisungsoperatoren
Die Zuweisungsoperatoren bestehen aus der einfachen Zuweisung (=) und den zusammengesetzten Zuweisungen, bei denen vor der eigentlichen Zuweisung der rechte Operand einer Operation unterworfen wird (*= /= %= += -= <<= >>= >>>= &= ^= |=). Alle Zuweisungen sind links-assoziativ, d. h. die Werteübertragung erfolgt immer vom rechten auf den linken Operanden. Der Zuweisungsoperator ist eine typische Fehlerquelle in Java, da der Operator „=" in vielen anderen Programmiersprachen als *Gleichheitsoperator* definiert ist. Man führe sich vor Augen, daß if(i = 3) //... und if(i == 3) //... jeweils eine sehr unterschiedliche Bedeutung haben. Da die Zuweisung eine Wertübertragung bedeutet, muß es sich beim linken Argument eines Zuweisungsausdrucks um eine Variable handeln, sonst entsteht ein Fehler.

```java
int a = 5, b = 10, c = 20;
if( ((a + b) < c) && ((a * b) > c))
{
   System.out.println("Alle Bedingungen sind erfüllt.");
}
```

```java
if ( (b > c) || (a < c))
{
  System.out.println("Wenigstens eine Bedingung ist erfüllt.");
}

// Bedingungsoperator: a bekommt den Wert 5, falls a > 10, sonst den Wert 10
a = (a > c) ? 5 : 10;
System.out.println("a bekam den Wert: " + a);

// Beispiele für zusammengesetzte Zuweisungen
int a = 5, b = 10, c = 20;
a += b *= c /= 5;
System.out.println("a: " + a + ", b: " + b + ", c: " + c);
a %= b ^= c <<= 3;
System.out.println("a: " + a + ", b: " + b + ", c: " + c);
```

Codebeispiel 24: Konditionale logische Vergleiche, Bedingungsoperator und Zu-
weisungen

Ausgabe:
Alle Bedingungen sind erfüllt.
Wenigstens eine Bedingung ist erfüllt.
a bekam den Wert: 10
a: 50, b: 40, c: 4
a: 2, b: 8, c: 32

2.6   Anweisungen und Kontrollflußsteuerung

Anweisungen (*statements*) sind die einzelnen Arbeitsschritte, die von einem Programm ausgeführt werden sollen. Es gibt unterschiedliche Typen von Anweisungen in Java, dazu gehören vor allem auch die verschiedenen Anweisungstypen, die der Steuerung des Kontrollflusses im Programm dienen:

- Die leere Anweisung (;),
- Anweisungen mit Label/Beschriftung,
- Ausdrücke,
- Auswahlanweisungen,
- Iterationsanweisungen (bedingte Schleifen und Zählschleifen),
- Sprunganweisungen,
- Sychronisationsanweisungen und
- Ausnahmeanweisungen.

Anweisungen werden mit einem Strichpunkt (;) abgeschlossen, eine Zeilenendezeichen ist nicht erforderlich, mehrere Anweisungen können auf einer Zeile stehen (die verschiedenen Leerzeichen sind insofern äquivalent, vgl. Kap. 2.1.2):

```java
int i = 5;    i *= 10;    i += 6;    if (i > 25)i++;
```

Bei allen vorangegangenen Beispielen wurden bereits Anweisungen verwendet,
ohne, daß der Begriff eingeführt worden wäre. Anweisungen lassen sich durch
Klammerung in geschweiften Klammern zu einem *Anweisungsblock* zusammenfassen:

```
{                                                                      (P₇₉)
  Anweisung1;
  Anweisung2;
  Anweisung3;
  // ...
  AnweisungN;
}
```

Anweisungsblöcke sind für die Programmstrukturierung bzw. für die Kontrollflußsteuerung von Bedeutung, da sich nur mit ihnen mehrere Anweisungen logisch zusammenfassen lassen. Aus Gründen der Lesbarkeit des Programmcodes
empfiehlt es sich, auch einzelne Anweisungen nach Auswahl oder Schleifenan-
weisungen zu einen Anweisungsblock zusammenzufassen, damit dem Leser klar
wird, wie die Zuordnungen der Anweisungen im Kontrollfluß aussieht.

Durch die Definition von Anweisungsblöcken wird auch je ein neuer Gültigkeitsbereich eingeführt: Eine lokale Variable, die innerhalb eines Anweisungsblocks
deklariert wird, ist nur innerhalb dieses Blocks gültig (vgl. Kap. 2.4.2).

Anweisungen können mit einem Bezeichner versehen werden, auf den dann im
Programm verwiesen werden kann (Sprunganweisung bei der Unterbrechung von
Schleifen, s. u. Kap. 2.6.3):

Bezeichner : Anweisung;

Diesen Mechanismus verwenden auch die Fallunterscheidungen (case- und
default-Anweisungen) in einer switch-Anweisung (s. u. Kap. 2.6.2).

2.6.1   Ausdrücke als Anweisungen

Die meisten Anweisungen sind aus Ausdrücken aufgebaut. Dabei ergeben allerdings nicht alle in Kap. 2.5 eingeführten Ausdrücke für sich genommen bereits
gültige Anweisungen. In Java gibt es folgende Typen von Ausdrücken, die eine
korrekte Anweisung ergeben:

- Zuweisungen (einfach und zusammengesetzt),
- Prä-Inkrement und Prä-Dekrement,
- Post-Inkrement und Post-Dekrement,
- Methodenaufrufe und
- Allokationsanweisungen.

Andere Ausdruckstypen ergeben also keine gültige Anweisung, z. B. ist x * 5; keine Anweisung (sondern lediglich ein Multiplikationsausdruck). Erst wenn man durch einen Zuweisungsoperator den in der Multiplikation berechneten Wert zuweist, entsteht eine gültige Anweisung.

2.6.2 Bedingungs- und Auswahlanweisungen

Eine wichtige Form der Steuerung des Kontrollflusses sind Bedingungen und Auswahlanweisungen, bei der abhängig vom Wahrheitswert eines Bedingungsausdrucks bzw. vom Wert eines Ausdrucks verschiedene Pfade im Quellcode verfolgt werden. In Java existieren zwei unterschiedliche Formen, die if-Anweisung und die switch-Anweisung. Bei ersterer wird die auf die if-Anweisung folgende Anweisung (bzw. der Anweisungsblock) nur ausgeführt, wenn der Bedingungsausdruck erfüllt ist (true); optional kann man einen else-Zweig vorsehen, der ausgeführt wird, falls die Auswertung der Bedingung false ergibt. Die Syntax der if-Anweisung lautet wie folgt:

```
if(<Bedingungsausdruck>)
Anweisung; bzw. {Anweisungsblock;}
[
   else
   Anweisung; bzw. {Anweisungsblock;}
]
```

(vgl. P_{88}/P_{89})

```
Beispiel:
int iZaehler = 5;
if(iZaehler > 10)
{
   System.out.println(iZaehler);
}
else
{
   System.out.println(iZaehler+10);
}
```

Codebeispiel 25: if-Anweisung

Zu beachten ist, daß die Auswertung des Bedingungsausdrucks einen Wahrheitswert ergibt; anders als etwa in C können also nicht ohne weiteres einfach Integer-Variablenwerte ausgewertet werden, da sie nicht direkt nach boolean konvertierbar sind.

Die Bedingungsanweisung gabelt den Kontrollfluß in zwei Richtungen. Mit einer Fallunterscheidung kann man dieses Prinzip verallgemeinern: Die switch-Anweisung dient zur Auswahl mehrerer Alternativen mit Hilfe einer Auswahlvariable. Sie hat folgende Struktur:

```
switch(<Ausdruck>)                                          (P₉₀ – P₉₄)
{
  case Auswahlwert1:
  // auszuführender Code für Fall 1
  [break;]


  case Auswahlwert2:
  // auszuführender Code für Fall 1
  [break;]


  // ggf. weitere Fälle
  // ...


  // Standardfall für alle nicht durch einen anderen Fall abgefangenen Werte (optional):
  default:
  // auszuführender Code, sollte sonst nichts zutreffen
  [break;]
}
```

Der für die Fallunterscheidung geprüfte Ausdruck muß einen Ganzzahlwert aufweisen (nur char, byte, short und int sind zulässig; also z. B. keine long-Werte
oder Gleitkommazahlen). Für jeden zu verarbeitenden Wert des Ausdrucks kann
ein eigener Fall mit Hilfe der case-Anweisung angegeben werden. In der Regel
gibt man zum Abschluß der case-Anweisung eine break-Anweisung, damit *nur
dieser* Fall bearbeitet wird. Die break-Anweisung bewirkt, daß die switch-
Anweisung verlassen wird (Kontrollfluß läuft *nach* der Fallunterscheidung weiter). Ohne break geht der Kontrollfluß zum nächsten case-Statement innerhalb der
Fallunterscheidung weiter. Die default-Anweisung ist optional und wird ausgeführt, falls die Auswertung des Auswahlausdrucks einen Wert ergibt, für den kein
Fall vorgesehen ist. Die Auswahlwerte der case-Anweisungen müssen konstante
Werte (Literale) sein. Beispiel:

```
int i = 0;
for(i = 5; i >= 0; i--)
{
  switch(i)
  {
    case 4:
    case 5:
      System.out.print("i ");
    break;

    case 3:
      System.out.print("\bst");
    break;
```

```
    case 2:
      System.out.print(" die ");
    case 1:
      System.out.println("Zählvariable");
      break;

    default:
      System.out.println(".");
      break;
  }
}
```

Codebeispiel 26: switch-Anweisung (Fallunterscheidung)

Das Programm erzeugt folgende Ausgabe:

```
i ist die Zählvariable
Zählvariable
```

Case 4 und case 5 sind zusammengefaßt; nach case 2 folgt keine break-Anweisung, so daß das nachfolgende case-Statement (case 1) sofort anschließend ausgeführt wird; die default-Anweisung wird für den Wert 0 (ohne eigenen Fall) erreicht. Da die break-Anweisungen optional sind, werden sie gcrnc vergessen (kein Syntaxfehler!); man sollte also bei der Verwendung von Fallunterscheidungen genau darauf achten, daß für die einzelnen Fälle jeweils auch break-Anweisungen gegeben werden – soweit erforderlich. Umgekehrt kann man so mehrere Fälle zusammenfassen (im Beispiel oben case 4/case 5).

Typische Anwendungsbeispiele für Fallunterscheidungen sind das Parsen von Kommandozeilenparametern (Unterscheidung von Befehlsschaltern, die einem Programm mitgegeben werden) oder die Ereignisverarbeitung in graphischen Benutzerschnittstellen (z. B. die verschiedenen ActionCommands, die in einem Programm auftreten können, vgl. u. Kap. 7.1.3).

2.6.3   Schleifenanweisungen (Iterationen)

Ein wichtiges Mittel der Kontrollflußsteuerung sind Schleifen, in denen derselbe Anweisungsblock mehrfach ausgeführt wird. Für die Programmierung von Schleifen, d. h. der wiederholten Ausführung eines Programmstücks, gibt es in Java drei unterschiedliche Formen:

- Bedingte Schleife mit Bedingungsprüfung am Anfang (while-Schleife),
- bedingte Schleife mit Bedingungsprüfung am Ende des Schleifenrumpfes (do/while-Schleife) und

- die Schleifensteuerung über eine oder mehrere Zählervariablen (for-Schleife). In einer solchen Zählschleife wird nach jeder Schleifenausführung eine Zählervariable verändert und die Schleife solange ausgeführt, bis der Zähler den Abbruchwert erreicht hat.

Für alle Schleifentypen gilt, daß der Ausdruck, der geprüft wird, um festzustellen, ob die Schleife ein weiteres Mal zu durchlaufen ist, einen Wahrheitswert ergibt (boolean), andernfalls tritt ein Übersetzungsfehler auf.

while-Schleife
Die while-Schleife ist eine bedingte Schleife, bei der die Schleifenbedingung vor Ausführung des Schleifenrumpfs geprüft wird. Ergibt der Bedingungsausdruck bei der erstmaligen Prüfung den Wert **false**, so wird die Schleife niemals durchlaufen. Falls die Prüfung des while-Ausdrucks den Wert **true** ergibt, wird der Anweisungsblock ausgeführt. Vor jedem Schleifendurchlauf findet eine erneute Prüfung der Schleifenbedingung statt, die Iteration endet mit der ersten Prüfung des Bedingungsausdrucks, die den Wert **false** ergibt, der Kontrollfluß wird nach dem Anweisungsblock der while-Schleife fortgeführt.

Syntax der while-Schleife:
```
while(<Bedingungsausdruck>)
Anweisung; bzw. {Anweisungsblock;}
```
(P_{95})

Beispiele:
```
int iZaehler = 5;
while(iZaehler-- > 0)
{   System.out.println(iZaehler);   }
// ...
// Endlosschleife, da die Bedingung immer erfüllt ist - die Schleife kann nur über eine
// Sprunganweisung (break, continue, return) verlassen werden
// ...
while(true)
{   System.out.println(iZaehler);   }

// ...
// Der Bedingungsausdruck wird in jedem Fall zuerst geprüft,
// die nachfolgende Schleife könnte nie ausgeführt werden, da sie durch die vorausgehende
// Endlosschleife nicht erreichbar ist (erzeugt einen Fehler beim Kompilieren).
//
// while(false)
// {
// Schleifenrumpf wird nie erreicht
// System.out.println(iZaehler);
// }
// ...
```

Codebeispiel 27: while-Schleife *(bedingte Iteration)*

Die geschweiften Klammern sind nur notwendig, wenn der Schleifenrumpf mehr als eine Anweisung enthält; der besseren Übersichtlichkeit halber sollte man aber grundsätzlich Klammerung verwenden (wie hier im Beispiel). Dies gilt natürlich auch für die anderen Schleifentypen.

do-while-Schleife

Anders als bei der einfachen while-Schleife wird der Schleifenrumpf (Anweisungsblock) einer do-while-Schleife *wenigstens einmal* ausgeführt, da die erste Prüfung des Bedingungsausdrucks erst nach dem ersten Schleifendurchlauf erfolgt. Die Schleife iteriert, bis die Ausdrucksprüfung den Wert **false** ergibt. Man beachte den syntaktisch notwendigen Strichpunkt nach dem while-Ausdruck, der die Schleifenanweisung abschließt.

Syntax der do-while-Schleife:

```
do                                                                    (P96)
Anweisung; bzw. {Anweisungsblock;}
while(Bedingungsausdruck);
```

Beispiel:

```
iZaehler = 5;
do
{
  System.out.println("Schleifenrumpf do-while\n");
}
while(iZaehler-- > 0);
```

Codebeispiel 28: do-while-Schleife *(bedingte Iteration)*

for-Schleife

Bei der for-Schleife wird nicht nur ein Bedingungsausdruck geprüft, sondern eine oder mehrere Zählervariablen werden verändert und vor jedem neuen Schleifendurchlauf wird geprüft, ob die Abbruchbedingung noch erfüllt ist. Der Kopf einer for-Anweisung setzt sich aus drei Ausdrücken zusammen:

- einem Initialisierungsausdruck, in dem die Zählervariablen auf einen Startwert gesetzt werden; im Initialisierungsausdruck können auch neue Zählervariablen deklariert (und initialisiert) werden,
- einem Bedingungsausdruck, der wie bei der while-Schleife bei seiner Auswertung den Wert **true** ergeben oder leer sein muß, damit der Schleifenrumpf ausgeführt wird und
- einem Modifikationsausdruck, in dem die Zählervariable(n) modifiziert wird.

Die Syntax der for-Schleife lautet (P_{97}-P_{99}):

```
for(<Initialisierungsausdruck>; <Bedingungsausdruck>;<Modifikationsausdruck>)
Anweisung; bzw. {Anweisungsblock;}
```

Die *Initialisierung* kann entweder eine Anweisungsfolge oder eine lokale Variablendeklaration enthalten. Die Möglichkeit, eine lokale Variable im Kopf der for-Schleife neu einzuführen, hat den Vorteil, daß man Zählervariablen gewissermaßen „vor Ort" nach Bedarf definieren kann. Der Bedingungsausdruck prüft, ob die Zählervariable(n) schon die Abbruchbedingung erfüllen, in der Modifikation können die Variablen verändert werden. Dabei besteht keine *syntaktische* Notwendigkeit, die in der Initialisierung verwendeten Variablen im Bedingungsausdruck zu prüfen oder in der Modifikation zu verändern. Alle drei Ausdrücke können auch fehlen, sind also optional (Endlosschleife: for(;;)). Der Rumpf der for-Schleife wird ausgeführt, wenn der Bedingungsausdruck fehlt oder seine Auswertung true ergibt.

Die nachfolgenden Beispiele zeigen einige der vielfältigen Einsatzmöglichkeiten für for-Schleifen:

```
int i = 0, j = 0, k = 0;

// Beispiel 1: einfache for-Schleife
for(i = 5; i < 10; i++)
{
   System.out.print(i);
}
System.out.println();


// Beispiel 2:
// for-Schleife mit Initialisierung mehrerer Variablen
for(i = 5, j += 8, k -= 7; j + k > i; j--)
{
   // ...
}

// Beispiel 3: for-Schleife mit neuer lokaler Variable
for(int m = 0; m < 10; m++)
{
   // ...
}


// Beispiel 4:
// for-Schleife, bei der mehrere Variablen initialisiert, modifiziert und im Bedingungsausdruck
// ausgewertet werden
int l, m;
for(l = 10, m = 0; l > m; l--, m++)
{
   System.out.println("l: " + l + " m: " + m);
}
System.out.println("Nach dem letzten Durchlauf: l: " + l + " m: " + m);
```

```
// Beispiel 5:
// for-Schleife, bei der die Ausdrücke "semantisch" keinen Zusammenhang haben
int n = 0, o = 0, p = 0;
for(n = 5; o < 10; p++)
{
  System.out.println("n: " + n + " o: " + o++ + " p: " + p);
}
System.out.println(  "Nach dem letzten Durchlauf: n: " + n + " o: " + o++ + " p: " + p);
// Beispiel 6:
// for-Schleife mit leeren Ausdrücken, d. h. Endlosschleife
int q = 0;
for(;;)
{
  System.out.println("Endlosschleife");
  if(q++ > 3) break;
}
```

Codebeispiel 29: Zählschleifen (for-Anweisung)

Die Beispiele erzeugen folgende Ausgabe:
```
56789
l: 10 m: 0
l: 9 m: 1
l: 8 m: 2
l: 7 m: 3
l: 6 m: 4
Nach dem letzten Durchlauf: l: 5 m: 5
n: 5 o: 0 p: 0
n: 5 o: 1 p: 1
n: 5 o: 2 p: 2
n: 5 o: 3 p: 3
n: 5 o: 4 p: 4
n: 5 o: 5 p: 5
n: 5 o: 6 p: 6
n: 5 o: 7 p: 7
n: 5 o: 8 p: 8
n: 5 o: 9 p: 9
Nach dem letzten Durchlauf: n: 5 o: 10 p: 10
Endlosschleife
Endlosschleife
Endlosschleife
Endlosschleife
Endlosschleife
```

Wie die Beispiele 4 und 5 zeigen, erfolgt die Variablenmodifikation erst *nach* der Ausführung des Schleifenrumpf: Nach der letzten Ausführung haben in Beispiel 4 i wie auch j den Wert 5 und die Testbedingung ist nicht mehr erfüllt, der Schleifenrumpf wird nicht mehr ausgeführt (daran würde sich auch nichts ändern, wenn man die Zählervariablen durch *Prä*-Inkrement änderte: for(int i = 10, j = 0; i > j; --i, ++j)).

2.6.4   Sprunganweisungen

Bei allen bisherigen Anweisungen für die Kontrollflußsteuerung kann man sich die Abarbeitung als lineare Abfolge der Ausführung von Anweisungen unter Berücksichtigung der „Weggabelungen" und Iterationen oder Schleifen vorstellen. Auf diese Weise ist der Programmablauf leicht nachvollziehbar. Anders ist dies bei Sprunganweisungen, bei denen der Kontrollfluß (nach Erfüllung einer Bedingung, die einen Sprung auslöst) gewissermaßen abrupt unterbrochen wird und das Programm am Sprungziel fortgesetzt wird. Eine generelle Sprunganweisung – i. d. R. als goto-Anweisung bezeichnet – ist in Java (derzeit) nicht vorgesehen. Es gibt aber eine Reihe von Sprunganweisungen, die unter bestimmten Umständen eingesetzt werden können (bzw. müssen):

- Die break-Anweisung unterbricht den Kontrollfluß des aktuellen Anweisungsblocks und setzt ihn *nach* dem Anweisungsblock fort (wird besonders bei Schleifen und Fallunterscheidungen verwendet).
- Die continue-Anweisung unterbricht wie ein break den Kontrollfluß innerhalb des Anweisungsblocks einer Schleife, setzt die Schleife aber mit der nächsten Iteration fort; lediglich der Teil des Anweisungsblocks *hinter* der continue-Anweisung wird (in dieser Iteration) nicht ausgeführt.
- Die return-Anweisung beendet einen Methodenaufruf und gibt ggf. den Rückgabewert der Methode zurück. Hat eine Methode einen Rückgabewert (ist sie also nicht als void deklariert), so muß eine return-Anweisung mit einem passenden Rückgabewert verwendet werden. Da der Compiler auch prüft, ob Anweisungen für den Kontrollfluß *unerreichbar* sind, können mehrere return-Anweisungen innerhalb eines Methodenrumpfs erforderlich sein.

Die Syntax der Sprunganweisungen sieht bei break und continue optional einen Bezeichner für das Sprungziel vor, bei der return-Anweisung muß ein Ausdruck vom Typ des Rückgabewerts der Methode angegeben werden, falls die Methode nicht void zurückgibt:

break [Bezeichner];	(P_{100})
continue [Bezeichner];	(P_{101})
return [<Ausdruck>];[7]	(P_{102})

---

[7]   Die throws-Anweisung, die systematisch ebenfalls zu den Sprunganweisungen gehört, wird erst im folgenden Kapitel behandelt. Die synchronized-Anweisung wird im Kapitel über Nebenläufigkeit behandelt (Kap. 8).

Mit einer break-Anweisung ohne Bezeichner verläßt man die innerste, die break-Anweisung umgebende while-, do/while, for- oder switch-Anweisung, d. h. die umgebende Schleife wird sofort beendet und das Programm nach der Schleife fortgesetzt. Ist keine solche Schleife oder Fallunterscheidung vorhanden, kommt es zu einem Fehler bei der Kompilierung.

Ist die break-Anweisung mit einem Bezeichner (*label*) versehen, können auch mehrfach geschachtelte Schleifen durch die break-Anweisung verlassen werden. In diesem Fall trägt die Umgebung, die mit break verlasen werden soll, den Bezeichner der break-Anweisung. Das Programm wird *nach* dem mit dem Label versehenen Anweisungsblock fortgesetzt. Die Einführung dieses „Mehrebenensprungs" in Java stellt einen Kompromiß zwischen dem inflexibleren, aber gut verständlichen Sprung aus der unmittelbaren Umgebung und dem „völlig freien" Sprung mit Hilfe einer goto-Anweisung dar. Gerade bei numerischen Verfahren (z. B. der Berechnung mehrdimensionaler Matrizen in geschachtelten Schleifen) ist der Mehrebenensprung ein nützliches Hilfsmittel, wenn man aufgrund einer Abbruchbedingung in der innersten Schleife die gesamte Berechnung beenden will. Die beiden folgenden Beispiele zeigen ein einfaches break sowie eine Mehrebenen-Sprunganweisung:

```
// Beispiel 1:
int i = 0;
for(i = 5; i >= 0; i--)
{   if(i == 3)  break; }
System.out.println("Beispiel 1:");   System.out.println("i: " + i);
// Beispiel 2: Break mit Label
System.out.println("\nBeispiel 2:");
i = 10;
int j = 0, k = 0;
// Der Kopf der while-Schleife ist durch ein Label  gekennzeichnet:
Ziel_des_Sprungs: while(i > 0)
{
  do
  {
    j++;
    for(k = 5; k >= 0; k--)
    {
      System.out.println("i: " + i + " J: " + j + " k: " + k);
      if(k == 3)        break Ziel_des_Sprungs;
    }
  }
  while(j < 10);
  i--;
}
System.out.println("i: " + i + " J: " + j + " k: " + k);
```

Codebeispiel 30: break-*Anweisung*

Die Ausgabe der break-Beispiele ergibt:
Beispiel 1:
i: 3
Beispiel 2:
i: 10 J: 1 k: 5
i: 10 J: 1 k: 4
i: 10 J: 1 k: 3
i: 10 J: 1 k: 3

Die continue-Anweisung unterbricht wie die break-Anweisung den Kontrollfluß
einer Schleife. Sie darf nur innerhalb von Iterationen auftreten und springt an den
Schleifenfortsetzungspunkt der Iteration, d. h. die Iteration selbst wird nicht abge-
brochen, lediglich der Kontrollfluß innerhalb der Iteration durch Sprung für eine
Schleifenausführung beendet. Wie bei der break-Anweisung kann man bei Verwendung eines Anweisungslabels die continue-Anweisung auch über mehrere
Einbettungsebenen hinweg verwenden.

Beispiele:

```
System.out.println("Beispiel 1:");
for(int i = 0; i < 5; i++)
{
  System.out.print("vor ");
  if(i == 2) continue;
  System.out.print("nach ");
}

System.out.println("\nBeispiel 2:");
int j = 0, k = 3;
Ziel_des_Sprungs: while(k > 0)
{
  k--;
  while(j < 3)
  {
    j++;
    System.out.print("vor ");
    if(j == 2) continue Ziel_des_Sprungs;
    System.out.print("nach ");
  }
}
```

Codebeispiel 31: Schleifenunterbrechung mit continue

Ausgabe:
Beispiel 1:
vor nach vor nach vor vor nach vor nach
Beispiel 2:
vor nach vor vor nach

Für den Wert 2 entfällt in beiden Beispielen die Ausgabe **nach**, da der zweite Teil der Schleife nach **continue** in diesen Fällen nicht erreicht wird. Im zweiten Beispiel werden beide Schleifen durch die Sprunganweisung mit Zielpunkt verlassen.

Während die **break**- und **continue**-Anweisungen allgemein den Kontrollfluß steuern, dient die **return**-Anweisung dazu, eine Methode zu beenden und den Kontrollfluß an den Aufrufer der Methode zurückzugeben. Dabei ist zu beachten, ob bzw. welches Rückgabeargument eine Methode aufweist, da ein entsprechender Wert mit der **return**-Anweisung zurückzugeben ist. Im nachfolgenden Beispielprogramm wird eine Ziffernfolge bis zum Doppelkreuz (#) von der Konsole eingelesen (LiesWertEin()), dann quadriert (BerechneQuadrat()), schließlich wird der errechnete Wert ausgegeben (GibQuadratAus()). Die Rückgabewerte werden durch **return**-Anweisungen übergeben. Im Hauptprogramm erfolgt ein geschachtelter Aufruf der drei Methoden, die ihre Werte ohne Zwischenspeicherung in einer Variablen „durchreichen":

```java
import java.io.*;

class Quadrat
{
  static public void main(String[] argv)
  {
    // geschachtelter Methodenaufruf, Rückgabewerte
    // werden von Methode zu Methode "durchgereicht"
    GibQuadratAus(BerechneQuadrat(LiesWertEin()));;
  }

  static public int LiesWertEin()
  {
    // Hilfsvariablen zur Zwischenspeicherung
    char  einZeichen = 0;
    int  dieEingabe = 0;
    StringBuffer EingabeBuffer = new StringBuffer(10);
    try
    {
      int i = 0;
      // Schleife für das Einlesen eines Zeichens von der Konsole
      while((einZeichen = (char)System.in.read()) != '#')
      {
        // falls '#' gelesen wird, Schleife beenden
        if (einZeichen == '#') break;
        // Zeichen an den Puffer anhängen
        EingabeBuffer.append(einZeichen);
      }
      // Umwandeln des Puffers in einen String, dann
      // umwandeln des Strings in ein Integer-Objekt,
      // aus dem eine Variable des  primitiven Typs int erzeugt wird
```

```java
      String Eingabe = new String(EingabeBuffer.toString());
      dieEingabe = Integer.parseInt(Eingabe);
    }
    catch(IOException e)
    {    System.out.println("Ein-/Ausgabefehler: " + e);    }
    // Rückgabe des Integer-Werts
    return dieEingabe;
  }

  static public int BerechneQuadrat(int iWert)
  {
    // Quadrieren des Übergabeparameters
    iWert =  iWert * iWert;
    // Rückgabe des quadrierten Werts
    return iWert;
  }
  static public void GibQuadratAus(int iWert)
  {
    // Ausgabe des quadrierten Werts
    System.out.println(iWert);
    // return ohne Argument, da Methode keinen Rückgabewert hat
    return;
  }
}
```

Codebeispiel 32: Anwendung der return-*Anweisung*

Abschließend ein Hinweis zum Programmierstil: Geschachtelte Anweisungen wie
GibQuadratAus(BerechneQuadrat(LiesWertEin())); sind zulässig und vermeiden
unnötige Variablen für die Speicherung von Zwischenergebnissen. Aus Gründen
der Lesbarkeit sollte eine solche Schachtelung aber nicht zu weit getrieben werden: Z. B. könnte man die Umwandlung der eingelesenen Zeichen in einen int-
Wert und die Rückgabe auch wie folgt zusammenfassen:

```java
return Integer.parseInt(new String(EingabeBuffer.toString()));
```

Diese – syntaktisch und semantisch korrekte – Anweisung ist aber kaum verständlich.

2.6.5   *Ausnahmebehandlung*

Die voranstehenden Anweisungen zur Steuerung des Kontrollflusses werden ergänzt durch Kontrollflußanweisungen, die eine defensive Programmierung und
die Fehlerverarbeitung unterstützen sollen: Die Anweisungen zur Ausnahmebehandlung. Java unterscheidet *Fehler* (java.lang.Error), die zu einem Abbruch des
Programms führen (*nonrecoverable error*) und *Ausnahmen* (java.lang.Exception),
nach deren Auftreten das Programm weiter ausgeführt werden kann. Sowohl Error
als auch Exception sind Unterklassen der Klasse java.lang.Throwable im Paket

java.lang. Unter einer Ausnahme versteht man eine Situation während der Programmausführung, die vom „normalen" Programmablauf abweicht. Die Ausnahmeverarbeitung soll helfen, solche Situationen sinnvoll abzufangen und zu verarbeiten. Gerade bei Zugriff auf externe Ressourcen (Dateien, Netzwerkverbindungen etc.) treten häufig solche Situationen ein, wenn z. B. ein Dateizugriff nicht gelingt, da die Datei gesperrt ist oder eine Netzwerkressource nicht zu erreichen ist. In solchen Fällen kann die Ausnahmeverarbeitung wenigstens Hilfestellung zur Fehleridentifikation liefern. Für viele der im JDK enthaltenen Klassen sind Ausnahmetypen – Unterklassen von java.lang.Exception – vordefiniert.

try- und catch-Anweisungen
Verwendet man in einem Programm Objekte bzw. Methoden, die Ausnahmen auslösen können, so ist man gezwungen, eine entsprechende Ausnahmebehandlung im Programm vorzusehen. Dazu existieren in Java Schutz- und Testanweisungen. Sie dienen zur „probeweisen" Ausführung von Programmcode. Die Anweisungen, die Ausnahmen auslösen können, muß man zu einem Block mit vorangestellter try-Anweisung zusammenfassen. Auf den try-Block folgend müssen in einer oder mehrerer catch-Anweisungen die potentiellen Ausnahmen aus dem try-Block abgefangen werden. Die Abfolge von try- und catch-Anweisung ist syntaktisch nach folgenden Mustern aufgebaut:

try Anweisungsblock catch-Block $(P_{105} - P_{107})$
try Anweisungsblock [catch-Block] finally-Block

Ein mit try umschlossener Anweisungsblock muß einen catch- und/oder finally-Block nach sich ziehen. Ein catch-Block besteht aus einer oder mehreren catch-Anweisungen, die wie folgt aufgebaut sind:

catch(Ausnahmetyp Ausnahmeobjekt) Anweisungsblock

Der finally-Block ist ähnlich aufgebaut:

finally Anweisungsblock

Das Zusammenspiel von try-Blöcken – „versuchsweiser" Codeausführung – und catch-Blöcken – Abfangen von Fehlern – erfolgt mit Hilfe der Ausnahmeklassen, d. h. der Klassen java.lang.Exception und ihrer Unterklassen in den verschiedenen Paketen der Java 2-Plattform. Tritt bei der Programmausführung eine Ausnahme auf, z. B. weil bei der Berechnung eines Werts ein Überlauf eintritt, weil man auf einen nicht gültigen Index eines Arrays zugreift oder weil eine Datei, die geöffnet werden soll, nicht vorhanden ist, so unterbricht das Java-Laufzeitsystem den Kontrollfluß und erzeugt ein Ausnahmeobjekt, das von der auf den try-Block folgenden catch-Anweisung abgefangen werden muß. Die finally-Anweisung wird in jedem Fall ausgeführt, unabhängig davon

- ob überhaupt eine Ausnahme **aufgetreten** ist oder
- ob bereits **catch**-Anweisungen verarbeitet wurden.

Die finally-Anweisung wird z. B. auch dann ausgeführt, wenn im try-Block eine Ausnahme auftritt, diese von einer catch-Klausel abgefangen wird und dabei erneut eine Ausnahme ausgelöst wird, die kein anderes catch abfängt. Das nachfolgende Schema zeigt den für die Ausnahmebehandlung notwendigen Programmcode. Dabei ist vorausgesetzt, daß ExceptionTyp1 und ExceptionTyp2 Unterklassen von java.lang.Exception sind:

```
try
{   // Programmcode, der eine Ausnahme auslösen kann  }
catch(ExceptionTyp1 eineAusnahme)
{   // Programmcode zur Ausnahmebehandlung  }
catch(ExceptionTyp2 eineAusnahme)
{   // Programmcode zur Ausnahmebehandlung  }
finally
{   // Code, der unabhängig davon, wie der try-Block verlassen wurde, immer ausgeführt wird}
```

Codebeispiel 33: Schema der Ausnahmeverarbeitung mit try/catch

Prinzipiell kann man verschiedene Ausnahmetypen mit einer einzigen catch-Anweisung abfangen, wenn man als Ausnahmetyp die Klasse Exception verwendet, auf die alle Untertypen von Ausnahmen abgebildet werden können (cast vom tatsächlichen Ausnahmetyp auf die Klasse Exception). Dies macht aber die Vorteile einer möglichst spezifischen Fehlerbehandlung zunichte. Man sollte also für alle Ausnahmetypen eine gesonderte Bearbeitung vorsehen. Ebenso gilt es als schlechter Stil, die Ausnahmeverarbeitung zu „vereinfachen", indem man den auf die catch-Anweisung folgenden Anweisungsblock leer läßt (z. B. catch (Exception e){}). Dies sollte man vermeiden und wenigstens Informationen zur Art des Fehlers ausgeben, z. B.:

```
catch (IOException e)
{   System.out.println(„Ein-/Ausgabefehler: " + e);}
```

Definition und Auslösen von Ausnahmen
Voraussetzung für das Abarbeiten von Ausnahmen in try- und catch-Blöcken sind geeignete Ausnahmeklassen und das Auslösen von Ausnahmen im Fehlerfall. Dies geschieht entweder

- durch Verwendung im JDK vordefinierter Klassen bzw. deren Methoden, für die jeweils Ausnahmen angegeben sind, oder
- durch Definition eigener Ausnahmeklassen, die von Exception abgeleitet sein müssen.

In Codebeispiel 32 löst die Methode read der Eigenschaft in des System-Objekts eine Ausnahme vom Typ IOException aus. Dies erklärt, warum auf den in einen try-Block eingeschlossen Code zum zeichenweisen Einlesen von der Konsole eine entsprechende catch-Klausel folgt:

```
  try
  {
    while((einZeichen = (char)System.in.read()) != '#')
    {   // ...}
    // ...
  }
  catch(IOException e)
  {
    System.out.println("Ein-/Ausgabefehler: " + e);
  }
```

Für „fehlerträchtige" Methoden in den JDK-Klassen existieren entsprechende Ausnahmetypen, z. B.

- ArrayIndexOutOfBoundsException bei Zugriff auf einen ungültigen Array-index (z. B. auf einArray[4], wenn einArray als String[4] einArray definiert ist),
- EOFException bei unerwartetem Dateiende während einer Ein-/Ausgabe-operation,
- MalFormedURLException bei Verwendung einer syntaktisch nicht wohlgeform-ten URL.

Um zu verstehen, wie der Ausnahmemechanismus im Detail verläuft, ist es sinn-voll, das Beispiel **Quadrat** unter Verwendung des JDK-Quellcodes näher zu be-leuchten: Tritt beim Einlesen der Daten ein Eingabefehler auf, wird eine Ausnah-me vom Typ IOException generiert. Dieser Ausnahmetypus ist im JDK (**IOException.java**) wie folgt definiert:

```
public class IOException extends Exception
{
  public IOException()
  {
    // Erzeugt eine IOException ohne „eigene" Funktionalität - es wird lediglich der
    // Konstruktor von Exception aufgerufen
    super();
  }

  public IOException(String s)
  {
    // Erzeugt eine IOException mit Angabe von Details über einen String-Parameter.
    // Dazu wiederum Aufruf des entsprechenden Konstruktors von Exception
    super(s);
  }
}
```

Codebeispiel 34: Definition einer Ausnahmeklasse am Beispiel java.io.IOException

Wie das Beispiel **Quadrat** zeigt, erzeugen (wörtlich: „werfen") Anweisungen in-nerhalb des **try**-Blocks Ausnahmen, wenn sie sich nicht ordnungsgemäß ausführen lassen. Will man für selbst geschriebene Klassen Ausnahmebehandlung implementieren, so muß man dies über throw-Anweisungen in der Klassendefinition tun; dabei kann man entweder auf die vordefinierten Ausnahmeklassen zurückgreifen oder neue Ausnahmetypen definieren. Die throw-Anweisung erzeugt die Ausnahme selbst (im Rumpf einer Methode), das throws-Konstrukt gibt im Kopf der Methode (bzw. der Klasse) an, welche Ausnahmetypen in einer Methode erzeugt werden. Wenn eine Methode einen bestimmten Ausnahmetypus deklariert (mit throws im Methodenkopf), so kann sie diesen Ausnahmetyp weiterreichen, d. h. sie muß ihn nicht selbst mit try/catch abfangen und gibt die Aufgabe der Ausnahmeverarbeitung gewissermaßen an die sie aufrufende Methode weiter. Diesen Mechanismus wenden die im JDK enthaltenen Methoden an: Im Beispiel der Ausnahme IOException, die z. B. von InputStream.read() ausgelöst wird, ist die Deklaration der Methode read() von InputStream mit der throws-Angabe versehen (throws IOException). Der Anwender von read() muß dann entweder die Ausnahme abfangen oder wiederum weiterreichen.

Syntax der throw-Anweisung für das Auslösen einer Ausnahme:
throw Ausdruck;   *(P₁₀₃)*

Die Deklaration, daß eine Methode eine oder mehrere Ausnahmen erzeugt, erfolgt über eine throws-Angabe im Methodenkopf (vgl. unten Kap. 3.3.2):

throws AusnahmeKlassentypListe   *(P₆₈/P₆₉)*

Beispiel:

```
public class AusnahmeAusloesung
{
  public static void TestMethode(int i) throws Exception
  {
    if (i > 5)
      // dies sei der Fehlerfall
      throw new Exception("Fehler");
    else
      // dies sei der Normalfall
      System.out.println("Kein Fehler");
  }

  static public void main(String[] argv)
  {
    try
    { TestMethode(3);   TestMethode(10); }
    catch(Exception e)
    {   System.out.println(e);   }
  }
}
```

Codebeispiel 35: Explizite Ausnahmeauslösung mit throw

Ausgabe:
Kein Fehler
java.lang.Exception: Fehler

Die TestMethode wird zweimal aufgerufen, der zweite Aufruf erzeugt eine Ausnahme; die Ausnahmebehandlung bestehst in der Ausgabe der Ausnahme an die Konsole. Als weitere Anwendung sei nochmals das Beispiel **Quadrat** (Codebeispiel 32) herangezogen: Dort werden die eingegeben Daten als Bytestrom eingelesen, nach char konvertiert, an einem StringBuffer angehängt und schließlich in einen numerischen Wert vom Typ int umgewandelt. Offensichtlich kann bei dieser eingeschränkten Implementierung sehr schnell ein Überlauf entstehen, wenn der Darstellungsbereich von int überschritten wird: Beim Quadrieren, wenn die Eingabe größer als $\sqrt{2147483647}$ ist bzw. bei der Konvertierung, wenn der String einen Wert > 2147483647 darstellt. Es liegt es nahe, den Wert zu prüfen und eine Ausnahme vom Typ IllegalArgumentException zu erzeugen – nachfolgend ist nur die modifizierte Methode LiesWertEin() angegeben:

```java
// throws-Anweisung signalisiert, welche Ausnahmen die Methode auslöst
static public int LiesWertEin() throws IllegalArgumentException
{
  char  einZeichen = 0;
  int  dieEingabe = 0;
  StringBuffer EingabeBuffer = new StringBuffer(10);
  try
  {
    int i = 0;
    while((einZeichen = (char)System.in.read()) != '#')
    {
      if (einZeichen == '#')break;
      EingabeBuffer.append(einZeichen);
    }
    String Eingabe = new String(EingabeBuffer.toString());
    // Wurzel des größten int-Wertes etwa 46340, daher
    // Ausnahmebehandlung bei größeren Werten
    if((dieEingabe = Integer.parseInt(Eingabe)) > 46340)
    {
      dieEingabe = 0;
      // Auslösen eines neuen Ausnahmeobjekts:
      // Fehlerbeschreibung wird an den Konstruktor übergeben
      throw new IllegalArgumentException("Überlauf; Zahl zu groß");
    }
  }
  // Verarbeiten der verschiedenen Ausnahmen
  catch(IOException e)
  {  System.out.println("Fehler:" + e); }
  catch(IllegalArgumentException e)
  {  System.out.println("Fehler:" + e); }
```

```
// finally wird immer ausgeführt; daher kann man hier die return-Anweisung plazieren.
finally
{    return dieEingabe;   }
}
```

Codebeispiel 36: Auslösen von Ausnahmen mit throws/throw

Ausgabe bei Quadrierung von 46341:
46341#
Fehler:java.lang.IllegalArgumentException: Überlauf; Zahl zu groß
0

Abschließend seien die Mechanismen der Ausnahmehandlung noch einmal zusammengefaßt: Um Fehler abfangen zu können, gibt es vordefinierte Fehlerklassen, die durch Ableitung von **Exception** oder einer Unterklasse ergänzt werden können. Die Verwendung von Ausnahmeklassen wird durch das **throws**-Konstrukt deklariert, im Methodenrumpf lösen **throw**-Anweisungen die Ausnahmen aus. Das Abfangen der Ausnahmen erfolgt über **try**- und **catch**-Blöcke, ein (optionaler) **finally**-Block wird in jedem Fall abgearbeitet. Verwendet man (z. B. im JDK vordefinierte) Methoden, die „Ausnahmen werfen", muß man diese abfangen oder mit **throws** im Methodenkopf an aufrufende Methoden durchreichen.

2.7 Aufgaben

Aufgabe 1: Welche der folgenden Bezeichner sind ungültig? Warum?

_1Name   e=Name   0Variable   _throws   einMenü

Aufgabe 2: Was ist der Unterschied zwischen den Literalen 75923 und 075923 ?

Aufgabe 3: Erklären sie, was genau bei der expliziten Zuweisung des Werts einer long-zu einer int-Variablen geschieht.

Aufgabe 4: Wie legen Sie einen zweidimensionalen n × m-Array effizient an, der anders als Codebeispiel 11 nur die „halbe Matrix" geteilt durch die Diagonale nach folgendem Muster speichert?

	n: 1	2	3	4	5 ...
m: 1	1				
2	2	3			
3	4	5	6		
4	7	8	9	10	
5	11	12	13	14	15
...					

Aufgabe 5: Kann man in Java-Programmen völlig auf explizite Typimporte (import-Anweisungen) verzichten? Wie?

Aufgabe 6: Geben Sie an, welche Art Sprachelement die Namen in Codebeispiel 13 jeweils bezeichnen.

Aufgabe 7: Welche der nachfolgenden Ausdrücke bzw. Anweisungen sind syntaktisch korrekt? Geben Sie die Auswertungsreihenfolge (vgl. Tabelle 52) und ggf. das Ergebnis bzw. die Fehlerursache an.

```
int i = 5, j = 10, k = 20;
i *= (j – k) >> i++ % 5;
k >>= 5 * (4 % 3) ^j;
j = (((j * k) + i) << j);
k * (j – i % (j+k));
```

Aufgabe 8: Wandeln Sie die while-Schleife in äquivalente do-while- bzw. for-Schleifen um.

```
int i = 10, j = 20;
while(i < j)
{   i --;   j++; }
```

Aufgabe 9: Schreiben Sie unter Verwendung von Schleifen Programme zur Berechnung der Fakultät, der Summe einer Zahlenfolge und des Produkts einer Zahlenfolge.

Aufgabe 10: Berechnen Sie unter Verwendung von Schleifen den größten gemeinsamen Teiler bzw. das kleinste gemeinsame Vielfache zweier Zahlen.

Aufgabe 11: Was sind die semantischen Fehler an nachfolgendem Schleifenausdruck:

```
int i = 0;
while(true)
{
    if (i = 10);    break;
    i++;
}
```

Aufgabe 12: Wandeln Sie die if-Anweisungen in eine Fallunterscheidung um:

```
// Zahl zwischen 0 und 10;
int i = java.util.Math.abs(java.util.Math.getRandom() * 10);
if(i == 0)
{   // Aktion ...   }
else
{
  if(i == 2)
  {   // Aktion ...   }
  else
  {
    if(i == 4)
    {   // Aktion ...   }
    else
    {   // Aktion ...   }
  }
}
```

Aufgabe 13: Geben Sie Beispiele für den Einsatz von Sprunganweisungen mit Sprungziel.

Aufgabe 14: Wandeln Sie Codebeispiel 36 so um, daß die Ausnahmen nicht mehr in der Methode LiesWertEin() abgefangen, sondern nach außen weitergereicht werden.

Aufgabe 15: Vergleichen Sie den Sprachumfang von Java mit dem von C++; was sind die auffälligsten Unterschiede ?

3 Objektorientierung in Java

Die objektorientierte Programmierung stellt die in einem Programm verwendeten Daten in den Mittelpunkt („datenzentrierte Sichtweise"). Die zentrale Idee ist dabei, bei der Analyse des zu lösenden Problems zu erkennen, welche in einem Programm zu modellierenden Daten als *Objekte* einer *Klasse* zusammengefaßt werden können. Eine Klasse ist daher eine Abstraktion von einem konkreten Problemfall und dient der Beschreibung einer Menge von Objekten mit gleichen Strukturmerkmalen (*Eigenschaften*) und Operationen (*Methoden*). Nachdem in Kapitel 2 die elementaren Bestandteile von Java und damit das Handwerkszeug der Programmierung eingeführt wurde, soll in diesem Kapitel das Verständnis von Java als objektorientierter Programmiersprache vertieft werden. Die Beispiele in Kapitel 2 haben wichtige Grundprinzipien der Objektorientierung und ihrer praktischen Anwendung bereits angewandt:

- Java-Programme sind grundsätzlich aus Klassen aufgebaut, die zur Laufzeit eines Programms als Objekte instantiiert werden,
- vordefinierte Klassen des JDK lassen sich in eigene Programme einbinden und
- die eigentliche Programmfunktionalität wird in den Methoden der Klassen realisiert und ist immer nur in Bezug auf diese Klasse verwendbar (anders als *Funktionen* in *prozeduralen* Programmiersprachen).

In diesem Kapitel sollen zunächst Grundbegriffe der Objektorientierung und ihre graphische Darstellung mit Hilfe der *unified modeling language* (UML) und unter Bezug zur Umsetzung mit Java vorgestellt werden. Kapitel 3.2 gibt Hinweise für die Vorgehensweise bei der Entwicklung eines Klassenmodells. Anschließend stellen Kap. 3.3 und 3.4 Aufbau, Syntax und Verwendung von Klassen und Schnittstellen in Java im Detail vor. Kap. 3.5 und 3.7 erläutern Hilfsklassen der Java 2-Plattform, die in vielen Java-Programmen benötigt werden.

3.1 Grundbegriffe der Objektorientierung und ihre Darstellung

Die Grundprinzipien der Objektorientierung sind von der konkreten Realisierung mit einer Programmiersprache wie Java unabhängig; bevor man an die tatsächliche Problemlösung durch Implementierung eines Programms herangeht, sollte man daher zunächst analysieren, wie sich das Problem objektorientiert modellieren läßt. Dazu benötigt man

- die Kenntnis der wichtigsten Prinzipien der Objektorientierung und
- eine geeignete Darstellungsform.

In der Theorie der objektorientierten Modellierung wurden verschiedene graphische Darstellungsformen entwickelt, die den Aufbau und den Zusammenhang von Klassen anschaulich darstellen. Nachfolgend wird hier die *unified modeling language* (UML) verwendet, die sich seit 1995 unter Federführung führender Experten auf dem Gebiet der objektorientierten Modellierung herausgebildet hat (vgl. BOOCH, JACOBSON & RUMBAUGH 1999, FOWLER & SCOTT 1998). Ihre graphischen Elemente sind nachfolgend der entsprechenden Umsetzung in Java gegenübergestellt.

Die Bausteine objektorientierter Programme sind Klassen, die Eigenschaften und Methoden aufweisen. Klassen sind in der UML als Rechtecke dargestellt, die den Klassennamen als Überschrift haben und die Eigenschaften und Methoden auflisten:

Klassenname
Eigenschaft : Typ = Anfangswert
...
Methode(Parameter) : Rückgabewert
...

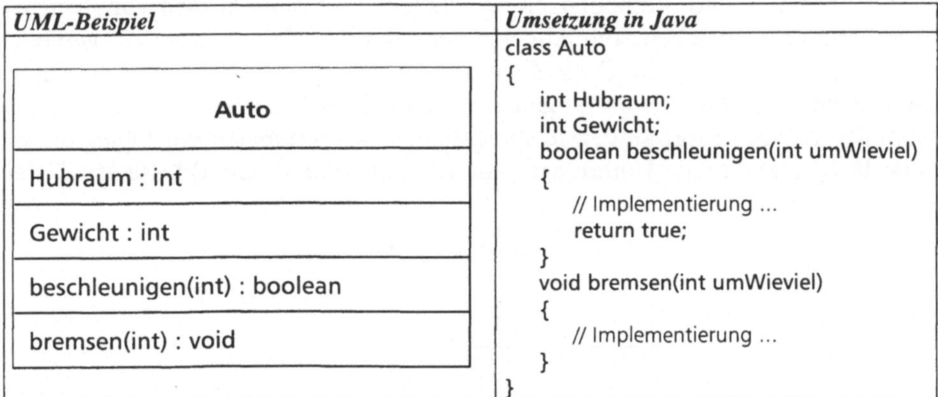

UML-Beispiel	*Umsetzung in Java*
Auto Hubraum : int Gewicht : int beschleunigen(int) : boolean bremsen(int) : void	```class Auto```

```java
class Auto
{
    int Hubraum;
    int Gewicht;
    boolean beschleunigen(int umWieviel)
    {
        // Implementierung ...
        return true;
    }
    void bremsen(int umWieviel)
    {
        // Implementierung ...
    }
}
```

Abbildung 5: Darstellung von Klassen in UML

In ähnlicher Weise erfolgt die Darstellung konkreter Objekte und ihres aktuellen Zustands:

<u>Objektname : Klassenname</u>
Eigenschaft = Wert
...

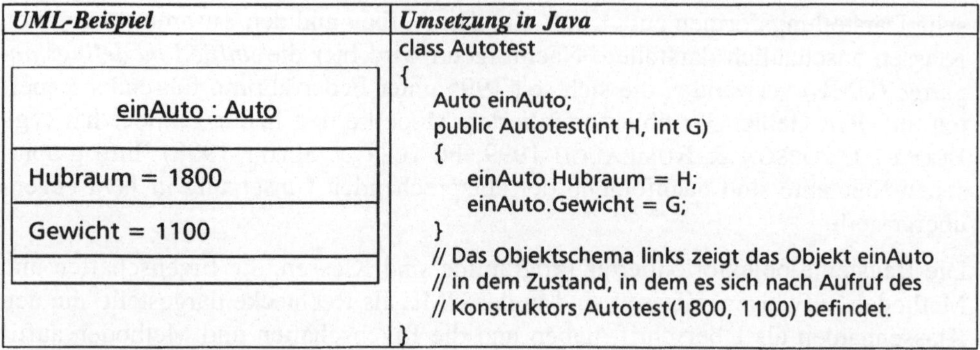

Abbildung 6: UML-Schema für Objekte

Wichtiger als Objektdiagramme, die lediglich den *Zustand* eines Objekts zu einem bestimmten Zeitpunkt der Programmausführung darstellen sollen, ist die Visualisierung der Beziehung verschiedener Klassen zueinander. Dazu gehört zunächst das Prinzip der Generalisierung bzw. Spezialisierung, das zwischen Klassen eine Ober-/Untertyps-Beziehung herstellt und das Prinzip der Vererbung realisiert: Eine Unterklasse „erbt" Eigenschaften und Methoden der Oberklasse und kann diese entweder unmittelbar verwenden oder abändern („überschreiben"). Zusätzlich unterscheidet sich die Unterklasse von der Oberklasse natürlich durch zusätzliche Eigenschaften und Methoden. Je nach Blickwinkel spricht man von Generalisierung (vom Spezifischen zum Allgemeinen, von den Unterklassen zur gemeinsamen Oberklasse) bzw. von Spezialisierung (Ableitung von Subtypen aus einer gemeinsamen Oberklasse, vom Allgemeinen zum Spezifischen). Der Aufbau von Klassenhierarchien gehört zu den leistungsfähigsten Merkmalen der Objektorientierung. In Java kann jede Unterklasse nur von *genau einer* Oberklasse abgeleitet sein.

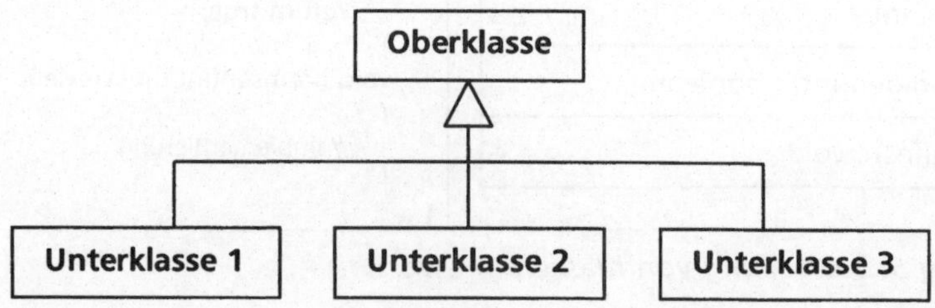

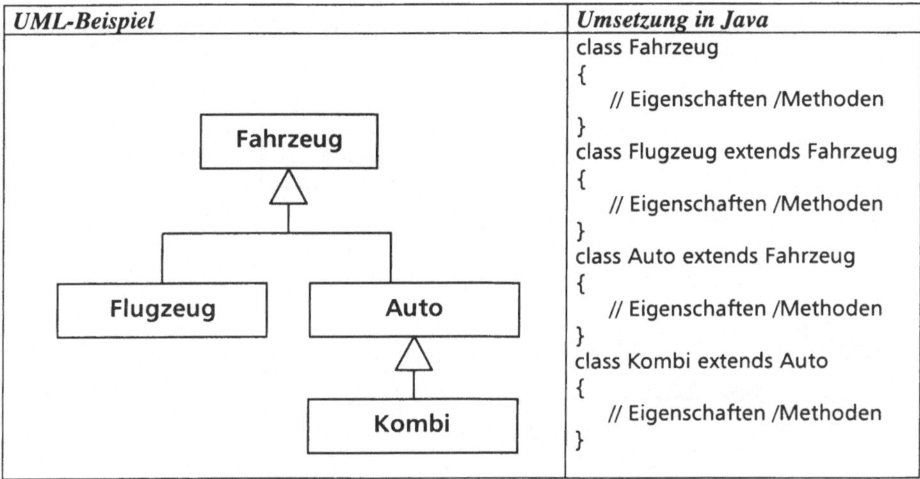


```
class Fahrzeug
{
    // Eigenschaften /Methoden
}
class Flugzeug extends Fahrzeug
{
    // Eigenschaften /Methoden
}
class Auto extends Fahrzeug
{
    // Eigenschaften /Methoden
}
class Kombi extends Auto
{
    // Eigenschaften /Methoden
}
```

Abbildung 7: Darstellung von Ober-/Unterklassenbeziehungen

Neben dem Zusammenhang von Klassen in einer Klassenhierarchie können Klassen auch anderweitig miteinander in Beziehung stehen:

- Sie können durch den Sachzusammenhang miteinander verbunden sein (Assoziation).
- Eine Klasse kann Objekte anderer Klassen als Bestandteile haben (Aggregation und Komposition; Teil-Ganzes-Beziehung).

Will man einen *Parkplatz* modellieren, so steht eine Klasse Parkplatz in einer Beziehung zu den Objekten vom Typ Auto auf dem Parkplatz (Assoziation), während der Parkautomat direkt Teil des Parkplatzes ist (Aggregation bzw. Komposition). Entwickelt man die Klasse Auto weiter, so kann man eine Klasse Rad definieren und als Eigenschaft der Klasse Auto einführen (Komposition). Die UML unterscheidet hier (auf der konzeptuellen Ebene) zwischen Teilen, die *nur zu einem* Ganzen gehören können (Komposition) und deren Lebenszeit an die des zusammengesetzten Objekts gebunden ist, und Teilen eines Ganzen, die auch mehreren zusammengesetzten Objekten zugeordnet sein können. Von besonderer Bedeutung ist die Angabe der Kardinalitäten (*multiplicities*) einer Beziehung (Assoziation, Komposition, Aggregation) zwischen zwei Klassen: Die Kardinalität gibt an, wie viele Objekte der einen Klasse durch die jeweilige Beziehung mit wie vielen Objekten der anderen Klasse verbunden sind. Die Beziehungen zwischen zwei Klassen können einen Namen tragen, der die Art und Bedeutung des Bezugs zwischen den Klassen ausdrückt (die sog. *Rolle*); jede Beziehung kann durch zwei Rollen ausgedrückt werden: Klasse A spielt Rolle 1 für Klasse B; umgekehrt spielt Klasse B Rolle 2 für Klasse A (der Parkwächter *bewacht* den Parkplatz; der Parkplatz *beschäftigt* mehrere Parkwächter, Assoziation mit der Kardinalität 1:n). In diesem Sinn sind Komposition und Aggregation (die Rollen *ist-Teil-von* und *besteht-aus*) Sonderfälle der Assoziation. Die graphische Umsetzung der verschiedenen Beziehungstypen zeigt Abbildung 8.

Assoziation

Aggregation

Komposition

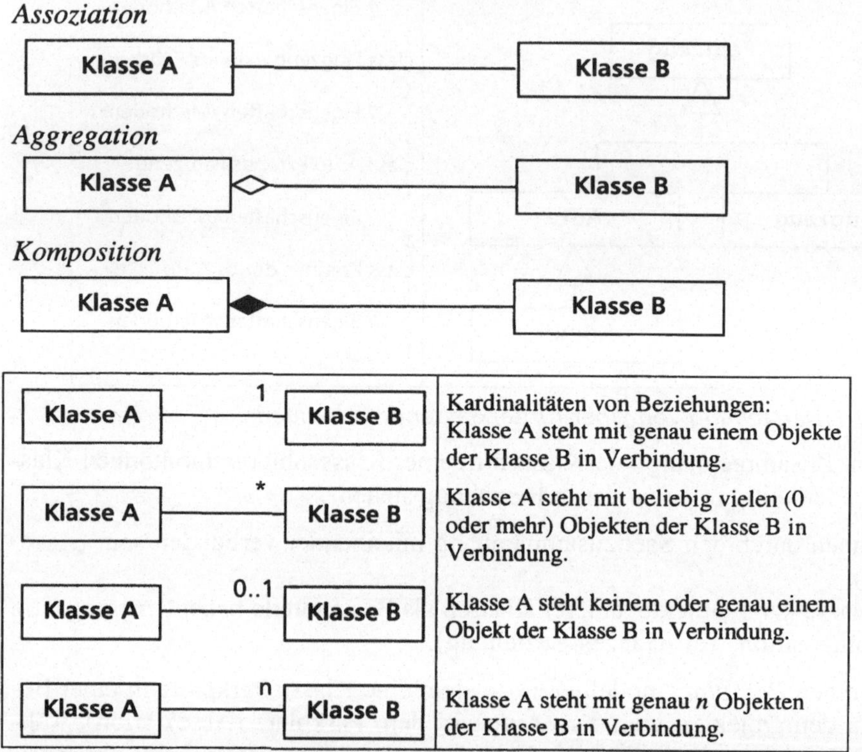

	Kardinalitäten von Beziehungen: Klasse A steht mit genau einem Objekte der Klasse B in Verbindung.
	Klasse A steht mit beliebig vielen (0 oder mehr) Objekten der Klasse B in Verbindung.
	Klasse A steht keinem oder genau einem Objekt der Klasse B in Verbindung.
	Klasse A steht mit genau n Objekten der Klasse B in Verbindung.

Abbildung 8:   Schemata für Beziehungen zwischen zwei Klassen und deren Kardinalität

Mit Hilfe der Kardinalitätsnotation lassen sich auch komplexere Beziehungskardinalitäten angeben (z. B. 5 .. 8 oder 1 .. 3, 6 .. 9). Abbildung 9 greift die im Text erwähnten Beispiele auf und verbindet sie unter Angabe der Klassenbeziehungen zu einem UML-Diagramm.

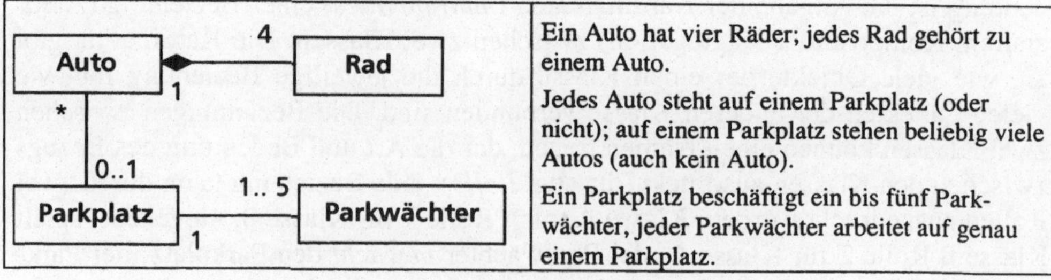

	Ein Auto hat vier Räder; jedes Rad gehört zu einem Auto.
	Jedes Auto steht auf einem Parkplatz (oder nicht); auf einem Parkplatz stehen beliebig viele Autos (auch kein Auto).
	Ein Parkplatz beschäftigt ein bis fünf Parkwächter, jeder Parkwächter arbeitet auf genau einem Parkplatz.

Abbildung 9: Beispiele für Beziehungen mit Kardinalitätsangabe

Bei komplexeren Diagrammen wird man Kompositionsbeziehungen i. d. R. als Eigenschaften einer Klasse in das Klassen-Rechteck selbst integrieren, um das Diagramm übersichtlicher gestalten zu können.

Neben Klassen sind *Schnittstellen* in Java ein wichtiges Modellierungsinstrument: Schnittstellen als Sammlung von Methodendeklarationen ohne Implementierung (sowie von Konstanten) beschreiben einen Funktionalitätsbereich, den eine Klasse realisieren soll. Anders als bei Klassen ist bei Schnittstellen die Mehrfachvererbung möglich, d. h. eine Schnittstelle kann von mehr als einer anderen Schnittstelle abgeleitet sein und eine Java-Klasse kann mehr als eine Schnittstelle implementieren. In UML-Notation stellt man Schnittstellen entweder wie Klassen (mit dem Zusatz «interface») in einem Rechteck unter Angabe der in der Schnittstelle enthaltenen Operationen dar oder – in größeren Diagrammen – lediglich als Kreis, der mit dem Namen der Schnittstelle bezeichnet und mit den sie implementierenden Klassen verbunden ist („*lollipop notation*"):

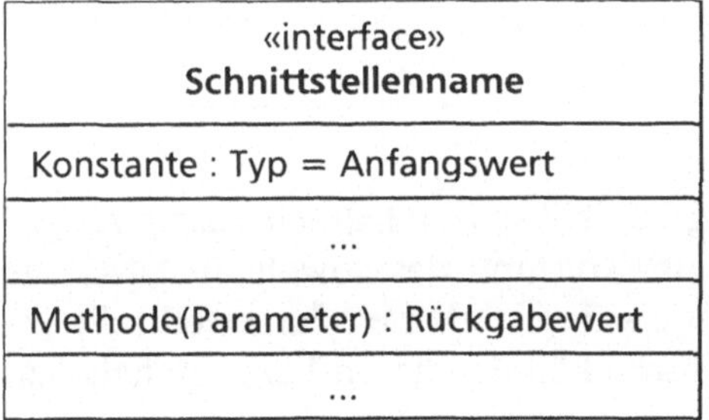

Ausführliche UML-Darstellung einer Schnittstelle

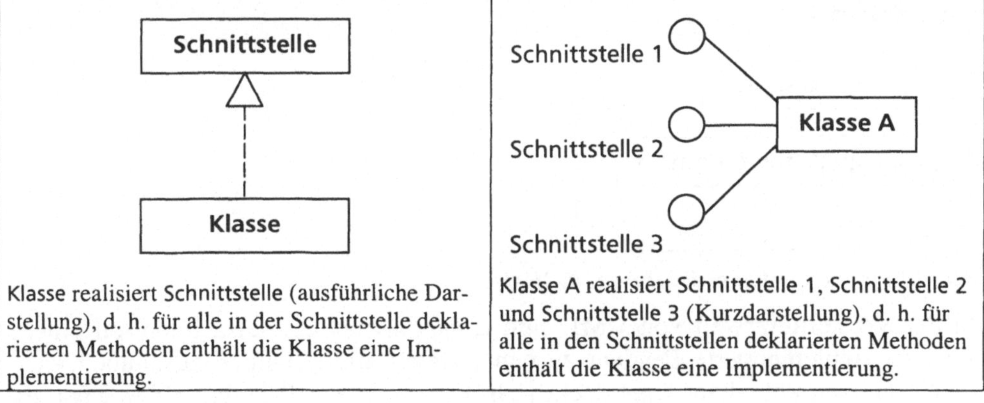

Klasse realisiert Schnittstelle (ausführliche Darstellung), d. h. für alle in der Schnittstelle deklarierten Methoden enthält die Klasse eine Implementierung.

Klasse A realisiert Schnittstelle 1, Schnittstelle 2 und Schnittstelle 3 (Kurzdarstellung), d. h. für alle in den Schnittstellen deklarierten Methoden enthält die Klasse eine Implementierung.

Abbildung 10:   Darstellung von Schnittstellen in UML

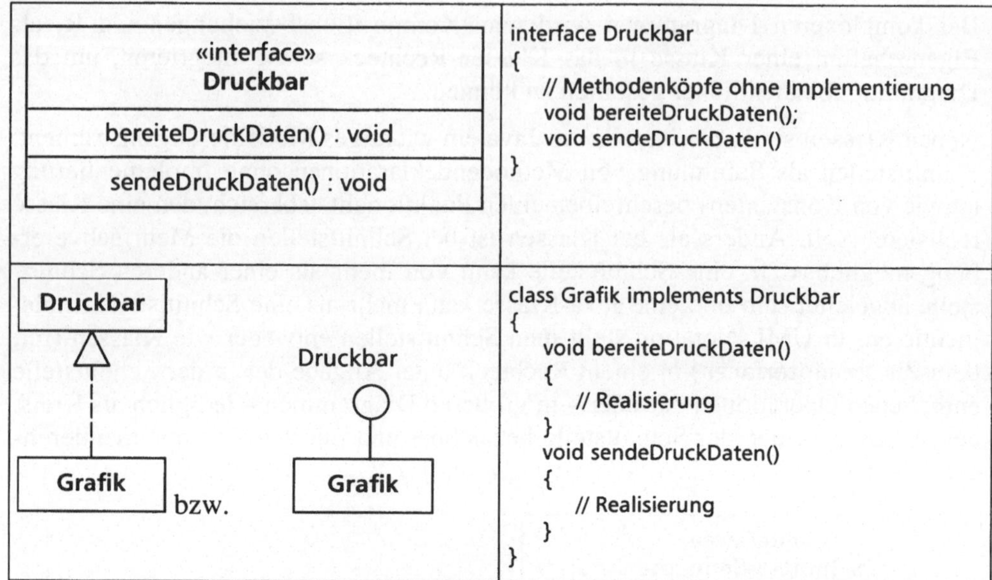

Abbildung 11:   *Schnittstellenbeispiel: UML-Notation und Java-Quellcode*

Auf einer höheren Ebene der Modellierung bündelt man inhaltlich zusammengehörende Klassen zu Paketen (*packages*), ein Konzept, das sowohl in UML als auch in Java vorgesehen ist. Pakete werden als Registerkarten dargestellt, die ihren Namen auf dem Reiter tragen; auf der Karte können die im Paket enthaltenen Klassen eingetragen werden (Abbildung 12).

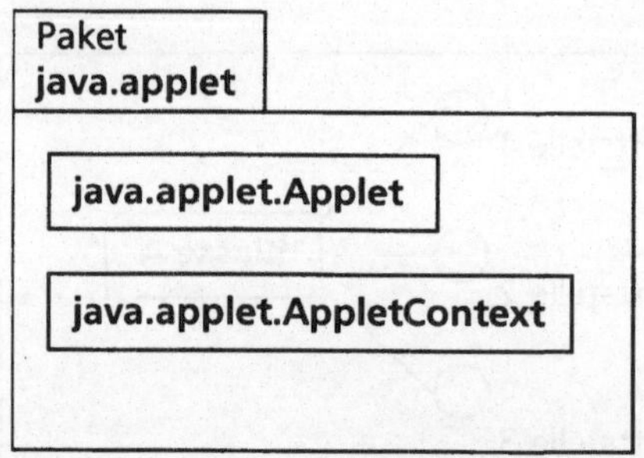

Abbildung 12:   *Paketdiagramm in UML*

In der Vorstellungswelt von UML sind *Komponenten* das tatsächlich auf einem Rechner implementierte Pendant zu den Paketen, die inhaltlich zusammengehörende Klassen enthalten. Dies deckt sich nicht mit dem Paketbegriff in Java, da eine Java-Komponente (vgl. Kap. 11.1) bzw. ein umfangreiches Java-Programm meist Objekte aus einer Vielzahl von Paketen enthält. Dennoch können die Komponenten- und Implementierungsdiagramme von UML eine nützliche Modellierungshilfe leisten. Dabei werden Komponenten als Rechtecke mit zwei kleinen Rechtecken als Symbol der Schnittstelle der Komponente nach außen, die Rechner, auf denen die Komponenten laufen, als Kästen dargestellt:

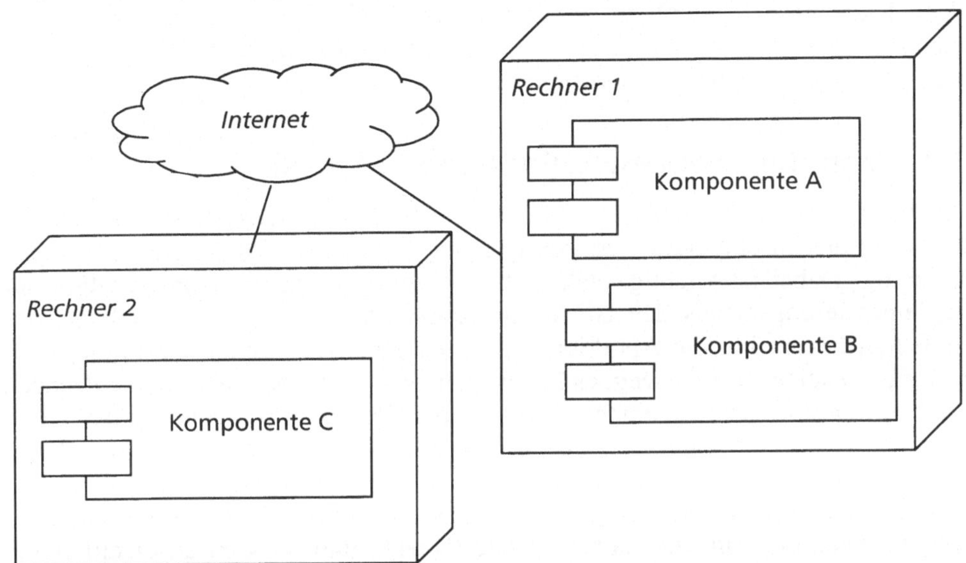

Abbildung 13:   Komponenten- und Implementierungsdiagramme

Abbildung 13 kann als Schema für eine dreiteilige Client-Server-Architektur verstanden werden, bei der die Benutzerschnittstelle (Komponente C) auf Rechner 2, dem Client, die Anwendungslogik und die Datenbank als Komponenten A und B auf dem Server (Rechner 1) laufen und beide Rechner über das Internet miteinander verbunden sind (vgl. auch Kap. 9).

Die oben eingeführten graphischen Elemente sind nur ein Teil von UML – diese Modellierungssprache bietet darüber hinaus eine Reihe von Diagrammtypen für

- die Darstellung von Aktivitäten (*activity charts*),
- die Darstellung von Anwendungsstudien (*use case diagram*),
- die sequentielle Darstellung der Erzeugung oder
- die Visualisierung der verschiedenen Zustände eines Systems (*state diagram*) an.

Nähere Informationen hierzu findet sich bei FOWLER & SCOTT bzw. BOOCH, JACOBSON & RUMBAUGH 1999. Die Erstellung eines UML-Diagramms ist ein wichtiger Schritt auf dem Weg von der Problembeschreibung zur Implementierung. Seine visuelle Darstellung soll einerseits das Verständnis der Zusammenhänge eines Systems erleichtern, andererseits die Implementierung vereinfachen. Wie die Gegenüberstellung von UML-Notation und Java-Quellcode zeigt, läßt sich das Grundgerüst einer Implementierung aus dem Diagramm leicht ableiten – dieser Vorgang wird von Softwarepaketen zur objektorientierten Modellierung auch automatisiert, d. h. der Benutzer entwirft mit einem graphischen Editor das UML-Klassenschema und die Modellierungs-Software erzeugt daraus automatisch die entsprechenden Java-Dateien. Anschließend sind die im Modell angegebenen Methoden noch mit einer Implementierung zu versehen.[8]

3.2 Von der Problemstellung zum Modell

Die UML-Notation soll bei der Modellierung des Klassensystems als Arbeitswerkzeug dienen und erleichtert den Umgang mit den Merkmalen der Objektorientierung. Dabei ist wichtig, sich nicht frühzeitig durch die Konzentration auf Implementierungsdetails den Blick auf wesentliche konzeptuelle Probleme verstellen zu lassen. Für die Abbildung einer Aufgabenstellung auf ein Klassenmodell gibt es keinen Königsweg, es lassen sich aber im Sinne einer unterstützenden Methodik Leitfragen zusammenstellen, deren Beantwortung die Modellierung erheblich erleichtern kann. Der nachfolgende Leitfaden ist daher nur eine Anregung und orientiert sich an BALZERT 1996A. Ausgangspunkt sei dabei eine Aufgabenstellung, die als Text formuliert vorliegt. Der erste Schritt sollte sein, in der Aufgabenstellung Hinweise auf mögliche Objekte und Klassen zu identifizieren (datenzentrierte Sichtweise). Im einfachsten Fall geben die Nomina der Aufgabenstellung schon gute Hinweise (ist von einem Parkplatz und von Autos die Rede, so liegt der Gedanke nahe, daß es sich hierbei um relevante Klassen(bezeichnungen) handelt). Jede Modellbildung ist eine Abstraktion von einer i. d. R. deutlich vielgestaltigeren Wirklichkeit. Gerade diese Abstraktionsleistung ist entscheidend: Man sollte nicht in Versuchung geraten, die Klassen zu feinkörnig zu unterscheiden, da die Implementierung dann unübersichtlich zu werden droht.

Hat man Klassen erkannt und festgelegt, so müssen ihnen Eigenschaften (innere Struktur) und Methoden (Funktionalitätsbereich) zugewiesen werden. Auch hier muß man problemrelevante von nebensächlichen Attributen unterscheiden: Die Zahl der Räder eines Autos ist für die Modellierung eines Parkplatzes kaum relevant, sehr wohl aber die Länge und Breite eines Fahrzeugs. Eine Eigenschaft **Radzahl** ist daher nicht erforderlich.

Die Klassen mit ihren Eigenschaften, die zur Laufzeit den Zustand der Objekte widerspiegeln, bilden das Grundgerüst des Modells; der nächste Schritt ist die Analyse der zu lösenden Aufgaben und ihre Zuordnung als Methoden zu den ein-

---

[8] Ein weit verbreitetes Beispiel für ein solches Modellierungswerkzeug ist *Rational Rose*, ein UML-basiertes Softwarepaket für verschiedene objektorientierte Sprachen, das die UML-Entwickler vertreiben (vgl. http://www.rational.com).

zelnen Klassen. Dabei ist zu überlegen, welche Parameter die Methoden benötigen, ob sie sich auf die Klasse als Gesamtheit (statische Methoden, vgl. Kap. 3.3.6) oder auf die tatsächlich instantiierten Objekte der Klasse beziehen sollen und ob die Methoden zur Problemlösung beitragen sollen: Wiederum gilt, daß nicht ein wirklichkeitsgetreues Abbild einer Sache mit den ihr zugehörigen Operationen zu realisieren ist, sondern eine problemorientierte Abstraktion.

Die nächsten Schritte dienen der Festlegung von Vererbungsbeziehungen (Generalisierung, Spezialisierung) und der Spezifikation der Beziehungen zwischen Objekten (Assoziation, Aggregation, Komposition). Vererbung und Aggregation/Komposition finden sofort ihren Niederschlag in der Java-Klassenstruktur, die Assoziationen erst bei der Implementierung der Methoden der Klassen, da dort Klassen bzw. Objekte im Sinne einer Assoziation auf andere Klassen/Objekte zugreifen. Komposition und Vererbung können als Realisierungsalternativen gesehen werden: Statt neue Unterklassen von einer Oberklasse abzuleiten, kann man die in der Unterklasse zusätzlich benötigte Funktionalität auch durch Einbettung eines Objekts einer anderen Klasse in die Klassenstruktur erreichen. Dann verliert man die Vorteile der Vererbung, andererseits besteht nicht die Gefahr, daß sich Änderungen einer Oberklasse an vielen Stellen auf Unterklassen auswirken. Vor dem Einsatz der Vererbung sollte man prüfen, ob zwischen Ober- und Unterklasse eine „echte" *ist-ein*-Beziehung vorliegt (ein Auto *ist-ein* Fahrzeug, eine Bohne *ist-ein* Gemüse, ein Dialogfenster *ist-ein* Fenster, aber *nicht*: „ein Student ist eine Person", sondern: „eine Person kann temporär die Rolle eines Studenten haben" – eine Beziehung, die besser über Komposition gelöst wird: Klasse **Student** enthält ein Objekt der Klasse **Person**, das alle personenrelevanten Daten bündelt und z. B. selbst via Komposition ein Objekt vom Typ **Adresse** enthält).

Die Notwendigkeit von Beziehungen zwischen Klassen, die nicht über Aggregation/Komposition und Vererbung realisiert sind, ergeben sich vor allem aus dem Kommunikationsbedarf zwischen den Klassen bzw. Objekten: Greift ein Objekt einer Klasse auf Objekte anderer Klassen zu? Muß es ihm Informationen übergeben oder von ihm beziehen? Wie ist der inhaltliche Zusammenhang zwischen Objekten ausgeprägt? Relativ einfach ist die Modellierung von Assoziationen immer dann, wenn tatsächlich ein physisches Pendant der Klassen existiert (wenn man es sich als tatsächliche Objekte der Welt vorstellen kann). Schwieriger ist die Modellierung logischer Klassen. Die Kardinalitäten der Beziehungen ergibt sich zum einen aus den Notwendigkeiten des Sachzusammenhangs und den Vorgaben der Aufgabenstellung (im Parkplatzbeispiel muß vorgegeben sein, wie viele Ein- und Ausfahrten und damit Parkautomaten existieren, wie viele Autos maximal Platz haben, wie viele Parkwächter benötigt werden). Zudem muß man ermitteln, ob *kann*- oder *muß*-Beziehungen vorliegen (ein Auto *kann* auf dem Parkplatz abgestellt sein, der Parkplatz *muß* über Parkautomaten verfügen etc.).

Bei umfangreicheren Projekten ist zu überlegen, ob man Klassen zu Subsystemen oder Komponenten bündelt, die von außen als eigenständige Einheiten klar abgegrenzt sind. Im Parkplatzbeispiel könnte die Automatenkasse eine solche Komponente sein, die intern über eine Vielzahl von Klassen verfügt (Geldverwaltung, Parkscheinerzeugung und –überprüfung, Benutzerschnittstelle, Fernwartung etc.). Die Bündelung zu Subsystemen und Komponenten dient auch der Übersichtlichkeit des Modells, da man mit ihr Schemata mit unterschiedlichem Detailliertheitsgrad zusammenstellen kann. Die Bündelung zu Subsystemen ist bei einer Top-Down-Herangehensweise ein Arbeitsschritt, der auch am Anfang der Analyse stehen kann, wenn man sich vor Festlegung der tatsächlich benötigten Klassen überlegt, in welche Grobkomponenten die Aufgabenstellung gegliedert werden kann. Bei der Implementierung und Realisierung steht sie in engem Zusammenhang mit dem tatsächlichen Programmeinsatz und der Überlegung, welche Komponenten auf welchen Rechnern laufen sollen und wie die Kommunikationspfade zwischen den Komponenten aussehen sollen.

Die einzelnen Schritte bei der objektorientierten Analyse kann man vereinfacht wie folgt zusammenfassen:

1. Genaue Analyse der Aufgabenstellung und Identifikation potentieller Klassen.
2. Festlegen der durch die Aufgabenstellung erforderlichen Eigenschaften (Daten) und Methoden (Verfahren).
3. Zuordnen der Eigenschaften und Methoden zu den Klassen; Festlegen der Zugriffsmöglichkeiten für Eigenschaften und Methoden.
4. Festlegen von Vererbungsbeziehungen zwischen Klassen bzw. Ausdifferenzierung der Ausgangsklassen.
5. Bestimmung der Beziehungen zwischen den Klassen (Assoziation, Aggregation, Komposition).
6. Ermittlung des Kommunikationsbedarfs zwischen den Klassen und Festlegung geeigneter Ereignis- bzw. Nachrichtentypen.
7. Bei größeren Projekten Bündelung der Klassen in Paketen und Entwicklung von eigenständigen, ggf. wiederverwendbaren Komponenten.

Man beachte, daß die einzelnen Schritte in der Regel nicht nur *sequentiell* durchlaufen werden, sondern man sie in Zyklen iteriert, wobei sich eine Abfolge von Modellierung, Detailspezifikation und Implementierung wiederholt: Nach einem Grobdesign werden Modellierungsfehler anhand einer prototypischen Implementierung im Sinne eines *rapid prototyping* offensichtlich und man wird in einem nächsten Modellierungszyklus die Klassenhierarchie verfeinern, weitere Methoden einführen, die Struktur von Nachrichten ändern etc.

Kap. 3.1 und 3.2 haben die Objektorientierung von der konzeptuellen Seite her beleuchtet. Die nachfolgenden beiden Kapitel erläutern Aufbau und Eigenschaften

von Klassen und Schnittstellen in Java, Kap. 3.5 faßt die Ausprägung des objektorientierten Programmierparadigmas in einer Übersicht zusammen und Kap. 3.6
und 3.7 stellen grundlegende Klassen der Java 2-Plattform vor.

3.3 Aufbau und Eigenschaften von Klassen

Java-Programme bestehen primär aus Klassendeklarationen, deren Methoden die
Programmfunktionalität implementieren. Eine Klassendeklaration führt einen Referenztyp ein, der zur Laufzeit mit dem new-Operator instantiiert wird. Ähnlich
wie Zeiger-Datentypen verweisen die Variablen eines Referenz-Datentyps auf den
Speicherbereich für das Objekt und beinhalten nicht wie primitive Datentypen
direkt den Inhalt eines Objekts. Alle Klassen sind in Java explizit oder implizit
Unterklassen der Basisklasse Object und erben daher alle Methoden dieser Klasse
(vgl. Kap. 3.5). Dabei gibt es nur *einfache* Vererbung, jedes Objekt hat also nur
eine unmittelbare Oberklasse. Umgekehrt kann eine Klasse unmittelbare oder
mittelbare Oberklasse einer anderen sein, je nachdem, ob zwischen beiden Klassen noch andere Klassen in der Klassenhierarchie stehen oder nicht.

Im Unterschied zur Klassendeklaration gibt eine Schnittstelle (*interface*) einen
neuen Referenztyp an, der eine Menge von Methoden und/oder Namen spezifiziert, ohne aber eine Implementierung dieser Methoden vorzusehen. Ein Interface
kann ein anderes Interface unmittelbar oder mittelbar erweitern (extends), wobei
die gleiche Beziehung wie zwischen Ober – und Unterklassen entsteht. Eine Klasse kann ein oder mehrere Interfaces *implementieren*, d. h. daß in dieser Klasse alle
Methoden der Schnittstelle implementiert werden. Implementiert eine Klasse ein
Interface, so implementieren auch all ihre Subklassen diese Schnittstelle sowie
alle Schnittstellen, deren Extension die (explizit implementierte) Schnittstelle ist.
Eine Variable vom Typ Interface hat als Wert eine Referenz auf ein Objekt von
einem Typ, dessen Klassenimplementierung explizit dieses Interface implementiert.

Eine Klassendeklaration ist wie folgt aufgebaut (vgl. $P_{48} - P_{53}$):

[public]	Sichtbarkeit der Klasse, optional.
[abstract|final]	Modifikatoren für „Abstraktheit" und „Finalität" der Klasse (optional; nur einer von beiden ist möglich).
class Bezeichner	Schlüsselwort class und Name der Klasse.
[extends Klassentyp]	Gibt ggf. die Oberklasse an (Vererbung).
[implements Schnittstellentyp {,Schnittstellentyp}]	Gibt ggf. eine oder mehrere zu implementierende Schnittstellen an.
Klassenrumpf	Der Inhalt der Klasse (in geschweiften Klammern).

Die Reihenfolge der Klassenmodifikatoren ist an sich nicht vorgeschrieben, d. h.
public final class eineKlasse ist äquivalent zu final public class eineKlasse, sie
sollten aber als lesefreundliche Konvention in der oben vorgegebenen Reihenfolge
verwendet werden. Codebeispiel 37 gibt einige Beispiele für Klassendeklarationen:

public class Test1	abstract class Test2	public final class Test3 implements InterfaceExmpl1

{
  // Klassenrumpf
}
	{
	  // Klassenrumpf
	}
		{
		  // Klassenrumpf
		}

```
class Test4 extends Test2 implements InterfaceExmpl1, InterfaceExmpl2
{
  // Klassenrumpf
}
public interface InterfaceExmpl1{/* Methoden und Konstanten von InterfaceExmpl1 ...*/ }
public interface InterfaceExmpl2{/* Methoden und Konstanten von InterfaceExmpl2 ...*/ }
```

Codebeispiel 37: Beispiele für Klassendeklarationen

Die Syntax der Klassendeklaration zeigt, daß der Entwickler eine Reihe von Va-
riationsmöglichkeiten bei der Definition von Klassen hat:

- Der Modifikator public regelt die *Sichtbarkeit* einer Klasse.
- Eine Klasse kann als abstrakt gekennzeichnet sein (abstract class ...), d. h. es
  können keine Objekte vom Typ dieser Klasse erzeugt werden (keine Instanzen).
- Von einer finalen Klasse (final class ...) können keine Unterklassen abgeleitet
  werden; final und abstract schließen sich gegenseitig aus.
- Die Oberklasse einer Klasse wird in einer Klassendeklaration durch extends
  angegeben, z. B.: public class Y extends X, d. h. Klasse Y erbt Eigenschaften
  und Methoden von Klasse X.
- Die Implementierung einer Schnittstelle wird durch implements angegeben,
  z. B. public class Y implements Z. In diesem Fall muß in Y oder einer ihrer
  Oberklassen alles enthalten sein (Methoden), was in dem implementierten Interface spezifiziert ist.

Der Klassenrumpf ist dem Klassenkopf nachfolgend in geschweifte Klammern
gefaßt und besteht aus einer oder mehreren Felddeklarationen, d. h. Variablen-,
Konstruktoren- und Methodenvereinbarungen sowie aus einem optionalen
Instanzinitialisierungsblock (vgl. P_{53}/P_{54}) :

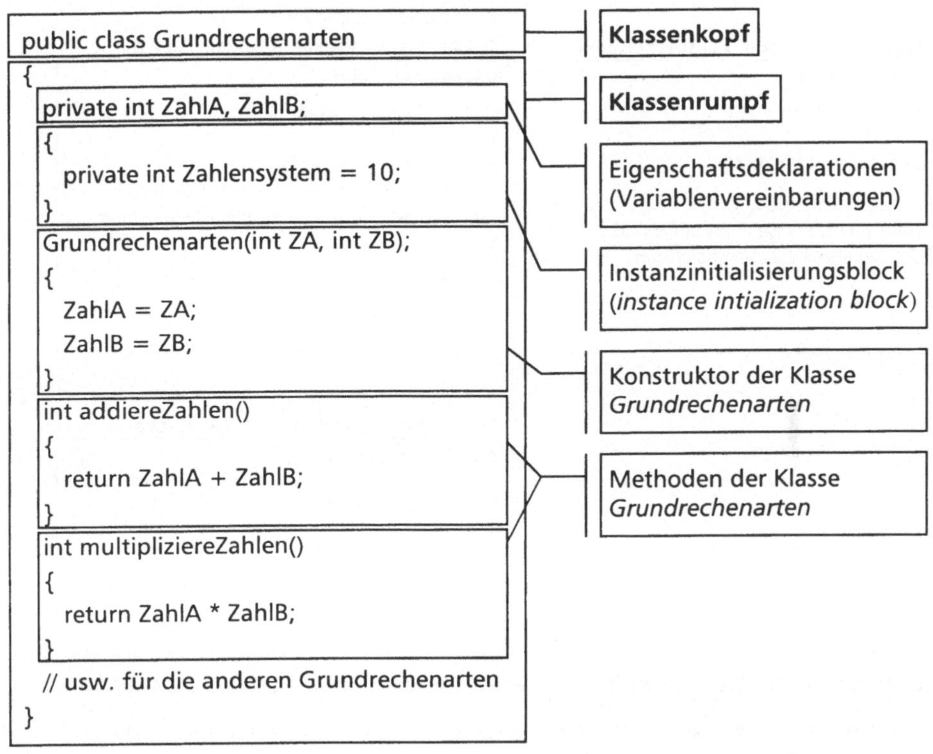

Abbildung 14:   Aufbau einer Klasse in Java

Unter der Sichtbarkeit einer Klasse versteht man den Verwendungsbereich dieser
Klasse bzw. ihrer Instanzen (Objekte). Java-Klassen sind zunächst nur in ihrer
Kompilierungseinheit (.java-Datei) sowie in dem Paket (package) sichtbar und
verwendbar, dem sie zugeordnet sind. Soll eine Klasse (z. B. durch Komposition)
auch von Klassen außerhalb ihres Paketes verwendet werden können, so muß man
die Klasse *öffentlich* machen, d. h. mit dem Modifikator **public** versehen. Die
Sichtbarkeit realisiert das *Geheimnisprinzip* der modularen Programmierung: So
wenig Implementierungsdetails als möglich sollen nach außen sichtbar sein, Klassen, die nur für den „internen" Gebrauch anderer Klassen desselben Pakets angelegt sind, sollte man nicht-öffentlich belassen, alle Klassen, die außerhalb ihres
Pakets verwendet werden sollen, mit dem Modifikator **public** versehen. Dieser
Modifikator regelt auch auf der Ebene der Felder (Eigenschaften und Methoden)
einer Klasse zusammen mit den Modifikatoren **private** und **protected** die Sichtbarkeit der Binnenstruktur von Objekten. Codebeispiel 38 zeigt die Verwendbar-
keit von Klassen innerhalb einer Kompilierungseinheit bzw. innerhalb eines Pakets.

Kompilierungseinheit Sichtbarkeit.java

```
import einPaket.*;
class Sichtbarkeit
{
  Klasse_A einObjekt_A;

  // Klasse_B einObjekt_B;
  // Geht nicht, Klasse_B ist außerhalb
  // des Paktes einPaket nit sichtbar.
}
```

Kompilierungseinheit
$CLASSPATH$/einPaket/Klasse_A.java

```
package einPaket;

public class Klasse_A
{
  Klasse_B einObjekt_B;
  // Geht, da innerhalb des gleichen Pakets
  // bzw. der gleichen Kompilierungseinheit.
}

class Klasse_B
{
}
```

Kompilierungseinheit
$CLASSPATH$/einPaket/Klasse_C.java

```
package einPaket;

public class Klasse_C
{
  Klasse_B einObjekt_B;
  // Geht, da innerhalb des gleichen Pakets.
}
```

Codebeispiel 38: Sichtbarkeit von Klassen inner- und außerhalb ihres Pakets

Der Rumpf einer Klasse besteht aus Eigenschaften, Methoden und Konstruktoren, die die Felder der Klasse bilden. Bei der Auswahl eines Namens für ein Feld (Methode oder Eigenschaft) kann man aus den im Namensraum der Klasse möglichen Bezeichnern wählen. Der Namensraum (*name space*) einer Klasse setzt sich aus ihrem eigenem Namensraum sowie dem aller Oberklassen (ausschließlich Konstruktoren und als **private** deklarierten Variablen bzw. Methoden, die nicht geerbt werden) zusammen. Wird ein Name in einer Klasse neu vereinbart, so kann ein gleicher Name nicht geerbt werden (Prinzip der *Lokalität von Namen*). Dabei ist jeder Feldname in der ganzen Kompilierungseinheit sichtbar, in der er sich befindet. Das bedeutet, daß auch sog. *forward references* möglich sind, also etwa:

```
class Eigenschaftsdeklaration
{
  int ObendeklarierteVariable = 10;
  void gibAus()
  {
    System.out.println(UntendeklarierteVariable);
    System.out.println(ObendeklarierteVariable);
  }
  int UntendeklarierteVariable = 20;
}
```

Codebeispiel 39: Reihenfolge von Felddeklarationen

Die relative Reihenfolge von Eigenschafts- und Methodendeklarationen innerhalb des Klassenrumpfs ist unerheblich, da bei Erzeugung einer Klasseninstanz ohnehin zunächst alle Eigenschaften (Instanzvariablen) initialisiert werden, unabhängig von ihrer Position (s. u. Kap. 3.3.3).

3.3.1 Eigenschaften

Eine Eigenschaftsdeklaration (vgl. P_{55}) besteht – wie auch die Deklaration lokaler Variablen innerhalb eines Methodenrumpfs – aus

- optionalen Variablenmodifikatoren (**static**, **final**, **public**, **private**, **protected**, **transient**, **volatile**),
- dem Eigenschaftstyp (primitiver Typ oder Referenztyp),
- einem oder mehreren, durch Kommata getrennten Variablenbezeichnern und
- ggf. je einer Variableninitialisierung für einen Variablenbezeichner, die sich nach der in Kap. 2.4.2 eingeführten Syntax richtet.

Dabei regeln die Modifikatoren

- **public**, **protected** und **private** die Sichtbarkeit des Felds (vgl. unten Kap. 3.3.5),
- der Modifikator **static** legt fest, daß nicht für jedes Objekt vom Typ dieser Klasse eine eigenes, objektbezogenes Feld erzeugt wird, das Feld (Methode oder Eigenschaft) ist vielmehr *auf die Klasse bezogen* und gilt für alle Objekte der Klasse in gleicher Weise (vgl. unten Kap. 3.3.6),
- **final** legt fest, daß eine Eigenschaft initialisiert, d. h. mit einem Wert versehen werden *muß* bzw. daß eine Methode nicht in einer Unterklasse überladen werden kann,
- **transient** bedeutet, daß die Variable nicht Teil des persistenten Teils eines Objekts ist (also bei der Serialisierung eines Objektes nicht gespeichert wird, vgl. unten Kap. 6.4.5) und
- **volatile** dient der Möglichkeit, ein Objekt asynchron zu modifizieren (bei der nebenläufigen Programmierung), die Eigenschaft wird bei jedem Gebrauch aus dem Speicher neu geladen.

Codebeispiel 40 gibt einige Beispiele für die Deklaration von Eigenschaften:

```java
class Eigenschaft
{
  // Deklaration ohne Initialisierung
  int x,y;
  // Deklaration mit Initialisierung
  static float f = 3.4f;
  // Deklaration mit qualifiziertem Klassennamen und Initialisierung durch new
  final java.lang.String test = new String("test");
  transient Object einObjekt = test, einAnderesObjekt = new Object(), einDrittesObjekt;
```

```
// Deklaration eines Arrays
volatile double[] d= new double[5];
}
```

Codebeispiel 40: Deklaration von Eigenschaften

Auf die Eigenschaften kann innerhalb der Methoden einer Klasse durch ihren ein-fachen Namen zugegriffen werden, außerhalb der Klasse muß für den Zugriff auf eine Eigenschaft eines Objekts der Objektname mit dem Punktoperator vorange-stellt werden (einObjekt.EineEigenschaft, falls die Eigenschaft nach außen hin sichtbar ist). Für den Zugriff auf statische Variablen außerhalb der Klasse, in der sie deklariert sind, kann man vor dem Punktoperator auch den Klassennamen statt eines Objektnamens verwenden (eineKlasse.einestatischeEigenschaft). Bei „ge-schachtelter Komposition" von Klassen kann es auch zu mehrfacher Verwendung des Punktoperators kommen (vgl. oben Kap. 2.4.2 zu Variablen bzw. Kap. 2.5.2 zu primären Ausdrücken, zu denen der Feldzugriff zählt). Innerhalb einer Klasse steht für den Zugriff auf das aktuelle Objekt der Klasse selbst der this-Zeiger zur Verfügung. Er wird verwendet, um bei Methodenaufrufen das aktuelle Objekt der aktuellen Klasse zu übergeben (z. B. addActionListener(this)), um Eigenschaften einer Klasse von gleichnamigen lokalen Variablen zu unterscheiden (int einWert = this.einWert) oder um innerhalb eines Konstruktors einen weiteren Konstruktor der Klasse aufzurufen (this()).

3.3.2   Methoden

Methoden bündeln die Funktionalität einer Klasse; in ihnen legt man fest, welche Operationen mit den Objekten einer Klasse erfolgen können. Der Aufbau von Methoden hat folgende Syntax (vgl. $P_{62} - P_{70}$):

[public | protected | private]	Sichtbarkeit der Methode
[static]	Zuordnung Klasse/Objekt
[abstract | final]	Vererbbarkeit/Abstraktionsgrad
[native]	Zugriff auf Plattformspezifisches
[synchronized]	Synchronisation von threads
Resulttattyp Methodenname {[]}	Rückgabetyp, Name der Methode sowie
([ÜbergabeParameter])	Liste der formalen Parameter in runden Klammern
[Ausnahmen]	Spezifikation von Ausnahmen, die die Methode auslösen kann (throws-Angabe)
{ }	Methodenrumpf, eingegrenzt durch ge-schweifte Klammern

Eine Methodendeklaration muß also wenigstens folgende Bestandteile aufweisen:

Resulttattyp *MethodenName*() { /* Rumpf */ }

Eine einfache Methode zeigt das folgende Beispiel:

```
int eineMethode(int formalerParameter)
{  return formalerParameter * formalerParameter;  }
```

Jede Methode muß einen Rückgabewert/Resultattyp ausweisen; wird nichts zurückgegeben, muß man den Rückgabewert void verwenden. Die Deklaration einer Methode besteht aus dem Namen der Methode sowie (optional) einer Liste formaler Parameter, d. h. der Werte, die an die Methode bei ihrem Aufruf übergeben werden. Der Rumpf der Methode ist ein Anweisungsblock. Innerhalb der Definition einer Instanzenmethode referiert this auf das aktuelle Objekt, während das Schlüsselwort super auf die jeweilige (unmittelbare) Oberklasse verweist, z. B.:

```
class B extends A
{
  int eineEigenschaft = 20;
  void druckeWerte()
  {
    System.out.print("eineEigenschaft: " + eineEigenschaft);
    System.out.print("\tthis.eineEigenschaft:" + this.eineEigenschaft);
    System.out.print("\tsuper.eineEigenschaft:" + super.eineEigenschaft);
  }
  public static void main(String[] argv)
  {
    new B().druckeWerte();
  }

}
class A
{
  int eineEigenschaft = 10;
}
```

Codebeispiel 41: Anwendung von super in Instanzmethoden

Ausgabe: eineEigenschaft: 20 this.eineEigenschaft:20 super.eineEigenschaft:10

Die Methodenmodifikatoren bedeuten im Einzelnen:

- **public, protected** und **private** regeln wie bei den Eigenschaften die Sichtbarkeit einer Methode nach außen,
- **static** macht eine Methode klassenbezogen, d. h. ihr Aufruf wirkt sich auf alle Instanzen der Klasse aus,
- **abstract** signalisiert, daß die Methode ohne Implementierung bleibt und die Klasse daher zu einer abstrakten, nicht-instantiierbaren Klasse macht,

- final legt fest, daß die Methode (mit diesem Namen und diesen Parametern) in Unterklassen nicht überladen werden darf, die Implementierung ist damit für den Klassenbaum unterhalb dieser Klasse „abgeschlossen",
- native gibt an, daß diese Methode plattformspezifisch und in einer anderen Programmiersprache als Java implementiert wird. Die Methode verfügt dann über keinen Methodenrumpf und
- synchronized bewirkt, daß die Ausführung der Methoden *synchronisiert* erfolgt, also sichergestellt ist, daß Daten während des Zugriffs durch einen Ausführungsstrang nicht von einem anderen Ausführungsstrang modifiziert werden können (bei der nebenläufigen Programmierung, vgl. Kap. 8).

Eine Klasse kann mehrere gleichnamige Methoden oder Konstruktoren aufweisen, wenn sie sich in Zahl und/oder Typ ihrer Parameter unterscheiden. Man nennt dies das *Überladen* (*overloading*) von Methoden. Auf diese Weise wird das Prinzip des Polymorphismus („Vielgestaltigkeit") der Objektorientierung realisiert. Zur Laufzeit prüft die virtuelle Java-Maschine bei jedem Methodenaufruf, welche von mehreren überladenen Methoden gleichen Namens auf die vorliegende Parameterzahl und –art des Methodenaufrufs paßt. Dabei unterscheidet man zwischen

- *method overloading* (Überladen von Methoden), wenn ein Methodenname in einer Klassendefinition mehrfach verwendet wird, aber mit jeweils unterschiedlicher Parameterzahl und/oder –typ und
- *method overriding* (Überschreiben von Methoden), wenn eine Methode in einer Unterklasse hinsichtlich ihres Namens und Art und Anzahl ihrer Parameter identisch ist mit einer Methode in einer Oberklasse und diese verdeckt. Die Methode der Oberklasse kann nach wie vor aufgerufen werden, wenn man dem Methodenaufruf super. als Zeiger auf die Oberklasse voranstellt.

Das Überladen und Überschreiben von Methoden kann gemeinsam auftreten, wenn eine überladene Methode einer Klasse eine gleich strukturierte Methode der Oberklasse überschreibt. Die Mechanismen des Überladens und Überschreibens gelten im Übrigen auch für Konstruktoren; mehrere überladene Konstruktoren einer Klasse sind der wohl häufigste Anwendungsfall des Überladens (s. u. Kap 3.3.3). Zahlreiche Beispiel überladener Methoden finden sich in den verschiedenen Paketen der Java 2-Plattform; beispielsweise verfügen

- die Klasse String über zahlreiche überladene Konstruktoren (vgl. u. Kap. 3.7.1),
- die Klasse Arrays in java.util über zahlreiche überladene Methoden für das Suchen in und das Sortieren von Arrays (vgl. u. Kap. 4.3.3) und
- die Klasse java.awt.Component über zahlreiche überladene Methoden, die ein Koordinatenpaar als Parameter entweder als Objekt vom Typ Point oder als zwei int-Werte übergeben bekommen (contains(Point einPunkt)/contains(int x, int y) oder getComponentAt(Point einPunkt)/ getComponentAt(int x, int y)).

Die Parameterübergabe beim Methodenaufruf erfolgt als *call by value*, d. h. der *Wert* des formalen Parameters und nicht eine *Referenz* auf ihn wird an die Methode übergeben. Dabei ist jedoch zwischen primitiven Datentypen und Referenz-Datentypen zu unterscheiden: Bei der Übergabe von Objektreferenzen (d. h. einer Variablen, die eine Referenz auf ein Objekt enthält) kann man die Eigenschaften des Objekts modifizieren. Ein solcher Aufruf wirkt sich wie ein *call by reference* aus, obwohl die als Parameter übergebene Objektreferenz selbst natürlich unverändert bleibt (*call by value*). Die Objektreferenz verweist auf den Speicherplatz des Objekts. Greift man auf eine Eigenschaft des Objekts zu und ändert sie, so bleibt zwar der Wert der Objektreferenz unverändert, das Objekt selbst hat sich aber geändert. Diesen Unterschied versucht Codebeispiel 42 zu verdeutlichen:

```java
public class FormaleParameter
{
  // Eigenschaft primitiven Typs
  int einePrimitiveEigenschaft = 100;
  // Referenz-Datentyp
  ReferenzObjekt einReferenzObjekt = new ReferenzObjekt();
  public static void main(String argv[])
  {   new FormaleParameter();  }
  FormaleParameter()
  {
    System.out.println(  "Vor dem Aufruf: " + einePrimitiveEigenschaft + " " +
                          einReferenzObjekt.eineEigenschaft +
                          einReferenzObjekt.hashCode());
    // An die Methode werden die primitive Variable und die Referenzvariable
    // als formale Parameter übergeben.
    Aufruf(einePrimitiveEigenschaft, einReferenzObjekt);
    System.out.println(  "Nach dem Aufruf: " + einePrimitiveEigenschaft + " " +
                          einReferenzObjekt.eineEigenschaft +
                          einReferenzObjekt.hashCode());
  }
  void Aufruf(int dieZahl, ReferenzObjekt einRO)
  {
    // primitiver Parameter wird geändert
    dieZahl *= dieZahl;
    // Eine Eigenschaft des Referenzparameters wird geändert.
    einRO.eineEigenschaft = new String("Stringtext in der Methode zugewiesen ");
    System.out.println(  "In der Methode:" + dieZahl + " " + einRO.eineEigenschaft +
                          einRO.hashCode() + "\n");
  }
}
// Hilfsklasse
class ReferenzObjekt
{   String eineEigenschaft = new String("ursprünglicher Stringtext "); }
```

Codebeispiel 42: Semantik der Parameterübergabe an Methoden

Das Programm erzeugt folgende Ausgabe:
Vor dem Aufruf: 100   ursprünglicher Stringtext   1886194
In der Methode: 10000 Stringtext in der Methode zugewiesen 1886194
Nach dem Aufruf: 100   Stringtext in der Methode zugewiesen 1886194

Wie man sieht, bleiben die primitive Variable und der Hashcode der Objektreferenz (vgl. unten Kap. 3.5) unverändert, die Modifikation der *Eigenschaft* der an die Methode übergebenen Objektreferenz bleibt aber auch nach Verlassen der Methode bestehen.

3.3.3   Konstruktoren, Instantiierung von Objekten und Finalisierung

Konstruktoren dienen der Initialisierung von Objekten und werden bei der Erzeugung eines Objekts automatisch aufgerufen. Ihr Aufbau ähnelt syntaktisch den Methoden ($P_{72} - P_{74}$):

{Modifikator(en)} *KonstruktorName*([Übergabeparameter]) **[Ausnahmen]** KonstruktorRumpf

Ein Konstruktor einer Klasse hat *denselben Namen* wie die Klasse, in der er definiert ist, aber keinen Rückgabewert, da er nur der Instantiierung von Objekten dient. Der fehlende Rückgabewert unterscheidet den Konstruktor syntaktisch von Methoden. Man sollte daher darauf achten, nie Methoden zu definieren, die denselben Namen wie ihre Klasse haben, da sie leicht mit Konstruktoren verwechselt werden können. Umgekehrt wird der Compiler einen Fehler melden, wenn man einen Konstruktor mit einem Rückgabewert ausgestattet hat, da ein solcher Konstruktor bei der Objekterzeugung dann nicht zur Verfügung steht.

Der Rumpf eines Konstruktors besteht aus einem Anweisungsblock, der wie bei Methoden in geschweifte Klammern gefaßt ist. Am *Anfang* des Konstruktorrumpfs kann man mit this([Übergabeparameter]) einen anderen Konstruktor *derselben Klasse* bzw. mit super([Übergabeparameter]) einen Konstruktor der direkten Oberklasse explizit aufrufen:

```
{                                   // Beginn des Konstruktorrumpfs.
  [   this([ÜbergabeParameter]);    // Optionaler Aufruf eines anderen Konstruktors
  | super([ÜbergabeParameter]);    // derselben Klasse oder einer direkten Oberklasse
  ]
  Anweisung; bzw. Anweisungsblock;  // Anweisung(en) im Konstruktor
}                                   // Ende des Konstruktorrumpfs
```

Ruft man am Anfang des Konstruktorrumpfs *keinen* Konstruktor einer Oberklasse explizit auf, so wird der Standard-Konstruktor der direkten Oberklasse ausgeführt (super();, s. u.).

Eine Klasse kann mehrere Konstruktoren mit unterschiedlichen Parametern aufweisen, um die Initialisierung mit Hilfe verschiedener Parameter zu ermöglichen. Dies ist der wohl häufigste Anwendungsfall des Polymorphismus in Java, da es sich empfiehlt, für unterschiedliche Anwendungssituationen auch unterschiedliche Konstruktoren einzuführen.

Konstruktoren werden aufgerufen, wenn man mit Hilfe des new-Operator Objekte erzeugt. Hat eine Klasse keinen Konstruktor, so ruft der Interpreter automatisch einen Standard-Konstruktor (*default constructor*) ohne Parameter auf.

Die meisten Klassen im JDK haben mehrere Konstruktoren, z. B. verfügt die Klasse String unter anderem über folgende Konstruktoren:

```
public String()
public String(String value)
public String(char[] value)
public String(char[] value, int offset, int count)
public String(byte[] ascii, int hibyte, int offset, int count)
public String(byte[] ascii, int hibyte)
public String(StringBuffer, buffer)
```

Stehen in einer Klasse mehrere Konstruktoren zur Auswahl, so kann aus einem Konstruktor einer Klasse ein anderer Konstruktor mit Hilfe von this() unter Angabe der gewünschten Parameter ausgelöst werden. Ein solcher Konstruktorenaufruf aus einem Konstruktor heraus muß als erste Anweisung im Rumpf des Konstruktors stehen. In diesem Fall werden nacheinander zwei Konstruktoren der Klasse Konstrukt verarbeitet:

```
class Konstrukt
{
  String Name; int Status;
  public static void main(String[] argv)
  {
    // Ein Objekt der Klasse Konstrukt wird durch den Konstruktor mit zwei Parametern
    // erzeugt:
    new Konstrukt("Text", 123);
  }
  Konstrukt(int S)
  {
    Status = S;
    System.out.println("Aufruf einstelliger Konstruktor");
  }
  Konstrukt (String N, int S)
  {
    // Aufruf des Konstruktors mit einem Parameter:
    this(S);
    Name = N;
    System.out.println("Aufruf zweistelliger Konstruktor");
  }
}
```

Codebeispiel 43: Aufruf mehrerer Konstruktoren einer Klasse

Die Konstruktoren dienen der Instantiierung von Objekten. Bei der Erzeugung eines Objekts gilt es zu beachten, in welcher Reihenfolge Eigenschaftszuweisungen, Initialisierungsblöcke und Konstruktoren ausgeführt werden:

1. Zunächst werden Konstruktoren der Oberklassen der aktuellen Klasse ausgeführt (ist die Klasse nicht explizit von einer anderen Klasse abgeleitet, so wird der Konstruktor der Basisklasse Object aufgerufen),

2. anschließend erfolgt die Initialisierung der Datenfelder der Klasse (Variableninitialisierungen in der Variablendeklaration bzw. ein Initialisierungsblock der Klasse),

3. schließlich wird der Konstruktor der Klasse selbst aufgerufen und die Anweisungen in seinem Rumpf kommen zur Ausführung.

Den Ablauf dieser Schritte verdeutlicht Codebeispiel 44:

```java
class Reihenfolge extends eineDirekteOberklasse
{
  String Text = new String("ein Text ");

  // Instanzinitialisierungsblock
  int einWert;
  {
    einWert = 123;
  }
  public static void main(String[] argv)
  {
    new Reihenfolge("ein anderer Text ", 456);
  }

  Reihenfolge(String T, int W)
  {
    System.out.println(Text + einWert);
    // Aufruf des Konstruktors mit einem Parameter
    Text = T;
    einWert = W;
    System.out.println(Text + einWert);
  }
}
class eineDirekteOberklasse
{
  // Standard-Konstruktor; wird von der Unterklasse "Reihenfolge" automatisch aufgerufen.
  eineDirekteOberklasse()
  {
    System.out.println("Konstruktor der Klasse eineDirekteOberklasse");
  }
}
```

Codebeispiel 44: Reihenfolge der Instantiierung von Eigenschaften

Ausgabe:
Konstruktor der Klasse eineDirekteOberklasse
ein Text 123
ein anderer Text 456

Wie man sieht, sind die Eigenschaften zum Zeitpunkt des Aufrufs des Konstruktors bereits instantiiert. Man hat also bei der Zuweisung anfänglicher Werte zu den Eigenschaften von Objekten die Auswahl zwischen der Initialisierung in der Variablendeklaration, einem gesonderten Initialisierungsblock im Klassenrumpf und der Wertzuweisung durch Konstruktoren. Nur bei der Verwendung von Konstruktoren kann man allerdings durch unterschiedliche Aufrufparameter der Konstruktoren zur Laufzeit unterschiedliche Instantiierungswerte erzielen.

Wenn ein Objekt nicht länger referenziert wird, kann dies die automatische Speicherverwaltung entdecken, das Objekt löschen und seinen Speicherplatz wieder freigeben (vgl. Kap. 5.1). Um bei der Speicherfreigabe manuell eingreifen zu können, kann man für jede Klasse eine Methode **finalize()** implementieren, die genau dann (automatisch) aufgerufen wird, wenn das Objekt von der automatischen Speicherverwaltung gelöscht werden soll. Eine derartige Methode nennt man *finalizer*, sie ist gewissermaßen das Gegenstück zu den Konstruktoren und hat folgenden Methodenkopf:

```
protected void finalize() throws Throwable
{
  // ...
}
```

Da im *finalizer* spezifiziert sein kann, daß das Objekt noch benötigt wird, wird es nach Aufruf des Finalizers nicht *automatisch* gelöscht, sondern erst, wenn die Speicherverwaltung erneut entdeckt, daß das Objekt nicht mehr benötigt wird. Der *finalizer* kann für jedes Objekt aber *nur einmal* aufgerufen werden, vgl. dazu auch Codebeispiel 52 zur Basisklasse **Object** in Kap. 3.6.1. Finalizer benötigt man dann, wenn ein Objekt auf externe Ressourcen (z. B. Dateien) zugreift, deren Freigabe nicht von der automatischen Speicherverwaltung geregelt wird und man sicherstellen will, daß diese Ressourcen freigegeben werden (z. B. das Schließen offener Dateien bevor die automatische Speicherverwaltung das Objekt entfernt, das die Dateireferenz enthält).

3.3.4 Vererbung

Vererbung als Spezialisierungs- bzw. Generalisierungsbeziehung zwischen Oberklassen und ihren abgeleiteten Unterklassen ist ein wichtiges Mittel der Objektorientierung. Mit ihr kann man bestehende Referenz-Datentypen erweitern und so eine Klassenhierarchie aufzubauen. In Java existiert zwischen Klassen nur die Einfachvererbung, eine Klasse kann also immer nur von *einer* Oberklasse abge-

leitet sein. Der Name der Oberklasse wird dabei hinter dem Schlüsselwort extends
im Klassenkopf angegeben:

```
class Unterklasse extends Oberklasse
{
    //...
}
```

Das Prinzip der Vererbung bedeutet, daß eine Klasse alle Felder der Oberklasse
„erbt", soweit sie nicht als private gekennzeichnet sind und daher nur in der
Oberklasse zur Verfügung stehen. Die Unterklasse kann also neben ihren eigenen
Eigenschaften und Methoden auch alle Eigenschaften und Methoden der Oberklasse benutzen. Durch Vererbung lassen sich gemeinsame Eigenschaften und
Methoden in Oberklassen bündeln. In den einzelnen Unterklassen ist nur noch
diejenige Funktionalität zu implementieren, die spezifisch die Unterklasse aus-
zeichnet. Neben der Tatsache, daß dies sehr viel Kodierungsaufwand ersparen
kann, erleichtert die Vererbung auch die Wiederverwendung von Programmmodu-
len: Ist eine Klasse von einer Oberklasse abgeleitet, muß man sich bei der Verwendung nicht nur über ihre unmittelbaren Eigenschaften, sondern auch über alle
ererbten Eigenschaften und Methoden der Oberklassen klar werden. Dabei kann
sich eine sehr umfangreiche Menge an Eigenschaften und Methoden ergeben:
Beispielsweise erbt die Klasse javax.swing.JButton – eine Schaltfläche im Swing-
Paket der Java 2-Plattform (vgl. Kap. 7.2.1) – von ihren Oberklassen
javax.swing.AbstractButton 91 Felder, von javax.swing.JComponent 111 Felder,
von java.awt.Container 39 Felder und von java.awt.Component 111 Felder. Zusammen mit ihren eigenen 11 Feldern stehen dem Entwickler bei Verwendung
eines Objekts vom Typ JButton über dreihundert Methoden und Eigenschaften
zur Verfügung! Durch die Zugriffsmodifikatoren für Methoden und Eigenschaften
ergeben sich feinkörnige Steuerungsmöglichkeiten für die Verwendung von Klassenhierarchien.

Die in Java für Klassen nicht zugelassene *Mehrfachvererbung* ist dann problema-
tisch, wenn bei der Verwendung einer Unterklasse und dem Zugriff auf ein
„mehrfach geerbtes" Feld nicht klar ist, zu welcher der Oberklassen es gehört.
Dies gilt besonders für den Fall der sog. *diamond inheritance*, bei der eine Klasse
A zwei direkte Oberklasse B und C aufweist, die wiederum beide von einer gemeinsamen Oberklasse D abgeleitet sind:

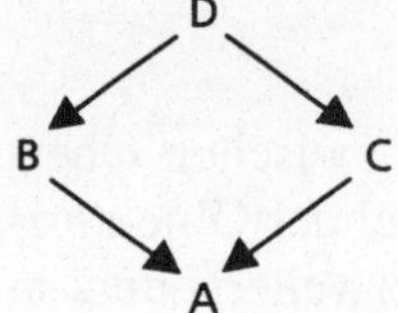

Abbildung 15:   *Schema der* diamond inheritance

Eine nicht-private Eigenschaft von D wird sowohl von B als auch von C an A weitervererbt. Zur Laufzeit kann daher unklar sein, welcher „Vererbungspfad" für diese Eigenschaft, die A auf mehrfache Weise erbt, ausschlaggebend ist. Um solche Unklarheiten zu beseitigen, ist in Java die Mehrfachvererbung nur für Schnittstellen zulässig: Da sie ohne Implementierung sind bzw. nur konstante Werte (finale Eigenschaften) enthalten können, ist die Mehrfachvererbung unproblematisch.

3.3.5 Zugriffskontrolle von Methoden und Eigenschaften

Auf der Ebene der Klassen sind Sichtbarkeit und Geheimnisprinzip bereits erläutert worden. Auf der Ebene der Felder (Eigenschaften und Methoden) ist die Steuerung der Sichtbarkeit noch wesentlich differenzierter möglich: Zur Standardsichtbarkeit (Paketebene) ohne Modifikator und allgemeiner Sichtbarkeit (public) kommen für Felder die Sichtbarkeitsebenen private und protected hinzu. Tabelle 19 faßt die Bedeutung der Zugriffsmodifikatoren zusammen:

	Modifikator	*Bedeutung*
← Sichtbarkeit nimmt ab	public	Eigenschaft/Methode kann von anderen Klassen und Objekten benutzt werden, auch außerhalb der Klassenhierarchie.
	protected	Eigenschaft/Methode kann nur innerhalb der Klassenhierarchie und innerhalb des gleichen Pakets benutzt werden; sie ist nicht außerhalb des Pakets sichtbar (außer in Unterklassen in anderen Paketen).
	ohne Modifikator	Eigenschaft/Methode ist nur innerhalb der Klasse sichtbar sowie in dem Paket, dem die Klasse angehört.
	private	Eigenschaft/Methode kann nur von Objekten der Klasse, in der sie definiert ist, benutzt werden, wird also auch nicht vererbt.

Tabelle 19:   Zugriffsmodifikatoren für Eigenschaften und Methoden

Das folgende Beispiel zeigt die Verwendung der Sichtbarkeitsmodifikatoren für Methoden:

```java
public class Vererbung
{
  public static void main(String argv[])
  {
    // je ein Objekt der Oberklasse und der Unterklasse werden erzeugt
    Oberklasse OK = new Oberklasse();
    Unterklasse UK = new Unterklasse();
    OK.tuwasOK();

    // die Unterklasse erbt tuwasOK von der Oberklasse und diese Methode daher auch
    // verwenden
    UK.tuwasUK();
    UK.tuwasOK();
  }
}
```

```java
class Oberklasse
{
  // private Methode, kann nur von der Oberklasse selbst verwendet werden
  private void tuwasnurinOK()
  {   System.out.println("tuwasnurinOK\n");   }
  // geschützte Methode, kann von Unterklassen verwendet werden
  protected void tuwasOK()
  {
    tuwasnurinOK();
    System.out.println("tuwasOK\n");
  }
}
class Unterklasse extends Oberklasse
{
  // geschützte Methode, kann aber von AndereKlasse verwendet werden, da sie in
  // derselben Kompilierungseinheit und damit im selben Paket deklariert ist
  protected void tuwasUK()
  {
    // Zugriff auf private Methoden ist auch durch Unterklassen nicht möglich
    // super.tuwasnurinOK();  nicht möglich, da private
    // tuwasnurinOK();        nicht möglich, da private
    tuwasOK();               // möglich, da protected
    System.out.println("tuwasUK\n");
  }
}
class AndereKlasse
{
  Unterklasse eineUK = new Unterklasse();
  void Zugriff()
  {
    // geht, da zwar protected in Unterklasse, aber AndereKlasse im selben
    // (Default-)Paket definiert ist
    eineUK.tuwasUK();
  }
}
```

Codebeispiel 45: Methodenzugriffe in der Vererbungshierarchie

3.3.6 *Statische Eigenschaften und Methoden*

Wie an zahlreichen Beispielen bereits deutlich geworden sein dürfte, kann man
Eigenschaften und Methoden durch den Modifikator **static** als klassenbezogen
kennzeichnen. Wenn die nicht-statischen Eigenschaften eines *Objekts* seinen aktuellen Zustand beschreiben, so beschreiben *statische Eigenschaften* analog dazu
den Zustand einer *Klasse*. Das häufigste Beispiel einer klassenbezogenen Methode ist die Programmeintrittsmethode **main()** als Startpunkt von Java-Applikatio-

nen. Sie ist eine statische, klassenbezogene Methode, da sie nur einmal mit Bezug auf die Klasse benötigt wird, über die ein Programm gestartet wird. Bei statischen Eigenschaften wirken sich Werteänderungen immer auf alle zur Laufzeit instantiierten Objekte dieser Klasse aus, d. h. wenn man in Objekt A der Klasse K die statische Eigenschaft E ändert, so ändert sich E gleichzeitig auch in allen anderen Objekten der Klasse K. Insofern ist bei der Verwendung statischer Eigenschaften genau darauf zu achten, unerwünschte Nebeneffekte zu vermeiden.

Für den Zugriff auf Eigenschaften gelten bei statischen Methoden Einschränkungen: Eine statische Methode kann nicht auf nicht-statische Eigenschaften und Methoden eines Objekts zugreifen. Umgekehrt ist der Zugriff auf statische Felder in nicht-statischen Methoden sehr wohl möglich. Statische Eigenschaften und Methoden können aus anderen Klassen durch Angabe des Klassennamens vor dem Zugriffsoperator angesprochen werden. Dies wird z. B. bei Hilfsklassen genutzt, die Utility-Methoden anbieten, die von anderen Klassen bzw. deren Objekten genutzt werden, ohne daß deshalb von diesen Hilfsklassen Objekte instantiiert werden müßten (z. B. die Klasse **Arrays**, die statische Methoden für das Suchen und Sortieren in Array-Objekten anbietet, vgl. 4). Das nachfolgende Beispiel zeigt mögliche und nicht-zulässige Verwendungen statischer Felder:

```java
class Statisch
{
  static int einStatischerWert;
  int einWert;
  public static void main(String[] argv)
  {
    // geht nicht, da statischer Kontext
    // einWert = 100;
    // Defaultkonstruktor der Klasse Statisch
    new Statisch();
  }
  static void statischeMethode()
  {
    einStatischerWert = 100;
    // geht nicht, da statischer Kontext
    // einWert = 100;
    // objektbezogeneMethode();
  }
  void objektbezogeneMethode()
  {
    // Zugriff erlaubt: statische Eigenschaft kann man in nicht-statischem Kontext ändern
    einStatischerWert = 300;
    statischeMethode();
  }
}
```

Codebeispiel 46: Statische Methoden und Eigenschaften

Die Anwendung statischer Eigenschaften und Methoden dient zum einen der bereits erwähnten Definition von Hilfsmethoden, die von Objekten anderer Klassen genutzt werden, zum anderen der Realisierung des *Geheimnisprinzips*: Eine *private* statische Eigenschaft E einer Klasse K (deklariert als private static *DatenTyp* E in der Klasse K) kann verwendet werden, um Referenzen auf Objekte zu speichern, die ausschließlich von Objekten vom Typ K benutzt werden sollen. Umgekehrt ist eine *öffentliche* statische Klassenvariable überall sichtbar, also eine globale Variable, auf die auch andere Klassen durch K.E zugreifen können. Dies sollte man außer zur Speicherung konstanter Werte (public static final *DatenTyp* E) vermeiden.

3.3.7   *Finale und abstrakte Klassen*

Von einer Klasse, die als final gekennzeichnet ist, kann man keine Unterklasse ableiten; die Vererbungshierarchie findet bei dieser Klasse einen Endpunkt. Umgekehrt muß man von einer als **abstract** gekennzeichneten Klasse eine Unterklasse ableiten, um sie verwenden zu können. Eine Unterklasse einer abstrakten Oberklasse muß alle dort vorgegebenen abstrakten Methoden implementieren, sonst wird sie selbst automatisch zur abstrakten Klasse: Eine Klasse ist dann abstrakt, wenn sie entweder direkt durch den Modifikator **abstract** gekennzeichnet ist oder wenigstens eine ihrer Methoden abstrakt, d. h. nicht implementiert ist. Eine abstrakte Klasse kann also durchaus über vollständig implementierte Methoden verfügen – ist sie als **abstract** gekennzeichnet, kann man dennoch keine Objekte diesen Typs direkt initialisieren.

Abstrakte Klassen sind ein wichtiges Ordnungs- und Strukturierungsmittel der objektorientierten Programmierung: In vielen Fällen gibt es für unterschiedliche Klassen ein abstraktes Oberkonzept, das sich nicht direkt implementieren läßt, in dem aber alle Gemeinsamkeiten der abgeleiteten Klassen (abstrakt) spezifiziert werden können. Ein gutes Beispiel (nach STROUSTRUP 1992:191ff) ist die Modellierung von Graphikprimitiven: Will man z. B. einen Graphikeditor implementieren, der Dreiecke, Rechtecke, Polygone und Freihandelemente zeichnet, so kann man in einer abstrakten Oberklasse Graphikprimitiv alle gemeinsam benötigten Operationen (wie z. B. verschieben, skalieren, drehen, füllen, drucken etc.) sammeln. Die Implementierung der typspezifischen Methoden der verschiedenen Graphikprimitive bleibt dann den einzelnen nicht-abstrakten Unterklassen überlassen. Ähnlich ist z. B. im Paket java.awt die Klasse Component als Oberklasse aller graphischen Komponenten als abstrakt gekennzeichnet: Sie bündelt alle relevanten Methoden, kann aber selbst nicht als Objekt instantiiert werden. In Fortführung des Vererbungsbeispiels zeigt Codebeispiel 47 den Zusammenhang zwischen abstrakten und finalen Klassen und ihr (Fehler-)Verhalten bei der Vererbung. Potentielle Fehler stehen in Kommentaren.

```java
public class FinalAbstrakt
{
  public static void main(String argv[])
  {
    //Oberklasse OK = new Oberklasse(); Fehler, da abstrakte Klasse
    FinaleUnterklasse UK = new FinaleUnterklasse();
    UK.tuwasUK();
    UK.tuwasOK();
  }
}
abstract class AbstrakteOberklasse
{
  private void tuwasnurinOK()
  {   System.out.println("tuwasnurinOK\n");   }

  final protected void tuwasOK()
  {
    tuwasnurinOK();
    System.out.println("tuwasOK\n");
  }
  //nur Methodenkopf
  abstract void Untenzuimplementieren();}

final class FinaleUnterklasse extends AbstrakteOberklasse
{
  //protected void tuwasOK(){};geht nicht, final in Oberklasse
  void Untenzuimplementieren()
  {   System.out.println("s.o.: abstrakte Methode\n");      }

  protected void tuwasUK()
  {
    // super.tuwasnurinOK(); nicht möglich, da private
    // tuwasnurinOK(); nicht möglich, da private
    tuwasOK();
    System.out.println("tuwasUK\n");
  }
}

// public class NochEineDrunter extends FinaleUnterklasse {}
// geht nicht, da FinaleUnterklasse final ist
```

Codebeispiel 47: Finale und abstrakte Klassen

3.3.8   Innere Klassen

Die bisher vorgestellten Klassen sind sog. Top-Level-Klassen, die nicht selbst
Teil eines anderen Konstrukts sind. Seit der Einführung des JDK 1.1 sind in Java

auch sog. „innere Klassen" (und Schnittstellen) möglich: Dabei handelt es sich um Klassen bzw. Schnittstellen, die *innerhalb des Rumpfs einer anderen Klasse* deklariert werden. Innere Klassen sind ein weiterer Fall einer Komponente, die innerhalb einer Klasse enthalten sein kann (neben Konstruktoren, Methoden und Eigenschaften). Man unterscheidet:

* *innere Klassen*, die auf der obersten Ebene parallel zu den Feldern innerhalb des Klassenrumpfs einer Klasse deklariert werden,
* *lokale Klassen*, die innerhalb eines lokalen Anweisungsblocks in einer Methode einer Klasse deklariert werden und
* *anonyme Klassen*, die ebenfalls innerhalb einer Methode oder eines Konstruktors deklariert werden und keinen eigenen Namen erhalten.

Das folgende Beispiel zeigt die Deklaration zweier innerer Klassen innerhalb der Klasse TopLevelClass sowie den wechselseitigen Aufruf ihrer Konstruktoren. Zu Testzwecken hat jede innere Klasse einen statischen Initialisierungsblock, damit die Reihenfolge von Konstruktorenaufruf und Feldinitialisierung deutlich wird:

```java
public class TopLevelKlasse
{
  public static void main(String[] argv)
  {   new TopLevelKlasse(); }
  TopLevelKlasse()
  {
    // Erzeugen eines anonymen Objekts vom Typ InnereKlasse1
    new InnereKlasse1();
  }
  class InnereKlasse1
  {
    // Anlegen eines Objekts vom Typ InnereKlasse2
    new InnereKlasse2();
    // Konstruktor
    InnereKlasse1()
    { System.out.println("Konstruktor InnereKlasse1");   }
    // Initialisierungsblock in InnereKlasse1
    { System.out.println("Initialisierung InnereKlasse1"); }
  }
  class InnereKlasse2
  {
    // Konstruktor
    InnereKlasse2()
    { System.out.println("Konstruktor InnereKlasse2");   }
    // Initialisierungsblock in InnereKlasse2
    { System.out.println("Initialisierung InnereKlasse2");   }
  }
}
```

Codebeispiel 48: Einsatz innerer Klassen

Ausgabe des Programms:
Initialisierung InnereKlasse2
Konstruktor InnereKlasse2
Initialisierung InnereKlasse1
Konstruktor InnereKlasse1

Lokale innere Klassen sind nicht als Komponenten einer Klasse, sondern innerhalb eines lokalen Anweisungsblocks einer Methode oder Konstruktors deklariert.
In einer lokalen Klasse sind auch lokale Variablen des jeweiligen Blocks sichtbar,
in dem die lokale Klasse deklariert wurde – allerdings nur, falls diese Variablen
als final deklariert wurden. Der Unterschied zu einer inneren Klasse liegt in dem
noch weiter eingeschränkten Gültigkeitsbereich der Klasse; die Syntax der Klassendeklaration ist jeweils dieselbe. Lokale Klassen sind allerdings anders als innere Klassen nur innerhalb des sie umgebenden Anweisungsblocks sichtbar und
daher keine Felder der einbettenden Klasse; sie können deshalb nicht die Modifikatoren static, final sowie public, protected und private tragen.

```
class KlasseMitLokalerKlasse
{
  String einText = new String("ein Text");

  public static void main(String[] argv)
  {
    new KlasseMitLokalerKlasse();
  }
  // Konstruktor
  KlasseMitLokalerKlasse()
  {
    // lokale Variable
    int einNichtfinalerLokalerWert = 400;
    final int einFinalerLokalerWert = 800;

    // Deklaration einer lokalen Klasse innerhalb der
    // Klasse KlasseMitLokalerKlasse
    class LokaleKlasse
    {
      private int einWert = 100;

      LokaleKlasse(int W)
      {
        einWert = W;
      }
      void gibWerteAus()
      {
        // Zugriff auf Eigenschaft der einbettenden Klasse, möglich.
        System.out.println(einText);
```

```
        // Zugriff auf Eigenschaft der lokalen Klasse, möglich.
        System.out.println(einWert);
        // Zugriff auf finale lokale Variable, möglich.
        System.out.println(einFinalerLokalerWert);
        // Zugriff auf nicht-finale lokale Variable, nicht möglich.
        // System.out.println(einNichtfinalerLokalerWert);
      }
    }
    // Erzeugen eines Objekts vom Typ der lokalen Klasse.
    LokaleKlasse einLokalesKlassenObjekt = new LokaleKlasse(200);
    // Methodenaufruf des Objekts vom Typ der lokalen Klasse.
    einLokalesKlassenObjekt.gibWerteAus();
  }

  // Methode der einbettenden Klasse.
  void eineMethode()
  {
    // Nicht möglich, da die lokale Klasse hier nicht sichtbar ist:
    // LokaleKlasse einObjekt = new LokaleKlasse(200);
  }
}
```

Codebeispiel 49: Verwendung lokaler Klassen

Ausgabe:
ein Text
200
800

Anonyme Klassen werden wie lokale Klassen innerhalb von Methoden einer
Klasse definiert, haben aber – da sie nur einmal verwendet werden sollen – keinen
eigenen Namen. Sie sind immer von einer konkreten Oberklasse abzuleiten – man
erzeugt eine anonyme Klasse, indem man ein Objekt ihrer Oberklasse mit new
erzeugt und *nach* Angabe des Konstruktors, aber *vor* Ende der new-Anweisung,
also vor dem Strichpunkt, in einem Anweisungsblock veränderte Methoden und
Eigenschaften der neuen anonymen Subklasse angibt:

```
public class KlasseMitAnonymerKlasse
{
  int einWertderTopLevelKlasse = 100;
  public static void main(String[] argv)
  {   new KlasseMitAnonymerKlasse();  }

  // Konstruktor
  public KlasseMitAnonymerKlasse()
  {
    // Finale lokale Variable; auf sie kann die anonyme Klasse zugreifen.
    final int einFinalerLokalerWert = 300;
```

```java
    // Ein Objekt vom Typ eineOberklasse wird erzeugt und dabei mit einem
    // "neuen Rumpf" versehen, d. h. die Methode eineMethode wird geändert.
    eineOberklasse einObjektderAnonymenKlasse = new eineOberklasse()
    { // Anfang des Rumpfs der anonymen Klasse.

        // Methode der Oberklasse wird von der anonymen Klasse überschrieben.
        void eineMethode()
        {
            System.out.println(einWert * einWertderTopLevelKlasse * einFinalerLokalerWert);
        }
    }    // Ende des Rumpfs der anonymen Klasse.

    ;    // Ende der new-Anweisung

        // Dieses Objekt hat den Typ der anonymen Unterklasse und verwendet
        // deren geänderte Implementierung von eineMethode.
        einObjektderAnonymenKlasse.eineMethode();
    }
}

// Von dieser Klasse wird eine anonyme Unterklasse abgeleitet.
class eineOberklasse
{
    int einWert = 200;
    void eineMethode()
    {
        System.out.println(einWert);
    }
}
```

Codebeispiel 50: Ableiten einer anonymen Unterklasse

Ausgabe:
6000000

Auch für innere Klassen gilt, daß der Java-Compiler je ein Bytecode-Modul pro Klasse generiert. Das Modul wird allerdings hierarchisch benannt, wobei zunächst der Name der einbettenden Top-Level-Klasse und anschließend, getrennt durch ein $-Symbol, der Name der inneren Klasse folgt. Bei anonymen Klassen erfolgt eine einfache Zählung. In den obigen Beispielen erzeugt der Java-Compiler folgende .class-Dateien für die inneren Klassen:

- TopLevelKlasse$InnereKlasse1.class,
- TopLevelKlasse$InnereKlasse2.class,
- KlasseMitLokalerKlasse1LokaleKlasse.class und
- KlasseMitAnonymerKlasse$1.class.

3.4   Schnittstellen

Mit einer Schnittstelle (*interface*) gibt man eine Menge von Methoden und Eigenschaften vor, die von einer Klasse implementiert werden sollen. Alle Methoden einer Schnittstelle sind abstrakt, also ohne Rumpf. Eine Schnittstelle liefert also eine Funktionsschablone, die von unterschiedlichen Klassen implementiert werden kann. Tabelle 20 zeigt die Syntax der Schnittstellendeklaration (vgl. P_{75} - P_{78}):

Syntax	*Bedeutung*
[public] [abstract]	Modifikatoren der Schnittstelle
interface Schnittstellenname	Schlüsselwort interface und Name der Schnittstelle
[extends Schnittstellenname {, Schnittstellenname}]	Angabe der Vererbung von einer oder mehr Schnittstellen
Schnittstellenrumpf	Methoden und Eigenschaften der Schnittstelle

Tabelle 20:   Syntax der Schnittstellendeklaration

Die Modifikatoren public und abstract sind für Schnittstellen zulässig, der Modifikator abstract hat aber keine Auswirkung, da Schnittstellen *per definitionem* abstrakt sind, da sie nur Methoden *ohne Implementierung*, also abstrakte Methoden enthalten können.

Eine Schnittstelle kann eine oder mehrere andere Schnittstellen erweitern (extends InterfaceName, ...). Damit ist für Schnittstellen auch Mehrfachvererbung möglich, ebenso wie Klassen mehr als eine Schnittstelle implementieren können. Diese Möglichkeit der Mehrfachvererbung ist unproblematisch, da die abstrakten Methoden ohne Implementierung keine Konflikte bewirken können.

Der Rumpf einer Schnittstelle besteht aus Felddeklarationen (Variablen und Methoden), wobei alle Variablen implizit final und static sind. Alle Methoden einer Schnittstelle sind (implizit) abstrakt, müssen also nicht als solche gekennzeichnet werden; sie sind öffentlich (public), falls die Schnittstelle öffentlich ist. Die Eigenschaften einer Schnittstelle sind immer klassenbezogen (static) und final (final). Sie dienen zur Bestimmung von Konstantenwerten und müssen im Schnittstellenrumpf initialisiert werden. Ihr Wert läßt sich wie bei allen finalen Eigenschaften dann nicht mehr ändern. Auf diese Weise kann man in Schnittstellen inhaltlich zusammengehörige Konstanten zusammenfassen, etwa eine Sammlung physikalischer Konstanten in einem Simulationsprogramm.

Das nachfolgende Beispiel definiert in der Schnittstelle Darstellbar die benötigte Funktionalität für Klassen, die „etwas" darstellen wollen und spezifiziert dafür eine Methode und zwei Konstanten.

```
// Beispiel-Schnittstelle
interface Darstellbar
{
  int Groesse = 2000;      int Flaeche = 500;
  void stelleDar();
}

class Gegenstand implements Darstellbar
{
  public void stelleDar()
  {
    System.out.println(Groesse+", "+Flaeche);
    // Groesse = 1234567; geht nicht, da die Eigenschaften der Schnittstelle
    // "automatisch" final sind und nicht modifiziert werden können
  }
}

// class Ding implements Darstellbar
// {} geht nicht, da keine Implementierung von stelleDar() in der Klasse Ding

abstract class Etwas implements Darstellbar{}
// korrekt, da Etwas eine abstrakte Klasse ist und die "eigentliche" Implementierung der
// Schnittstelle in einer Unterklasse von Etwas erfolgen kann.

// Anwendung der Schnittstelle:
public class SchnittstellenTest
{
  public static void main(String argv[])
  {
    Gegenstand Irgendwas = new Gegenstand();
    Irgendwas.StelleDar();
  }
}
```

Codebeispiel 51: Aufbau und Anwendung von Schnittstellen

3.4.1 Schnittstellen als Datentyp bei der Variablendeklaration

Es ist möglich, in einem Java-Programm Variablen von Typ einer *Schnittstelle* zu deklarieren. Man kann eine solche Variable zwar nicht mit new() instantiieren, da Schnittstellen keine Konstruktoren enthalten, sie kann aber über die Zuweisung einer Referenz auf ein Objekt, das den Typ der Schnittstelle *implementiert*, initialisiert werden. Dies veranschaulicht das nachfolgende Beispiel, in dem Objekte vom Typ der Schnittstelle **Runnable** instantiiert werden.

```java
class InterfaceVariablen
{
  TestThread einThread = new TestThread();

  // Die Variable einInterFaceObjekt hat einen Schnittstellentyp als Datentyp,
  // da Runnable eine Schnittstelle ist (java.lang.Runnable).
  Runnable einInterFaceObjekt;

  public static void main(String[] argv)
  {   new InterfaceVariablen();   }

  InterfaceVariablen()
  {
    // Die Zuweisung ist zulässig, da einThread eine Variable eines Typs (TestThread) ist,
    // der die Schnittstelle Runnable implementiert.
    einInterFaceObjekt = einThread;
    einInterFaceObjekt.run();

    // Nicht möglich, da ein Interface immer abstrakt ist, also nicht direkt instantiiert wird:
    // Runnable einAnderesInterfaceObjekt = new Runnable();
  }
}
// Testklasse
class TestThread extends Thread
{
  public void run()
  {
    while(true)
    {
      System.out.println("Testausgabe");
      try
      { sleep(1000); }
      catch(InterruptedException e)
      { System.out.println("Fehler: "+e);}
    }
  }
}
```

Codebeispiel 52: Verwendung von Objekten vom Typ einer Schnittstelle

3.4.2   Verwendung von Schnittstellen

Man könnte annehmen, daß Schnittstellen lediglich eine Variation des Prinzips
abstrakter Klassen sind, die die Mehrfachvererbung in Java ermöglicht. Diese
Betrachtungsweise trifft aber nicht den Kern des Prinzips der Verwendung von
Schnittstellen: Schnittstellen sind vor allem ein Mittel der Trennung von *abstrakter Spezifikation* und *konkreter Implementierung* für einen spezifischen Funktio-

nalitätsbereich, das in ähnlicher Weise z. B. auch der sprachübergreifenden COR-BA-Middleware-Architektur zugrunde liegt. Darüber hinaus liegen Schnittstellen quer zu den Klassenhierarchien, die man in einer Anwendung verwendet: Sie bündeln jeweils die abstrakte Spezifikation für eine bestimmte Funktionalität, die von beliebigen Klassen auf unterschiedliche Art implementiert werden kann. Der Entwickler hat allerdings dafür Sorge zu tragen, daß seine Implementierung dem Sinn der in einer Schnittstelle gesammelten Methoden auch entspricht! Eine Vielzahl häufig verwendeter Schnittstellen im JDK zeigt diese inhaltliche Spezifikation eines Funktionsbereichs in Schnittstellen:

- Die Schnittstelle Cloneable signalisiert, daß von Objekten einer Klasse, die Cloneable implementiert, Kopien erstellt werden können,
- die Schnittstelle Serializable signalisiert, daß Objekte einer Klasse, die Serialzable implementiert, serialisiert, d. h. persistent gespeichert werden können (z. B. in einer Datei),
- die Implementierung der Schnittstelle Runnable bewirkt, daß ein Objekt eine run-Methode hat, also die Funktionalität von Threads für die nebenläufige Programmierung nutzen kann und
- die Implementierung der Schnittstelle Comparable macht Objekte durch die Implementierung der compareTo-Methode mit anderen Objekten gleichen Typs vergleichbar (Anwendung bei Suchen und Sortieren).

All diese Schnittstellen haben entweder eine reine „Signalfunktion", d. h. sie enthalten keine (!) Methoden und signalisieren nur eine bestimmte Eigenschaft einer Klasse (z. B. Cloneable, Serializable) oder sie umfassen nur eine oder wenige Methoden (Runnable, Comparable), die für eine klar definierte Funktion stehen (Nebenläufigkeit, Vergleichbarkeit von Objekten etc.).

3.5 Übersicht: Objektorientierung in Java

Nachdem die vorangegangenen Kapitel die Objektorientierung als Entwicklungsmethode sowie die objektorientierten Eigenschaften von Java vorgestellt haben, soll die nachfolgende Übersicht einen zusammenfassenden Überblick zur Einordnung von Java als objektorientierter Programmiersprache geben. Die Gliederung der Übersicht orientiert sich an EIRUND 1993:109ff und kann als Ausgangspunkt eines Vergleichs von Java mit anderen objektorientierten Sprachen dienen:

Merkmal	Ausprägung in Java
Entstehung der Sprache	Java ist zwar syntaktisch eng an C++ angelehnt, aber von der Grundkonzeption her anders als C++ eine streng an den Prinzipien der Objektorientierung orientierte Sprache. Eine Ausnahme davon bilden lediglich die primitiven Datentypen, die keine Objekte eines Klassentyps sind; für jeden primitiven Datentyp gibt es aber eine entsprechende Hüllenklasse, die den primitiven Datentyp in einem Objekt kapselt.

Merkmal	*Ausprägung in Java*
Typisierung	Java realisiert eine strenge Typprüfung – sowohl zur *compile time* als auch zur Laufzeit eines Programms.
Vererbung	Für Klassen existiert nur Einfachvererbung, d. h. eine Klasse kann nur von genau einer Oberklasse abgeleitet sein; Schnittstellen können aber von mehreren Schnittstellen abgeleitet sein; eine Klasse kann beliebig viele Schnittstellen implementieren.
Polymorphismus	Zu den Erscheinungsformen des Polymorphismus gehören in Java: • das Überladen von Methoden und Konstruktoren, • die Entscheidung für eine passende Methodenimplementierung zur Laufzeit eines Programms (*late binding*) und • die Zuweisung von Objektreferenzen zu Objektreferenzen anderen Typs (im gleichen Teilbaum der Klassenhierarchie, insbesondere die generische Zuweisung einer beliebigen Objektreferenz zu einer Objektreferenz vom Typ Object). Ein Überladen von Operatoren ist nicht möglich.
Initialisierung und Konstruktoren	Eigenschaften von Klassen werden automatisch instantiiert und mit Default-Werten belegt; zusätzlich kann in jeder Klasse ein expliziter Instanzinitialisierungsblock angelegt werden, der vor dem Aufruf der Konstruktoren ausgeführt wird. Für jede Klasse existiert ein (parameterloser) Defaultkonstruktor; er kann vom Entwickler durch einen oder mehrere überladene Konstruktoren ersetzt werden. Die „Dekonstruktion" von Klassen geschieht automatisch durch die Speicherverwaltung; mit Hilfe von Finalisierungsmethoden (*finalizer*) kann der Entwickler auch hier eingreifen.
Abstrakte Klassen	Die Bildung abstrakter Klassen wird von Java unterstützt. Zusätzlich können in Schnittstellen abstrakte Methoden zusammengestellt werden, die einen semantisch zusammengehörenden Funktionalitätsbereich spezifizieren.
Metaklassen und Klassenobjekte	Durch die Klasse Class und die im Paket java.lang.reflect unterstützt Java die Bildung von Klassen und Objekten und das dynamische Laden von Klassen, deren Instantiierung und Verwendung zur Laufzeit eines Programms (vgl. Kap. 3.6.2, 4.3 und 5.4.1).
Generische Klassen	Mit Hilfe der Basisklasse Object und der Mechanismen der *class reflection* lassen sich generische Klassen (z. B. abstrakte Datentypen) definieren, die je nach Bedarf mit Objekten unterschiedlichen Typs gefüllt werden können, vgl. unten Kap. 3.6 und 4.3.
Sicherheit	Die wesentlichen Sicherheitsmechanismen von Java sind: • Die Zugriffsmodifikatoren für Klassen und Methoden erlauben die genaue Steuerung der Verwendung von Klassen und ihrer Objekte. • Die virtuelle Java-Maschine definiert ein mehrschichtiges und durch ein differenziertes System von Rechten modifizierbares Sicherheitssystem, das mißbräuchliche Programmnutzung ausschließen soll. • Das Fehlen von Zeigern und die automatische Speicherverwaltung gewährleisten die Robustheit von Java-Programmen und leisten damit ebenfalls einen Beitrag zur Sicherheit. • Schließlich enthält die Java 2-Plattform ein eigenes Sicherheits-API, mit dem kryptographische Anwendungen entwickelt werden können.
Zuweisung von Objektreferenzen	Die Zuweisung von Objektreferenzen erfolgt auf der Basis der Referenzsemantik (d. h. die *Referenz* auf das Objekt, nicht seine *Werte* werden übergeben). Für primitive Datentypen gilt die Wertsemantik.

Merkmal	Ausprägung in Java
Speicherverwaltung	Java verfügt über automatische Speicherverwaltung, die das Entfernen nicht mehr referenzierter Objekte regelt.
Plattformneutralität	Als interpretierte Sprache, deren Compiler ein plattformneutrales Binärcodeformat generieren (den *Java Bytecode*) können kompilierte Java-Klassen auf unterschiedlichen Rechnerplattformen ausgeführt werden, was das Konzept der Wiederverwendbarkeit unterstützt.
Komponententechnologie	Java unterstützt die Entwicklung wiederverwendbarer Softwarekomponenten als im Vergleich zur Objektorientierung abstrakteres Konzept der Wiederverwendbarkeit von Software durch das *Java Beans*-API.
Nebenläufigkeit	Die Entwicklung nebenläufiger Programme, die über parallel arbeitende Ausführungsstränge verfügen, ist ein Grundkonzept der Spracharchitektur von Java, da entsprechende Methoden bereits in der Basisklasse Object enthalten sind.

Tabelle 21: Übersicht zur Objektorientierung in Java

3.6 Grundfunktionalität von Objekten

Zwei Klassen erläutert dieses Kapitel – Object und Class. Object ist als Basisklasse aller Java-Klassen in jeder Klasse explizit oder implizit durch Vererbung enthalten; Class dient zur Ermittlung von Information über andere Klassen, ist also eine Art „Meta-Klasse".

3.6.1 Die Klasse Object

Die Wurzel der Objekthierarchie von Java bildet die Klasse Object – von ihr sind alle Subklassen (implizit oder explizit) abgleitet. Eine Klasse ist selbst dann Unterklasse von Object, wenn man Object nicht als direkte Oberklasse angibt, also kein extends-Konstrukt im Klassenkopf verwendet. Daraus folgt, daß die Methoden von Object in allen abgeleiteten Klassen zur Verfügung stehen. Sie lassen sich zwei Bereichen zuordnen:

* Verfahren zur Objektmanipulation (Vergleich, Klonieren, Ausgabe als String) und
* Methoden zur Steuerung von Threads (vgl. unten Kap. 8).

Die folgende Tabelle gibt einen Überblick zu den Methoden von Object:

Methode	Bedeutung
public final Class getClass()	Liefert ein Class-Objekt vom Typ der Klasse des Objekts (Verwendung bei der *class reflection*).
public int hashCode()	Gibt den Hashcode für das Objekt an – jedes instantiierte Objekt hat einen Hashcode, eine Zahl, die eineindeutig für jedes Objekt ist und die in einer Hash-Tabelle gespeichert wird.

Methode	*Bedeutung*
public boolean equals(Object obj)	Vergleicht zwei Objekte. Die Default-Wirkung von equals() ist identisch mit dem ==-Operator und prüft die Identität der Objekt*referenzen*, nicht der Objekt*inhalte*, d. h. das Objekt ist *nur sich selbst* gleich; man sollte equals() überschreiben, um einen „semantischen Vergleich" zu ermöglichen.
protected Object clone() throws CloneNotSupportedException	Erzeugt ein „Clone" des Objekts: Eine neue Instanz wird alloziert und bitweise mit dem „Inhalt" des Ausgangsobjekts belegt; clone() sollte als public überschrieben werden, damit das Klonen auch durch Objekten anderen Typs möglich wird.
public String toString()	Gibt einen String zurück, der den Inhalt des Objekts angibt; sollte von allen Subklassen überladen werden; toString() sollte überschrieben werden.
public final void notify()	Benachrichtigt einen wartenden *thread* von der Änderung des Zustands eines anderen Threads. Der sich ändernde *thread* benachrichtigt den wartenden *thread* durch einen Aufruf von notify(). Threads, die auf eine solche Änderung warten wollen, bevor sie mit ihrer Ausführung fortfahren, können wait() aufrufen; notify() kann nur aus einer synchronisierten Methode heraus aufgerufen werden.
public final void notifyAll()	Benachrichtigt alle wartenden Threads von der Änderung (im aufrufenden Thread).
public final void wait(long timeout) throws InterruptedException	Läßt einen Thread solange warten, bis er benachrichtigt (notify()) wird oder die Zeit abgelaufen ist; wait() kann nur aus einer synchronisierten Methode heraus aufgerufen werden. timeout – maximal zu wartende Zeit in Millisekunden
public final void wait(long timeout, int nanos) throws InterruptedException	Exaktere Variante von wait(), Parameter: timeout zu wartende Zeit in Millisekunden, nano zusätzlich zu wartende Zeit in Nanosekunden.

Tabelle 22:   Methoden der Basisklasse Object

Die Klasse Object hat aufgrund ihrer Position als Wurzelklasse eine zentrale Bedeutung, da sie verwendet werden kann, um Datenstrukturen zu definieren, die Objekte beliebigen Typs aufnehmen können. Da durch die „sichere Cast-Operation" an jeder Stelle, an der ein bestimmter Klassentyp vorgesehen ist, auch eine seiner Oberklassen verwendet werden kann (vgl. oben Kap. 2.3.6), lassen sich generische Containerklassen mit Object definieren: Bei solchen Klassen (z. B. Bäume, verkettete Listen oder dynamische Arrays) weiß man bei der Entwicklung noch nicht, welche Objekte zur Laufzeit in die Datenstruktur eingefügt werden sollen. Da sich aber alle Klassen auf Object abbilden lassen, kann man problemlos generische Datenstrukturen definieren. Object ermöglicht so eine Funktionalität, die in anderen Programmiersprachen von Schemata (*Templates*) übernommen werden. Beispiele für strukturierte Datentypen finden sich in Kap. 4.

Die Manipulations- und Informationsmethoden der Klasse Object (clone(), equals(), und toString()) sind in Object nur sehr allgemein definiert bzw. nicht von außen zugänglich. Bei der Definition neuer Klassen sollte man daher wie nachfolgend beschrieben einige der Methoden von **Object** explizit überschreiben sowie Standardfunktionalität von Klassen (Kopierbarkeit, Vergleichbarkeit, Speicherbarkeit) durch Implementierung der Schnittstellen **Cloneable**, **Comparable** und **Serializable** bereitstellen:

1. Durch Implementierung der Schnittstelle **Cloneable** und überschreiben von clone() als öffentliche Methode (**public** statt **protected** wie in **Object**) werden Objekte einer Klasse auch durch andere Klassen kopierbar. Kopierbarkeit ist immer dann sinnvoll, wenn von einer Klasse nicht nur *ein* (unveränderliches) Objekt instantiiert wird.
2. Ein Überschreiben der Methode **toString()** soll gewährleisten, daß nachvollziehbare Information über das Objekt ausgegeben wird (z. B. Name der zugehörigen Klasse und der Wert einer „repräsentativen Eigenschaft" des Objekts).
3. Die Methode **equals()** von **Object** vergleicht die Objekt*referenzen*, also nicht die Inhalte eines Objekts auf Gleichheit und ist mit dem ==-Operator identisch. Ein Objekt kann so nur *zu sich selbst* gleich sein. Sinn eines solchen Vergleichs sollte aber sein, zu prüfen, ob zwei verschiedene Objektreferenzen auf Objekte *mit gleichem Inhalt* zeigen, es sich also um zwei Objekte *mit gleicher Bedeutung* handelt („semantischer Vergleich"). Man sollte daher **equals()** so überschreiben, daß tatsächlich die *Werte der Eigenschaften* des Objekts, sein Zustand oder Inhalt, verglichen werden. Für die Gleichheitsprüfung der Objekt*referenzen* steht immer noch der Gleichheitsoperator (==) zur Verfügung.
4. Durch Implementierung der (leeren) Schnittstelle **Serialzable** signalisiert man, daß sich ein Objekt serialisieren, d. h. persistent abspeichern läßt.
5. Durch Implementierung der Schnittstelle **Comparable** führt man für die neue Klasse eine Vergleichsfunktion (**compareTo()**) ein, mit deren Hilfe das Objekt in strukturierten Datentypen verwendet oder sortiert werden kann (JDK 1.2).

Das nachfolgende Beispiel zeigt den Einsatz einiger Methoden von **Object** und setzt die fünf voranstehend genannten Schritte der Herstellung einer Grundfunktionalität für neue Klassen um. Dazu wird eine Klasse **Objekt** deklariert, die die genannten Methoden von **Object** überschreibt. Ihr Verhalten wird in der Klasse **ObjektAnwendung** getestet:

```java
import java.io.Serializable;

// Implementierung von drei "Basisschnittstellen" zur Realisierung generischer
// Objektfunktionalität: Kopierbarkeit, Gleichheitstest und Vergleichbarkeit sowie
// Serialisierbarkeit (letztere nur als "Signalfunktion").
class Objekt implements Cloneable, Serializable, Comparable
{
    // Konstruktor nimmt einen Integer-Wert, der für die Vergleichsmethode
    // compareTo() verwendet wird
    public Objekt(int E)
    {   eineEigenschaft = E;     }
```

```java
// eineEigenschaft stellt den Inhalt/Zustand zur Laufzeit dar und dient
// als Grundlage für Vergleich und Gleichheitstest.
private int eineEigenschaft;

// clone() ist hier anders als in der Basisklasse Object public, damit auch andere
// Objekte dieser Klasse klonen können.
public Object clone() throws CloneNotSupportedException
{    return super.clone();      }

// Test auf Gleichheit als "semantischer" Vergleich: Objekte sind
// gleich, wenn ihr "Inhalt" bzw. ihr Zustand den gleichen Wert haben.
// Inhalt/Zustand sind durch den Wert von eineEigenschaft repräsentiert.
public boolean equals(Object einObject)
{
   Objekt einObjekt = (Objekt)einObject;
   // Vergleich der Eigenschaft; da es ein Integer-Wert ist, kann der
   // Gleichheitsoperator == dieses primitiven Datentyps verwendet werden
   if (this.eineEigenschaft == einObjekt.eineEigenschaft)
      return true;
   else   return false;
}

// Nur ab JDK 1.2 möglich (Schnittstelle java.lang.Comparable)
// Ordnungsfunktion; für den Vergleich wird die Eigenschaft eineEigenschaft verwendet
public int compareTo(Object einObject)
{
   Objekt einObjekt = (Objekt)einObject;
   // Objekt ist kleiner als das Vergleichsobjekt;
   // der Rückgabewert ist negativ.
   if (this.eineEigenschaft < einObjekt.eineEigenschaft)
      return this.eineEigenschaft - 1;

   // Objekt ist größer als das Vergleichsobjekt - Rückgabewert positiv,
   // bei Gleichheit Rückgabewert 0.
   if (this.eineEigenschaft > einObjekt.eineEigenschaft)
      return einObjekt.eineEigenschaft;
   else   return 0;
}

// Erstellen einer String-Repräsentation des Objekts
// hier: Klassenname, Hashwert und Wert der Eigenschaft
public String toString()
{
   return new String("Dieses Objekt gehört zur Klasse \"" + this.getClass().toString()
                  + ",\"\nhat den Hashwert \"" + this.hashCode()
                  + "\"\nund den Zustand \"" + eineEigenschaft + "\"");
}
```

```java
  // An sich nicht notwendig, hier nur als Beispiel eines Finalizer.
  public void finalize() throws Throwable
  {
    super.finalize();
    System.out.println("Jetzt wird das Objekt " + this.toString() + " entfernt");
  }
}

class ObjektAnwendung
{
  Objekt einObjekt = new Objekt(123);
  Objekt nochEinObjekt = new Objekt(456);

  public static void main(String[] argv)
  {   new ObjektAnwendung();   }

  ObjektAnwendung()
  {
    // Test einiger Methoden von Object bzw. ihrer überschriebenen Varianten
    // in Klasse Objekt.
    testeObjektMethoden();
  }

  void testeObjektMethoden()
  {

    // Aufruf und Ausgabe von hashCode()
    System.out.println(  "Hashcode der Eigenschaft einObjekt der Klasse " +
                        "ObjektAnwendung : " + einObjekt.hashCode());

    // String-Repräsentation eines Objekts der Klasse Objekt
    System.out.println(  "String-Repräsentation der Eigenschaft einObjekt der Klasse " +
                        "ObjektAnwendung: " + einObjekt.toString());
    try
    {
      // Kopieren von Objekten
      Objekt einKopiertesObjekt = (Objekt)einObjekt.clone();
      System.out.println("einKopiertesObjekt: " + einKopiertesObjekt.toString());

      // Test auf inhaltliche ("semantische") Gleichheit zweier Objekte.
      if(nochEinObjekt.equals(einObjekt))
      { System.out.println("Die Objekte haben gleichen Inhalt.");}
      else
      { System.out.println("Die Objekte sind verschieden.");}

      // Test auf Gleichheit der Referenzen zweier Objekte
      if(nochEinObjekt == einObjekt)
      { System.out.println("Die Referenzen sind identisch.");}
```

```
    else
    { System.out.println("Die Referenzen sind verschieden.");}
  }
  catch(Exception e){System.out.println(e);}
 }
}
```

Das Programm erzeugt folgende Ausgabe:

```
Hashcode der Eigenschaft einObjekt der Klasse ObjektAnwendung : -14204708
String-Repräsentation der Eigenschaft einObjekt der Klasse ObjektAnwendung: Dieses
Objekt gehört zur Klasse "class Objekt,"
hat den Hashwert "-14204708"
und den Zustand "123"
einKopiertesObjekt: Dieses Objekt gehört zur Klasse "class Objekt,"
hat den Hashwert "-33865508"
und den Zustand "123"
Die Objekte sind verschieden.
Die Referenzen sind verschieden.
```

3.6.2 *Informationen über Objekte ermitteln* (class reflection)

Die Klasse Class und das Paket java.lang.reflect erlauben die Ermittlung von Strukturinformation über Klassen und Arrays zur Laufzeit sowie das dynamische Hinzuladen von Klassen und die Instantiierung neuer Objekte. Damit ist es dem Entwickler möglich, Programme zu schreiben, die selbst zusätzliche Klassen nachladen und zwar auch solche Klassen, deren Name zur Entwicklungszeit noch nicht feststeht, was die Flexibilität der Java-Programmierung erheblich erweitert.

Bei der Ermittlung von Strukturinformation („welche Eigenschaften, Methoden und Konstruktoren hat eine Klasse?", „von welchem Typ sind die Komponenten eines Arrays?") spricht man auch von *class reflection*, da „die Klasse über sich selbst reflektiert" (daher der Paketname java.lang.reflect). Auf der Ebene der Beschreibung von Klassen kann man mit der Klasse Class

- durch Angabe eines (ggf. qualifizierten) Klassennamens ein Klassenobjekt laden (Class forName(String einKlassenname), entspricht der Funktionalität eines *class loader*, vgl. Kap. 5.4.1) und
- die Superklasse zu einer gegebenen Klasse ermitteln (getSuperClass()).

Zur Beschreibung der Struktur einer Klasse stellt Class Methoden zur Verfügung,

- die Konstruktoren einer Klasse ermitteln:
  Constructor getDeclaredConstructor(Class[] dieParameterTypen),
  Constructor[] getDeclaredConstructors(),
  Constructor getConstructor(Class[] dieParameterTypen),
  Constructor[] getConstructors(),

- die Eigenschaften einer Klasse ausgeben:
  Field getDeclaredField(String derFeldname),
  Field[] getDeclaredFields(),
  Field getField(String derFeldname),
  Field[] getFields()) und

- die Informationen über die Methoden einer Klasse liefern:
  Method getDeclaredMethod(String derName, Class[] dieParameterTypen),
  Method[] getDeclaredMethods(),
  Method getMethod(String derName, Class[] dieParameterTypen),
  Method[] getMethods().

Dabei ist jeweils unterschieden, ob

- alle Elemente eines Typs (z. B. getField(), getConstructors()) oder
- nur die in der Klasse selbst deklarierten Elemente (z. B. getDeclaredMethod())

ausgegeben werden sollen. Zusätzlich kann man Informationen über

- den Typ von Array-Komponenten (Class getComponentType()),
- die Modifikatoren eines Felds (int getModifiers()),
- die von einer Klassen implementierten Schnittstellen (Class[] getInterfaces()), und
- den Namen des aktuellen Objekts (String getName())

einholen. Zur Realisierung dieser Strukturbeschreibungsmethoden verwenden die Methoden der Klasse **Class** die im Paket **java.lang.reflect** zusammengestellten Klassen, die jeweils ein Strukturmerkmal einer Java-Klasse beschreiben:

- **Array** gibt Informationen über Arrays aus,
- **Constructor** beschreibt einen Konstruktor einer Klasse,
- **Field** liefert Information über eine Eigenschaft einer Klasse,
- **Method** gibt an, wie die Signatur einer Methode einer Klasse beschaffen ist, und
- **Modifier** beschreibt einen Modifikator bzw. prüft mit seinen Methoden, ob ein Strukturelemente (Klasse, Eigenschaft, Methode etc.) mit einem bestimmten Modifikator versehen ist (z. B. durch **Modifier.isAbstract()**).

Neben den Methoden für die Ausgabe von Strukturinformation bezüglich der Klassenhierarchie bzw. der Binnenstruktur einer Klasse weist **Class** Testmethoden auf, die prüfen ob

- ein **Class**-Objekt ein Array ist (boolean isArray()),
- ob ein **Class**-Objekt Oberklasse einer anderen Klasse ist und seinen Instanzen Objekte deren Typs zugewiesen werden können (boolean isAssignableFrom()),
- es sich bei einem Objekt um eine Instanz eines bestimmten Klassentyps handelt (boolean isInstance()),

- es sich bei einem Class-Objekt um eine Schnittstelle handelt (boolean isInterface()) und
- ob ein Class-Objekt einen primitiven Wert darstellt (boolean isPrimitive()).

Schließlich kann man mit Hilfe von Class auch neue Objekte instantiieren: Der Aufruf der Methode Object newInstance() der Klasse Class bewirkt die Erzeugung eines neuen Objekts vom Typ des aktuellen Class-Objekts unter Verwendung des Konstruktors ohne Argumente und ist daher von der Bedeutung einer Objekterzeugung durch den new-Operator mit Defaultkonstruktor äquivalent (z. B. Object einObjekt = new Object(); für die Objektinstantiierung mit anderen Konstruktoren enthält die Klasse Constructor im *reflection*-Paket ebenfalls eine newInstance-Methode).

Einige der Möglichkeiten der Beschreibung von Klassen sind in dem folgenden Beispiel zusammengefaßt: Dabei prüft das Programm das erste Kommandozeilenargument dahingehend, ob es sich um einen Klassennamen handelt, lädt ggf. die Klasse und gibt eine Beschreibung der Klasse aus (Name, Oberklasse, Felder der Klasse). Anschließend erzeugt das Programm ein Objekt vom Typ dieser Klasse und gibt dessen Standardrepräsentation aus. Mit diesem Beispielprogramm kann man sich die Binnenstruktur beliebiger Klassen ansehen.

```java
import java.lang.reflect.*;
class Klasseninformation
{
  // der jeweils zu untersuchende Typ (Kommandozeilenargument)
  Class dieAktuelleKlasse;
  public static void main(String[] argv)
  {
    // Das erste Kommandozeilenargument soll als Name eines Datentyps
    // interpretiert werden:
    new Klasseninformation(argv[0]);
  }
  Klasseninformation(String eineKlasse)
  {
    try
    {
      // Aus dem String wird ein Klassenobjekt erzeugt:
      dieAktuelleKlasse = Class.forName(eineKlasse);
      // Zunächst ein Test, ob tatsächlich ein Klassenname vorliegt.
      if (testeTyp())
      {
        // Ausgabe von Strukturinformation über die Klasse.
        beschreibeKlasse();
        // Erzeugen eines neuen Objekts der Klasse zur Laufzeit.
        erzeugeObjekt();
      }
    }
```

```java
    catch(ClassNotFoundException e)
    {
      System.out.println("Klasse nicht gefunden " + e);
    }
}

boolean testeTyp()
{
  // Methode soll nur Erfolg haben, wenn es sich um eine Klasse handelt
  if (dieAktuelleKlasse.isInterface())
  {
    System.out.println("Es handelt sich um eine Schnittstelle .");
    return false;
  }
  else
  {     return true;    }
}

void beschreibeKlasse()
{
  // Klassenname ausgeben:
  System.out.println("Name der Klasse: " + dieAktuelleKlasse.getName());

  // Oberklasse ermitteln:
  System.out.println("Oberklasse: " + dieAktuelleKlasse.getSuperclass().toString());

  // Nachfolgend Verwendung der Klassen in java.lang.reflect (Method, Field, Constructor)

  // Deklarierte Eigenschaften ermitteln und ausgeben:
  Field[] dieEigenschaften = dieAktuelleKlasse.getDeclaredFields();
  System.out.println("Deklarierte Eigenschaften: ");
  for(int i = 0; i < dieEigenschaften.length; i++)
  {
    System.out.println(dieEigenschaften[i].getType() + " " + dieEigenschaften[i].getName());
  }

  // Deklarierte Methoden ermitteln und ausgeben:
  Method[] dieMethoden = dieAktuelleKlasse.getDeclaredMethods();
  System.out.println("\nDeklarierte Methoden: ");
  for(int i = 0; i < dieMethoden.length; i++)
  {     System.out.println(dieMethoden[i].getName());   }

  // Deklarierte Konstruktoren ermitteln und ausgeben:
  Constructor[] dieKonstruktoren = dieAktuelleKlasse.getDeclaredConstructors();
  System.out.println("\n\nDeklarierte Konstruktoren: ");
  for(int i = 0; i < dieKonstruktoren.length; i++)
  {     System.out.println(dieKonstruktoren[i].getName());   }
}
```

```java
void erzeugeObjekt()
{
  try
  {
    // Vom Referenz-Datentyp des Kommandozeilenarguments wird ein Objekt erzeugt
    // (soweit die Klasse instantiierbar ist).
    Object einObjekt = dieAktuelleKlasse.newInstance();

    // Die String-Repräsentation des Objekts wird ausgegeben.
    System.out.println(einObjekt.toString());
  }
  catch(InstantiationException  e)
  {
    System.out.println("unzulässige Instantiierung: " + e);
  }
  catch(IllegalAccessException e)
  {
    System.out.println("unzulässiger Zugriff: " + e);
  }
}
}
```

Codebeispiel 53: Ausgabe von Informationen über Klassen und Objekte
              (class reflection)

Ruft man das Programm Klasseninformation mit dem Argument Objekt auf, also
der im letzten Beispiel definierten Testklasse, so erhält man folgende Ausgabe:

```
Name der Klasse: Objekt
Oberklasse: class java.lang.Object
Deklarierte Eigenschaften:
int eineEigenschaft
Deklarierte Methoden:
clone
equals
compareTo
toString
finalize
Deklarierte Konstruktoren:
Objekt
unzulässige Instantiierung: java.lang.InstantiationException: Objekt
```

Die Instantiierung löst in diesem Programmaufruf eine Ausnahme aus, weil
Objekt über keinen Standard-Konstruktor (ohne Parameter) verfügt, also nicht auf
die in Klasseninformation angewandte Weise erzeugt werden kann.

Ein Anwendungsbeispiel für die Klassen in java.lang.reflect findet sich in Kap.
4.3 (Codebeispiel 65 – Codebeispiel 67): Dort wird eine Implementierung der
Datenstruktur *Binärbaum* diskutiert, dessen Inhalt Objekte eines beliebigen Da-

tentyps sein können. Um den Baum geordnet aufbauen und in ihm suchen zu können, muß mit Hilfe der *Java class reflection* zur Laufzeit Information über den Datentyp der Knoten im Baum ermittelt werden.

3.7 Hilfsklassen im JDK

Zum Schluß dieses Kapitels sollen eine Reihe grundlegender Hilfsklassen aus verschiedenen Paketen des JDK vorgestellt werden. Sie lassen sich nicht einem einzelnen Sachbereich zuordnen, werden aber in den meisten Java-Programmen benötigt. Daher erscheint es sinnvoll, sie vor dem Einstieg in den zweiten Teil des Buches zu erläutern. Es handelt es sich dabei um

- Klassen für die Verarbeitung von Zeichenketten (die Klassen String, StringBuffer und StringTokenizer),
- sog. Hüllenklassen für die primitiven Datentypen, die vor allem Methoden für die Typkonversion bereitstellen (die Klassen Boolean, Byte, Integer etc.),
- die Klasse Applet, die eingebettete Java-Programme im World Wide Web ermöglicht, und
- Hilfsklassen für die Systemprogrammierung (die Klassen System und Runtime).

3.7.1 Zeichenkettenverarbeitung

Die Verarbeitung von Zeichenketten (*Strings*) spielt in fast jedem Programm eine Rolle. Man kann Zeichenketten natürlich über einen Array einzelner Zeichen (als char[]) modellieren, hätte dann aber keine Hilfsfunktionen für die Zeichenkettenmanipulation zur Verfügung. Die Java 2-Plattform enthält im Paket java.lang daher Klassen, die die Zeichenkettenverarbeitung unterstützen:

- String modelliert eine Zeichenkette und enthält zahlreiche Methoden für den Zugriff und die Konvertierung von Zeichenketten. Der Inhalt eines Zeichenkettenobjekts vom Typ String kann allerdings nach seiner Initialisierung nicht mehr geändert werden, deshalb stellt die Klasse
- StringBuffer zusätzlich die Funktionalität für einen modifizierbaren Zeichenkettenpuffer bereit. Eine dritte nützliche Hilfsklasse ist
- StringTokenizer, mit der eine Zeichenkette nach vorgegebenen Kriterien in Einzelteile zerlegt werden kann.

Die wichtigsten Eigenschaften und Methoden sollen nachfolgend vorgestellt werden. Zu den Operationen über Zeichenketten gehören

- ihre Initialisierung mit den verschiedenen Konstruktoren der Klasse String,
- der Zugriff auf Teile der Zeichenkette über die Methoden von String und

- die Umwandlung in einfache Zeichenarrays (char[]) und in andere primitive Datentypen.

Initialisierung von Strings
String verfügt über eine Reihe von Konstruktoren für die Erzeugung eines Zeichenkettenobjekts.

Dazu gehören:

- String() für den Aufbau einer leeren Zeichenkette,
- String(String einStringObjekt) für den Aufbau einer Zeichenkette aus einem Zeichenkettenliteral oder mit Hilfe eines anderen Zeichenkettenobjekts,
- String(char[] einZeichenArray), der einen String aus einem Zeichenarray aufbaut und
- String(byte[] einByteArray) für die Umwandlung eines Byte-Arrays in ein String-Objekt.

Analog zu den Konstruktoren gibt es für die Umwandlung in der anderen Richtung (z. B. um aus einem String einen Byte-Array zu machen) passende Methoden von String (z. B. char[] toCharArray(), byte[] getBytes()).

String-Vergleiche
Für den Vergleich von Zeichenketten stehen die Methoden compareTo(String derAndereString) und equals(String derAndereString) zur Verfügung. Während equals() lediglich auf Identität prüft und einen Wahrheitswert zurückliefert, führt compareTo() einen *lexikographischen Vergleich* durch, d. h. die Methode prüft, welcher der beiden Strings in einer lexikographischen Sortierung weiter vorne steht. compareTo(String einAndererString) gibt einen int-Wert zurück, der

- einen negativen Wert hat, falls das String-Objekt „im Lexikon weiter vorne steht" als der Vergleichsstring (z. B. ist "ABC" kleiner als "DEF" und auch als "ABCD")
- den Wert 0, falls die Strings identisch sind (d. h. falls der Aufruf von equals() den Wert true ergibt) und
- einen positiven Wert, falls das String-Objekt „größer" ist als der Vergleichsstring, d. h. „im Lexikon weiter hinten steht".

Mit der Methode boolean regionMatches(int Start, String VergleichsText, int StartVergleichsText, int VergleichsLaenge) kann man einen Substring des Strings mit einem Substring eines Vergleichstexts vergleichen. Das Ergebnis ist wie bei equals() ein Wahrheitswert (true bei Identität der beiden Substrings).

Zugriff auf den Inhalt von Strings
Für den Zugriff auf den Inhalt des Strings stehen verschiedene Methoden zur Verfügung, die einzelne Zeichen oder Teile (Substrings) einer Zeichenkette als Ergebnis liefern:

- int length() gibt die Länge der Zeichenkette als int-Wert zurück,
- char charAt(int Position) liefert das Zeichen an der abgefragten Position (dabei beginnt die Zählung wie bei Arrays mit 0, d. h. man kann auf die Positionen 0 bis String.length() – 1 zugreifen),
- int indexOf(char einZeichen) bzw. indexOf(String VergleichsText) liefern die erste Position des Zeichens bzw. Vergleichstextes im String. Ist das Zeichen nicht im String enthalten, liefert die Methode das Ergebnis –1. Bei int indexOf(char einZeichen, int Startposition) und int indexOf(String VergleichsText, int Startposition) kann man zusätzlich eine Position angeben, ab der im String gesucht werden soll, und
- String subString(int Start) und String subString(int Start, int Ende) liefern einen Substring ab einer Startposition ohne bzw. mit hinterer Begrenzung.

Konvertierung primitiver Datentypen
Zu den typischen Konvertierungsproblemen gehört die Umwandlung der Variableninhalte primitiver Datentypen in Zeichenkettenobjekte, die ausgegeben oder in einer Datei gespeichert werden können. Für jeden primitiven Datentyp verfügt String über eine passende valueOf()-Methode, der eine Variable primitiven Typs oder ein entsprechendes Literal übergeben werden kann, das dann in eine Zeichenkette umgewandelt wird, z. B. String valueOf(boolean Wahrheitswert) oder String valueOf(long langeGanzzahl), Anwendung: String einText = String.valueOf(123)). Die Konvertierung in umgekehrter Richtung, also die Umwandlung einer Zeichenkette in einen primitiven Wert, erfolgt über die Methoden der Hüllenklassen primitiver Typen, die im anschließenden Kapitel vorgestellt werden.

Eine Besonderheit der Klasse String ist der +-Operator, der für die Verkettung von Zeichenketten bzw. mit anderen Zeichenketten bzw. von Zeichenketten mit primitiven Variablen und deren Literalen definiert ist und die Ausnahme der Regel, daß in Java Operatoren nicht überladen, d. h. neu definiert werden dürfen, darstellt. Der +-Operator vereinfacht den Programmieraufwand bei der Zeichenkettenmanipulation erheblich und wird auch bei den Ausgabemethoden (wie System.out.print()) genutzt.

Abschließend soll ein Beispiel die Anwendung von Stringmethoden zeigen:

```
String ersterText, zweiterText, dritterText;
char[] einigeZeichen = {'A','B','C','D'};

// unterschiedliche Konstruktoren von String
ersterText  = new String("ABC");
zweiterText = new String(einigeZeichen);
dritterText = String.valueOf(1234567);
```

```
// Vergleich von Substrings ("Regionen")
if(ersterText.regionMatches(0, zweiterText, 0, 3))
{
    System.out.println("Gleicher Teilstring: " + ersterText.substring(0, 3));
}


// Positionsbestimmung mit indexOf und String-Verkettung mit dem +-Operator
System.out.println("In \"dritterText\" mit Inhalt \"" +
                dritterText + "\"" +
                " ist der Substring \"45\" " +
                " an Position " + dritterText.indexOf("45") + ".");
```

Codebeispiel 54: Methoden zur Zeichenkettenmanipulation

Ausgabe:
Gleicher Teilstring: ABC
In "dritterText" mit Inhalt "1234567" ist der Substring "45" an Position 3.

Dynamisch modifizierbare Zeichenkettenpuffer: StringBuffer
Da der Inhalt von Strings nicht modifizierbar ist, bietet die Klasse **StringBuffer** die benötigte Funktionalität für fortgesetzte Modifikation von Zeichenketten, ohne daß dabei jeweils neue Objekte erzeugt werden müssen, wie es bei Strings der Fall ist. Die Methoden von **StringBuffer** ermöglichen folgende Operationen:

- **StringBuffer append()** hängt einen String, ein Objekt oder einen primitiven Datenwert an den Buffer an; dazu dienen zehn überladene Varianten von **append()** (**StringBuffer append(String** eine Zeichenkette), **StringBuffer append(Object** einObjekt), **StringBuffer append(int** eineZahl) etc.),
- **StringBuffer insert()** fügt in den Puffer etwas ein; wie bei **append()** gibt es auch hier verschiedene überladene Varianten (**StringBuffer insert(int** Start, **String** eineZechenkette), **StringBuffer insert(int** Start, **int** eineZahl) etc.),
- **StringBuffer delete(int** Start, **int** Ende), **StringBuffer deleteCharAt(int** Position) löschen einen Substring oder ein einzelnes Teichen aus dem Puffer heraus (ab JDK 1.2) und
- **StringBuffer reverse()** dreht die Zeichenkette um.

Die sukzessive Anwendung der **StringBuffer**-Methoden in Fortführung von Codebeispiel 54 hat als Ergebnis die Ausgabe 76577743213.6734E23:

```
StringBuffer einZeichenPuffer = new StringBuffer(dritterText);
einZeichenPuffer.reverse().insert(3, 777).append(3.6734E23d);
System.out.println(einZeichenPuffer);
```

Eine dritte Hilfsklasse, **StringTokenizer** (im Paket **java.util**), dient der Zerlegung einer Zeichenkette in Einzelbestandteile (*token*) nach vom Benutzer vorgegebenen Regeln: Der Benutzer kann im Konstruktor eines **StringTokenizer** angeben, welche Zeichen (z. B. Interpunktionszeichen, vom Benutzer definierte Trennzeichen (*delimiter*) etc.) dazu verwendet werden sollen, eine Zeichenkette zu zerlegen. In einer Schleife, die über die Abfrage des Wahrheitswerts der Methode hasMoreTokens() von StringTokenizer gesteuert wird, kann man sich mit nextToken() das jeweils nächste *token* ausgeben lassen, wie die nachfolgende Anwendung zeigt:

```
StringTokenizer StringZerleger = new StringTokenizer(
              "Ein Satz, der - ungeachtet: unbemerkt, " +
              "vielmehr - seiner Kürze (!) viele Interpunktionszeichen " +
              " enthält",
              " -,';:/(){}[].!?"); // 2. Konstruktorargument: String, mit den Trennzeichen

// Anzahl der Tokens nach den aktuellen Zerlegungsregeln
int dieWorteImSatz = StringZerleger.countTokens();
// Schleife läuft, so lange noch weitere token vorhanden sind
while (StringZerleger.hasMoreTokens())
{   System.out.print(StringZerleger.nextToken() + " "); }
```

Codebeispiel 55: Zerlegen von Zeichenketten mit StringTokenizer

Ausgabe:
Ein Satz der ungeachtet unbemerkt vielmehr seiner Kürze viele
Interpunktionszeichen enthält

Zu den vielfältigen Anwendungen der Zerlegung von Text mit StringTokenizer gehört z. B. das Einlesen der Parameter von Applets aus einer HTML-Seite (s. u. Kap. 3.7.3). Eine analoge Klasse, StreamTokenizer im Paket java.io dient der Zerlegung eines Datenstroms in seine Bestandteile, vgl. unten Codebeispiel 68 und Codebeispiel 73 in Kap. 4.3.

3.7.2   Hüllenklassen für primitive Datentypen

Die primitiven Datentypen sind einfache typisierte Speicherplätze ohne assoziierte Methoden und Eigenschaften. Für jeden primitiven Datentyp existiert daher im java.lang-Paket eine Hüllen- oder *wrapper*-Klasse, die den jeweiligen Datentyp kapselt und Hilfsfunktionen u. a. zur Typumwandlung bereitstellt (Tabelle 23).

einfacher Datentyp	*Wrapper-Klasse*
byte	Byte
short	Short
int	Integer
long	Long
float	Float
double	Double
char	Character
boolean	Boolean

Tabelle 23:   Wrapper-Klassen für primitive Datentypen

Diese „Klassenhüllen" verwendet man zur Konvertierung und dann, wenn von
Methoden Objekte (und nicht einfache Datentypen) als Parameter gefordert werden. In ihren Eigenschaften speichern die Hüllenklassen die Charakteristika des
jeweiligen Datentyps wie Maximal- und Minimalwert. Die Hüllenklassen für die
numerischen Datentypen sind Unterklassen der abstrakten Klasse java.lang.
Number. Als Beispiel seien Eigenschaften und Methoden der Klasse Integer dargestellt (java.lang.Integer):

public static final int MIN_VALUE	die Konstante 2147483647
public static final int MAX_VALUE	die Konstante –2147483648
public static final Class TYPE	der Klassentyp Integer als Class-Objekt
private int value	der Wert, der im Objekt gespeichert ist

Tabelle 24:   Eigenschaften von Integer

Ein Integer-Objekt kann man mit Hilfe primitiver int-Werte oder durch einen
String aufbauen (d. h. mit den Konstruktoren Integer(int einWert) und
Integer(String eineZeichenkette)). Mit Hilfe der Methoden von Integer kann man
bei der Datentypkonvertierung

- aus einem String einen primitiven int-Wert machen (int parseInt(String
  eineZahlAlsZeichenkette), z. B. int i = Integer.parseInt("123")),
- einen String in Integer umwandeln (Integer vaueOf(String
  eineZahlAlsZeichenkette), z. B. einInteger.valueOf ("1234"),
- ein Integer-Objekt in einen String umwandeln (String toString()) und
- den Wert des Integer-Objekts in andere primitive Zahlenwerte umwandeln (int
  intValue(), long longValue(), float floatValue(), double doubleValue()).

Für die anderen Hüllenklassen primitiver Datentypen sind die analogen Methoden
implementiert (z. B. Float.toString(), Double.parseDouble(einText), Long.valueOf
(einText)).

Von den verschiedenen Konvertierungsarten ist wohl die Umwandlung von
Strings in primitive Datentypen die häufigste: Ein typisches Beispiel sind die
Kommandozeilenparameter in Java: Sie werden von der main()-Methode als
String-Array (String argv[]) übergeben. Will man einem Programm Zahlenwerte
als Parameter mitgeben, so muß der Parameter im Argumentarray in den ge-
wünschten primitiven Typ umgewandelt werden, z. B. durch

```
int    einGanzzahlParameter        = Integer.parseInt(argv[0]);
float  einGleitkommazahlParameter  = Float.parseFloat(argv[1]);
```

Das Beispiel zeigt, daß man mit den statischen, also klassenbezogenen Methoden
einer Hüllenklasse arbeiten und sie als „Utility-Klasse" nutzen kann, ohne von ihr
ein Objekt zu erzeugen.

3.7.3 Applets

Die Klasse Applet dient – wie schon in Kap. 1.2.8 und 1.4.1 gezeigt wurde – der Entwicklung von Programmen, die ein WWW-Browser ausführen kann, die nach dieser Klasse benannten *Applets*. Die Funktionalität der Java-Applets hat nicht unwesentlich zum Erfolg von Java beigetragen. Die Besonderheit der Klasse Applet besteht darin, daß Sie für den Entwickler eine Schnittstelle zwischen Browser und Java-Programm bereitstellt. Anders als ein Standardprogramm (*Java application*) muß ein Applet nicht über eine main()-Methode verfügen; jedes WWW-Applet muß aber von java.applet.Applet abgeleitet sein.

```
java.lang.Object
   |
  +----java.awt.Component
     |
    +----java.awt.Container
       |
      +----java.awt.Panel
         |
        +----java.applet.Applet
```

Abbildung 16:   Die Klasse Applet und ihre Oberklasse

Die Position der Klasse Applet in der Klassenhierarchie zeigt, daß sie von Object, Component, Container und Panel abgeleitet ist, wodurch sie folgende Eigenschaften erbt:

- Allgemeine Eigenschaften von Java-Objekten (Object),
- Erscheinen als visuelles Element auf dem Bildschirm (Component),
- Fähigkeit, andere visuelle Elemente zu beinhalten (Container) und
- Fähigkeit, die enthaltenen visuellen Elemente des Applets auch auszurichten, d. h. nach den Vorgaben eines Layouts anzuordnen (Panel).

Applet ist von den Basisklassen Component und Container des *abstract windowing toolkit* hergeleitet (vgl. Kap. 7.1.1). Es handelt sich also um einen in eine HTML-Seite integrierbaren Behälter für beliebige graphische Objekte.

Die Ausführung eines Applets in einem WWW-Browser wird durch den sog. „Lebenszyklus" des Applets strukturiert:

1. Beim „Betreten" einer HTML-Seite, die ein Applet enthält, lädt der Java-Interpreter des WWW-Browsers die Klasse, erzeugt eine Instanz dieser Klasse und initialisiert sie.
2. Anschließend startet der Browser das Applet, das Applet „läuft" („*Applet running*" in der Statuszeile des WWW-Browsers), bis die Seite verlassen wird.
3. Beim Verlassen der HTML-Seite wird das Applet gestoppt.
4. Bei Beendigung der Browser-Anwendung wird das Applet zerstört.

Diesen vier Schritten entsprechen die sog. „Lebenszyklus-Methoden" der Klasse Applet, die der Entwickler bei Bedarf überladen kann, um an den einzelnen Schritten des Zyklus eingreifen zu können (Abbildung 17):

- void init() – Initialisierung des Applet
- void start() – Start im Browser
- void stop() – Anhalten des Applet
- void destroy() – Zerstören des Applet

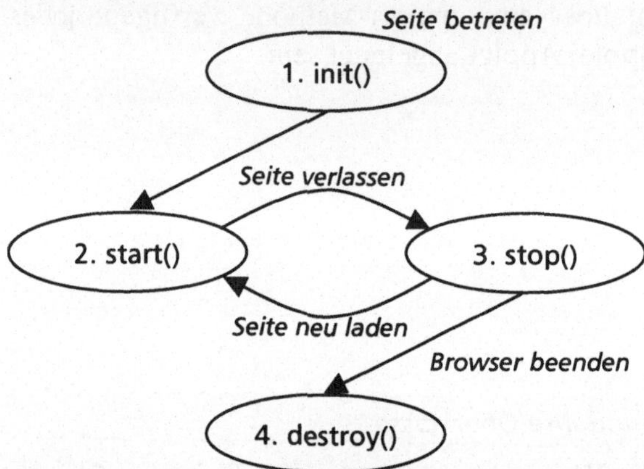

Abbildung 17:   Lebenszyklus eines Applets im WWW-Browser

Das Applet HelloWorldApplet illustriert die Verwendung der Lebenszyklus-Methoden durch Ausgabe eines Statustextes in der Zeichenfläche des Applets bzw. in der Konsole:

```java
import java.awt.Graphics;
import java.applet.Applet;

// Ableiten einer Unterklasse von java.applet.Applet
public class HelloWorldApplet extends Applet
{
  // Hilfsvariable für die Textzwischenspeicherung
  StringBuffer derZeichenPuffer = new StringBuffer();

  // Lebenszyklus I: Initialisieren des Applets
  public void init()
  {   textHinzufuegen("Initialisierung... ");  }

  // Lebenszyklus II: Starten des Applets
  public void start()
  {
    textHinzufuegen("Applet startet... ");
    textHinzufuegen("Hello, world! ");
  }
```

```java
// Lebenszyklus III: Anhalten Starten des Applets - Browser wechselt zu anderer Seite
public void stop()
{    textHinzufuegen("Applet wird angehalten... ");    }

// Lebenszyklus IV: Entfernen des Applets - Browser/Appletviewer geschlossen
public void destroy()
{    textHinzufuegen("Applet wird beseitigt... ");        }
// Hilfsmethode: Hängt neuen Text an und gibt ihn in der Konsole aus
public void textHinzufuegen(String NeuerString)
{
  // An die Konsole ausgeben:
  System.out.println(NeuerString);
  derZeichenPuffer.append(NeuerString);

  // Zeichenfläche des Applets neu zeichnen
  repaint();
}

// Zeichenroutine des Applets: Steuert das Zeichnen der client area  des Applet.
public void paint(Graphics g)
{
  // Rahmen um das Applet zeichnen
  g.drawRect(0, 0, getSize().width-1, getSize().height-1);

  // Text ausgeben
  g.drawString(derZeichenPuffer.toString(),5,15);
}
}
```

Codebeispiel 56: Darstellung des Applet-Lebenszyklus durch Textausgabe

Damit der Browser ein Applet ausführen kann, muß es durch ein APPLET-Tag in einer HTML-Seite eingebettet sein. Das **HelloWorldApplet** ist wie folgt kodiert:

```html
<HTML>
 <HEAD>
  <TITLE>HelloWorldApplet</TITLE>
 </HEAD>
 <BODY>
  <APPLET code='HelloWorldApplet.class' width='600' height='50'></APPLET>
 </BODY>
</HTML>
```

Codebeispiel 57: HTML-Einbettung von HelloWorldApplet

Die Marke <applet code='HelloWorldApplet.class' width='600' height='50'> gibt an, daß das Applet mit der .class-Datei HelloWorldApplet.class geladen und mit der Darstellungsbreite 600 * 50 Pixel im Browser ausgeführt werden soll. Da keine URL für die .class-Datei (Attribut **codebase** der APPLET-Marke) angegeben ist, sucht der Browser in dem Verzeichnis nach der HelloWorldApplet.class, aus dem er auch die HTML-Seite geladen hat. In der APPLET-Marke müssen die Attribute code, height und width immer angegeben sein, sie verfügt aber über eine Reihe optionaler Attribute, wie das nachfolgende Syntaxschema zeigt:

```
<APPLET   code        = ClassDatei [ object = ObjektDatei | archive = JarDatei ]
          width       = Pixelwert
          height      = Pixelwert
        [ codebase    = URLderClassDatei ]
        [ alt         = AlternativText ]
        [ name        = NameDerAppletInstanz ]
        [ align       = Ausrichtung ]
        [ vspace      = Pixelwert ]
        [ hspace      = Pixelwert ]
>
  [   <PARAM NAME =   AttributName VALUE = AttributWert>    ]
    [ AlternativText]
</APPLET>
```

Codebeispiel 58: Syntax der APPLET-Marke

Die Attribute und Subelemente von APPLET bedeuten im einzelnen:

code = *ClassDatei* [object = *ObjektDatei* | archive = *JarDatei*]
Das Attribut **code** gibt den Dateinamen der Binärdatei des Applets relativ zur **codebase** (bzw. zur URL des HTML-Dokuments) an. Absolute Pfadangaben sind *hier* nicht zulässig. Ein Applet kann als .class-Datei (Attribut **code**), aus einer Datei, die ein serialisiertes Applet enthält (Attribut **object**, vgl. Kap. 6.4.5), oder aus einer jar-Datei (Attribut **archive**) geladen werden. In einem solchen Fall gibt **code** die Startklasse an und **archive** den Dateinamen der Archivdatei, die diese Klasse enthält.

codebase = *URLderClassDatei*
Gibt die Basis-URL des Applets an, d. h. Rechner und (WWW)-Verzeichnis, das die Binärdatei (z. B. die .class-Datei) des Applets enthält. Wenn dieses optionale Attribut fehlt, wird die URL des HTML-Dokuments verwendet, in dem das Applet-Tag sich befindet. Durch die Angabe einer **codebase** kann man HTML-Seiten und Applets auf unterschiedlichen Rechnern im WWW speichern.

align = *Ausrichtung*
Optionales Attribut, das die Ausrichtung des Applets innerhalb der HTML-Seite kodiert. Die möglichen Werte sind: **left, right, top, texttop, middle, absmiddle, baseline, bottom, absbottom.**

alt = *AlternativText*
Optionales Attribut zur Anzeige eines alternativen Textes, sollte der Browser nicht in der Lage sein, das Applet auszuführen (z. B. weil der Benutzer den Java-Interpreter im Browser nicht aktiviert hat).

height = *Pixelwert*, width = *Pixelwert*
Notwendige Spezifikation der anfänglichen Breite und Höhe des Applets. Bezieht sich auf die *display area* des Applets und nicht auf evtl. Dialogfenster etc.

hspace = *Pixelwert*, vspace = *Pixelwert*
Diese Option gibt an, wie viele Pixel an den Seiten des Applets frei gelassen werden sollen (Ränder um das Applet im Browser).

name = *NameDerAppletInstanz*
Gibt dem Applet einen Namen, um zu ermöglichen, daß auf einer Seite befindliche Applets miteinander kommunizieren können, z. B. mittels JavaScript. (vgl. Kap. 11.2.

Zwischen Anfangs- und Endmarke eines Applets (<APPLET> ... </APPLET>) kann alternativer HTML-Code stehen, der angezeigt wird, sollte der Browser nicht in der Lage sein, das Applet auszuführen. Hier werden auch Startparameter des Applet angegeben. Dazu verwendet man die PARAM-Marke. In jeder PARAM-Marke können Name und Wert eines Parameters angegeben werden (Attribut-Wert-Liste). Die Parameter werden üblicherweise bei der Initialisierung des Applet (in der init()-Methode) mit Hilfe der Applet-Methode getParameter() eingelesen. Da beliebig viele Parameter übergeben werden können, ist dies eine leistungsfähige Möglichkeit, den Ablauf einer Java-Applikation dynamisch zu steuern – z. B. in Zusammenspiel mit einem Datenbankaufruf, der über ein serverseitiges Programm (CGI-Skript, Servlet) dynamisch die Parameterliste in die HTML-Datei schreibt, die das Applet-Tag enthält.

Will man z. B. im HelloWorldApplet zusätzlich bestimmte Personen grüßen und deren Namen als Parameter aus der HTML-Seite einladen, so könnten die Parameter wie folgt kodiert sein:

```
<PARAM   name='Anzahl'  value='5'></PARAM>
<PARAM   name='Name1'  value='Anna'></PARAM>
<PARAM   name='Name2'  value='Fritz'></PARAM>
<PARAM   name='Name3'  value='Helga'></PARAM>
<PARAM   name='Name4'  value='Michael'></PARAM>
<PARAM   name='Name5'  value='Friederike'></PARAM>
```

Um die Parameter einzulesen, erweitert man die init-Methode der Klasse HelloWorldApplet (im Beispielcode als neue Klasse HelloWorldNameApplet):

```
public void init()
{
  textHinzufuegen("Initialisierung... ");

  // Hilfsvariablen für das Einlesen der Parameter
  int dieAnzahl, derNamensZaehler = 1;
  StringBuffer dieGrussNamen = new StringBuffer("Hello ");
```

```
// Parameter "Anzahl" einlesen und in einen int-Wert umwandeln
dieAnzahl = Integer.parseInt(getParameter("Anzahl"));

// Einlesen der Parameter NameN und Anhängen an den Zeichenpuffer
for(;  derNamensZaehler <= dieAnzahl ; derNamensZaehler++)
{
    dieGrussNamen.append(getParameter("Name"+ derNamensZaehler));
    dieGrussNamen.append(", ");
}
dieGrussNamen.append("\b.");
textHinzufuegen(dieGrussNamen.toString());
}
```

Codebeispiel 59: Einlesen von Parametern in ein Applet

Unter Berücksichtigung der Namensparameter und bei Angabe zusätzlicher Information in den Attributen der APPLET-Marke sieht die HTML-Seite, die HelloWorldNameApplet enthält, wie folgt aus:

```
<HTML>
  <HEAD>
    <TITLE>HelloWorldNameApplet</TITLE>
  </HEAD>
  <BODY>
    <APPLET    code='HelloWorldNameApplet.class'
               codebase='http://www.informatik.uni-leipzig.de/~wolff'
               align='left'
               alt='Testapplet mit Ausgabe von Parametern'>
               name='HelloWorldNameApplet'
               width='600' height='50' vspace='10' haspace='10'
    <PARAM    name='Anzahl'   value='5'></PARAM>
    <PARAM    name='Name1'   value='Anna'></PARAM>
    <PARAM    name='Name2'   value='Fritz'></PARAM>
    <PARAM    name='Name3'   value='Helga'></PARAM>
    <PARAM    name='Name4'   value='Michael'></PARAM>
    <PARAM    name='Name5'   value='Friederike'></PARAM>

    <H1>Hinweis</H1>
    <P>Ihr Browser ist nicht Java-fähig und kann das Applet nicht anzeigen</P>
  </APPLET>
  </BODY>
</HTML>
```

Codebeispiel 60: Attribut- und Parameterkodierung in der APPLET-Marke

Die folgende Übersicht weiterer Methoden der Klasse Applet zeigt häufig benötigte Informationsmethoden (z. B. zur Ermittlung von Information über die in der HTML-Seite verfügbaren Parameter) sowie Hilfsmethoden, die Multimediadaten in ein Applet laden und ausführen.

Methode von **java.applet.Applet**	*Bedeutung*
Informationen über ein Applet ermitteln	
boolean isActive()	Prüft, ob das Applet aktiv ist. Ein Applet wird als aktiv markiert, bevor seine start-Methode aufgerufen wird.
URL getDocumentBase()	Liefert die URL der HTML-Seite des Applet.
URL getCodeBase()	Liefert die Basis-URL der .class-Datei.
AppletContext getAppletContext()	Liefert eine Referenz auf die Ausführungsumgebung des Applets (WWW-Browser/Appletviewer im JDK).
String getAppletInfo()	Liefert einen String, der Informationen über Autor, Version und Copyright des Applet enthält (falls angegeben).
String[][] getParameterInfo()	Liefert einen Stringarray mit Informationen über die Parameter, die die HTML-Seite enthält. Der Array enthält String-Arrays, die die Parameter wie folgt beschreiben: Name/Typ/Beschreibung.
void resize(int width, int height) void resize(Dimension d)	Ändert die Maße des Applets (überladene Methode von Component).
public void showStatus(String msg)	Zeigt eine Statusmeldung im AppletContext des Applets, z. B. in der Statuszeile des WWW-Browsers.
Multimediadateien laden und anzeigen (Bilddaten/Audiodaten)	
Image getImage(URL url) Image getImage(URL url, String name)	Lädt ein Bild von der gegebenen URL bzw. relativ zur URL. Die Bilddaten werden geladen, wenn das Bild benötigt wird (bei Aufruf von paint() etc.).
AudioClip getAudioClip(URL url) AudioClip getAudioClip(URL url, String Name)	Lädt eine Audiodatei von der gegebenen URL bzw. aus einem Dateinamen relativ zur angegebenen URL.
public void play(URL url) public void play(URL url,String Name)	Spielt eine Audiodatei ab.

Tabelle 25:   Methoden der Klasse java.applet.Applet

3.7.4   Zugriff auf Systemfunktionen und Eigenschaftsdateien

Java-Programme werden wie alle anderen Programme in einer konkreten Betriebssystemumgebung ausgeführt und interagieren mit ihr, wenn Sie z. B. Speicher anfordern, auf Dateien zugreifen oder Daten von der Konsole einlesen oder an die Konsole ausgeben. Für die Interaktion mit dem Betriebssystem stellen die Klassen java.lang.System und java.lang.Runtime verschiedene Methoden bereit. Die häufigste Anwendung, die Datenausgabe an die Konsole mit Hilfe des Standard-Ausgabestroms out der Klasse System, wurde bereits in zahlreichen Beispielen verwendet. Die Klasse Properties (im Paket java.util) erlaubt den Zugriff auf benutzerdefinierte Eigenschaften bzw. Systemeigenschaften.

java.lang.System
Die Klasse System umfaßt folgende Funktionalitätsbereiche:

* Die Standard-Ein- und Ausgabe sowie die Standard-Fehlerausgabe (System.in, System.out, System.err),
* das Sicherheitsmanagement,
* die Verwaltung von Systemeigenschaften,
* den Zugriff auf die Laufzeitumgebung und
* den Zugriff auf die Systemuhr.

Die Eigenschaften in, out und err von System sind Objekte vom Typ InputStream bzw. PrintStream und ermöglichen das Einlesen von Information von der Konsole bzw. Ausgabe an die Konsole. Mit den Methoden

* void setErr(PrintStream derFehlerStrom),
* void setIn(InputStream derStandardEingabeStrom) und
* void setOut(PrintStream derStandardAusgabeStrom)

können die Standardströme auch mit anderen Datenstromobjekten verbunden werden.

Die Methoden

* void setSecurityManager(SecurityManager einSicherheitsManager) und
* SecurityManager getSecurityManager()

legen einen neuen SecurityManager für die Java-Ausführungsumgebung fest bzw. bestimmen den aktuell gültigen SecurityManager (vgl. Kap. 5.4.3).

Zugriff auf die Laufzeitumgebung des Interpreters erhält man mit folgenden System-Methoden:

* exit(int derAusgangsStatus) beendet den Interpreter und damit die Programmausführung. Der Aufruf dieser Methode entspricht dem Aufruf von Runtime.getRuntime().exit(int derAusgangsStatus); er beendet die Ausführung der virtuellen Java-Maschine, in der das Programm lief. Per Konvention gelten Statuswerte > 0 als nicht-normale Programmbeendigung. Will man also System.exit() für das *gewünschte* Beenden eines Programms verwenden, so sollte man exit() mit dem Parameter 0 aufrufen.
* void gc() (*garbage collection*), ruft die die automatische Speicherbereinigung explizit auf.
* void load(String einDateiName) bzw. void loadLibrary(String einBibliotheksname) laden eine Funktionsbibliothek mit *native methods*.
* void runFinalization() und void runFinalizersOnExit(boolean einWahrheitswert) führen die *finalizer* von Objekten, die aus dem Speicher entfernt werden können, aus bzw. schalten die Finalisierung bei Programmbeendigung an oder aus.

Informationen über die aktuelle Zeit (Zugriff auf die Systemuhr) gibt die Methode long currentTimeMillis(), die einen long-Wert mit der Anzahl der seit dem 1. Januar 1970 GMT verstrichenen Millisekunden ausgibt (praktischer Einsatz z. B. bei der Laufzeitbestimmung von Programmen oder der Synchronisation von Animationen, vgl. Kap. 7.3.2 und 8.4).

java.util.Properties
Da sich die verschiedenen Betriebssysteme, auf denen Java-Programme laufen können, in Eigenschaften wie der Kodierung von Zeilenumbrüchen oder den Pfadtrennzeichen im Dateisystem unterscheiden, sind in jeder Java-Implementierung Informationen über Java, das aktuelle Betriebssystem und den Benutzer in einem *property*-File gespeichert. Diese Eigenschaften können mit den Methoden

- Properties getProperties(),
- String getProperty(String EigenschaftsName),
- String setProperty(String EigenschaftsName, String EigenschaftsWert) und
- void setProperties(Properties dieEigenshaften)

der Klasse System ausgegeben bzw. verändert werden. Die Eigenschaften, die als Attribut-Wert-Listen gespeichert sind, werden in der Klasse Properties gekapselt und können über diese ausgegeben werden (Liste von Attribut-Wert-Paaren). Neben dem Zugriff auf die *System*eigenschaften ist die Verwendung von Properties ein praktisches Mittel der Programmparametrisierung: Statt – wie in fast allen Beispielen in diesem Buch – Argumente an ein Java-Programm über *Kommandozeilenparameter* zu übergeben, können diese als *benutzerdefinierte* Eigenschaften in einer *Property-Datei* abgelegt und mit Hilfe der entsprechenden Methoden der Klasse Properties eingelesen werden. Dies zeigt das folgende Beispiel, in dem Eigenschaften aus einer Datei test.properties geladen, ausgegeben, modifiziert und gespeichert werden:

```java
import java.util.Enumeration;
import java.util.Properties;
import java.io.IOException;
import java.io.FileInputStream;
import java.io.FileOutputStream;

class EigenschaftenLaden
{
  public static void main(String[] argv)
  {
    new EigenschaftenLaden(argv[0]);
  }
```

```java
EigenschaftenLaden(String dieEigenschaftsDatei)
{
  Properties dieEigenschaften = new Properties();
  try
  {
    // Laden der Eigenschaften aus der Property-Datei (Kommandozeilenargument)
    dieEigenschaften.load(new FileInputStream(dieEigenschaftsDatei));
    // Ausgabe aller Eigenschaften (Namen und Werte) in der Konsole
    dieEigenschaften.list(System.out);
    // direkter Zugriff auf eine bestimmte Eigenschaft
    String eineEigenschaft = dieEigenschaften.getProperty("ersteEigenschaft");
    System.out.println("Die erste Eigenschaft: " + eineEigenschaft);

    // Ändert eine Eigenschaft und schreibt die Eigenschaftsliste zurück in die Datei:
    dieEigenschaften.setProperty("ersteEigenschaft", "XYZ");
    dieEigenschaften.store(new FileOutputStream( dieEigenschaftsDatei),
                                  "die neue Kopfzeile der Property-Datei");
  }
  catch(IOException e)
  { System.out.println("Ein-/Ausgabefehler: " + e); System.exit(0); }
 }
}
```

Codebeispiel 61: Programmparametrisierung durch Properties *und Property-Dateien*

Die Property-Datei **test.properties** hat zunächst folgenden Inhalt:

```
# Beispiel einer Property-Datei
# Schema der Einträge:
# Name=Wert
# ein Doppelkreuz am Anfang einer Zeile kommentiert diese aus

ersteEigenschaft=A
zweiteEigenschaft=B
dritteEigenschaft=C
```

Das Programm erzeugt folgende Ausgabe:

```
-- listing properties --
zweiteEigenschaft=B
dritteEigenschaft=C
ersteEigenschaft=A
Die erste Eigenschaft: A
```

Die geänderte Property-Datei hat anschließend folgenden Inhalt:

```
#die neue Kopfzeile der Property-Datei
#Wed Jul 28 19:07:55 GMT+02:00 1999
zweiteEigenschaft=B
dritteEigenschaft=C
ersteEigenschaft=XYZ
```

Codebeispiel 62 zeigt als weiteres Anwendungsbeispiel für Properties die Ausgabe der Systemeigenschaften bei Ausführen einer Java-Laufzeitumgebung unter MS-Windows.

java.lang.Runtime

Die Klasse **Runtime** enthält teilweise dieselben Methoden wie **System** (gc(), runFinalization(), runFinalizersOnExit(), exit(), load(), loadLibrary()), darüber hinaus zusätzliche Methoden für die Speicherverwaltung, die Ausgabe zusätzlicher Information beim Debuggen und den Aufruf von Betriebssystemfunktionen. Runtime kann nicht als Objekt instantiiert werden, daher muß man nach folgenden Schema eine gültige Referenz auf die **Runtime**-Klasse erzeugen, bevor man die Methoden von Runtime aufrufen kann:

```
Runtime dieLaufzeitUmgebung = Runtime.getRuntime();
```

Mit den Methoden **long freeMemory()** und **long totalMemory()** erhält man Informationen über den freien Speicher bzw. den Umfang des gesamten Speichers der Java-Laufzeitumgebung.

Die beiden Methoden **void traceInstructions(boolean EinAus)** sowie **void traceMethodCalls(boolean EinAus)** schalten die schrittweise Ausgabe von Information an den Standard-Fehlerstrom für die Ausführung von Anweisungen und den Aufruf von Methoden an und aus (bewirkt keine Änderung bei Verwendung des normalen Interpreters).

Die Methoden **Process exec(String einBefehl)** bzw. **Process exec(String[] einBefehlsArray)** rufen im Betriebssystem ein Programm auf. Übergibt man einen einzelnen String, so enthält dieser den Programmnamen (ggf. mit Pfadangabe). Übergibt man **exec()** einen String-Array, so kann man in den Feldern ab Index 1 Kommandozeilenargumente mitgeben. Als Rückgabewert erhält man ein Objekt vom Typ **java.lang.Process**, mit dessen Methoden man auf die Standardströme des neuen Prozesses zugreifen und sie manipulieren kann. Runtime.exec() darf nur verwendet werden, wenn der **SecurityManager** es erlaubt, also z. B. nicht in Applets.

Das folgende Beispiel zeigt die wichtigsten Methoden von **System** und **Runtime**:

```java
import java.io.IOException;
import java.util.Properties;

class SystemRuntime
{
  // erzeugt eine Referenz auf die gültige Instanz der Laufzeitumgebung
  Runtime dieLaufzeitUmgebung = Runtime.getRuntime();
  public static void main(String[] argv)
  {   new SystemRuntime();   }
```

```java
SystemRuntime()
{
  // Gibt die Systemeigenschaften aus und verwendet dazu die Hilfsklasse Properties:
  systemEigenschaftenAusgeben();

  // Gibt Informationen über den Speicher aus, alloziert viel Speicher,
  // räumt den Speicher auf und zeigt den neuen Status an:
  speicherVerwalten();

  // Führt ein Programm im Betriebsystem aus (hier: notepad):
  programmAusfuehren();
  System.exit(0);

}

void systemEigenschaftenAusgeben()
{
  Properties dieSystemEigenschaften = System.getProperties();
  dieSystemEigenschaften.list(System.out);
}

void speicherVerwalten()
{
  // Ausgabe des gesamten und freien Speichers:
  System.out.println("Speicher gesamt\t: " + dieLaufzeitUmgebung.totalMemory());
  System.out.println("Speicher frei\t\t: " + dieLaufzeitUmgebung.freeMemory());
  vielSpeicherAllozieren();

  // expliziter Aufruf der Speicherbereinigung
  dieLaufzeitUmgebung.gc();

  // Ausgabe des gesamten und freien Speichers
  System.out.println( "Speicher gesamt nach garbage collection: " +
                       dieLaufzeitUmgebung.totalMemory());
  System.out.println( "Speicher frei nach garbage collection: " +
                       dieLaufzeitUmgebung.freeMemory());
}

void programmAusfuehren()
{
  try
  {
    dieLaufzeitUmgebung.exec("notepad");
  }
  catch(IOException e)
  { System.out.println("Ein-/Ausgabefehler: " +e);  }
}
```

```
void vielSpeicherAllozieren()
{
  String vieleStrings[] = new String[100000];
  // Startzeit vor Allokation:
  long AllokationsStart = System.currentTimeMillis();

  for(int i = 0; i < vieleStrings.length; i++)
  vieleStrings[i] = new String("test");

  // Gesamtdauer der Speicherallokation:
  System.out.println(  "Es dauert " + (System.currentTimeMillis() - AllokationsStart)
                     + "ms, um " + vieleStrings.length + " Strings der Laenge "
                     + (new String("test").length()) + " zu allozieren.");

  // Ausgabe des gesamten und freien Speichers:
  System.out.println(  "Speicher gesamt nach Allokation:\t " +
                       dieLaufzeitUmgebung.totalMemory());
  System.out.println(  "Speicher frei nach Allokation\t: " +
                       dieLaufzeitUmgebung.freeMemory());
  }
}
```

Codebeispiel 62: Systemfunktionen

Ausgabe:
-- listing properties --
java.specification.name=Java Platform API Specification
awt.toolkit=sun.awt.windows.WToolkit
java.version=1.2
java.awt.graphicsenv=sun.awt.Win32GraphicsEnvironment
user.timezone=Europe/Berlin
java.specification.version=1.2
java.vm.vendor=Sun Microsystems Inc.
user.home=C:\WINDOWS
java.vm.specification.version=1.0
os.arch=x86
java.awt.fonts=
java.vendor.url=http://java.sun.com/
user.region=DE
file.encoding.pkg=sun.io
java.home=C:\PROGRAMME\JDK12\JRE
java.class.path=.
line.separator=

java.ext.dirs=C:\PROGRAMME\JDK12\JRE\lib\ext
java.io.tmpdir=C:\WINDOWS\TEMP\
os.name=Windows 95
java.vendor=Sun Microsystems Inc.
java.awt.printerjob=sun.awt.windows.WPrinterJob

```
java.library.path=C:\PROGRAMME\JDK12\BIN;.;C:\WINDOWS\S...
java.vm.specification.vendor=Sun Microsystems Inc.
sun.io.unicode.encoding=UnicodeLittle
file.encoding=Cp1252
java.specification.vendor=Sun Microsystems Inc.
user.language=de
user.name=wolff
java.vendor.url.bug=http://java.sun.com/cgi-bin/bugreport...
java.vm.name=Classic VM
java.class.version=46.0
java.vm.specification.name=Java Virtual Machine Specification
sun.boot.library.path=C:\PROGRAMME\JDK12\JRE\bin
os.version=4.10
java.vm.version=1.2
java.vm.info=build JDK-1.2-V, native threads, symcjit
java.compiler=symcjit
path.separator=;
file.separator=\
user.dir=C:\Programme\JBuilder\myclasses
sun.boot.class.path=C:\PROGRAMME\JDK12\JRE\lib\rt.jar;C:\...
Speicher gesamt: 1048568
Speicher frei: 739064
Es dauert 1150ms, um 100000 Strings der Laenge 4 zu allozieren.
Speicher gesamt nach Allokation:  6283256
Speicher frei nach Allokation   : 865104
Speicher gesamt nach garbage collection: 4665336
Speicher frei nach garbage collection: 4460824
```

3.8   Hinweise und Aufgaben

Zur Vertiefung von UML bzw. der objektorientierten Modellierung sei nochmals auf FOWLER & SCOTT 1998, BOOCH, RUMBAUGH und 1999 bzw. BALZERT 1996A verwiesen. Ein umfassendes Lehr- und Handbuch für die Softwareentwicklung ist BALZERT 1996B. Zu den Designprinzipien bei der Klassenentwicklung findet sich eine Artikelserie von Bill VENNERS in der Online-Zeitschrift JavaWorld (http://www.javaworld.com, März 1998 – April 1999, *design techniques*).

Aufgaben

Aufgabe 16: Entwickeln Sie ein Klassenmodell für das Parkplatz-Beispiel aus Kap. 3.1 bzw. 3.2.

Aufgabe 17: Entwickeln Sie ein UML-Schema für eine Adreßverwaltung.

Aufgabe 18: Modellieren Sie eine Sortiermaschine, die Objekte beliebigen Typs mit unterschiedlichen Sortierverfahren sortiert.

Aufgabe 19: Überlegen Sie, welche Klassen und Methoden bei der Modellierung eines Raumplanungssystems, einer Personaldatenbank oder eines Graphikeditors abstrakt bzw. final sein sollten.

Aufgabe 20: Entwerfen Sie eine Klasse für Datumsangaben, die durch unterschiedliche Konstruktoren eine Vielzahl von Eingabeformaten unterstützt.

Aufgabe 21: Entwerfen Sie Klassenschemata für Amphibienfahrzeug und Motorsegelboot (vgl. Codebeispiel 3 und Abbildung 7ff), ohne auf Mehrfachvererbung zurückzugreifen.

Aufgabe 22: Welche Unterschiede bestehen bezüglich der Sichtbarkeit zwischen Klassen und Methoden?

Aufgabe 23: In Java sind rekursive Methodenaufrufe zulässig, d. h. Sie können innerhalb einer Methode die Methode selbst aufrufen. Entwickeln Sie rekursive Lösungen für die Programme aus Aufgabe 9 und Aufgabe 10.

Aufgabe 24: Was spricht gegen die Verwendung innerer und anonymer Klassen?

Aufgabe 25: Entwerfen Sie eine Schnittstelle, die die im JDK auf verschiedene Schnittstellen verteilte Grundfunktionalität von Objekten bündelt (vgl. Kap. 3.6.1).

Aufgabe 26: Erweitern Sie Codebeispiel 53 so, daß vollständige Methodensignaturen für das aktuelle Objekt sowie alle seine Oberklassen ausgegeben werden.

Aufgabe 27: Schreiben Sie mit Hilfe von String und StringTokenizer eine Klasse, die für gegebene Zeichenkette (Eingabe von der Konsole, aus einer Datei etc.) eine Zeichenhäufigkeitsstatistik erstellt und Sonderzeichen eliminiert.

Aufgabe 28: Schreiben Sie ein Applet, das Informationen über sich und seinen AppletContext sowie die aktuellen Systemeigenschaften ausgibt.

Aufgabe 29: Speichern Sie die zu diesem Applet gehörende .class-Datei in einer .jar-Datei und laden Sie das Applet über das archive-Attribut der APPLET-Marke.

4 Algorithmen und Datenstrukturen

Die voranstehenden Kapitel haben das Handwerkszeug für den Umgang mit Java vermittelt. In diesem Kapitel steht ein allgemeines Problem der Programmierung, die Wahl geeigneter Datenstrukturen und Algorithmen, im Mittelpunkt. Nachfolgend wird zunächst der Begriff Algorithmus präzisiert und rekursive und iterative Problemlösungen werden vorgestellt. Anschließend zeigt das Beispiel eines geordneten Binärbaums die Implementierung einer rekursiven Datenstruktur. Das Kapitel schließt wird mit einer Diskussion des *Java Collection Framework*, einer Sammlung von Datenstrukturen in der Java 2-Plattform.

4.1 Algorithmen

Um ein Problem durch Programmierung mit einer Programmiersprache lösen zu können, benötigt man einen Algorithmus, d. h. ein durch einen Rechner abzuarbeitendes *Problemlösungsverfahren*, das mit Hilfe geeigneter *Datenstrukturen* zu einer effektiven Lösung gelangt. Ein Algorithmus muß eindeutig und präzise definiert sein, damit er in einer Programmiersprache kodiert und von einem Rechner ausgeführt werden kann.

Dabei soll er effizient arbeiten, d. h. das Problem in möglichst geringer Zeit und minimalem Speicherbedarf lösen. Die Analyse verschiedener Algorithmen für dasselbe Problem, z. B. die Sortierung von Datensätzen, untersucht vor allem, wie schnell ein Algorithmus in Abhängigkeit von der Anzahl zu verarbeitender Daten läuft und wie viel Platz er für seine Ausführung benötigt. Dabei untersucht man in der Regel den günstigsten und schlechtesten sowie den mittleren Wert für Laufzeit und Speicherbedarf eines Algorithmus (*best, worst, average case analysis*) und ordnet die Werte einer *Komplexitätsklasse* zu. Die Komplexitätsklasse abstrahiert von der exakten Laufzeit und dem genauen Speicherbedarf eines Algorithmus und gibt jeweils nur die Größenordnung in Abhängigkeit vom Umfang der Daten an. Typische Komplexitätsklassen sind:

- *logarithmische* Laufzeit, d. h. der Algorithmus hat für n Eingabedaten eine Laufzeit in der Größenordnung log n,
- *lineare* Laufzeit, d. h. der Algorithmus benötigt Zeit in der Größenordnung der Eingabedaten,
- *n log n*-Laufzeit: der Algorithmus erfordert für n Eingabedaten eine Laufzeit von n log n,
- *quadratische*, *kubische* etc. Laufzeit: Für n Eingabedaten wird eine Zeit der Größenordnung n^2, n^3 etc. benötigt und
- *exponentielle* Laufzeit: Für n Daten beträgt die Laufzeit m^n, wobei m eine sich aus der Komplexitätsanalyse des Algorithmus ergebende Basis ist.

Die gleiche Einteilung gilt auch für den von einem Algorithmus benötigten Speicherbedarf. Die Wahl eines Algorithmus einer möglichst günstigen Komplexitätsklasse ist von entscheidender Bedeutung, wenn man größere Datenmengen verarbeiten will. Ein Beispiel soll dies verdeutlichen: Verschiedene einfache Verfahren für das Sortieren von Datensätzen (z. B. *BubbleSort*, Sortieren durch Einfügen, Sortieren durch Auswählen) haben eine *quadratische* Laufzeit, während effiziente Sortierverfahren (z. B. *QuickSort*, *HeapSort*) eine Laufzeit von $n \log n$ aufweisen, Will man 10.000 Datensätze sortieren, so ergibt sich

- bei Verwendung eines Verfahrens mit quadratischer Laufzeit ein Zeitaufwand in der Größenordnung von 10.000^2, also 10^8 Arbeitsschritten, während man
- bei Einsatz eines effizienten Sortierverfahrens eine Laufzeit von nur $10.000 \log 10.000$, also 40.000 Schritten benötigt.[9]

Der zweite Algorithmus arbeitet also für diesen Datenumfang um den Faktor 2500 schneller. Wenn man annimmt, daß ein Arbeitsschritt eine Millisekunde dauert, so ist der erste Algorithmus nach rund 28 Stunden beendet, während der zweite Algorithmus nur 40 Sekunden benötigt.

Eine weitere zentrale Eigenschaft eines Algorithmus ist seine *Korrektheit*, d. h. die Tatsache, daß er das zugrundeliegende Problem korrekt und vollständig löst. In der Regel löst ein Algorithmus dabei nicht ein einzelnes Problem, sondern eine ganze Problem*klasse*: Ein Algorithmus für die Sortierung von Datensätzen soll nicht nur genau eine bestimmte Menge von Datensätzen mit festgelegter Struktur, Anzahl und Inhalten sortieren können, sondern für eine beliebige Zahl von Daten mit unterschiedlichen Werten und Wertearten (Zahlen, Zeichenketten, Objekte etc.) einsetzbar sein.

Dabei soll er für gleiche Eingabedaten auch jeweils gleiche Ausgabedaten liefern (*Determiniertheit* des Algorithmus). Davon ist zu unterscheiden, ob für den Algorithmus zu jedem Zeitpunkt der nächste Arbeitsschritt feststeht (*deterministischer* Algorithmus) oder ob er verschiedene Fortsetzungsmöglichkeiten hat (*nicht-deterministischer* Algorithmus). Ein Algorithmus soll außerdem eine endliche Länge aufweisen, d. h. der Algorithmus selbst muß *finit* sein (*Finitheit*) sowie bei seiner Ausführung terminieren (*Terminiertheit*), d. h. in endlicher Zeit zu einem Ende kommen.

Die Abstraktion von den Details einer bestimmten *Problemausprägung* beim Entwurf eines Algorithmus kann man durch die Verwendung *abstrakter Datentypen* (s. u. Kap. 4.3) unterstützen, z. B. durch Verwendung der Schnittstellen und Datenstrukturen im *Java Collection Framework* (vgl. unten Kap. 4.3.1). Bei der Suche nach einem geeigneten Algorithmus für ein Problem kann man in vielen

---

[9] Der einfacheren Rechnung zuliebe wird hier von konkreten Details bestimmter Sortierverfahren abstrahiert und der Zehnerlogarithmus zugrunde gelegt.

Fällen auf vorgegebene Implementierungen bzw. Klassenbibliotheken zurückgreifen – man muß also nicht unbedingt eine Neuimplementierung vornehmen. Die beiden grundlegenden Probleme des Sortierens und Suchens in Datensätzen kann Java in vielen Fällen mit Hilfe der Klassen Collection und Arrays lösen, die effiziente Such- und Sortierverfahren für Datenstrukturen und Arrays bereithalten. Für sie findet sich in Kap. 4.3.3 ein Beispiel.

4.2 Iterative und rekursive Programmierung

Für die Lösung vieler Probleme mit einem Algorithmus bieten sich zwei typische Verfahren an:

- Die *iterative* Problemlösung und
- die *rekursive* Problemlösung.

Bei der iterativen Problemlösung löst man das Problem durch Berechnung einer Schleife (Iteration), deren Zwischenergebnisse nach jedem Durchlauf gespeichert werden und in die Berechnung des Gesamtergebnisses eingehen, während eine rekursive Problemlösung das Gesamtproblem sukzessive in weniger komplexe Teilprobleme gleicher Struktur zerlegt. Am Beispiel der Berechnung der Fakultät sollen die iterative und rekursive Problemlösung gegenübergestellt werden.

Will man die Fakultät $n!$ einer positiven natürlichen Zahl n berechnen, so muß eine Lösung für folgende Gleichung programmiert werden:

$$n! = \prod_{i=1}^{n} i = 1 \cdot 2 \cdot 3 \dots \cdot n \text{ mit } n \geq 1 \text{ und } 0! = 1.$$

In einem iterativen Verfahren löst man dieses Problem dadurch, daß man eine Zählschleife von 1 bis zur gewünschten Zahl n programmiert, in der jeweils das Zwischenergebnis der vorangegangenen Schritte mit dem nächsten Wert der Schleifenvariablen multipliziert wird. Dies zeigt Codebeispiel 63:

```
class FakultaetIterativ
{
  public static void main(String[] argv)
  {   new FakultaetIterativ(argv[0]);   }
  FakultaetIterativ(String dieEingabe)
  {
    System.out.println(berechneFakultaet(Integer.parseInt(dieEingabe)));
  }
  // Iterative Berechnung der Fakultät des Eingabeparameters:
  long berechneFakultaet(int Fakultaet)
  {
    // Für die Eingabe 0 notwendig, 0! = 1
    if(Fakultaet == 0) return 1;
```

```java
    // Iterative Berechnung der Fakultät in einer  Zählschleife; für die Speicherung der
    // Zwischenergebnisse wird eine zusätzliche Variable benötigt (Ergebnis).
    long Ergebnis = 1;
    for(int i = 1; i <= Fakultaet; i++)
    Ergebnis *= i;
    return Ergebnis;
  }
}
```

Codebeispiel 63: Iterative Berechnung der Fakultät

Eine *rekursive* Problemlösung beruht auf der Idee, ein Problem dadurch zu lösen, daß man es schrittweise durch Berechnung eines Problems mit gleicher Struktur, aber geringerer Komplexität löst. Wie ein „Bild im Bild" verwendet ein rekursiver Algorithmus bei seiner Berechnung sich selbst. Damit ein solches Verfahren zu einem Ende kommen kann, benötigt man eine *Abbruchbedingung*, die die Rekursion beendet.

Aus der Gleichung für die Berechnung der Fakultät kann man ersehen, daß $n!$ sich aus dem Produkt $(n-1)! \cdot n$ ergibt. Man kann das Problem also dadurch lösen, daß man die Berechnung von $n!$ durch die Berechnung von $(n-1)!$ ersetzt und dieses Ergebnis mit n multipliziert. Dabei ersetzt man das Ausgangsproblem $n!$ durch ein Problem, das um einen Schritt einfacher ist ($(n-1)!$) und versucht, dieses zu lösen. Dies setzt man so lange fort, bis man bei einem *Abbruchkriterium* für die Rekursion angekommen ist: $1!=1$ bzw. $0!=1$. In Java ist rekursive Programmierung möglich, da Methoden sich selbst aufrufen können. Codebeispiel 64 zeigt die rekursive Berechnung der Fakultät: Die Methode berechneFakultät() ruft sich selbst mit einem um 1 verringerten Übergabeparameter so lange auf, bis die Abbruchbedingung erreicht ist.

```java
class FakultaetRekursiv
{
  public static void main(String[] argv)
  {
    new FakultaetRekursiv(argv[0]);
  }
  FakultaetRekursiv(String dieEingabe)
  {
    System.out.println(berechneFakultaet(Integer.parseInt(dieEingabe)));
  }
  // Rekursive Berechnung der Fakultät des Eingabeparameters.
  long berechneFakultaet(int Fakultaet)
  {
    // Abbruchbedingung (0! = 1)
    if(Fakultaet == 0) return 1;
    else
    // Rekursion: Berechnung der Fakultät von n durch:
```

```
    // n! = n * (n - 1)!
    return Fakultaet * berechneFakultaet(Fakultaet - 1);
  }
}
```

Codebeispiel 64: Rekursive Berechnung der Fakultät

Die nachfolgende Abbildung stellt den Arbeitsablauf der Rekursion für die Berechnung von 5! dar. Die durchgezogenen Pfeile geben die einzelnen Rekursionsschritte wieder, die gestrichelten Pfeile zeigen den Weg der Wertrückgabe aus den einzelnen Funktionsaufrufen.

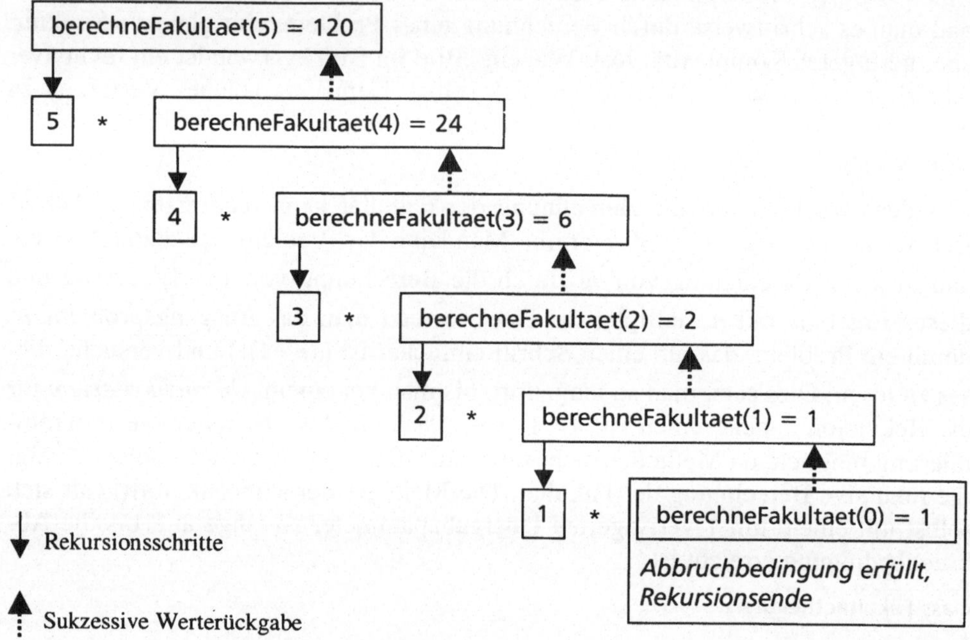

Abbildung 18:   Schematische Darstellung rekursiver Fuinktionsaufrufe

Neben der unterschiedlichen Herangehensweise an das Ausgangsproblem unterscheiden sich iterative und rekursive Problemlösungen auch dadurch, daß bei einer iterativen Lösung zusätzliche Variablen für Speicherung der Zwischenergebnisse benötigt werden, während bei der rekursiven Lösung die geschachtelten Methodenaufrufe Platz auf dem Stack der virtuellen Java-Maschine benötigen.

Die Rekursion spielt bei vielen Algorithmen und Datenstrukturen eine zentrale Rolle; ein umfangreicheres Beispiel ist die im folgenden Kapitel vorgestellte Datenstruktur Binärbaum (Codebeispiel 67), die mit Hilfe rekursiver Methoden aufgebaut und angewandt wird.

4.3   Datenstrukturen

Die Wahl eines geeigneten Algorithmus zur Lösung eines Problems ist eng mit der Frage verbunden, in welchem Format die zu bearbeitenden Daten gespeichert werden sollen. Nur in einfachen Fällen sind dabei Variablen eines primitiven Typs oder einfache Arrays mit Komponenten eines primitiven Datentyps ausreichend.

Gerade bei einer großen Zahl an Datensätzen empfiehlt sich die sorgfältige Auswahl einer Datenstruktur für die Problemlösung. Unter einer Datenstruktur ist dabei die Implementierung eines Referenz-Datentyps zu verstehen, der zur Speicherung einer Vielzahl von Komponenten gleichen Typs dient und über geeignete Zugriffs- und Manipulationsmethoden verfügt. Man spricht von einem *abstrakten Datentyp* (ADT), wenn für den Entwickler nach außen nur die Manipulationsverfahren für die Datenstruktur, nicht aber die Details ihrer Implementierung sichtbar sind. Diesem Kriterium genügen die im *Java Collection Framework* enthaltenen Datenstrukturen: Für jeden Grundtyp einer Datenstruktur gibt es eine Schnittstelle, die die notwendigen Methoden für den Datentyp spezifiziert sowie eine abstrakte Klasse, von der die konkret zu verwendenden Datenstrukturen abzuleiten sind; dabei enthält die Java 2-Plattform auch je eine konkrete Implementierung (s. u. Tabelle 26 in Kap. 4.3.1). Für den Anwender spielen die Details ihrer Implementierung keine Rolle, er muß lediglich wissen, welche Zugriffsverfahren für die einzelnen Datenstrukturen zur Verfügung stehen. Zudem abstrahieren diese Datenstrukturen auch vom Typ der in ihnen enthaltenen Elemente: Dies können grundsätzlich beliebige (Referenz-)Datentypen sein, soweit sie über geeignete Vergleichsoperationen (Schnittstelle **Comparable**) verfügen.

Zu den wichtigsten Datenstrukturen gehören

- *Bäume*, in denen ausgehend von einem Wurzelelement weitere Elemente als Nachfolger (Kinder) ihres Vorgängerelements gespeichert sind und von einem Element im Baum zwei (Binärbaum) oder mehr (Baum vom Grad k) Nachfolger ausgehen können,
- *Listen*, bei denen die in ihnen gespeicherten Elemente jeweils einen Verweis auf das nachfolgende Element in der Liste (einfach verkettete) Liste bzw. auch über ihr Vorgängerelement mitführen (doppelt verkettete Liste), und
- *Hash-Tabellen*, die direkt aus dem Wert eines Datenschlüssels seinen Speicherplatz berechnen und so einen schnellen Datenzugriff erlauben.

Zu Listen und Hash-Tabellen finden sich in den Kap. 4.3.4 und 4.3.5 Beispiele, die Klassen aus dem *Java Collection Framework* verwenden. Zunächst soll anhand einer Implementierung eines Binärbaums ein Beispiel für Aufbau und Verwendung einer rekursiv definierten Datenstruktur gegeben werden.

Ein *Baum* besteht aus *Knoten*, in denen die Daten des Baums gespeichert sind und *Kanten*, die die Knoten miteinander verbinden. Die Eigenschaft, daß jeder Knoten nur mit genau einem *Vorgänger* und einer für die Art des Baums charakteristischen Zahl von *Nachfolgern* verbunden sein darf, unterscheidet Bäume von Graphen, in denen die Knoten in beliebiger Weise miteinander verbunden sein können – ein Baum ist eine Unterform eines zyklenfreien Graphen. Man teilt die Knoten in *innere Knoten* ein, die einen oder mehrere Nachfolger aufweisen, und die *Blätter* des Baums, d. h. diejenigen (*äußeren*) Knoten, die keine Nachfolger haben. Der Startpunkt des Baums ist seine *Wurzel*; als einziger Knoten hat sie keinen Vorgänger. Die Operationen im Baum (Einfügen von Knoten, Suchen nach Knoteninhalten, Durchwandern des Baums) beginnen in der Regel am Wurzelknoten. Die Wurzel ist immer dann ein innerer Knoten, wenn der Baum aus mehr als nur dem Wurzelelement besteht. Jeden Weg von der Wurzel zu einem Blatt des Baums nennt man *Pfad*, der längste Pfad durch einen Baum ist identisch mit seiner um 1 verringerten *Höhe*, d. h. der Anzahl der Ebenen, die ein Baum aufweist. Ein Baum, der nur aus seiner Wurzel besteht, hat nach dieser Definition die Höhe 1. Ein *Binär*baum ist ein Baum, in dem jeder Knoten nicht mehr als zwei Nachfolger aufweisen darf. Die beiden Nachfolger eines Knotens in einem Binärbaum nennt man auch linker und rechter Nachfolger bzw. linker und rechter Kind-, Sohn- oder Tochterknoten, den Vorgänger eines Knotens Eltern-, Mutter- oder Vaterknoten.

Abbildung 19 verdeutlicht die grundlegenden Eigenschaften am Beispiel eines geordneten Binärbaums der Höhe vier mit sieben Knoten:

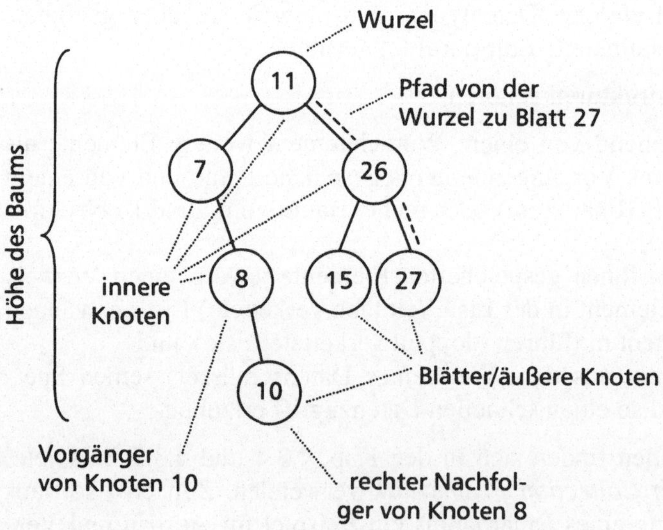

Abbildung 19:   Eigenschaften eines (Binär-)Baums

Wenn man für den Aufbau des Binärbaums ein Ordnungskriterium definiert, nach dem entschieden werden kann, ob ein neuer Knoten linker oder rechter Nachfolger seines Vorgängers werden soll, eignen sich Binärbäume sehr gut für die Suche und Sortierung von Datensätzen (*geordnete* Binärbäume). Für Zahlenwerte kann das Ordnungskriterium die *kleiner-als*-Beziehung sein: Fügt man ein Element in den Baum ein, so vergleicht man es zunächst mit der Wurzel. Ist sein Wert kleiner als der des Wurzelelements, so geht man von der Wurzel nach links, ansonsten nach rechts. Hat die Wurzel auf dem gewählten Pfad noch keinen Nachfolger, so wird ein neues Blatt erzeugt, ansonsten vergleicht man das neue Element mit dem Nachfolger der Wurzel und wiederholt dies so lange, bis das neue Element als Blatt in den Baum eingefügt werden kann. Diese Vorgehensweise zeigt Abbildung 20 für den Binärbaum, der bei schrittweisem Einfügen der Elemente 11, 26, 7, 8, 15, 27 und 10 entsteht:

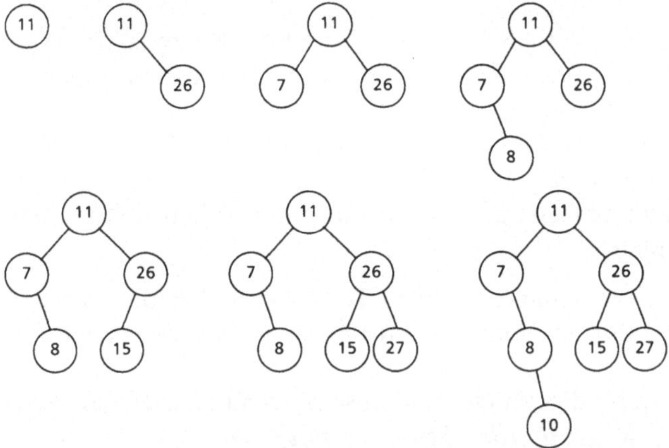

Abbildung 20: Schrittweiser Aufbau eines Binärbaums

Dabei wird der rekursive Aufbau des Baums deutlich: Jeder innere Knoten ergibt zusammen mit seinen Nachfolgern einem *Teilbaum*, der nach dem gleichen Prinzip aufgebaut ist wie der gesamte Baum – man kann daher sehr einfache rekursive Methoden für den Zugriff und die Manipulation des Baums definieren. Dazu gehören:

- das *Einfügen* von Elementen in den Baum,
- die *Suche* nach einem bestimmten Element im Baum,
- das vollständige Durchwandern (*Traversieren*) des Baums nach einer bestimmten Vorgehensweise und
- das *Löschen* von Elementen aus dem Baum (wird hier nicht behandelt).

Die schnelle Suche nach Elementen im Baum gehört zu den Vorteilen dieser Datenstruktur: Wenn ein Binärbaum *vollständig* gefüllt ist, d. h. jeder der inneren Knoten zwei Nachfolger hat, so kann ein Baum der Höhe i insgesamt $2^i - 1$ Elemente speichern ($2^0 + 2^1 + 2^2 \ldots + 2^{i-1} = 2^i - 1$). Da die Höhe des Baums i beträgt, ist die maximale Pfadlänge von der Wurzel zu einem Blatt $i-1$, d. h. man benötigt höchstens i Vergleiche, um festzustellen, ob ein gesuchter Wert im Baum enthalten ist oder nicht. Bei einem vollständig gefüllten Baum mit $n = 2^i - 1$ gilt i = $\lceil \log_2 n \rceil$, d. h. die Suche nach einem Element im Baum benötigt nur logarithmische Laufzeit in Abhängigkeit von der Elementzahl n. Dies gilt im übrigen auch für nicht vollständige, zufällig entstandene Binärbäume mit einer beliebigen Zahl von Knoten.[10] Für die Speicherung von einer Million Einträgen in einem annähernd vollständigen Baum benötigt man einen Binärbaum der Höhe 20 (2^{20} = 1048576). Der mittlere Suchaufwand ist dann ≤ 21 Vergleiche. In einer ungeordneten Liste oder einem ungeordneten Array mit einer Million Einträgen beträgt der *mittlere*

Suchaufwand dagegen $\dfrac{1}{n} \sum_{i=1}^{n} i = \dfrac{1}{n} \dfrac{n}{2}(n+1) = \dfrac{n+1}{2}$, d. h. 500.000,5 Vergleiche!

Neben Einfügen von Elementen und die Suche nach Werten im Baum ist das vollständige Durchlaufen (*Traversieren*) des Baums eine dritte grundlegende Operation. Sie ist ebenfalls rekursiv aufgebaut: Um einen Baum zu durchlaufen, betrachtet man seine Wurzel und ihren linken und rechten Teilbaum. Das Betrachten des linken Teilbaums besteht ebenfalls aus Betrachten von dessen Wurzel (also des linken Nachfolgers der Wurzel des Gesamtbaums) und ihrer linken und rechten Teilbäume. Je nach dem, ob man

- zunächst die Wurzel betrachtet, dann den linken Teilbaum und schließlich den rechten Teilbaum (Durchlaufen in *Hauptreihenfolge*; *preorder*-Traversierung) oder
- erst den linken Teilbaum, dann die Wurzel und abschließend den rechten Teilbaum (*symmetrische Reihenfolge*; *inorder*-Traversierung) oder
- erst den linken, dann den rechten und am Ende die Wurzel betrachtet (*Nebenreihenfolge*, *postorder*-Traversierung),

ergeben sich unterschiedliche Reihenfolgen für das Betrachten der Knoten im Baum. Für das Beispiel des Baums aus Abbildung 20 werden die Knoten in diesen Reihenfolgen besucht:

1. *preorder*-Traversierung: 11,   7,   8,   10,   26,   15,   27
2. *inorder*-Traversierung: 7,   8,   10,   11,   15,   26,   27
3. *postorder*-Traversierung: 10,   8,   7,   11,   15,   27,   26

---

[10] Lediglich für den Fall, daß die Daten in bereits sortierter Reihenfolge in den Baum eingefügt werden, „entartet" er zu einer linearen Liste mit deutlich höherem – linearem – Suchaufwand. Man kann dies verhindern, wenn man den Baum nach jedem Einfügen „balanciert", d. h. größere Höhendifferenzen zwischen den Blättern vermeidet. Über eine solche Balancierungsfunktion verfügen z. B. die Klasse TreeMap und TreeSet im *Java Collection Framework*.

Die *inorder*-Traversierung gibt den Inhalt des Baums in sortierter Reihenfolge aus: Durch das Ordnungskriterium ist gewährleistet, daß jeder linke Teilbaum unterhalb eines Knotens Elemente enthält, die *kleiner* sind als die Wurzel des Teilbaums, während die Elemente des rechten Teilbaums *größere* Werte enthalten. Da bei *inorder*-Traversierung erst der linke Teilbaum, dann die Wurzel, dann der rechte Teilbaum betrachtet werden, ergibt sich eine sortierte Reihenfolge.

Nachdem die wesentlichen Eigenschaften und Operationen eines geordneten Binärbaums diskutiert wurden, soll eine Java-Implementierung für diese Datenstruktur vorgestellt werden. Sie besteht aus drei Klassen:

- Aus einer Klasse Knoten, die die im Baum enthaltenen Knoten modelliert und für die Verwendung unterschiedlicher Elementtypen geeignet ist,
- aus einer Klasse BinaerBaum, die Aufbau und Manipulation eines aus Knoten aufgebauten geordneten Binärbaums enthält und
- aus einer Klasse BaumAnwendung, die exemplarisch einen Binärbaum aufbaut, nach Elementen sucht und den Baum traversiert.

In Java existiert kein Zeiger-Datentyp, dessen Verwendung für den Aufbau dynamischer Datenstrukturen wie Bäumen oder Listen naheliegend wäre. Die notwendigen Informationen, die ein Knoten über seine Nachfolger haben muß, sind daher durch Komposition in der Klasse Knoten enthalten: Die Klasse Knoten enthält zwei Objektreferenzen, linkerNachfolger und rechterNachfolger, als Eigenschaften vom Typ Knoten. Zusätzlich implementiert die sie die Schnittstelle Comparable und verfügt daher über die Vergleichsmethode compareTo(), die für das Ordnungskriterium des Binärbaums benutzt wird. Damit die Knoten unterschiedliche Objekttypen als Werte enthalten und diese auch vergleichen können, greift die Implementierung von compareTo() in der Klasse Knoten mit Hilfe der *class reflection*-Klasse java.reflect.Method auf die entsprechende compareTo-Methode der in den Knoten abgelegten Elementtypen zurück. Deren Klassentyp wird dem Programm beim Start als Argument explizit übergeben (s. u. Codebeispiel 66). Daraus folgt, daß nur Elementtypen verwendet werden können, die selbst Comparable implementieren, also z. B. keine primitiven Datentypen, sondern deren Hüllenklassen (Integer, Long etc.) oder String-Objekte

```
import java.lang.reflect.Method;
import java.lang.reflect.InvocationTargetException;
import java.io.Serializable;

class Knoten implements Comparable, Serializable
{
    // Referenz auf den Inhalt des Knotens:
    Object Wert;
    // Die Nachfolger des Knotens:
    Knoten linkerNachfolger, rechterNachfolger;
```

```java
// Defaultkonstruktor: Zunächst bleiben die Nachfolger leer.
Knoten()
{   linkerNachfolger = null;   rechterNachfolger = null;   }

// Konstruktor mit Wertübergabe; Nachfolger bleiben leer.
Knoten(Object einWert)
{
  Wert = einWert;   linkerNachfolger = null;   rechterNachfolger = null;
}

// Vergleichsmethode, Implementierung von Comparable
public int compareTo(Object einKnoten)
{
  try
  {
      // Das Vergleichsobjekt als Object-Array, wird für das Laden der passenden
      // Vergleichsmethode benötigt.
      Object[] dasVergleichsobjekt = {((Knoten) einKnoten).Wert};

      // Laden der Vergleichsmethode für den passenden Elementtyp des Werts.
      Method dieVergleichsmethode =
      BinaerBaum.derKnotenTyp.getMethod( "compareTo", new Class[]{Object.class});

      // Die compareTo-Methode der Klasse des Werttyps im Knoten wird aufgerufen:
      Integer dasVergleichsergebnis=(Integer)dieVergleichsmethode.invoke( Wert,
                                                    dasVergleichsobjekt);
      // Der Rückgabewert wird in einen einfachen int-Wert umgewandelt:
      return dasVergleichsergebnis.intValue();
  }
  // Verschiedene Ausnahmen müssen abgefangen werden:
  catch(NoSuchMethodException e)
  {   System.out.println("Methode nicht gefunden: " +e);   }
  catch(InvocationTargetException e)
  {   System.out.println("Methode konnte nicht aufgerufen werden: " + e);        }
  catch(IllegalAccessException e)
  {   System.out.println("Ungültiger Zugriff: " + e);   }
  return 0;
  }
}
```

Codebeispiel 65: Klasse für die Modellierung eines Knotens in einem Binärbaum

Die Implementierung des Binärbaums selbst hat folgenden Aufbau: Neben dem Konstruktor, der unter Angabe eines Klassentyps für die Werte in den Knoten und einem Wurzelknoten aufgerufen wird, existiert je eine rekursive Methode für

- das Einfügen eines neuen Knotens (einfuegenKnoten(Knoten neuerKnoten, Knoten aktuellerBaumKnoten)),

- das Suchen nach einem Knotenwert im Baum (boolean sucheKnoten(Knoten gesuchterKnoten, Knoten aktuellerBaumKnoten)) und
- das Traversieren des Baums und Ausgabe der Knoteninhalte in der gewünschten Traversierungsreihenfolge (ausgebenBaum(byte derAusgabeModus, Knoten aktuellerBaumKnoten, Vector derAusgabeVector)).

Alle drei Methoden sind rekursiv aufgebaut; man startet sie jeweils unter Angabe der Wurzel des Gesamtbaums, die sich mit der Hilfsmethode holeWurzel() ermitteln läßt. Das Programm verwendet für die Ausgabe des Baums ein Objekt vom Typ java.util.Vector, d. h. einen dynamisch erweiterbaren Array; diese Klasse wird in Kap. 4.3.2 näher erläutert.

```java
import java.io.Serializable;
import java.util.Vector;

public class BinaerBaum implements Serializable
{
    // Konstanten für die Wahl des Traversierungsmodus:
    final static byte PREORDER_TRAVERSIERUNG   = 0;
    final static byte INORDER_TRAVERSIERUNG    = 1;
    final static byte POSTORDER_TRAVERSIERUNG  = 2;

    // Elementtyp der Knoteninhalte:
    static Class derKnotenTyp;

    // Referenz auf die Wurzel des Baums:
    public Knoten dieWurzel;

    // Der Konstruktor erwartet den Datentyp für die Bauminhalte und eine
    // Knotenobjekt als seine Wurzel.
    public BinaerBaum(Class dieKnotenKlasse, Knoten Wurzel)
    {   dieWurzel = Wurzel;     derKnotenTyp = dieKnotenKlasse;  }

    // Liefert die Wurzel des Baums:
    public Knoten holeWurzel()
    {   return dieWurzel;  }

    // Einfügeoperation; schon vorhandene Inhalte werden ignoriert.
    public void einfuegenKnoten(Knoten neuerKnoten, Knoten aktuellerBaumKnoten)
    {
        // Wenn kleiner als die Wurzel des aktuellen Teilbaums ...
        if (aktuellerBaumKnoten.compareTo(neuerKnoten) > 0)
        {
            // Falls kein Nachfolger, neues Blatt links erzeugen:
            if(aktuellerBaumKnoten.linkerNachfolger == null)
            {     aktuellerBaumKnoten.linkerNachfolger = neuerKnoten;      }
            else
```

```java
        {
            // Linken Teilbaum rekursiv untersuchen:
            einfuegenKnoten(neuerKnoten, aktuellerBaumKnoten.linkerNachfolger);
        }
    }
    else
    {
        // Falls größer als aktuelle Wurzel:
        if (aktuellerBaumKnoten.compareTo(neuerKnoten) < 0)
        {
            // Falls kein Nachfolger, neues Blatt rechts erzeugen:
            if(aktuellerBaumKnoten.rechterNachfolger == null)
            {   aktuellerBaumKnoten.rechterNachfolger = neuerKnoten;   }
            else
            {
                // Rechten Teilbaum rekursiv untersuchen:
                einfuegenKnoten(neuerKnoten, aktuellerBaumKnoten.rechterNachfolger);
            }
        }
    }
}

boolean sucheKnoten(Knoten gesuchterKnoten, Knoten aktuellerBaumKnoten)
{
    // "Treffer", positive Rückmeldung:
    if (aktuellerBaumKnoten.compareTo(gesuchterKnoten) == 0)
    {
        System.out.println("Gesuchter Knoten ist im Baum enthalten!");
        return true;
    }
    // Links weitersuchen:
    if (aktuellerBaumKnoten.compareTo(gesuchterKnoten) > 0)
    {
        // Links kein Knoten mehr, Suche schlägt fehl:
        if(aktuellerBaumKnoten.linkerNachfolger == null)
        {
            System.out.println("Knoten konnte nicht gefunden werden.");
            return false;
        }
        else
        {
            // Rekursiv im linken Teilbaum weitersuchen:
            sucheKnoten(gesuchterKnoten, aktuellerBaumKnoten.linkerNachfolger);
        }
    }
    else
    {
```

```java
    // Rechts weitersuchen:
    if (aktuellerBaumKnoten.compareTo(gesuchterKnoten) < 0)
    {
      // Rechts kein Knoten mehr, Suche schlägt fehl:
      if(aktuellerBaumKnoten.rechterNachfolger == null)
      {
        System.out.println("Knoten konnte nicht gefunden werden.");
        return false;
      }
      else
      {
        // Rekursiv im rechten Teilbaum weitersuchen:
        sucheKnoten(gesuchterKnoten, aktuellerBaumKnoten.rechterNachfolger);
      }
    }
  }
  return false;
}


// Traversierung des Baums zur Ausgabe seiner Knoteninhalte als Vector.
Vector ausgebenBaum(  byte derAusgabeModus,
                      Knoten aktuellerBaumKnoten,
                      Vector derAusgabeVector)
{
  // Kein Knoten mehr, Vector zurückgeben.
  if(aktuellerBaumKnoten == null)
  {      return derAusgabeVector;    }
  // Wahl des Traversierungsverfahrens für die Rekursion:
  switch (derAusgabeModus)
  {
    case PREORDER_TRAVERSIERUNG:
      // "Wurzel, links, rechts" - Hauptreihenfolge:
      derAusgabeVector.add(aktuellerBaumKnoten);
      ausgebenBaum( derAusgabeModus, aktuellerBaumKnoten.linkerNachfolger,
                    derAusgabeVector);
      ausgebenBaum( derAusgabeModus, aktuellerBaumKnoten.rechterNachfolger,
                    derAusgabeVector);
    break;
    case INORDER_TRAVERSIERUNG:
      // "links, Wurzel, rechts" - symmetrische Reihenfolge:
      ausgebenBaum( derAusgabeModus, aktuellerBaumKnoten.linkerNachfolger,
                    derAusgabeVector);
      derAusgabeVector.add(aktuellerBaumKnoten);
      ausgebenBaum( derAusgabeModus, aktuellerBaumKnoten.rechterNachfolger,
                    derAusgabeVector);
    break;
```

```
    case POSTORDER_TRAVERSIERUNG:
      // "links, rechts, Wurzel" - Nebenreihenfolge:
      ausgebenBaum( derAusgabeModus, aktuellerBaumKnoten.linkerNachfolger,
                    derAusgabeVector);
      ausgebenBaum( derAusgabeModus, aktuellerBaumKnoten.rechterNachfolger,
                    derAusgabeVector);
      derAusgabeVector.add(aktuellerBaumKnoten);
      break;

    default:
      System.out.println("Ungültiger Ausgabemodus!");
      break;
    }
    return derAusgabeVector;
  }
}
```

Codebeispiel 66: Implementierung eines geordneten Binärbaums

Schließlich sollen die beiden Klassen Knoten und BinaerBaum angewandt werden: In der Klasse BaumAnwendung werden

- der Datentyp der Knoteninhalte als vollqualifizierter Klassenname,
- die Anzahl der einzufügenden Werte,
- die Werte selbst und
- Werte, nach denen im Baum gesucht werden soll,

von der Kommandozeile eingelesen. Damit kann ein Binärbaum für unterschiedliche Datentypen generiert werden; vorausgesetzt ist allerdings,

- daß die Knoteninhalte einen Referenz-Datentyp haben (z. B. java.lang.String, java.lang.Float, java.lang.Integer),
- es für diesen Datentyp einen Konstruktor gibt, der Objekte mit Hilfe eines String-Objekts instantiiert (d. h. Kommandozeilenargumente werden gelesen, um damit Knoteninhalte zu belegen) und
- der Knotendatentyp die Schnittstelle Comparable implementiert, also eine compareTo()-Methode hat, mit deren Hilfe der Binärbaum *geordnet* aufgebaut werden kann.

```
import java.util.Vector;
import java.lang.reflect.*;


public class BaumAnwendung
{
  private BinaerBaum derBaum;
  // Ein Vector zur Speicherung des Bauminhalts (wird bei der Traversierung
  // und Ausgabe verwendet):
  private Vector Bauminhalt;
```

```java
public static void main(String[] argv)
{
  // Die Kommandozeilenparameter müssen in folgender Reihenfolge eingegeben werden:
  // 1. der vollqualifizierte Klassenname für die Knoteninhalten, z.B.
  //    java.lang.Integer oder java.lang.String
  // 2. die Anzahl der Knoteninhalte, die in den Baum eingefügt werden sollen
  // 3. entsprechend dieser Anzahl die Werte für die Knoten
  // 4. Abschließend beliebig viele Werte, nach denen gesucht werden soll
  // Aufrufbeispiele:
  // java BaumAnwendung java.lang.Float 3 0.456 234567 .444 0.987 .444
  // java BaumAnwendung java.lang.String 4 Anna Xaver Helmut Fritz Xaver Berta

  if(    (argv.length < 4)
     ||  (argv[0].equalsIgnoreCase("-?"))
     ||  (argv[0].equalsIgnoreCase("/?"))
     ||  (argv[0].equalsIgnoreCase("?"))     )
  {
    System.out.println("Die Kommandozeilenparameter müssen in folgender " +
                "Reihenfolge eingegeben werden:");
    System.out.println("1. der vollqualifizierte Klassenname für die Knoteninhalten, z.B.");
    System.out.println("   java.lang.Integer oder java.lang.String");
    System.out.println("2. die Anzahl der Knoteninhalte, die in den Baum eingefügt " +
                "werden sollen");
    System.out.println("3. entsprechend dieser Anzahl die Werte für die Knoten");
    System.out.println("4. Abschließend beliebig viele Werte, nach denen gesucht " +
                "werden soll\n");
    System.out.println("Aufrufbeispiele:");
    System.out.println("java BaumAnwendung java.lang.Float 3 0.456 234567 .444 .444");
    System.out.println("java BaumAnwendung java.lang.String 4 Anna Xaver Til Fritz Til");
  }
  else
  {
    new BaumAnwendung(argv);
  }
}


BaumAnwendung(String[] Argumente)
{
  Object einObjekt;     Constructor derKonstruktor;
  try
  {
    // Ein Class-Objekt - der Datentyp für die Knoteninhalte wird erzeugt:
    Class dieKnotenKlasse = Class.forName(Argumente[0]);

    // Für den Datentyp der Knoteninhalte wird ein Konstruktor-Objekt erzeugt, das einen
    // Objekt für einen Knoteninhalt mit einem String-Objekt (Argument von der
    // Kommandozeile) instantiiert
    derKonstruktor = dieKnotenKlasse.getConstructor(new Class[]{java.lang.String.class});
```

```java
// Mit Hilfe des Konstruktors wird ein neues Objekt erzeugt - es hat den Typ der
// Klasse der Knoteninhalte und wird in einer generischen Objektreferenz abgelegt:
einObjekt = derKonstruktor.newInstance(new Object[]{Argumente[2]});
// Binärbaum aus erstem und drittem Kommandozeilenargument (Elementtyp und
// Wurzel des Baums) erzeugen:
derBaum = new BinaerBaum(dieKnotenKlasse, new Knoten((Object)einObjekt));
// Die restlichen Kommandozeilenargumente als Knoten in den Baum einfügen
// (in Argument[1] steht die Anzahl der Werte):
for(int i = 0; i < (Integer.parseInt(Argumente[1])-1); i++)
{
   einObjekt = derKonstruktor.newInstance(new Object[]{Argumente[i+3]});
   derBaum.einfuegenKnoten( new Knoten((Object)einObjekt),
                                     derBaum.holeWurzel());
}
// Suche nach Knoten im Baum (Werte: die restlichen Kommandozeilenargumente ):
for(int i = (Integer.parseInt(Argumente[1])+2); i < Argumente.length; i++)
{
   System.out.println("Suche nach Knoten " + Argumente[i] + ":");
   einObjekt = derKonstruktor.newInstance(new Object[]{Argumente[i]});
   derBaum.sucheKnoten(new Knoten((Object)einObjekt), derBaum.holeWurzel());
}
}
// Zahlreiche Ausnahmen aus java.lang bzw. java.lang.reflect sind abzufangen:
catch(ClassNotFoundException e)
{ System.out.println("Klasse konnte nicht gefunden werden: " + e);   }
catch(NoSuchMethodException e)
{ System.out.println("Methode konnte nicht gefunden werden: " + e);           ]
catch(InstantiationException  e)
{ System.out.println("Fehler bei der Instantiierung:  " + e);    }
catch(IllegalAccessException e)
{ System.out.println("Nicht erlaubter Zugirff : " + e);   }
catch(InvocationTargetException  e)
{ System.out.println("Konstruktor löste Ausnahme aus: " + e);     }

// Baum in symmetrischer Reihenfolge traversieren (sortiert):
// Vector für Bauminhalt erzeugen:
Bauminhalt = new Vector();
derBaum.ausgebenBaum( BinaerBaum.INORDER_TRAVERSIERUNG,
                         derBaum.holeWurzel(),
                         Bauminhalt);
// Inhalt ausgeben:
System.out.println("Sortierte Ausgabe des Bauminhalts:");
for (int i = 0; i < Bauminhalt.size();i++)
{ System.out.print(((Knoten) Bauminhalt.elementAt(i)).Wert.toString() + " ");      }
}
}
```

Codebeispiel 67: Anwendung des Binärbaums: Erzeugen, Einfügen, Durchlaufen

Zwei Beispielläufe mit Zeichenketten bzw. Kommazahlen als Knoteninhalte erzeugen folgende Ausgaben:

```
java BaumAnwendung java.lang.String 10 Xaver Helmut Berta Fritz Egon Ernst Arndt
Arne Holger Leonie Anna Leonie Til
Suche nach Knoten Anna:
Knoten konnte nicht gefunden werden.
Suche nach Knoten Leonie:
Gesuchter Knoten ist im Baum enthalten!
Suche nach Knoten Til:
Knoten konnte nicht gefunden werden.
Sortierte Ausgabe des Bauminhalts:
Arndt Arne Berta Egon Ernst Fritz Helmut Holger Leonie Xaver

java BaumAnwendung java.lang.Float 4 .34 123.45 5.678 4 .34 55 5.678
Suche nach Knoten .34:
Gesuchter Knoten ist im Baum enthalten!
Suche nach Knoten 55:
Knoten konnte nicht gefunden werden.
Suche nach Knoten 5.678:
Gesuchter Knoten ist im Baum enthalten!
Sortierte Ausgabe des Bauminhalts:
0.34 4.0 5.678 123.45
```

4.3.1   Das *Java Collection Framework*

Das Beispiel Binärbaum zeigt, wie man eine komplexe Datenstruktur selbst implementieren kann. In vielen Fällen ist es einfacher, auf vordefinierte Klassen der Java 2-Plattform zurückzugreifen bzw. diese für eigene Zwecke anzupassen: Das Paket java.util stellt Implementierungen zahlreicher Datenstrukturen zur Verfügung (vgl. Tabelle 27). Zusätzlich zu den seit dem JDK 1.0 vorhandenen Datentypen wie Vector, Stack und Enumeration führt die Java 2-Plattform mit dem *Java Collection Framework* weitere Datenstrukturen ein.

Die Grundlage dieser Datenstrukturen ist die Schnittstelle Collection, die elementare Methoden zur *Manipulation einer Mehrzahl strukturell gleicher Objekte* enthält:

- boolean add(Object einObjekt)/boolean addAll(Collection eineDatenkollektion): Hinzufügen eines Elementes oder einer Collection zu einer Collection.
- boolean remove(Object einObjekt)/boolean removeAll(Collection eineDatenkollektion)/void clear(): Entfernen eines Elementes, der Elemente einer Collection oder aller Elemente aus einer Collection.
- Konvertierungs- und Hilfsmethoden wie die Umwandlung der Collection-Daten in einen Array (Object[] toArray()), eine Größenangabe (int size()) und ein Test auf vorhandene Daten (boolean isEmpty()).

Man kann Collection als die Spezifikation eines abstrakten Basisdatentyps ansehen, der durch Spezialisierung verfeinert wird – Collection enthält nur die Methoden, die für *alle* Datensammlungen (Listen, Bäume, Hash-Tabellen etc.) erforderlich sind. Diese Methoden sind in der abstrakten Klasse AbstractCollection implementiert. Die Spezifikation verschiedener strukturierter Datentypen ist jeweils in einer Schnittstelle zusammengefaßt, die von Collection abgeleitet ist. Für diese Schnittstellen hält das *Collection Framework* sowohl abstrakte als auch konkrete Implementierungen bereit:

Schnittstelle	*abstrakte Implementierung*	*konkrete Implementierung*	*Bedeutung*
List	AbstractList + AbstractSequentialList	ArrayList Vector Stack LinkedList	Datentypen, die ihre Elemente in einer Liste speichern. Die Elemente sind der Reihe nach zugänglich.
Map + SortedMap	AbstractMap	HashMap WeakHashMap TreeMap	Datentypen, deren Elemente durch eine Abbildung von einem Schlüsselwert (*key*) in einen Adreßwert erschlossen werden können.
Set +SortedSet	AbstractSet	HashSet TreeSet	Datentypen für Mengen, d. h. Sammlungen von Objekten mit je unterschiedlichem Wert.

Tabelle 26:   Schnittstellen und Klassen im Collection framework *in* java.util

Die Implementierung der strukturierten Datentypen macht sich die Architektur des Java-Klassensystems zu Nutze: Da alle Klassen Unterklassen von Object sind, manipulieren die strukturierten Datentypen Objekte vom Typ Object, so daß Objekte jeder Klasse mit ihnen verarbeitet werden können. Die strukturierten Datentypen implementieren darüber hinaus die Schnittstellen java.io.Serializable und java.lang.Cloneable, die sicherstellen, daß die Objektinhalte abgespeichert (vgl. Kap. 6.4.5) bzw. auf neue Objekte kopiert werden können.

Sind spezifische Operationen über den Objekten erforderlich, wie etwa eine Vergleichsfunktion, die eine Ordnung unter den Objekten herstellt (Sortierung), so müssen die Klassen zur Verwendung in einem strukturierten Datentyp bestimmte Voraussetzungen erfüllen: Damit z. B. ein Array von Objekten mit der Arrays-Klasse sortiert werden kann, müssen die Objekte die Schnittstelle Comparable implementieren, d. h. über eine compareTo-Methode verfügen, mit deren Hilfe sortiert und gesucht werden kann. Tabelle 27 zeigt weitere in java.util enthaltene Datenstrukturen:

Klasse/Schnittstelle	*Bedeutung*
Arrays	Klasse mit statischen Methoden zum Suchen und Sortieren in Arrays mit Elementen beliebigen Typs (JDK 1.2)
BitSet	Dynamisch erweiterbarer Array von Bitwerten

Klasse/Schnittstelle	Bedeutung
Collections	Klasse mit statischen Methoden für die Manipulation von Datensammlungen (Klassen, die die Schnittstelle Collection implementieren); bietet analog zur Klasse Arrays Verfahren für Suchen und Sortieren in Datenkollektionen an.
Enumeration	Schnittstelle, die verwendet wird, um die in einer Datenstruktur enthaltenen Objekte aufzuzählen.
HashTable	Datenstruktur, die mit Hilfe einer Hash-Funktion Schlüssel auf Werte abbildet; wird im *Java Collection Framework* im wesentlichen durch die Implementierungen der Schnittstelle Map ersetzt.
Random	Generator für Folgen von Pseudo-Zufallszahlen

Tabelle 27:   Komplexe Datenstrukturen in java.util *(in Auswahl)*

In den nachfolgenden Kapiteln sollen einige der im *Java Collection Framework* enthaltenen Klassen anhand einfacher Beispiele vorgestellt werden:

- Die Klasse Vector als zur Laufzeit eines Programms dynamisch erweiterbarer Array,
- das Suchen und Sortieren in Arrays und dynamischen Datenstrukturen mit den Klassen Arrays und Collections,
- die Verwendung verketteter Listen (LinkedList) für den Aufbau einer Warteschlange) und
- der Aufbau einer Hash-Tabelle für den schnellen Zugriff auf große Datenmengen.

4.3.2   Dynamisch erweiterbare Arrays

Die Klasse Vector ermöglicht die Verwaltung eines Arrays von Objekten beliebigen Typs mit Speicherverwaltung: „Gewöhnliche" Arrays in Java haben eine feste Länge, können also zur Laufzeit nicht dynamisch erweitert oder verkleinert werden. In vielen Fällen kennt man während der Entwicklung eines Programms die Anzahl der in einem Array enthaltenen Objekte aber noch nicht oder man benötigt eine Datenstruktur, die man auch *nach* ihrer Instantiierung noch erweitern oder verkleinern kann. Mit Hilfe eines Vector-Objekts ist dies möglich; dabei muß der Benutzer die maximale Größe des Arrays nicht im voraus kennen, sondern kann den Vector nach Belieben erweitern. Die Klasse Vector ist als Teil des *Collection Framework* von AbstractList und AbstractCollection abgeleitet und implementiert die Schnittstellen List und Collection sowie Serializable und Cloneable.

Eine Vielzahl vordefinierter Methoden ermöglicht die Zuweisung, Abfrage und Wiederauffinden der Objekte im Vector:

- boolean add(Object einObjekt)/void add(int Position, Object einObjekt) hängt ein neues Element an den Vector an bzw. fügt es an Position ein,

- boolean addAll(Collection eineDatenkollektion) fügt eine Collection, also eine Mehrzahl von Elementen in den Vector ein,
- Enumeration elements() liefert eine Aufzählung (Enumeration) aller Elemente im Vector,
- Object[] toArray() gibt einen Object-Array zurück, der die Daten des Vector enthält,
- Object set(int Position, Object einObjekt)/void setElementAt(int Position, Object einObject) macht einObject zum Objekt an der Stelle Position im Vector und ersetzt das bisherige Element an Position,
- Object get(int Position)/Object elementAt(int Position) liefert das Element an der Stelle Position und
- boolean remove(Object einObjekt), Object remove(int Position), void removeAllElements() löschen ein bestimmtes Objekt (einObjekt), das Element an der Stelle Position bzw. alle Elemente im Vector.

Eine Reihe von Methoden (z. B. set/setElementAt) sind doppelt implementiert, da in der Java 2-Plattform die Klasse Vector die Collection-Schnittstelle und deren Methoden zusätzlich implementiert, die alten Zugriffsmethoden der schon im JDK 1.0 enthaltenen Klasse Vector aus Kompatibilitätsgründen aber erhalten geblieben sind (z. B. setElementAt(), getElementAt()). Ein Anwendungsbeispiel für einen Vector gibt das Beispiel Sortieren im nachfolgenden Abschnitt zu Suchen und Sortieren. Dort wird ein Vector benutzt, um den Inhalt einer Textdatei wortweise einzulesen – die Anzahl der Wörter ist nicht von vornherein bekannt (bzw. wird nicht berechnet). Die Speicherverwaltung von Vector stellt sicher, daß der Vector in adäquater Weise wächst.

4.3.3 Suchen und Sortieren in Arrays und Kollektionen

Die Arrays-Klasse stellt *statische* Methoden für die Manipulation von Arrays zur Verfügung. Die Klasse wird nicht als Objekt instantiiert, sondern ihre Methoden werden benutzt, um einen als Parameter an sie übergebenen Array zu bearbeiten. Arrays stellt folgende Methoden zur Verfügung:

- void sort(Object[] einObjektArray), void sort(char[] einZeichenArray), void sort(float[] einFloatArray) sortieren einen Array. Je nach Art der Daten (primitive Datentypen oder Objektreferenzen) sind unterschiedliche Sortierverfahren implementiert (z. B. *Mergesort, QuickSort*). Handelt es sich um einen Array mit Referenz-Datentypen (Object[]), so können die Daten nur sortiert werden, falls die Objekte vom Typ einer Klasse sind, die die Schnittstelle Comparable implementiert und damit über ein Verfahren zum Wertevergleich verfügt (compareTo-Methode).
- int binarySearch(Object[] einObjektArray, Object dasGesuchteObjekt), int binarySearch(int[] einIntArray, int dieGesuchteZahl) etc. suchen in einem Array

nach einem Schlüsselwert. Dabei ist vorausgesetzt, daß der Array sortiert ist, sonst ist das Suchergebnis undefiniert. Bei erfolgreicher Suche – der Schlüsselwert wird im Array gefunden – liefert Arrays die Trefferposition zurück, sonst die Position, an der man den Schlüsselwert als neues Element einfügen könnte, kodiert als negative Zahl, damit Erfolg/Nichterfolg der Suche zu unterscheiden sind (Ergebnis bei erfolgloser Suche: (- (Einfügeposition) - 1)).

- boolean equals(Object[] ersterObjektArray, Object[] zweiterObjektArray), boolean equals(float[] ersterFloatArray, float[]zweiterFloatArray) etc. vergleicht zwei Arrays auf Wertgleichheit. Zwei Arrays sind gleich, wenn ein paarweiser Vergleich aller Array-Komponenten an gleicher Position erfolgreich ist.

- void fill(Object[] einObjektArray, Object einObjekt), void fill(boolean[] einBoolean, boolean einWahrheitswert) etc. füllen den Array mit dem vorgegebenen Wert.

- List asList(Object[] einObjektArray) liefert den Array als verkettete Liste (List) zurück.

Die Manipulationsmethoden sind in der Klasse Arrays für Object-Arrays und Arrays mit primitiven Datentypen mehrfach überladen, es existiert also je eine Methode für die Bearbeitung eines Object-Array, eines int-Array, eines char-Array etc. (z. B. Arrays.sort(Object[] dieObjekte), Arrays.sort(int[] dieZahlen), Arrays.sort(char[] die Zeichen). Bei den Methoden für das Sortieren und Füllen eines Array (sort()/fill()) existieren zusätzlich überladene Methoden, die nur einen Teilbereich des Arrays sortieren bzw. füllen; bei ihnen muß man zusätzlich Start- und Endposition des Anwendungsbereichs angeben, z. B. void fill(double[] einDoubleArray, int Startposition, int Endposition, double einDoublewert) oder void sort(byte[] einByteArray, int Startposition, int Endposition).

Die Arrays-Klasse manipuliert den ihr übergebenen Array direkt (*in situ*), d. h. nach einer Sortierung enthält der ursprüngliche Array die Daten in sortierter Reihenfolge. Damit die für Suche und Sortierung erforderlichen Vergleiche zwischen den Komponenten eines Arrays ausgeführt werden können, muß es sich entweder um einen Array mit Komponenten eines primitiven Datentyps handeln (in ihnen ist die Vergleichsfunktion über die Operatoren von Java definiert), oder die Objekte im Array müssen die Schnittstelle Comparable implementieren, also über eine compareTo-Methode verfügen, die von Arrays zum Suchen und Sortieren benutzt wird.

In Codebeispiel 68 wird der Inhalt einer Textdatei mit Hilfe eines StreamTokenizer in Wörter und Zahlen zerlegt. Je ein Vector dient zur Speicherung der Wörter und Zahlen. Anschließend werden beide Vektoren in einfache Arrays umgewandelt. Die Klasse Arrays sortiert den Wörter- und Zahlenarray. In den sortierten Arrays wird abschließend nach je einer Zahl und einem Wort gesucht.

```java
import java.util.*;
import java.io.*;

public class SortierenSuchen
{
  // Speichert einen Stringarray mit den Wörtern einer Textdatei
  Object[] derTextArray;
  // Speichert die Zahlen einer Textdatei als Double-Objekte (Wrapper-Klasse Double)
  Object[] derZahlArray;
  int dasSuchErgebnis;

  public static void main(String[] argv)
  {
    // Test, ob alle Kommandozeilenparameter vorhanden sind
    if(argv.length == 3)   new SortierenSuchen(argv);
    else
      System.out.println(  "Falsche Parameterzahl - Syntax des Aufrufs:\n" +
                           "Sortieren Dateiname gesuchteZahl gesuchtesWort");
  }

  SortierenSuchen(String[] dieParameter)
  {
    // Eingabedatei in Zahlen und Wörter zerlegen
    datenEinlesen(dieParameter[0]);
    // Sortieren von Zahlen und Sortieren des in einer Datei enthaltenen Texts
    zahlenSortieren();
    textSortieren();
    // Suche nach einer Zahl bzw. einem Wort in den Arrays
    zahlSuchen(dieParameter[1]);
    wortSuchen(dieParameter[2]);
  }

  void datenEinlesen(String derDateiName)
  {
    try
    {
      // Dynamischer Array zum Einlesen der Wörter bzw. Zahlen
      Vector  derTextVector = new Vector(),  derZahlVector = new Vector();

      // Ein Stromzerleger wird erzeugt, der als Eingabestrom einen Dateilesestrom erhält,
      // der mit dem ersten Kommandozeilenparameter als Dateiname instantiiert ist.
      StreamTokenizer derDateiZerleger = new StreamTokenizer(
                                    new FileReader(derDateiName));
```

```java
      // Leseschleife des Stromzerlegers: In jeder Iteration wird das token geliefert; das
      // Dateiende gilt als Abbruchkriterium, der token type des aktuellen token darf nicht
      // end of file sein (TT_EOF).
      while(derDateiZerleger.ttype != derDateiZerleger.TT_EOF)
      {
        // Holt das nächste token aus dem Datenstrom.
        derDateiZerleger.nextToken();
        // StreamTokenizer unterscheidet Wörter (TT_WORD), gespeichert in sval und
        // Zahlen (TT_NUMBER), gespeichert in nval;
        // das aktuelle token wird in den Wort- bzw. Zahlvector eingefügt.
        switch(derDateiZerleger.ttype)
        {
          case StreamTokenizer.TT_NUMBER:
            derZahlVector.addElement(new Double(derDateiZerleger.nval));
          break;
          case StreamTokenizer.TT_WORD:
            derTextVector.addElement(derDateiZerleger.sval);
          break;
        }
      }
      // der Vector wird in einen Array umgewandelt
      derTextArray = derTextVector.toArray();
      derZahlArray = derZahlVector.toArray();
    }
    catch(FileNotFoundException e)
    { System.out.print("Datei nicht gefunden: " + e); }
    catch(IOException e)
    { System.out.println("Ein-/Ausgabefehler: " + e); }
}


// Sortieren der Zahlen
void zahlenSortieren()
{
  long Anfang = System.currentTimeMillis();
  Arrays.sort(derZahlArray);
  System.out.println("Die Zahlen in der Datei wurden sortiert, Dauer: " +
          (System.currentTimeMillis() - Anfang) + " ms.");
}


// Sortieren des Objektarrays
void textSortieren()
{
  long Anfang = System.currentTimeMillis();
  Arrays.sort(derTextArray);
  System.out.println("Die Wörter in der Datei wurden sortiert, Dauer: " +
          (System.currentTimeMillis() - Anfang) + " ms.");
}
```

```java
void zahlSuchen(String derSuchText)
{
   // Binärsuche nach der gesuchten Zahl -
   // Ergebnis: falls gefunden, erstes Auftreten im Array,
   // sonst Position, an der eingefügt werden könnte (eine Position
   // weniger als der erste größere Wert, sonst Array.size ()).
   Double dieGesuchteZahl = new Double(derSuchText);
   dasSuchErgebnis = Arrays.binarySearch(derZahlArray, dieGesuchteZahl);
   if(dasSuchErgebnis >= 0)
   {
      System.out.println(  "Zahl \"" + dieGesuchteZahl +"\" an Position "
                           + dasSuchErgebnis + " im Array gefunden.");
   }
   else
   {
      System.out.println(  "Zahl \"" +
                           dieGesuchteZahl +"\" nicht gefunden; sie könnte an Position "
                           + Math.abs(dasSuchErgebnis+1) + " eingefügt werden.");
   }
}

void wortSuchen(String derSuchText)
{
   // Hier Suche nach einem Wort, Funktionsweise wie oben:
   dasSuchErgebnis = Arrays.binarySearch(derTextArray, derSuchText);
   if(dasSuchErgebnis >= 0)
   {
      System.out.println("Wort \"" + derSuchText +"\" an Position " + dasSuchErgebnis
      + " im Array gefunden.");
   }
   else
   {
      System.out.println(  "Wort \"" + derSuchText +
                           "\" nicht gefunden; sie könnte an Position " +
                           Math.abs(dasSuchErgebnis+1) + " eingefügt werden.");
   }
 }
}
```

Codebeispiel 68: Sortieren und Suchen mit der Arrays-*Klasse*

Ausgabebeispiel (Suche nach „49" und „java.awt" im Text dieses Buches als ASCII-Datei, ca. 850 kB):
Prompt:>SortierenSuchen Javabuch.txt 49 java.awt
Die Zahlen in der Datei wurden sortiert, Dauer: 770 ms.
Die Wörter in der Datei wurden sortiert, Dauer: 13400 ms.
Zahl "49.0" an Position 4324 im Array gefunden.
Wort "java.awt" an Position 59470 im Array gefunden.

Dienste, die die Klasse **Arrays** für einfache Arrays anbietet (Sortieren, Suchen, Füllen), sind in der Klasse **Collections** in analoger Weise für Daten*kollektionen* verfügbar:

- void sort(List eineListe) sortiert eine Kollektion, die die Schnittstelle List implementiert,
- int binarySearch(List eineListe, Object einVergleichsObjekt) sucht in einer Liste nach einem Schlüsselwert (einVergleichsObjekt). Dabei ist vorausgesetzt, daß die Liste bereits sortiert ist, sonst ist das Suchergebnis undefiniert. Bei erfolgreicher Suche – der Suchschlüssel wird in der Liste gefunden – liefert Collections die Trefferposition zurück, ansonsten die Position, an der der Schlüsselwert als neues Element eingefügt werden könnte (kodiert als negative Zahl, damit Erfolg/Nichterfolg der Suche eindeutig zu unterscheiden sind),
- void fill(List eineListe, Object einObjekt) füllt die Liste mit einem vorgegebenen Objekt (einObjekt),
- void copy(List Zielliste, List Ausgangsliste) kopiert den Inhalt der Ausgangsliste in die Zielliste,
- void reverse(List eineListe) und void shuffle(List eineListe) kehren die Liste um bzw. ordnen ihre Elemente mit Hilfe eines Zufallszahlengenerators in beliebiger Reihenfolge neu an und
- List nCopies(int Anzahl, Objekt einObjekt) liefert eine Liste, die aus Anzahl gleichen Elementen mit Inhalt einObjekt besteht.

Neben diesen Operationen, die voraussetzen, daß die bearbeitete Kollektion die Schnittstelle List implementiert, enthält Collections noch eine Reihe weiterer Hilfsmethoden für alle Typen von Kollektionen:

- Enumeraton enumeration(Collection eineKollektion) liefert als Rückgabewert ein Objekt vom Typ der Schnittstelle Enumeration, mit dessen Hilfe die Elementen in der Kollektion aufgezählt (und z. B. ausgegeben werden können) und
- die Methoden Object min(Collection eineKollektion) und Object max(Collection eineKollektion) suchen jeweils nach dem kleinsten bzw. größten Element einer Kollektion.

Schließlich enthält **Collections** für alle Schnittstellen im *Java Collection Framework*

- je eine Methode, die als Hüllenklasse eine in ihr enthaltene Kollektion synchronisiert, d.h. sicherstellt, daß mehrere nebenläufige Kontrollflüsse auf die Kollektion zugreifen können, ohne daß es zu Wertinkonsistenzen kommen kann (z. B. Collection synchronizedCollection(Collection eineKollektion) oder SortedSet synchronizedSortedSet(SortedSet eineSortierteMenge)) sowie

- je eine Methode, die eine *nicht modifizierbare Kollektion* gleichen Typs zurückliefert. In diesem Hüllenobjekt sind alle Methoden der entsprechenden Kollektionsklasse, die die Kollektion *verändern*, gesperrt und liefern eine UnsupportedOperationException. Das Hüllenobjekt hat keinen eigenen Speicherbereich, jede Änderung an der gekapselten Ausgangs-)Kollektion wirkt sich direkt auf das Hüllenobjekt aus (z. B. List unmodifiableList(List eineListe), Set unmodifiableSet(Set eineMenge)).

Codebeispiel 68 kann man also mit Hilfe von Collections vereinfachen: Vor dem Sortieren und Suchen ist keine Umwandlung der dynamischen Arrays in einfache Arrays erforderlich, da Vector als Unterklasse von AbstractList die Schnittstelle List implementiert und daher die Such- und Sortiermethoden von Collections auch unmittelbar für die Vector-Objekte angewandt werden können.

4.3.4   Listen

Listen sind ein strukturierter Datentyp, bei dem eine Mehrzahl von Datensätzen der Reihe nach durchwandert werden können, da sie miteinander verbunden sind. Man unterscheidet:

- *einfach verkettete* Listen, bei denen man von einem Listenelement zu nächsten kommt, aber nicht zurück und
- *doppelt verkettete* Listen, bei denen aufeinander folgende Elemente jeweils wechselseitig verbunden sind.

Zu den Operationen in Listen gehören

- das Einfügen neuer Elemente,
- das Löschen von Elementen
- und die Suche nach einem bestimmten Element(-wert).

Je nachdem, ob diese Operationen an einer beliebigen Stelle in der Liste möglich sind oder z. B. nur an deren Anfang oder Ende, unterscheidet man verschiedene Unterformen von Listen:

- In einem *Stapel*, der nach dem *last-in-first-out*-Prinzip (LIFO) aufgebaut ist, kann man die Elemente immer nur *am Anfang* der Liste einfügen oder entnehmen: Was als erstes Element eingefügt wurde, kann der Liste als letztes wieder entnommen werden. Für die Implementierung eines Stapels dient in java.util die Klasse Stack, eine Unterklasse von Vector.
- Bei einer Warteschlange (*queue*) werden Elemente am Anfang der Liste eingefügt, aber an deren Ende entnommen (*first-in-first-out*-Prinzip, FIFO).

Mit der Klasse Vector wurde bereits eine Implementierung der List-Schnittstelle des *Collection Framework* vorgestellt. Alle Listen-Datentypen im *Java Collection*

Framework implementieren die Schnittstelle List, die die gemeinsamen Methoden für Operationen über Listen bündelt und eine Erweiterung der Schnittstelle Collection ist. Zu den in der Schnittstelle List gegenüber Collection zusätzlich definierten Methoden gehören:

- boolean contains(Object einObjekt) und boolean containsAll(Collection eineKollektion), die prüfen ob ein Objekt oder eine Sammlung von Objekten in der Liste enthalten sind,
- Object get(int diePosition), Object set(int Position, Object einObject), int indexOf(Object einObjekt) und int lastIndexOf(Object einObjekt), die das Objekt an einer bestimmten Position zurückliefern, das Element an einer bestimmten Position neu festlegen bzw. die erste und letzte Position in der Liste für ein Objekt bestimmen,
- die Methode List sublist(int Start, int Ende), die eine Teilliste der Liste von der Position Start bis zur Position Ende liefert und
- die Methode ListIterator listIterator(), die einen Iterator für die Liste liefert, also ein Objekt, mit dessen Hilfe man die Liste vollständig durchwandern kann.

Nachfolgend sollen am Beispiel einer Warteschlange noch einmal die Eigenschaften von Listen verdeutlicht werden: Eine Warteschlange ist eine Datenstruktur, bei der hinzukommende Elemente an einem Ende eingefügt, zu entfernende Elemente am anderen Ende gelöscht werden. Typische Anwendungen für Warteschlangen finden sich überall dort, wo eine Vielzahl von Dienstenutzern auf die Verfügbarkeit eines Diensteanbieters warten (z. B. Druckerschlange eines Netzwerkdruckers, Reservierungs- oder Verkaufsdienste etc.). Das nachfolgende Programm simuliert eine Warteschlange: Es besteht aus

- der Implementierung einer Warteschlange als Unterklasse von java.util.LinkedList (verkettete Liste),
- einer Klasse Verbraucher, die vorliegende Aufträge der Warteschlange entnimmt,
- einer Klasse Auftraggeber, die Aufträge in die Warteschlange einreiht und
- einer Steuerungsklasse (WarteschlangenTest).

Sowohl die Anzahl der Verbraucher als auch die der Auftraggeber wird per Zufallsgenerator ermittelt. Sobald ein Auftraggeber einen Auftrag plazieren konnte, setzt er seine Tätigkeit für eine zufällig bestimmte Zeit aus. Die Warteschlange darf eine festgelegte Größe nicht überschreiten; ist sie voll, werden Auftraggeber aufgefordert, zu warten, bis in der Warteschlange wieder Kapazitäten frei sind.

Die Klasse Warteschlage selbst verwendet in ihren Methoden neuerAuftrag() und ausfuehrenAuftrag() die Methoden void addFirst(Object einObjekt) und Object removeLast() ihrer Oberklasse LinkedList, um Elemente am Anfang in die Schlange einzureihen bzw. sie an ihrem Ende wieder zu entnehmen:

```java
package Warteschlange;
import java.util.LinkedList;

class Warteschlange extends LinkedList
{
  int AuftragsNummer = 0;
  public void neuerAuftrag(String derText)
  {
    synchronized (this)
    {
      System.out.print("Neuer Auftrag: " + derText);
      addFirst(derText);
      System.out.println(" - Schlange enthält " + size() + " Aufträge.");
      AuftragsNummer++;
    }
  }
  public int ausfuehrenAuftrag()
  {
    if(size() == 0)
    {
      System.out.println(    "Nicht ausgeführt - Schlange enthält "
                           + size() + " Aufträge.");
      return size();
    }
    else
    {
      synchronized (this)
      {
        System.out.print("Auftrag von " + (String)this.removeLast() + " wurde ausgeführt.");
        System.out.println(" - Schlange enthält " + size() + " Aufträge.");
        return size();
      }
    }
  }
}
```

Codebeispiel 69: Eine Warteschlange als Beispiel für einen Listen-Datentyp

Die beiden Klassen Auftraggeber und Verbraucher sind jeweils als Unterklassen von **java.lang.Thread** realisiert, damit sie über parallel abzuarbeitende Ausführungsstränge verfügen, die das immerwährende Hinzufügen und Entnehmen von Elementen in der Schlange simulieren können (vgl. zu Threads unten Kap. 8).

Jeder Auftraggeber enthält in seiner run-Methode eine Endlosschleife, in der immer wieder geprüft wird, ob man etwas in die Warteschlange einfügen kann und in der ein neuer Auftrag in der Warteschlange erzeugt wird, falls dies möglich ist. Anschließend setzt der Ausführungsstrang dieses Auftraggebers für eine zufällig bestimmte Zeitdauer aus – in dieser Zeit können andere Auftraggeber versuchen, etwas in die Warteschlange einzufügen:

```java
package Warteschlange;
class Auftraggeber extends Thread
{
  // Identifiziert den Auftraggeber:
  String derName;
  // Konstruktor bekommt einen Zähler, mit dem ein eindeutiger Name für den
  // Auftraggeber gebildet werden kann:
  Auftraggeber(int Nummer)
  {
    derName = new String("Auftraggeber Nr. " + (Nummer+1));
    // Start des Ausführungsstrangs, d. h. der run-Methode (s. u.):
    start();
  }
  public void run()
  {
    while(true)
    {
      try
      {
        // Enthält die Warteschlange mehr als 20 Elemente, so gilt sie als voll:
        if(WarteschlangenTest.dieWarteschlange.size() >= 20)
        {
          System.out.println("Schlange ist voll, bitte warten.");
          // Auftraggeber setzt vor dem nächsten Versuch aus:
          int SchlafensZeit = (int)(java.lang.Math.random() * 100000);
          sleep(SchlafensZeit);
        }
        else
        {
          // Ein neuer Auftrag wird in der Warteschlange erzeugt:
          WarteschlangenTest.dieWarteschlange.neuerAuftrag(derName +
                    ", Auftrag Nr. " +
                    WarteschlangenTest.dieWarteschlange.AuftragsNummer);
          // Auftraggeber setzt vor dem nächsten Versuch aus:
          sleep((int)(java.lang.Math.random() * 50000));
        }
      }
      catch(InterruptedException e)
      { System.out.println("Thread wurde unterbrochen: " + e); }
    }
  }
}
```

Codebeispiel 70: Auftraggeber für eine Warteschlange

In analoger Weise entnehmen die Verbraucher der Warteschlange Aufträge, soweit die Schlange Elemente enthält. Die Zeitsteuerung konkurrierender Verbraucher ist wie in der Klasse Auftraggeber aufgebaut:

```java
package Warteschlange;
class Verbraucher extends Thread
{
  // Identifiziert den Verbraucher:
  String derName;
  // Konstruktor bekommt einen Zähler, mit dem ein eindeutiger Name für den
  // Verbraucher gebildet werden kann:
  Verbraucher(int Nummer)
  {
    derName = new String("Verbraucher Nr. " + Nummer);
    // Start des Ausführungsstrangs, d. h. der run-Methode (s. u.):
    start();
  }

  public void run()
  {
    while(true)
    {
      try
      {
        // Ist Warteschlange leer, so setzt der Verbraucher vor dem nächsten Versuch aus:
        if(WarteschlangenTest.dieWarteschlange.size() == 0)
        {
          System.out.println(derName + " Kein Auftrag vorhanden, bitte warten! ");
          sleep((int)(java.lang.Math.random() * 100000));
        }
        else
        {
          // Ein Auftrag wird aus der Warteschlange entnommen und "verbraucht":
          WarteschlangenTest.dieWarteschlange.ausfuehrenAuftrag();
          sleep((int)(java.lang.Math.random() * 50000));
        }
      }
      catch(InterruptedException e)
      {       System.out.println("Thread wurde unterbrochen: " + e);       }
    }
  }
}
```

Codebeispiel 71: Verbraucher, der Elemente aus einer Warteschlange entnimmt

Um die Warteschlange testen zu können, fehlt noch die Steuerungsklasse WarteschlangenTest. Sie erzeugt die Warteschlange sowie eine zufällige Anzahl Auftraggeber und Verbraucher.

```
package Warteschlange;
class WarteschlangenTest
{
  static Warteschlange dieWarteschlange;
  static int AuftraggeberAnzahl, VerbraucherAnzahl;
  public static void main(String[] argv)
  { new WarteschlangenTest();  }

  WarteschlangenTest()
  {
    // Erzeugt die Warteschlange:
    dieWarteschlange = new Warteschlange();
    // Erzeugt maximal 10 Auftraggeber und Verbraucher
    AuftraggeberAnzahl = (int)(java.lang.Math.random() * 1000) % 10;
    for(int i = 0; i < AuftraggeberAnzahl; i++)
    {   new Auftraggeber(i);   System.out.print("Auftraggeber " + i + " erzeugt. ");}
    VerbraucherAnzahl = (int)(java.lang.Math.random() * 1000) % 10;
    for(int i = 0; i < VerbraucherAnzahl; i++)
    {   new Verbraucher(i);  System.out.print("Verbraucher " + i + " erzeugt. ");}
    System.out.println("");
  }
}
```

Codebeispiel 72: Steuerklasse für den Test der Warteschlange

Eine Beispielausgabe von WarteschlangenTest sieht wie folgt aus:
Auftraggeber 0 erzeugt. Auftraggeber 1 erzeugt. Auftraggeber 2 erzeugt.
Verbraucher 0 erzeugt.
Neuer Auftrag: Auftraggeber Nr. 1, Auftrag Nr. 0 - Schlange enthält 1 Aufträge.
Verbraucher 1 erzeugt. Verbraucher 2 erzeugt. Verbraucher 3 erzeugt. Verbraucher 4 erzeugt.
Verbraucher 5 erzeugt.
Neuer Auftrag: Auftraggeber Nr. 2, Auftrag Nr. 1 - Schlange enthält 2 Aufträge.
Neuer Auftrag: Auftraggeber Nr. 3, Auftrag Nr. 2 - Schlange enthält 3 Aufträge.
Auftrag von Auftraggeber Nr. 1, Auftrag Nr. 0 wurde ausgeführt. - Schlange enthält 2 Aufträge.
Auftrag von Auftraggeber Nr. 2, Auftrag Nr. 1 wurde ausgeführt. - Schlange enthält 1 Aufträge.
Auftrag von Auftraggeber Nr. 3, Auftrag Nr. 2 wurde ausgeführt. - Schlange enthält 0 Aufträge.
Verbraucher Nr. 3 Kein Auftrag vorhanden, bitte warten!
Verbraucher Nr. 4 Kein Auftrag vorhanden, bitte warten!
Verbraucher Nr. 5 Kein Auftrag vorhanden, bitte warten!
Verbraucher Nr. 0 Kein Auftrag vorhanden, bitte warten!
Verbraucher Nr. 2 Kein Auftrag vorhanden, bitte warten!
Neuer Auftrag: Auftraggeber Nr. 2, Auftrag Nr. 3 - Schlange enthält 1 Aufträge.
Neuer Auftrag: Auftraggeber Nr. 1, Auftrag Nr. 4 - Schlange enthält 2 Aufträge.
Auftrag von Auftraggeber Nr. 2, Auftrag Nr. 3 wurde ausgeführt. - Schlange enthält 1 Aufträge.
Auftrag von Auftraggeber Nr. 1, Auftrag Nr. 4 wurde ausgeführt. - Schlange enthält 0 Aufträge.

...

4.3.5 Verwenden von Hash-Tabellen

Eine Hash-Tabelle ist eine Datenstruktur, bei der die in der Hash-Tabelle gespeicherten Daten*werte* an einer Position im Speicherraum abgelegt werden, die sich auf einfache Weise mit Hilfe einer Hash-Funktion aus einem Daten*schlüssel* berechnet läßt. Die Hash-Funktion liefert bei Angabe eines Schlüssels unmittelbar eine Speicheradresse.[11] Damit ist bei sehr großen Datenmengen ein schneller Zugriff auf die Daten möglich; ein aufwendiges Durchsuchen einer Liste oder ein Durchlaufen eines Baums mit möglicherweise vielen Schlüsselvergleichen entfällt. Die Daten stehen allerdings nicht sortiert in der Hash-Tabelle. Das *Java Collection Framework* enthält mehrere Datenstrukturen, die Hashing-Operationen bereitstellen. Damit entfällt für den Entwickler die Notwendigkeit, selbst eine geeignete Hash-Funktion zu finden und Kollisionsprobleme (wenn die Hash-Funktion für zwei unterschiedliche Schlüssel den gleichen Wert liefert) zu lösen:

- Hashtable ist die Implementierung einer Hash-Tabelle, bei der Schlüssel und Werte nicht null sein dürfen; der Zugriff auf die Daten erfolgt synchronisiert; diese Klasse ist bereits seit dem JDK 1.0 Teil des Paketes java.util.
- Die Klassen HashMap bzw. HashSet sind jeweils Implementierungen der Schnittstellen Map bzw. Set des *Java Collection Framework*. Sie basieren auf der Funktionalität einer Hash-Tabelle.

Die wichtigsten Operation in einer Hash-Tabelle (hier: HashMap) sind

- das Einfügen eines Elements bzw. einer Sammlung (Map) von Schlüssel-Wert-Paaren in die Hash-Tabelle mit Hilfe der Methoden Object put(Object derSchluessel, Object derWert) bzw. void putAll(Map eineDatensammlung),
- das Nachschlagen eines Werts durch Angabe eines Schlüssels mit der Methode Object get(Object derSchluessel) und
- das Entfernen eines Eintrags aus der Hash-Tabelle unter mit der Methode Object remove(Object derSchluessel).

Im nachfolgenden Codebeispiel 73 (eine Weiterführung von Codebeispiel 68) wird ein Objekt der Klasse HashMap verwendet, um die Anzahlen der in einer Datei enthaltenen Wörter zu speichern: Die Schlüssel für die Hash-Tabelle sind dabei die Wörter selbst, die Daten sind die Häufigkeiten der Wörter. Für jedes Wort, das aus der Eingabedatei eingelesen wird, wird ein neuer Eintrag mit der Anzahl 1 in der Hash-Tabelle erzeugt, falls das Wort noch nicht in ihr enthalten

---

[11] Ein einfaches Beispiel einer Hash-Funktion für Zeichenketten als Schlüssel ist die Berechnung der Summe der Produkte des numerischen Werts jedes Zeichens mit der Potenz seiner Stellenposition zur Basis der Alphabetgröße, wobei aufgrund der sich ergebenden großen Werte eine anschließende Modulo-Operation mit einer Primzahl in der Größenordnung des Adreßraums als Operator erforderlich ist.

war, ansonsten wird die aktuelle Anzahl für dieses Wort (d. h. diesen Schlüssel)
ermittelt und um 1 hochgezählt. Nachdem das Programm die Hash-Tabelle aufgebaut hat, fragt es vom Benutzer in einer Schleife Wörter ab, deren Anzahl bestimmt werden soll. Für diese Operationen werden die Methoden put() und get()
von HashMap als Implementierung der zugrundeliegenden Schnittstelle Map
verwendet.

```java
package HashTabelle;

import java.util.*;
import java.io.*;

public class HashTabelle
{
  HashMap dieHashTabelle;
  String derDateiName;

  public static void main(String[] argv)
  {
    // Test, ob alle Kommandozeilenparameter vorhanden sind
    if(argv.length == 1)   new HashTabelle(argv);
    else   System.out.println(  "Falsche Parameterzahl - Syntax des Aufrufs:\n" +
                         "HashTabelle Dateiname ");
  }

  HashTabelle(String[] dieParameter)
  {
    // Eine Hash-Tabelle der Klasse HashMap wird erzeugt
    dieHashTabelle = new HashMap();
    derDateiName = dieParameter[0];
    datenEinlesen(dieParameter[0]);
    System.out.println("Die Hash-Tabelle enthält jetzt " + dieHashTabelle.size() + " Einträge");

    // Suche nach einer Zahl bzw. einem Wort in den Arrays
    wortAnzahlSuchen();
  }
  void datenEinlesen(String derDateiName)
  {
    try
    {
      // Ein Stromzerleger wird erzeugt, der als Datenstrom einen Dateilesestrom erhält,
      // der mit dem ersten Kommandozeilenparameter als Dateiname instantiiert ist
      StreamTokenizer derDateiZerleger = new StreamTokenizer(
                              new FileReader(derDateiName));

      // Leseschleife des Stromzerlegers: In jeder Iteration wird das nächste Wort (token)
      // geliefert; das Dateiende gilt als Abbruchkriterium,
```

```java
        // der token type des aktuellen token darf nicht end of file sein (TT_EOF)
        while(derDateiZerleger.ttype != derDateiZerleger.TT_EOF)
        {
          // Aktuelle Anzahl (Wert) aus der Hash-Tabelle mit Hilfe des Worts (Schlüssel)
          // ermitteln:
          Integer derAktuelleZaehler = (Integer)dieHashTabelle.get(derDateiZerleger.sval);
          if(derAktuelleZaehler == null)
          {
            // Falls Schlüssel nicht in der Tabelle, neuen Schlüssel mit Anzahl 1 einfügen:
            dieHashTabelle.put(derDateiZerleger.sval, new Integer(1));
          }
          else
          {
            // Wert für aktuellen Schlüssel um 1 erhöhen:
            dieHashTabelle.put( derDateiZerleger.sval,
                            new Integer(derAktuelleZaehler.intValue() + 1));
          }
          // Das nächste Wort einlesen:
          derDateiZerleger.nextToken();
        }


      }
    catch(FileNotFoundException e)
    {
      System.out.print("Datei nicht gefunden: " + e);
    }
    catch(IOException e)
    {    System.out.println("Ein-/Ausgabefehler: " + e);    }
  }


  void wortAnzahlSuchen()
  {
    String Eingabe;
    try
    {
      BufferedReader   derEingabeStrom = new BufferedReader(
                       new InputStreamReader(System.in));
      System.out.println(  "Geben Sie das Wort ein, dessen Anzahl Sie ermitteln "
                       + "möchten:\n");
      while(true)
      {
        Eingabe = derEingabeStrom.readLine();

        // Wort dient als Schlüssel; Anzahl als Wert wird in der Hash-Tabelle
        // nachgeschlagen:
        Integer dieAnzahl = (Integer)dieHashTabelle.get(Eingabe);
        if(dieAnzahl != null)
        {
```

```
        System.out.println(  "Das Wort " + Eingabe + " ist " + dieAnzahl.toString()
                          + " mal enthalten.\n");
    }
    else
    { System.out.println( "Das Wort " + Eingabe + " ist nicht enthalten.");}
    System.out.println(  "Bitte geben Sie ein Wort ein, dessen Anzahl Sie ermitteln "
                          + "möchten: ");
    }
  }
  catch(IOException e)
  { System.out.println("Ein-/Ausgabefehler:" + e);  }
  }
}
```

Codebeispiel 73: Anwendungsbeispiel für eine Hash-Tabelle

Ein Beispiellauf des Programms mit dem ASCII-Text dieses Buchs als Eingabedatei erzeugt die folgende Ausgabe:

```
java Hashtabelle javabuch.txt
Die Hash-Tabelle enthält jetzt 13069 Einträge
Geben Sie das Wort ein, dessen Anzahl Sie ermitteln möchten:
Java
Das Wort Java ist 439 mal enthalten.

Bitte geben Sie ein Wort ein, dessen Anzahl Sie ermitteln möchten:
ein
Das Wort ein ist 533 mal enthalten.

Bitte geben Sie ein Wort ein, dessen Anzahl Sie ermitteln möchten:
die
Das Wort die ist 2310 mal enthalten.

Bitte geben Sie ein Wort ein, dessen Anzahl Sie ermitteln möchten:
der
Das Wort der ist 2139 mal enthalten.

Bitte geben Sie ein Wort ein, dessen Anzahl Sie ermitteln möchten:
Applet
Das Wort Applet ist 74 mal enthalten.
...
```

4.4   Hinweise und Aufgaben

Eine knappe Einführung in Datenstrukturen und Algorithmen ist in APPELRATH et
al. 1998 enthalten. Eine ausführliche Darstellung grundlegender Datenstrukturen
und Algorithmen findet sich beispielsweise bei APPELRATH & LUDEWIG 1995
oder OTTMANN & WIDMAYER 1996.

Aufgaben

Aufgabe 30: *BubbleSort*, ein einfacher Sortieralgorithmus benötigt im Mittel bei n Daten $\frac{5n}{4}(n-1)$ Arbeitsschritte (Schlüsselvergleiche und Positionstausch der Daten), während

QuickSort im Mittel nur $3n\ln n$ Schritte benötigt. Berechnen Sie das Laufzeitverhältnis der Algorithmen für die Sortierung der Datensätze in einem Adreßbuch eines Dorfs (100 Einwohner), einer Großstadt (100.000 Einwohner) und einer Metropole (1.000.000 Einwohner).

Aufgabe 31: Erweitern Sie die Implementierung des Binärbaums um eine graphische Ausgabe des Baums.

Aufgabe 32: Modifizieren sie das Beispiel zur Warteschlange so, daß tatsächlich Dienste angefordert und ausgeführt werden (z. B. ein rechenintensiver Algorithmus zur Primzahlermittlung).

Aufgabe 33: Hash-Tabelle als Speicherungstechnik für eine Adreßanwendung: Modifizieren Sie das Beispiel zur Hash-Tabelle so, daß Sie statt Wort-Anzahl-Paaren Namen (Schlüssel) und Adreßdatensätze (Werte) in der Hash-Tabelle speichern. Welche Implementierungsalternativen für die Speicherung der Adreßdatensätze bieten sich an und was sind die wechselseitigen Vor- und Nachteile?

5 Die virtuelle Java-Maschine und das Java-Sicherheitssystem

Dieses Kapitel gibt Hintergrundinformation zu zwei wichtigen Aspekten von Java: Zum einen werden Aufbau und Funktionsweise des Java-Bytecodes und der virtuellen Java-Maschine erläutert, zum anderen gibt eine Übersicht über die Sicherheitsarchitektur von Java einen Eindruck von den flexiblen Einsatzmöglichkeiten von Java in sicherheitsrelevanten Umgebungen.

5.1 Die virtuelle Java-Maschine

Java-Programme werden von einer virtuellen Java-Maschine interpretiert, die wie folgt definiert ist: *The Java Virtual Machine, or JVM, is an abstract computer that runs compiled Java programs.* (SUN MICROSYSTEMS 1999). Sie ist eine virtuelle Maschine, da sie softwarebasiert in einer „realen" Hardwareumgebung implementiert ist und daher eine Zwischenschicht zwischen Java-Programm und Betriebssystem bzw. der ausführenden Hardware bildet. Die virtuelle Java-Maschine führt also eine Abstraktionsebene der Programmausführung ein, die die Plattformneutralität von Java ermöglicht. Ihre Spezifikation (vgl. LINDHOLM & YELLIN 1997:53ff) ist relativ kompakt, so daß sich der Implementierungsaufwand für eine virtuelle Java-Maschine in Grenzen hält. Neben der Regelung sicherheitsrelevanter Zugriffsrechte, stellt die virtuelle Java-Maschine folgende Merkmale von Java-Programmen sicher:

- Typsicherheit bei der Typumwandlung von Referenzen,
- abgesicherter Speicherzugriff ohne Zeigerdatentyp,
- automatische Speicherbereinigung ohne explizite Speicherfreigabe durch den Benutzer,
- Indexüberprüfung bei Arrays und
- Überprüfung von Referenzen auf (unzulässige) null-Werte.

Der Arbeitsablauf der JVM besteht in der Interpretation eines Bytecode-Stroms als Anweisungsfolge, d. h. der Bytecode ist der Maschinencode der JVM. Die einzelnen Instruktionen dieses „virtuellen Maschinencodes" haben einen einfachen Aufbau, jede Anweisung besteht aus einem sog. opcode (*ein* Byte) und beliebig vielen Operanden (0 bis n). Mnemonische Kürzel für jeden opcode-Typ erleichtern das Verständnis der Maschinenbefehle, wie die nachfolgenden Beispiele zeigen:

- "iconst_0" legt 0 auf dem Stack ab,
- goto springt im Speicher weiter, nimmt offset als Operand (Sprungweite) und
- getfield lädt ein Datenfeld.

Die JVM verwendet eine Adreßgröße von 32 Bit, d. h. man kann $2^{32} = 4$ GB Speicherzellen zu je einem Byte direkt adressieren. Damit hat auch ein Maschinenwort der JVM die Breite von 32 Bit. Die JVM verwendet Datentypen, die weitgehend analog zu den Datentypen von Java sind:

- Primitive Datentypen: byte (8 Bit), short (16 Bit), int (32 Bit), long (64 Bit), float (32 Bit), double (64 Bit) und char (16 Bit).
- Referenz-Datentyp: *object handle*, eine 32 Bitreferenz auf Objekte auf der Halde (*heap*) der JVM.

Die „virtuelle Hardware" der JVM besteht aus:

- Registern mit 32 Bit-Adressen,
- dem *Stack* (32 Bit-Aufteilung),
- dem *Heap* mit automatischer Speicherverwaltung (32 Bit-Aufteilung) sowie
- dem Methodenbereich, der den Bytecode enthält und deshalb auf Bytes ausgerichtet ist.

Die Register dienen der JVM als Programmzähler; die JVM enthält (nur) drei Register zur Verwaltung des Stack (optop, frame, vars). Der Java-Stack speichert Parameter und Ergebnisse der Bytecode-Instruktionen, übergibt Parameter und Ergebnisse (*return values*) und den Status jedes Methodenaufrufs (als *stack frame*). Ein *stack frame* enthält :

- lokale Variablen,
- Information über die Ausführungsumgebung und den
- Operandenstack.

Der Bytecode wird in den Methodenbereich geladen, wobei der Programmzähler immer auf eine (die aktuelle) Instruktion des Bytecodes im Methodenbereich verweist und so den Kontrollfluß verwaltet. Der Heap mit automatischer Speicherverwaltung ist der Speicherbereich für die Objekte eines Programms, jede Allokation eines Referenz-Datentyps (Objekt, Array) durch new bezieht den dafür benötigten Speicher vom *Heap*.

5.2   Das Format des Java-Bytecode

Der Java-Bytecode in einer .class-Datei enthält Informationen über ein auszuführendes Programm (eine Klasse oder Schnittstelle) und ist nach einer einheitlichen Struktur aufgebaut – jede .class-Datei enthält die nachfolgenden Bestandteile in der angegebenen Reihenfolge:

- *Magic String*: Die Zeichenkette 0xCAFEBABE in den ersten vier Byte dient der Identifikation von .class-Dateien.
- *Version*: Haupt- und Unterversion des Bytecodeformats (4 Byte).

- *Konstantenpool*: Zeichenkettenliterale, Klassen- und Schnittstellennamen, Werte finaler Variablen, Variablennamen und –typen, Namen und Signaturen der Methoden. Der Pool ist als Feld von Elementen variabler Länge aufgebaut, die über den Feldindex referenziert werden.
- *Zugangsmodifikatoren*: Geben an, ob die in der Datei enthaltene Information eine Klasse oder eine Schnittstelle beschreibt, ob die Schnittstelle oder Klasse öffentlich (public) ist und ob die Klasse abstrakt (abstract) oder final (final) ist.
- *this class*: Verweist auf die Position im Konstantenpool, an der der Name der Klasse steht.
- *super class*: Verweist auf die Position im Konstantenpool, an der der Name der Oberklasse steht.
- *Schnittstellen*: Ein Zähler für Anzahl der von dieser Klasse implementierten Schnittstellen mit Verweisen auf den Konstantenpool (Namen der implementierten Schnittstellen).
- *Eigenschaften*: Anzahl und Beschreibung der Eigenschaften der Klasse (Name, Typ, Konstantenwert bei finalen Feldern).
- *Methoden*: Methodenanzahl und Methodenbeschreibung (Rückgabewert, Argumentliste, Umfang lokaler Variablen etc.)
- „Attribute": Metainformation über die Bytecodedatei wie Dateiname der .java-Datei, aus der der Bytecode generiert wurde etc.

Das einheitliche Format ist Voraussetzung für die Koexistenz einer Vielzahl von Implementierungen der JVM auf verschiedenen Plattformen, die dieselbe Byte-codedatei korrekt und in gleicher Weise interpretieren können. Mit Hilfe des Deassemblierers javap im JDK kann man sich Informationen über Struktur und Inhalt einer Bytecodedatei (.class-Datei) beschaffen und so eine Übersicht über die Eigenschaften und Methoden einer Klasse und der von ihren Methoden verwendeten Instruktionen (JVM-opcodes) erhalten. Das nachfolgende Listing zeigt dies anhand der Analyse von Codebeispiel 2:

Aufruf des Dekompilierers:
Prompt: >javap –classpath . –c –l -private -verbose HelloWorld

Ausgabe:
```
Compiled from HelloWorld.java
class HelloWorld extends java.lang.Object
{
   java.lang.String derText;
   HelloWorld(java.lang.String);
   /* Stack=4, Locals=2, Argv_size=2 */
   private void gibHelloAus(java.lang.String);
   /* Stack=4, Locals=2, Argv_size=2 */
   public static void main(java.lang.String[]);
   /* Stack=3, Locals=1, Argv_size=1 */
}
```

```
Method HelloWorld(java.lang.String)
  0 aload_0
  1 invokespecial #8 <Method java.lang.Object()>
  4 aload_0
  5 new #5 <Class java.lang.String>
  8 dup
  9 aload_1
  10 invokespecial #10 <Method java.lang.String(java.lang.String)>
  13 putfield #13 <Field java.lang.String derText>
  16 aload_0
  17 aload_0
  18 getfield #13 <Field java.lang.String derText>
  21 invokespecial #14 <Method void gibHelloAus(java.lang.String)>
  24 return

Line numbers for method HelloWorld(java.lang.String)
  line 5: 0
  line 7: 4
  line 8: 16
  line 5: 24

Local variables for method HelloWorld(java.lang.String)
  HelloWorld this  pc=0, length=25, slot=0
  java.lang.String einText  pc=0, length=25, slot=1

Method void gibHelloAus(java.lang.String)
  0 getstatic #15 <Field java.io.PrintStream out>
  3 new #6 <Class java.lang.StringBuffer>
  6 dup
  7 ldc #1 <String "Hello, world: ">
  9 invokespecial #11 <Method java.lang.StringBuffer(java.lang.String)>
  12 aload_1
  13 invokevirtual #12 <Method java.lang.StringBuffer append(java.lang.String)>
  16 invokevirtual #17 <Method java.lang.String toString()>
  19 invokevirtual #16 <Method void println(java.lang.String)>
  22 return

Line numbers for method void gibHelloAus(java.lang.String)
  line 13: 0
  line 14: 12
  line 13: 16
  line 11: 22

Local variables for method void gibHelloAus(java.lang.String)
  HelloWorld this  pc=0, length=23, slot=0
  java.lang.String AusgabeText  pc=0, length=23, slot=1
```

```
Method void main(java.lang.String[])
  0 new #2 <Class HelloWorld>
  3 aload_0
  4 iconst_0
  5 aaload
  6 invokespecial #9 <Method HelloWorld(java.lang.String)>
  9 return

Line numbers for method void main(java.lang.String[])
  line 19: 0
  line 17: 9

Local variables for method void main(java.lang.String[])
  java.lang.String[] argv pc=0, length=10, slot=0
```

Codebeispiel 74: Deassemblierter Bytecode von HelloWorld

Das offene Format des Java-Bytecodes macht den Java-Code transparent, d. h. durch eine Analyse des deassemblierten Codes kann man genaue Rückschlüsse auf den Aufbau des korrelierenden Java-Quelltexts ziehen (*reverse engineering*).

5.3   Sicherheit

Sicherheit ist ein zentrales Problem netzbasierter Anwendungen, da der Benutzer sicherstellen können muß, daß ausführbarer Code, den er z. B. aus dem WWW lädt, sicher und ohne die Integrität seines Rechnersystems zu beeinträchtigen, ausgeführt werden kann. Sicherheit kann man wie folgt definieren:

> Security is the practice by which individuals and organizations protect their physical and intellectual property from all kinds of attack and pillage. (Secure Computing with Java – Now and the Future. A White Paper, Sun Microsystems, Oktober 1997).

Die Sicherheitsprobleme, die bei der Verwendung von Java-Programmen und besonders bei Applets auftreten können, klassifizieren MCGRAW & FELTEN 1997:30 wie folgt (Tabelle 28):

Sicherheitsproblem	*Gefahr*	*Schutzmechanismen in Java*
Systemmodifikation	sehr hoch	stark
Schutz der elektronischen Privatsphäre	hoch	stark
Verweigerung von Diensten	mittel	schwach
Unfreundliches Verhalten	gering	schwach

Tabelle 28:   Klassifikation von Sicherheitsproblemen

Die nachfolgende Diskussion der Sicherheitsarchitektur der JVM wird zeigen, daß durch sie gerade die Systemmodifikation weitgehend ausgeschlossen ist. Systemsicherheit wird im Allgemeinen durch folgende inhaltliche Kriterien bestimmt:

- Identitätserkennung (*authentication*),
- Spezifikation und Überprüfung von Zugangsrechten und Autorisierung (*authorization*),
- Vertraulichkeit (*confidentiality*), d. h. der Schutz von Daten vor ungewollter Kenntnisnahme durch Dritte,
- Möglichkeit der Eingrenzung von Rechten als Systembegrenzung (*containment*), z. B. durch das *sandbox*-Modell für Applets,
- Protokollierung von Aktivitäten (*auditing*) und
- Möglichkeit des wechselseitigen Nachweises der Teilnahme an elektronischen Transaktionen (*non-repudiation*).

Zur Abwehr „bösartigen" Programmcodes, der Gewährleistung sicherer Programmausführung und der Realisierung der verschiedenen Sicherheitskriterien dienen sowohl

- die Sicherheitsarchitektur der JVM (Kap. 5.4) als auch
- Sicherheitswerkzeuge und Zugangsmechanismen im JDK 1.2, die den kryptographischen Schutz und die digitale Unterzeichnung von Daten ermöglichen (Kap. 5.5).

5.4   Die Sicherheitsarchitektur der Java-Ausführungsumgebung

Die JVM regelt – wie im vorangegangenen Kapitel beschrieben – die tatsächliche Programmausführung durch den Rechner. Sie umfaßt zusätzlich ein dreischichtiges *Sicherheitsmodell*, das gewährleistet, daß nur zulässige Klassen zur Ausführung durch die JVM kommen. Es besteht aus

- dem *class loader*, der Klassen nach Bedarf in die JVM lädt,
- dem *byte-code verifier*, der die Formatüberprüfung des Bytecode übernimmt, und
- dem *security manager*, der Sicherheitsrestriktionen überprüft und den Code zur Ausführung zuläßt, der dem aktuell gültigen Sicherheitsmodell für eine Klasse entspricht.

5.4.1   Der Java class loader

Innerhalb der dreigliedrigen Sicherheitsarchitektur von Java steht der *class loader* an erster Stelle: Er ist ein Subsystem der JVM, das Klassendateien (Klassen aus dem JDK, selbstentwickelte .class-Dateien etc.) in den Interpreter lädt. Innerhalb einer JVM können auch mehrere *class loader* instantiiert sein, wenn z. B. aus einem Programm explizit zusätzliche Klassen angefordert und in das Laufzeitsystem geladen werden (z. B. Laden eines Datenbanktreibers in den JDBC-Beispielen, vgl. Kap. 10.4.6). Man unterscheidet daher zwischen dem *primären class loader* als Teil einer JVM-Implementierung und *class loader*-Objekten (als instantiierten Klassen eines Java-Programm). Die Möglichkeit, über *class loader*-Objekte neue Klassen laden, erfüllt eine wichtige Funktion: Auf diese Weise kann man zur Laufzeit auch Klassen zu laden, deren Namen zur *compile time* noch nicht bekannt ist, was die Flexibilität der Softwareentwicklung mit Java erhöht (*dynamic extension at runtime*).

Alle Klassen, die vom primären *class loader* geladen werden, betrachtet das Java-Laufzeitsystem als sicher (*trusted*), alle anderen als unsicher (*untrusted*). Die virtuelle Maschine hat Information darüber, welcher *class loader* welche Klasse geladen hat. Jede in einer geladenen Klasse referenzierte Klasse wird über „ihren" *class loader* hinzugeladen. Daraus ergeben sich unterschiedliche Namensräume für jeden *class loader*, da jede Klasse zunächst nur die vom selben *class loader* geladenen Klassen sieht. Dies verhindert, daß gleichbenannte Klassen in den Namensraum eines *class loader*s geladen werden können. Sog. *cross-name space references* sind nur dann zulässig, wenn eine Anwendung es explizit fordert. Die Funktionsweise der Interaktion verschiedener *class loader* zeigt das folgende Beispiel des Ladens von Klassen in Applets:

- Der Browser nutzt ein *class loader*-Objekt, um die von einem Applet benötigten Klassen zu laden (*applet class loader*).
- Für jeden „Ladeort" (unterschiedliche *host*s etc.) wird von der JVM des Browsers ein separater *applet class loader* instantiiert.
- Die Kooperation zwischen den verschiedenen *class loader*n erfolgt über eine Standardanfrage jedes *class loader*-Objekts an den primären *class loader*, bei Laden einer externen Klasse in folgenden Schritten:
  1. Anfrage an primären *class loader* scheitert.
  2. Daher lädt ein *class loader*-Objekt die Klasse.
  3. Ein Methodenaufruf verwendet eine JDK-Klasse (z. B. java.lang.String).
  4. Die Standardanfrage an den primären *class loader* hat Erfolg, die Klasse wird vom primären *class loader* geladen.

In der *applet sandbox* eines WWW-Browsers verhindert der *class loader* die Interaktion zwischen potentiell bösartigem (*untrusted*) und abgesichertem (*trusted*) Code, die sich in unterschiedlichen Namensräumen befinden: Klassen aus Namensraum A können nicht einmal *feststellen*, welche Klassen in Namensraum B, C etc. geladen sind.

Bei der Verwendung eigener *class loader* als *class loader*-Objekte sollte man folgende Vorgehensweise einhalten:

1. Existieren Pakete, die das *class loader*–Objekt nicht laden darf, muß bei jeder angeforderten Klasse geprüft werden, ob sie zu einem dieser Pakete gehört.
2. Jede Anfrage läuft per Default über den primären *class loader*.
3. Der *class loader* sollte prüfen, ob eine zu ladende Klasse zu einem Paket gehört, das lokal abgesichert vorliegt und zu dem nichts hinzugefügt werden soll (Beispiel: Laden einer Klasse java.lang.virus über das Netz).
4. Laden der Klasse über das Netz.

5.4.2   Der bytecode verifier

Nach dem Laden einer Klasse erfolgt als zweiter Schritt die Formatüberprüfung des Bytecode durch den *bytecode verifier*. Sie verläuft in drei Phasen:

* syntaktische Formatprüfung,
* Bytecode-Verifikation und
* Verifikation symbolischer Referenzen.

Die Formatprüfung testet, ob der Bytecode mit 0xCAFEBABE beginnt und überprüft Anzahl, Umfang und Typen der Klasse, wie sie sich aus der Bytecode-Datenstruktur ergeben. Die Methodensignaturen werden auf korrekte Syntax untersucht und die Oberklasse der Klasse wird überprüft. Die Bytecode-Verifikation überprüft die Instruktionen des Bytecode (opcodes und ihre Operanden) auf Korrektheit, sichert die korrekte Zahl der Argumente auf dem Stack ab und prüft, ob auf lokale Variablen zugegriffen wird, bevor sie einen Wert zugewiesen bekommen haben.

Die Verifikation symbolischer Referenzen wird i. d. R. erst bei Aufruf einer Methode ausgeführt, wenn die Bytecodefolgen tatsächlich zur Ausführung kommen. Eine symbolische Referenz ist ein String, der Information über das referenzierte Objekt enthält:

* Den vollqualifizierten Klassenbezeichner für eine Klasse,
* den vollqualifizierten Klassenbezeichner, Eigenschaftsname und –beschreibung für eine Eigenschaft einer Klasse und
* vollqualifizierten Klassenbezeichner, Methodenname und –beschreibung für eine Methode der Klasse.

Aus dieser symbolischen Information im Bytecode errechnet die Verifikation symbolischer Referenzen die konkrete Adresse im Speicher, an der sich die beschriebene Information (der „Inhalt" einer Objektreferenz) befindet und es entsteht eine *direkte Referenz* in den Speicher. Die Überprüfung verfolgt die Referenzen in die entsprechenden .class-Dateien und lädt ggf. zusätzlich benötigte Klassen. Werden Klassen *en bloc* am Anfang geladen und befinden sich darin Referenzen auf nicht auffindbare Klassen, so erzeugen diese nur dann eine Ausnahme, wenn zur Laufzeit tatsächlich eine Anfrage für eine dieser Klassen erfolgt. Diese Vorgehensweise entspricht dem *dynamic linking* als Umwandlung symbolischer in direkte Referenzen auf ausführbaren Code zur Laufzeit. Das Verfahren ist erforderlich, da sich in einem Programm benötigte Klassen zwischen *compile time* und *run time* ändern können und daher zur Laufzeit eine Konsistenzprüfung erforderlich ist.

5.4.3   *Der* security manager

Der *security manager* als dritter Teil des Sicherheitssystems der JVM gewährleistet, daß die geladenen und überprüften Klassen nur zulässige Aktionen in der Laufzeitumgebung ausführen können. Ein *security manager* ist ein Objekt, das die JDK-Klasse java.lang.SecurityManager oder eine ihrer Unterklassen instantiiert. Mit Hilfe des *security manager* wird die Einschränkung der funktionalen Möglichkeiten von Applets in der *applet sandbox* gewährleistet. Vor jeder potentiell riskanten Aktion (etwa ein Zugriff auf das lokale Dateisystem oder die Zwischenablage) muß der die JVM den *security manager* um Erlaubnis fragen. Konkret wird die Sicherheitsprüfung mit Hilfe der checkXXX()-Methoden in der Klasse SecurityManager durchgeführt. Zu den sicherheitsrelevanten Aktionen gehören u. a.

* der Zugriff auf das Dateisystem (checkRead(), checkWrite(), checkDelete()),
* das Akzeptieren bzw. Öffnen einer Socketverbindung (checkAccept(), checkConnect(), checkListen()),
* das Erzeugen eines *class loader*s (checkCreateClassLoader()),
* das Laden von Klassen durch den *class loader* (checkLink()),
* die Erzeugung neuer Prozesse (checkExec()),
* die Modifikation von Threads (checkAccess()),
* das Beenden einer Anwendung (checkExit()) und
* das Lesen und Verändern von Systemeigenschaften (checkPropertiesAccess()).

Das Java-Sicherheitsmodell erlaubt es, für unterschiedliche Laufzeitumgebungen unterschiedliche *security manager* zu implementieren und zu installieren. Der Security Manager eines WWW-Browsers (bzw. seines Java-Laufzeitsystems) ist besonders restriktiv (*applet sandbox*):

* Applets dürfen keine Dateien lesen oder schreiben,
* sie dürfen Netzwerkverbindungen nur zu ihrem Ausgangsrechner aufbauen,
* sie haben Zugriff auf eine begrenzte Zahl von Systemeigenschaften und
* wird ein Applet aus einem Verzeichnis geladen, das nicht im classpath angegeben ist, also etwa aus dem WWW, so stuft der *security manager* es als *untrusted* ein.

Zu den zugelassenen Aktionen in der *applet sandbox* gehören:

- die Speicherallokation (auch bis zum Erschöpfen des Speichers),
- das Erzeugen neuer Threads (auch bis zum Erlahmen des Systems) und
- der Aufbau einer Netzverbindung zu dem Rechner, von dem das Applet geladen wurde.

Applikationen im Java-Interpreter verwenden (zunächst) *keinen security manager* und haben daher alle Rechte. Ein *security manager* muß also explizit instantiiert werden, dabei ist für eine Anwendung auch nur *ein security manager* zulässig, er kann aber unterschiedliche *policies* für den Zugriff auf Ressourcen verwenden (in JDK 1.2, s. u. Kap. 5.5.2).

5.5 Flexiblere Sicherheitslösungen

Das ursprüngliche Sicherheitskonzept von Java (JDK 1.0) unterschiedet im wesentlichen nur zwei Typen von Anwendungen: Lokale Applikationen, die alle Zugriffsrechte haben und Applets, die, wenn sie von einem externen Rechner geladen werden, in ihrer *sandbox* laufen und praktisch keine Möglichkeiten des Zugriffs auf lokale Ressourcen haben. Dies ist unbefriedigend, da es die Entwicklungsmöglichkeiten für Applets stark einschränkt. Ab dem JDK 1.1 besteht daher die Möglichkeit, Applets digital zu unterschreiben, so daß der Nutzer feststellen kann, wer ein Applet erzeugt (*code signing*). Der Nutzer hat dann im Browser die Möglichkeit, einem solchen Applet Rechte zuzugestehen. Im JDK 1.2 findet sich zusätzlich ein feinkörniges Konzept für die Vergabe von Rechten (*permissions*) und die Implementierung von Sicherheitsstrategien (*policy*), die regeln, welche Rechte in einem bestimmten Kontext zur Verfügung stehen. Nachfolgend werden die kryptographischen Werkzeuge der Java-Sicherheitsarchitektur sowie die Prinzipien der Rechte- und Strategiedefinition erläutert.

5.5.1 Kryptographische Sicherheitswerkzeuge

Die im JDK (1.2) enthaltenen Sicherheitswerkzeuge keytool und jarsigner dienen

- der Erzeugung digitaler Schlüssel, mit denen Java-Code digital unterschrieben und verifiziert werden kann und
- der Erzeugung und Verifikation digital unterschriebener jar-Dateien.

Dazu bedient man sich der Verfahren der sog. asymmetrischen Kryptographie, bei der man mit Hilfe eines Schlüsselpaars Daten verschlüsselt und unterschreibt bzw. entschlüsselt und verifiziert. Ein Schlüsselpaar besteht aus

- einem privaten Schlüssel (*private key*), der nur seinem Erzeuger bekannt ist und mit dessen Hilfe Information verschlüsselt und/oder digital unterschrieben wird und

- einem öffentlichen Schlüssel (*public key*), der allgemein bekannt gemacht oder mit den verschlüsselten/unterschriebenen Daten verschickt wird und mit dem man die Daten entschlüsseln und/oder eine digitale Unterschrift auf Echtheit prüfen kann.

Zusätzlich beglaubigen digitale Zertifikate die Gültigkeit der Schlüssel (bzw. eines öffentlichen Schlüssels). Mit Hilfe des JDK-Werkzeugs **keytool** kann man Schlüsselpaare erzeugen und in einem *keystore* verwalten. Der *keystore* ist i. d. R. als Datei im lokalen Dateisystem repräsentiert (z. B. c:\windows\.keystore) und speichert paßwortgeschützt die Schlüsselpaare und Zertifikate. Der nachfolgende Dialog mit **keytool** zeigt die Schritte bei der Erzeugung eines Schlüsselpaars mit dem Namen **TestPaar**, das in Standard-*keystore* gespeichert werden soll:

```
Prompt:>keytool -genkey -alias TestPaar
Enter keystore password:  ****
What is your first and last name?
  [Unknown]:  Chrisitan Wolff
What is the name of your organizational unit?
  [Unknown]:  Institut für Informatik
What is the name of your organization?
  [Unknown]:  Universität Leipzig
What is the name of your City or Locality?
  [Unknown]:  Leipzig
What is the name of your State or Province?
  [Unknown]:  Sachsen
What is the two-letter country code for this unit?
  [Unknown]:  de
Is <CN=Chrisitan Wolff, OU=Institut für Informatik, O=Universität Leipzig, L=Lei
pzig, ST=Sachsen, C=de> correct?
  [no]: yes
Enter key password for <TestPaar>
        (RETURN if same as keystore password):
```

Mit dem Aufruf **keytool –list** kann man sich den Inhalt des **keystore** anzeigen lassen:

```
Prompt:>keytool -list
Enter keystore password: ****
Keystore type: jks
Keystore provider: SUN
Your keystore contains 2 entries:
mykey, Sun Mar 21 13:47:41 GMT+01:00 1999, keyEntry,
Certificate fingerprint (MD5): D0:43:B9:C1:76:14:51:7D:98:33:94:E2:45:7F:8A:62

testpaar, Sun Mar 21 14:46:12 GMT+01:00 1999, keyEntry,
Certificate fingerprint (MD5): 0A:67:0F:44:88:8A:01:EC:AB:8D:BD:88:7D:74:AC:E0
```

Mit Hilfe der Schlüsselpaare und des JDK-Werkzeugs **jarsigner** lassen sich jar-Dateien, die kompilierte Java-Klassen (z. B. Applets) enthalten, digital unterschreiben: Zunächst wird für das **HelloWorldApplet** eine jar-Datei erzeugt:

```
Prompt:>jar cvf HelloWorldApplet.jar HelloWorldApplet
added manifest
adding: HelloWorldApplet (in=340) (out=183) (deflated 46%)
```

Anschließend unterschreibt man mit **jarsigner** und dem mit **keytool** erzeugten Schlüsselpaar **TestPaar** die jar-Datei **HelloWorldApplet.jar** und erzeugt so die signierte jar-Datei **SignedHelloWorldApplet.jar**:

```
Prompt:>  jarsigner -verbose -signedjar SignedHelloWorldApplet.jar
              HelloWorldApplet.jar testpaar
Enter Passphrase for keystore: ****
updating: META-INF/MANIFEST.MF
  adding: META-INF/TESTPAAR.SF
  adding: META-INF/TESTPAAR.DSA
  signing: HelloWorldApplet
```

Die neue **jar**-Datei kann ebenfalls mit **jarsigner** auf Korrektheit überprüft werden (Option –verify) :

```
Prompt:>jarsigner -verify -verbose SignedHelloWorldApplet.jar

      188 Sun Mar 21 15:43:12 GMT+01:00 1999 META-INF/TESTPAAR.SF
      1137 Sun Mar 21 15:43:12 GMT+01:00 1999 META-INF/TESTPAAR.DSA
        0 Sun Mar 21 15:16:06 GMT+01:00 1999 META-INF/
smk   340 Sun Mar 21 15:14:16 GMT+01:00 1999 HelloWorldApplet

  s = signature was verified
  m = entry is listed in manifest
  k = at least one certificate was found in keystore
  i = at least one certificate was found in identity scope

jar verified.
```

Verwendet man bei diesem Prozeß (kostenpflichtige) Zertifikate von einer anerkannten *certificate authority* (CA) wie *VeriSign* (*http://www.verisign.com*), die die Herkunft der Schlüssel bezeugen und die von den gängigen Browsern akzeptiert werden, so kann man die so signierten Applets mit mehr Ausführungsrechten als in der *applet sandbox* vorgesehen ausstatten. Die Zertifikate, die man selbst mit **keytool** generiert, werden allerdings nicht akzeptiert.

### 5.5.2	*Sicherheitsstrategien* (policies*) und Rechte (*permission*)

Sicherheitsstrategien (*policies*) bündeln im JDK 1.2 die Rechte einer Anwendung. Damit flexibilisieren sie das einfache Sicherheitsmodell von Java JDK 1.1 und 1.2. Sie bauen auf dem Konzept der Schutzdomäne (*protection domain*) auf. Unter einer Schutzdomäne versteht man eine Menge von Objekten, die aufgrund von Rechteangaben für ein Programm zugänglich sind. Dabei teilt man Schutzdomänen in

- die Systemdomäne, über die man auf Ressourcen eines Rechnersystems (Dateisystem, Netzzugriff, Drucker, Bildschirm etc.) zugreift, und
- verschiedene Applikationsdomänen (*application domains*), die den Arbeitsbereich verschiedenen (Java-)Programme mit den für sie festgelegten Rechten darstellen.

Der Zugriff auf Systemressourcen durch eine Anwendung kann nur über die Systemdomäne erfolgen und nur, wenn die Anwendung in ihrer Anwendungsdomäne dafür die erforderlichen Rechte zugestanden bekommen hat. Muß ein Kontrollfluß auf verschiedene Domänen zugreifen, so sind seine Rechte durch die Schnittmenge der Rechte aller betroffenen Domänen bestimmt. Die Umsetzung des Domänenkonzepts erfolgt mit Hilfe der Zusammenstellung einer Sicherheitsstrategie (*policy*), die in einer *policy*-Datei gespeichert wird. *policy*-Dateien bestehen aus einzelnen *policy*-Einträgen (PolicyEntry), die jeweils Rechteangaben (*permissions*) nach folgendem Format enthalten:

```
grant [SignedBy "Unterzeichner"] [, CodeBase "URL"]
{
  permission permission_class_name ["Anwendungsobjekt"]["Aktion"] [, SignedBy
"Unterzeichner"];
  permission ...
};
```

Codebeispiel 75: Aufbau von policy-*Einträgen*

Beispiele:
```
grant signedBy "Wolff"
{
  permission java.io.FilePermission "read";
}
grant signedBy "Wolff"
{
  permission java.io.FilePermission "read";
  permission java.io.PropertyPermission "user.*";
}
```

Codebeispiel 76: Beispiele für policy-*Einträge*

Für das Editieren der *policy*-Einträge kann man graphische JDK-Werkzeug PolicyTool verwenden, ein einfacher Formulareditor für die Rechteeinträge; die *policy*-Dateien sind aber im Klartext lesbar und können mit jedem einfachen Texteditor bearbeitet werden (Abbildung 21).

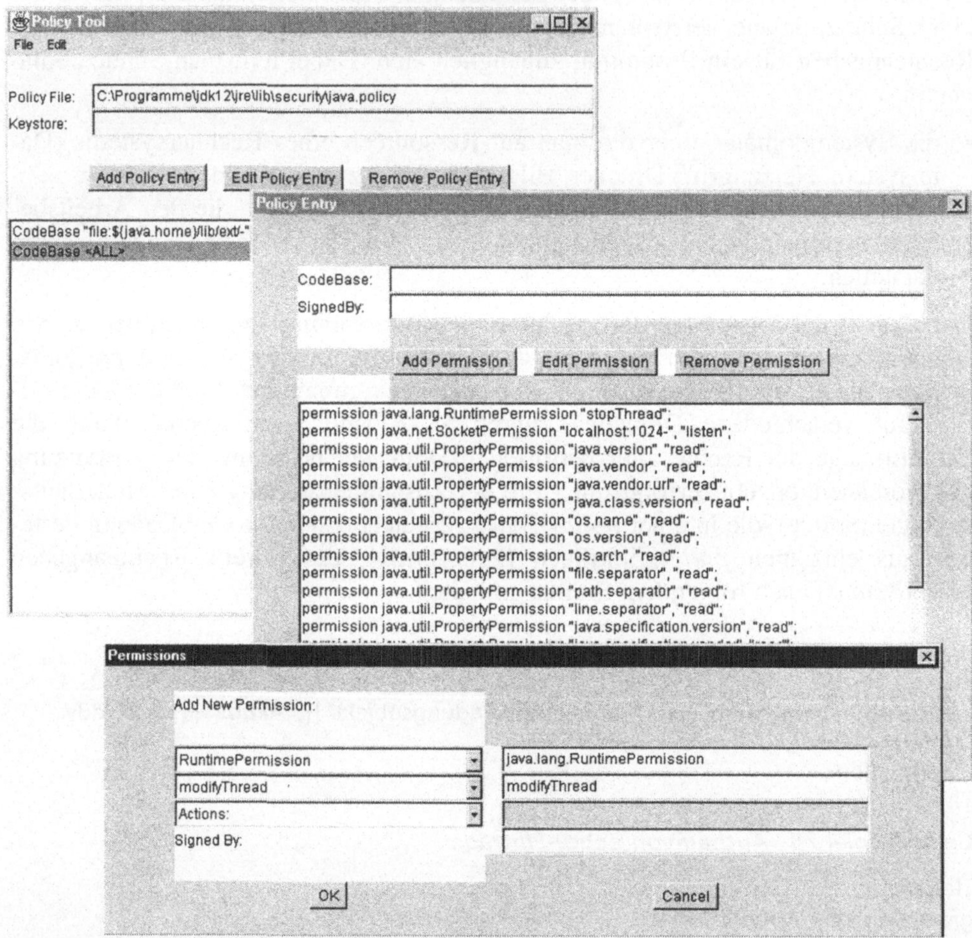

Abbildung 21:   *PolicyTool mit geöffneter* policy-*Datei und Rechteeditor*

In jeder Java-Laufzeitumgebung existiert eine Standard-System-*policy*, die in der Datei ...\JDKBasisverzeichnis\jre\lib\security\java.policy gespeichert ist und eine Standard-Benutzer-*policy*, die unter ...\BenutzerBasisverzeichnis\.java.policy abgelegt ist. Der Speicherort kann in der Datei, die die Sicherheitseinstellungen der Java-Umgebung speichert (...\JDKBasisverzeichnis\jre\lib\security\java.security), angegeben werden. Beim Start der Java-Laufzeitumgebung lädt die JVM zunächst die System-*policy* und anschließend die Benutzer-*policy*. Fehlen beide Dateien, so gelten die eingeschränkten Rechte des *sandbox*-Sicherheitsmodells. Die tatsächliche Zuweisung einer *policy* zu einem ausführbaren Java-Programm (Java-Klasse) geschieht über den Aufruf Policy.evaluate() und folgende Arbeitsschritte:

1. Öffentlichen Schlüssel auswerten (*signed code*).
2. Nicht erkannte Schlüssel ignorieren; kann kein Schlüssel erkannt werden, soll der Code als unsicher gelten.
3. Nach Schlüsselvergleich: Alle URLs in der *policy* abgleichen.

Die in einem *policy*-Eintrag angegebenen Rechte greifen auf die Klasse Permission im Paket java.security und ihre Unterklassen zu. Permission ist eine abstrakte Oberklasse, die die Erlaubnis für den Zugriff auf Systemressourcen modelliert. Ihre zahlreichen Unterklassen spezifizieren die konkreten Zugriffsrechte, z. B.:

FilePermission einRecht = new FilePermission("c:\test.txt", "read");

Tabelle 29 gibt einige Beispiele für die im JDK 1.2 enthaltenen Arten von Zugriffsrechten.

Zugriffsrecht	*Bedeutung*
FilePermission	Zugriffserlaubnis für Dateien mit Angabe der Zugriffsart (lesen, schreiben, löschen), s. o.
SocketPermission	Erlaubnis, einen mit einer Socketverbindung zu einem Rechner bestimmte Aktionen durchzuführen.
PropertyPermission	Zugriff auf die Attribute in den Eigenschaftsdateien des Java-Laufzeitsystems.
RunTimePermission	Setzen von Rechten zur Laufzeit (z. B. exitVM, queuePrintJob, createClassloader)
AWTPermission	Zugriff auf Elemente in der Benutzerschnittstelle (z. B. readDisplayPixels, accessClipboard)
NetPermission	Setzt Rechte für den Netzwerkzugiff (z. B. Autorisierung)

Tabelle 29:   Typen von Zugriffsrechten (Unterklassen von Permission)

Implementiert man neue Unterklassen von Permission, so muß man auf die korrekte Redefinition der implies()-Methode achten, da sie darüber Aufschluß gibt, welche weiteren Rechte eine *permission* impliziert. Die Zugangskontrolle zu den Zugriffsrechten kann man mit Hilfe eines AccessController (Paket java.security) überprüfen:

FilePermission Erlaubnis = new FilePermission("C:\x.txt", "write");
AccessController.checkPermission(Erlaubnis);

5.6   Hinweise

Zur Funktionsweise der virtuellen Java-Maschine und dem Aufbau des Bytecode hat Bill VENNERS in einer Artikelserie in der Online-Zeitschrift JavaWorld (http://www.javaworld.com) sehr instruktive Applets entwickelt, die die Arbeitsweise der JVM und verwandter Konzepte plastisch illustrieren (VENNERS 1997f).

Die vollständige Beschreibung der virtuellen Java-Maschine und ihres Befehlssatzes ist bei LINDHOLM & YELLIN 1997 wiedergegeben. Eine Übersicht, für welche Betriebssysteme eine virtuelle Java-Maschine zur Verfügung steht, findet sich unter http://java.sun.com/cgi-bin/java-ports.cgi.

Für den Test und die Optimierung von Java-Programmen stellen HAYES & GHIASSI 1998 bzw. RUOLO 1998 *benchmark tests* vor. MANGIONE 1998 vergleicht Java-*just in time*-Compiler (JIT-Compiler) mit gängigen C++-Compilern und NEFFENGER 1998 und 1999 präsentiert eine ausführliche Analyse der Leistungsfähigkeit verschiedener Implementierungen der JVM.

Die Weiterentwicklung der Sicherheitsarchitektur in der Java 2-Plattform beschreibt GONG 1998 (in der JDK 1.2-Dokumentation enthalten.). Eine umfassende Erläuterung der Java-Sicherheitsarchitektur gibt GONG 1999. Neben kryptographischen Werkzeugen umfaßt der JDK (1.2) im Paket java.security auch Klassen zur Verwendung kryptographischer Verfahren bei der Programmierung. Mit diesem API kann man selbst Anwendungen entwickeln, die digitale Schlüsselpaare erzeugen und anwenden. Details hierzu lassen sich in der Beschreibung der *Java Security Architecture* (JCA) bzw. der *Java Security Extensions* (JCE) nachlesen, die in der Dokumentation zum JDK 1.2 enthalten ist ($Doku-Pfad$/guide/ security/CryptoSpec.html). Aus rechtlichen Gründen sind die *Java Security Extensions* außerhalb der USA nur z. T. verfügbar. Eine vollständige Implementierung von JCA und JCE ist aber z. B.   http://jcewww.iaik.tu-graz.ac.at an der Universität Graz zu finden, vgl. auch KNUDSEN 1998.

6 Ein- und Ausgabeprogrammierung

Mit diesem Kapitel beginnt der zweite Teil des Buches, der in wichtige Felder der Anwendungsprogrammierung mit der Java 2-Plattform einführt. Am Anfang der verschiedenen Themenbereiche steht die Ein- und Ausgabeprogrammierung, da sie bei praktisch allen Programmierproblemen eine Rolle spielt und ihr Grundprinzip – die Realisierung der Ein- und Ausgabe über Datenströme – auch in anderen Bereichen der Programmierung mit dem JDK verwendet wird (z. B. bei der Netzwerkprogrammierung, vgl. bes. Kap. 9.2).

Für die Ein- und Ausgabeprogrammierung stehen im Paket java.io unterschiedliche Ein- bzw. Ausgabeströme sowie eine Reihe von Hilfsklassen zur Verfügung. Der Grundgedanke der Java-Datenströme ist die einheitliche Modellierung der Datenübermittlung zwischen Datenquelle und Datenspeicher (Datensenke), unabhängig davon, von welcher Art die Quelle bzw. der Speicherplatz sind (Lesen von *Datei*, Schreiben in einen *Speicherbereich im Hauptspeicher*, Lesen von Daten aus einer *Quelle aus dem Internet* etc.). Der Entwickler muß jeweils ein Objekt von der von ihm benötigten Stromklasse initialisieren und kann für die eigentliche Ein- oder Ausgabe die vordefinierten Methoden der Stromklassen anwenden. In vielen Fällen können unterschiedliche Stromtypen auch miteinander gekoppelt werden, wenn z. B. sequentiell mehrere Dateien aneinander gehängt und eingelesen werden sollen: Es wird dann für je eine Datei ein Dateieinlesestrom verwendet, der die eingelesenen Daten an einen Strom weiterreicht, der sie zu einem einzelnen Strom bündelt (vgl. Abbildung 22).

Die Stromklassen im Paket java.io lassen sich nach den folgenden Hauptmerkmalen einteilen:

Ein- und Ausgabe
Die wichtigste Unterscheidung betrifft den Unterschied zwischen Eingabe- und Ausgabeströmen, d. h. zwischen Stromklassen, die zum Einlesen von Daten aus einer Datenquelle verwendet werden und solchen, die der Ausgabe in einen Datenspeicher dienen.

Binär- bzw. Zeichenströme
Je nachdem, ob es sich um Datenströme vom Typ byte oder um Ströme auf der Basis von Zeichen (char) handelt, unterscheidet man Byteströme (Basisklassen InputStream und OutputStream) und Zeichenströme (Basisklassen Reader bzw. Writer). Die Unterscheidung zwischen Byte- und Zeichenströmen ist deshalb bedeutsam und notwendig, da Java auf UNICODE basiert und anders als z. B. in C oder C++ die Datentypen char und byte einen unterschiedlichen Darstellungsbereich haben (char ist ein 16 Bit-Datentyp und daher zwei Byte breit).

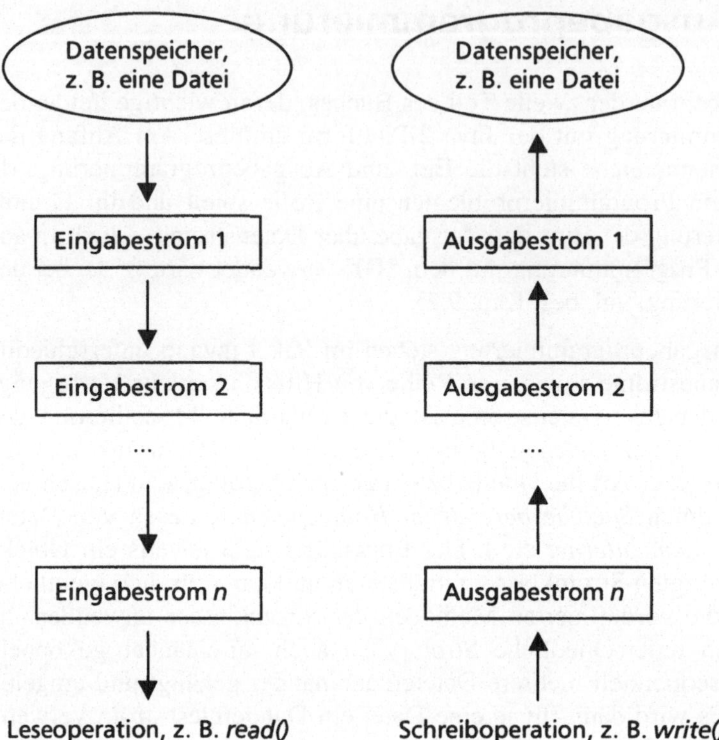

Abbildung 22:   Schematische Darstellung der Verkettung von Datenströmen

Die Klassenhierarchie der Ein- und Ausgabeströme in **java.io** geht von folgenden
vier abstrakten Klassen aus, die die prinzipiellen Unterscheidungsmerkmale Ein-
/Ausgabe und Byte- bzw. Zeichenströme reflektieren:

	Eingabe	*Ausgabe*
Zeichenströme	Reader	Writer
Binärdatenströme	InputStream	OutputStream

Tabelle 30:   Klassifikation der Basisklassen für Ein-/Ausgabeströme

Diese vier Klassen sind abstrakt, können also nicht direkt instantiiert werden.
Vielmehr verwendet man jeweils eine möglichst gut auf das konkrete Anwendungsproblem passende Unterklasse der vier Basisklassen. Neben dieser Grund-
einteilung gibt es eine Reihe weiterer Klassen, die für spezifische Ein- und Aus-
gabeprobleme genutzt werden können (u. a. Datenkompression, Einlesen mit Fil-
ter für die Daten, Kombination von Strömen etc.). *Gepufferte* Ströme finden dann
Verwendung, wenn durch die Zusammenfassung vieler „kleiner" Schreib- oder
Leseoperationen in einem Zwischenpuffer die Zugriffszahl insgesamt auf ein
(langsames) Speichermedium verringert werden kann (gepufferte vs. nichtgepuf-

ferte Ströme). Dadurch kann die Ein- bzw. Ausgabe deutlich beschleunigt werden (Ein-/Ausgabe von und zu Externspeichermedien wie Festplatten, Disketten etc.).

6.1 Eingabeströme

Eingabeströme lesen Daten aus einer Quelle ein, wobei die Quelle ein beliebiger Datenlieferant sein kann, etwa eine Datei im Dateisystem, eine Netzwerkverbindung, die über einen Port und ggf. ein bestimmtes Protokoll angesprochen wird (z. B. HTTP, FTP), ein String (also ein Zeichenkettenobjekt im Speicher) oder ein anderer Eingabestrom, der seine Daten an diesen Strom weiterreicht. Die beiden Basisklassen für Byte- und Zeicheneingabeströme, InputStream und Reader haben weitgehend identische Methoden für das Einlesen von Daten und die Manipulation der Verbindung zur Datenquelle:

- int read()/int read(byte[] einByteArray)/int read(char[] einZeichenArray) lesen ein einzelnes Zeichen oder Byte bzw. einen Array von Zeichen bzw. Bytes aus der Quelle ein (jeweils mehrere überladene Varianten von read() für Einzelzeichen und Arrays verfügbar),
- long skip(long dieSprungweite) springt von der aktuellen Position in der Datenquelle um dieSprungweite Zeichen oder Bytes weiter,
- int available() prüft, ob die Datenquelle verfügbar ist (nur bei InputStream),
- void mark(int MarkLimit) setzt eine Marke, an die mit reset() zurückgesprungen werden kann, soweit nicht mehr MarkLimit Byte oder Zeichen gelesen wurden,
- boolean markSupported() prüft, ob die Datenquelle das Setzen einer Marke unterstützt,
- void reset() setzt den „Lesekopf" an die Position der Marke in der Datenquelle zurück und
- void close() schließt den Datenstrom.

Zu den Methoden von InputStream bzw. Reader kommen für jede einzelne Stromklasse spezifische Methoden hinzu, die die besondere Funktionalität dieses Stromtyps ausmachen. Beispielsweise verfügt LineNumberReader als Unterklasse von Reader zusätzlich über eine Methode readLine(), die eine ganze Zeile aus einer Datenquelle (meist eine Textdatei, die über einen FileReader angesprochen wird) einliest. Abbildung 23 zeigt die Klassenhierarchie der Byte- und Zeicheneingabeströme im Vergleich und gibt eine knappe Erläuterung der Funktion der einzelnen Stromklassen.

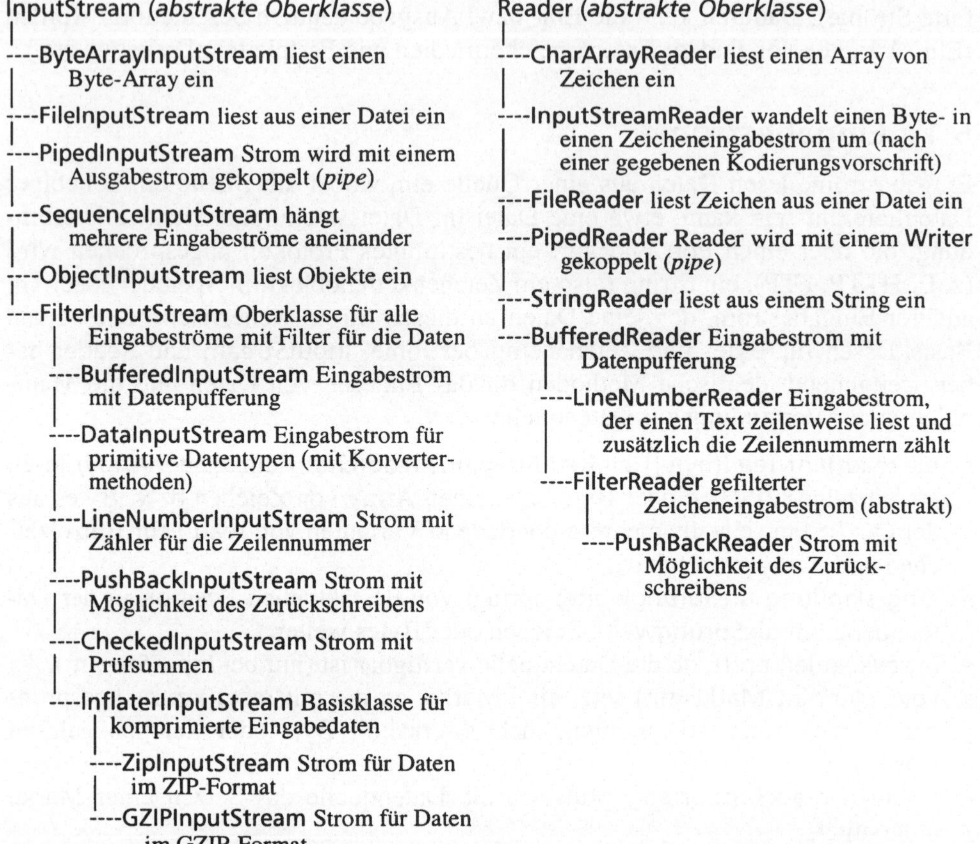

Abbildung 23:   Klassenhierarchien der Byte- und Zeicheneingabeströme

6.2 Ausgabeströme

Die Ausgabeströme sind ein Spiegelbild der Eingabeströme, d. h. für jeden Eingabestrom existiert ein entsprechender Ausgabestrom. Sie dienen dazu, die an sie übergebenen Daten in einen Datenspeicher zu schreiben. Analog zu den Eingabeströmen können die Datenspeicher unterschiedlicher Art sein (Datei, String-Objekt im Speicher, Netzwerkverbindung, ein anderer Ausgabestrom etc.). Auch die beiden abstrakten Basisklassen für die Datenausgabe, OutputStream und Writer, haben wie InputStream und Reader annähernd dieselben Methoden:

*   void write(int einByte)/void write(byte[] einByteArray)/void write(int einZeichen)/ void write(char[] einZeichenArray)/void write(String eineZeichenkette) schreiben ein einzelnes Zeichen oder Byte bzw. einen Array von Bytes/Zeichen oder eine Zeichenkette (String) in den Ausgabestrom (OuptputStream bzw. Writer),

- void flush() schreibt noch im Puffer des Stroms verbliebene Daten in den Datenspeicher (nur bei gepufferten Strömen relevant) und
- void close() schließt den Ausgabestrom.

Wie für die Eingabeströme gilt, daß die konkreten Unterklassen von OutputStream bzw. Writer die Methoden der Basisklassen überschreiben bzw. spezifische Methoden hinzufügen. Beispielsweise verfügt ObjectOuptputStream über eine Methode writeObject(), mit der man den Inhalt von Objekte abspeichern kann (vgl. unten Kap. 6.4.5).

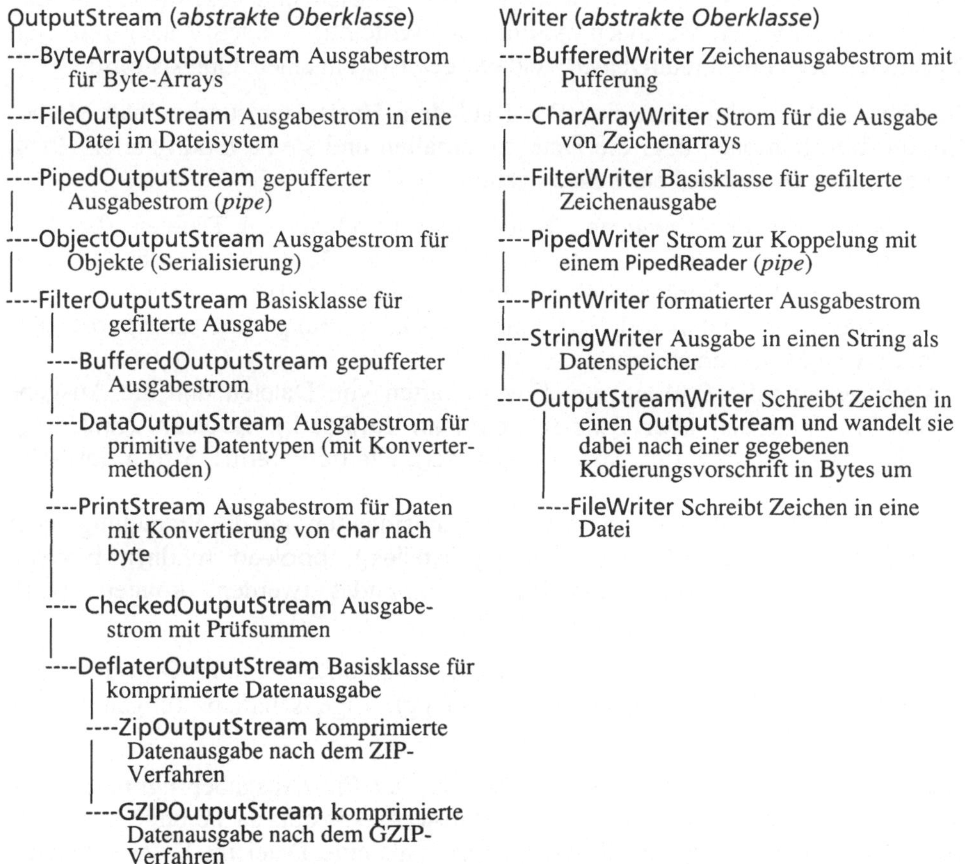

Abbildung 24:   Klassenhierarchien der Byte- und Zeichenausgabeströme

6.3 Hilfsklassen für die Ein-/Ausgabe

Das Paket java.io enthält neben den Stromklassen eine Reihe von Schnittstellen und Hilfsklassen für die Ein- und Ausgabeprogrammierung:

Die Schnittstellen DataInput und DataOutput sowie die von ihnen abgeleiteten Schnittstellen ObjectInput und ObjectOutput spezifizieren Methoden, die die Stromklassen DataInputStream und DataOutputStream bzw. ObjectInputStream und ObjectOutputStream nutzen, um Daten primitiven Typs (DataInput/ DataOutput) oder Referenz-Datentypen (ObjectInput/ObjectOutput, vgl. Kap. 6.4.5) in einen Datenspeicher zu schreiben und aus Datenquellen zu lesen. Bei ihrer Verwendung müssen Daten nicht in einen elementaren Strom von Zeichen oder Bytes verwandelt werden, bevor sie gelesen oder geschrieben werden können, sondern ihr Ursprungsformat kann direkt gelesen und geschrieben werden (Integer-Werte mit den Methoden readInt() und writeInt() in einem Datenstrom oder Objektreferenzen durch readObject() und writeObject() in einem Objektstrom).

Die Klasse File repräsentiert eine Datei auf dem Hostsystem und enthält Methoden, um Informationen über die Datei zu erhalten und sie zu modifizieren (Pfad, Name, Status, Directories etc.). Dazu gehören

- Methoden für das Erzeugen, Testen und Löschen von Dateien (boolean createNewFile(), File createTempFile(String TempdateiPraefix, String TempdateiSuffix), boolean delete(), void deleteOnExit()),
- Methoden für Dateivergleiche und Existenzprüfung (int compareTo(File Pfadname), boolean exists())
- Methoden für die Prüfung von Eigenschaften von Dateien und die Ausgabe von Informationen über Dateien (boolean canRead(), boolean canWrite(), String getAbsolutePath(), String getName(), File getParent(), String getPath() etc.) sowie
- Methoden für die Auflistung von Verzeichnisinhalten und die Erzeugung neuer Verzeichnisse (String[] list(), String[] listFiles(), boolean mkdir(), boolean mkdirs()), wobei auch Dateifilter verwendet werden können (z. B. File.listFiles(new FilenameFilter().accept(„.", „*.doc");).

File kann u. a. genutzt werden um Dateiströme (FileInputStream, FileOutputStream, FileReader, FileWriter) zu instantiieren und ggf. Eigenschaftsprüfungen für die Datei durchzuführen.

Eine Ausnahme vom Prinzip der Realisierung der Ein-/Ausgabeprogrammierung durch Datenströme stellt die Klasse RandomAccessFile dar, da sie ohne Instantiierung eines Datenstroms den direkten Zugriff auf eine Datei im Dateisystem erlaubt. Da RandomAccessFile die Schnittstellen DataInput und DataOutput implementiert (s. o.), stehen Methoden für das Lesen und Schreiben primitiver Datentypen (readBoolean(), writeChar(), readDouble() etc.) sowie für das Lesen von Zeilen bzw. Arrays von Bytes zur Verfügung (readLine(), read()). Darüber hinaus kann der Dateizeiger in der Datei beliebig positioniert werden (seek(), skip()). Ein Objekt vom Typ RandomAccessFile instantiiert man durch ein File-Objekt oder einen String mit dem Dateinamen.

Eine letzte erwähnenswerte Hilfsklasse in java.io ist **StreamTokenizer**. Analog zu der bereits diskutierten Klasse **StringTokenizer** (vgl. oben Kap. 3.7.1) dient ein **StreamTokenizer** dazu, einen Eingabedatenstrom (**Reader**) in einzelne Tokens zu zerlegen. Neben den Methoden, die auch einem StringTokenizer zur Verfügung stehen, weist **StreamTokenizer** einige zusätzliche Verfahren auf, um den Eingabestrom zu analysieren (u. a. **pushBack()**, um ein Token zurückzuschreiben, **whitespaceChars()**, um bestimmte Zeichen als *white space*, zu kennzeichnen und **wordChars()**, um bestimmte Zeichen als signifikant zu kennzeichnen, vgl. Codebeispiel 68 in Kap. 4).

6.4 Anwendungsbeispiele

Die folgenden Anwendungsbeispiele für die Ein-/Ausgabeprogrammierung sollen typische Probleme wie das Einlesen von der Kommandozeile, das Beschreiben einer Datei und die Manipulation des Dateisystems illustrieren. Dabei werden jeweils mehrere Stromklassen miteinander verbunden, um das Prinzip verketteter Datenströme zu verdeutlichen.

6.4.1 Einlesen von Daten aus einer Datei

Das nachfolgende Programm liest den Inhalt einer Textdatei zeilenweise ein und gibt ihn zusammen mit einer Zeilennummer am Anfang der Zeile in der Konsole aus. Dazu wird ein **FileReader**-Strom geöffnet, der als Argument einen Dateinamen von der Kommandozeile erhält. Der **FileReader** wird benutzt, um ein Objekt der Klasse **LineNumberReader** zu instantiieren. Dieser „ZeilenNummernLeser" liest in einer Schleife sukzessive die Textzeilen aus der Datei ein und gibt sie in der Konsole (der Standard-Ausgabestrom **System.out** ist ein Ausgabestrom vom Typ **PrintStream**) aus.

```java
import java.io.*;
public class DateiEingabe
{
    // zwei Eingabestromobjekte, die im Programm miteinander verbunden werden
    FileReader derDateiLeseStrom;
    LineNumberReader derZeilenLeser;
    // Hilfsvariablen für die Zwischenspeicherung der Daten
    String dieEingabeZeile;    int dieZeilenNummer;
    public static void main(String[] argv)
    {
        try
        {
            // das erste Kommandozeilenargument soll als Dateiname interpretiert werden
            new  DateiEingabe(argv[0]);
        }
```

```
    catch(ArrayIndexOutOfBoundsException e)
    {
      System.out.println(  "Kein Argument angegeben! -" +
                           "Geben Sie beim Start einen Dateinamen an!");
    }
  }

  public DateiEingabe(String DateiName)
  {
    try
    {
      dieEingabeZeile = new String();

      // der Eingabestrom wird instantiiert und an den Zeilenleser weitergegeben
      derDateiLeseStrom = new FileReader(DateiName);
      derZeilenLeser =   new LineNumberReader(derDateiLeseStrom);
      // als Kurzfassung wäre auch möglich:
      // derZeilenLeser =   new LineNumberReader(new FileReader(DateiName));

      // Eingabeschleife: So lange noch etwas zu lesen ist, wird eine Zeile gelesen und
      // zusammen mit der Zeilennummer an die Konsole ausgegeben
      while(derZeilenLeser.ready())
      {
        dieEingabeZeile = derZeilenLeser.readLine();
        dieZeilenNummer = derZeilenLeser.getLineNumber();
        System.out.println(dieZeilenNummer+"\t"+dieEingabeZeile);
      }
      derZeilenLeser.close();
    }
    catch(FileNotFoundException e)
    {
      System.out.println("Datei nicht vorhanden!");
    }
    catch(IOException e)
    {
      System.out.println("Daten können nicht gelesen werden!");
    }
  }
}
```

Codebeispiel 77: Einlesen und Ausgaben einer Datei

6.4.2   Einlesen von der Konsole und Textausgabe in eine Datei

Im zweiten Beispiel soll Text von der Konsole (Standardeingabe System.in vom Typ InputStream) zeichenweise eingelesen und anschließend in einer Datei gespeichert werden. Das Einlesen liest von der Standardeingabe System.in über einen **BufferedReader** zeilenweise Daten ein, bis ein eigens vereinbartes Ende-Zeichen (hier: <crlf>@<crlf>) gelesen wird, die Ausgabe erfolgt über einen **PrintStream** an einen **FileWriter**, der die Daten in die Datei schreibt. Das Programm verwendet das erste Kommandozeilenargument als Namen für die Ausgabedatei. Ein Test mit Hilfe der Klasse **File** prüft, ob eine Datei dieses Namens bereits vorhanden ist.

```java
import java.io.*;
public class DateiAusgabe
{
  public static void main(String[] argv)
  {
    try
    {
      // Dateiname der Ausgabedatei als Kommandozeilenargument
      new DateiAusgabe(argv[0]);
    }
    catch(ArrayIndexOutOfBoundsException e)
    {
      System.out.println(  "Kein Argument angegeben! -" +
                           "Geben Sie beim Start einen Dateinamen an!");
    }
  }


  public DateiAusgabe(String DateiName)
  {
    // Dateiobjekt für den Existenztest
    File Datei = new File(DateiName);
    // gepufferter Eingabestrom (bekommt System.in übergeben)
    BufferedReader EingabeLeser;
    // Ausgabeschreiber, der formatierte Ausgabe (println()) unterstützt
    PrintWriter ZeilenausgabeStrom;
    // die aktuelle Eingabezeile
    String EingabeZeile = new String();

    // wenn Datei vorhanden, anderen Namen wählen
    if(Datei.exists())
    {
      System.out.println(  "Datei ist bereits vorhanden.\n" +
                           "Starten Sie mit einem anderen Dateinamen.");
    }
    else
    {
      System.out.println(  "Geben Sie jetzt den Text ein, " +
                           "der in der Datei gespeichert werden soll:");
      System.out.println("Ende mit \"<crlf>@<crlf>\"");
```

```
   try
   {
     // schrittweises Zuordnen der Standardeingabe (stdin) zu einem gepufferten
     // EingabeLeser; sinnvoll, da BufferedReader eine Methode für zeilenweises Lesen hat
     EingabeLeser = new BufferedReader(new InputStreamReader(System.in));
     // Ausgabeseite: Aus einem FileWriter, der eine Datei ansteuern kann, wird ein
     // PrintWriter erzeugt, den man mit println() beschreiben kann
     ZeilenausgabeStrom = new PrintWriter(new FileWriter(Datei));
     // Ausgabeschleife: zeilenweises Einlesen von der Konsole, Ausgeben der aktuellen
     // Zeile an den PrintWriter und damit in die Datei
     while(EingabeZeile.compareTo("@") != 0)
     {
       ZeilenausgabeStrom.println(EingabeZeile);
       EingabeZeile = EingabeLeser.readLine();
     }
     ZeilenausgabeStrom.close();
   }
   catch(IOException e)
   {
     System.out.println("Ein-/Ausgabefehler!");}
  }
 }
}
```

Codebeispiel 78: Textausgabe in eine Datei

6.4.3   Verschachteln von Stromklassen

Ein drittes Beispiel illustriert anhand der Klasse SequenceInputStream nochmals
das Prinzip der Verkettung von Stromklassen: Das Programm interpretiert seine
Kommandozeilenargumente als Dateinamen und verwendet sie für die Instantiierung je eines Eingabestroms. Die verschiedenen Eingabeströme werden zu einem
einzigen Strom verkettet (SequenceInputStream), der sukzessive die Daten aus
den Dateien einliest und an einen dynamischen Array übergibt. Dessen Repräsentation als Objekt-Array (Object[]) wird mit Hilfe der Klasse Arrays sortiert (vgl.
Codebeispiel 68 in Kap. 4). Schließlich erfolgt die Ausgabe der sortierten Daten-
zeilen an die Konsole.

```
import java.io.*;
import java.util.*;


public class DateienVerketten
{
  public static void main (String[] argv)
  {   new DateienVerketten(argv);  }
```

```java
  DateienVerketten(String[] dieArgumente)
  {
    // dynamischer Array (Vector) zur Aufnahme der Datenzeilen
    Vector dieDaten = new Vector();

    // der Eingabestrom, mit dem schließlich gelesen wird
    BufferedReader derEingabeStrom;
    // Zwischenspeicher für je eine Datenzeile
    String eineZeile;
    try
    {
      // Konstruktion des Eingabestroms
      // 1.Erzeugen einer Aufzählung (Enumeration) vom Typ DateiListe
      //   aus den Kommandozeilenargumenten
      // 2.Instantiierung eines SequenceInputStream mit der DateiListe
      // 3.Übergabe des SequenceInputStream an einen InputStreamReader,
      //   d. h. Verwandlung vom Byte- zum Zeichenlesestrom
      // 4.Übergabe des InputStreamReader an einen BufferedReader, der
      //   zeilenweise lesen kann
      derEingabeStrom = new BufferedReader(
              new InputStreamReader(
                new SequenceInputStream(
                  new DateiListe(dieArgumente))));

      // zeilenweises Einlesen der Daten und Hinzufügen zum Array/Vector
      while ((eineZeile = derEingabeStrom.readLine()) != null)
      {       dieDaten.addElement(eineZeile);       }
      // Umwandeln des Vector in einen Objekt-Array
      Object[] dieSortiertenDaten = dieDaten.toArray();

      // Sortieren der Daten mit Hilfe von Arrays
      Arrays.sort(dieSortiertenDaten);

      // Ausgabe der sortierten Daten
      for(int i = 0; i < dieSortiertenDaten.length; i++)
      {       System.out.println((String)dieSortiertenDaten[i]);       }
    }
    catch (IOException e)
    {     System.out.println("Ein-/Ausgabefehler: " + e);     }
  }
}
// Hilfsklasse DateiListe implementiert die Schnittstelle Enumeration,
// die einfache Methoden zur Manipulation einer Aufzählung von Elementen enthält;
// eine Enumeration wird vom Konstruktor der Klasse SequenceInputStream erwartet
class DateiListe implements Enumeration
{
  String[] dieDateinamen;
  int derDateiIndex;
```

```java
// Übergabe der Kommandozeilenargumente
public DateiListe (String[] dieArgumente)
{   dieDateinamen = dieArgumente; }
// Test, ob weitere Elemente in der Aufzählung vorliegen
public boolean hasMoreElements()
{   return derDateiIndex < dieDateinamen.length; }
// Ausgabe des jeweils nächsten Elements, wird hier als Dateieingabestrom geliefert
public Object nextElement()
{
  try
  {     return new FileInputStream(dieDateinamen[derDateiIndex++]); }
  catch (FileNotFoundException e)
  {
    System.out.println(  "Datei " + dieDateinamen[derDateiIndex - 1] +
                         " nicht gefunden. " + e);
    return null;
  }
 }
}
```

Codebeispiel 79: Verketten von Eingabeströmen

Abbildung 25 zeigt schematisch die in Codebeispiel 79 verwendete Verkettung von Stromklassen:

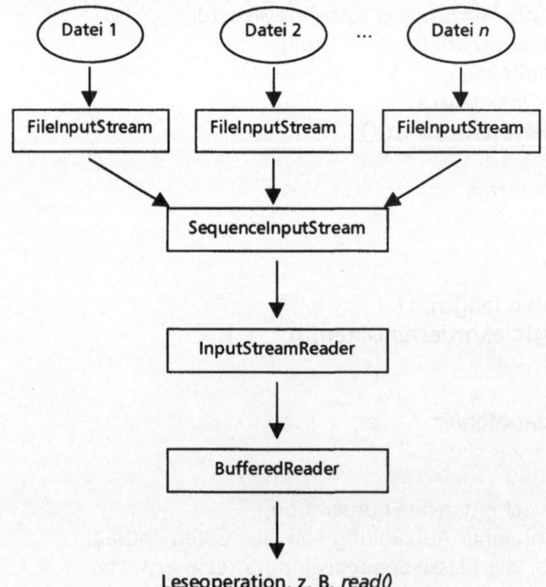

Abbildung 25:   Stromverkettung bei Verwendung eines SequenceInputStream

6.4.4 Manipulation des Dateisystems

Mit den Methoden der Klasse File kann man nicht nur Dateien aus dem lokalen Dateisystem bereitstellen, sondern dieses auch manipulieren (Erzeugen und Löschen von Dateien und Verzeichnissen, Auflisten des Verzeichnisinhalts etc.). Das folgende Beispiel zeigt die Durchführung solcher Operationen im Dateisystem: Mit Hilfe eines File-Objektes wird ein RandomAccessFile erzeugt, das den Inhalt einer Datei (Dateiname als Kommandozeilenargument) einliest. Der Dateiname wird umgedreht und damit ein Verzeichnis erzeugt (für eine Datei "test.txt" also das Unterverzeichnis "txt.tset"), in dem über ein weiteres RandomAccessFile eine neue Datei erzeugt und mit dem Inhalt der ersten Datei gefüllt wird. Abschließend listet das Programm alle Dateien bzw. alle Textdateien (gefilterte Liste von Dateinamen) im neuen Verzeichnis auf.

```java
import java.io.File;
import java.io.FilenameFilter;
import java.io.IOException;
import java.io.RandomAccessFile;

class DateiManipulation
{
  public static void main (String[] argv)
  {
    // Dateiname als Kommandozeilenargument
    new DateiManipulation(argv[0]);
  }
  DateiManipulation(String eineDatei)
  {
    try
    {
      // aus dem Kommandozeilenargument wird ein File-Objekt erzeugt
      File dieDatei = new File(eineDatei);

      // Byte-Array zur Zwischenspeicherung der eingelesenen Daten
      byte[] einDatenPuffer;

      // RandomAccessFile mit Lesezugriff wird geöffnet ("r")
      RandomAccessFile dieEingabeDatei = new RandomAccessFile(dieDatei, "r");

      // Ausgabe der Dateilänge
      System.out.println("Die Datei " + dieDatei.getName() + " hat eine Laenge von " +
              dieEingabeDatei.length() + "Byte.");

      // der Zwischenspeicher wird als Puffer von der Größe der Datei generiert
      einDatenPuffer = new byte[(int)dieEingabeDatei.length()];
```

```java
// Einlesen der Daten in einem Schritt - es wird soviel gelesen, wie der Puffer faßt, also
// genau die Dateigröße
dieEingabeDatei.readFully(einDatenPuffer);
dieEingabeDatei.close();

// File-Objekt für das neue Verzeichnis wird erzeugt: Dazu wird der Dateiname mit Hilfe
// eines StringBuffer-Objekts umgedreht und in einen String verwandelt
File dasAusgabeverzeichnis = new File(new   String(new
                                      StringBuffer(eineDatei)).reverse());
// neues Verzeichnis wird erzeugt
dasAusgabeverzeichnis.mkdir();

// File-Objekt zur Beschreibung der Ausgabedatei wird erzeugt: „Pfad/DateiName"
dieDatei = new File( dasAusgabeverzeichnis.getPath() +
                     dieDatei.separator + dieDatei.getName());
// Existenztest
if(dieDatei.exists())
{
  System.out.println("Datei schon vorhanden, Name wird umgedreht.");

  // File-Objekt zur Beschreibung der Ausgabedatei wird nochmals mit umgedrehtem
  // Namen erzeugt
  dieDatei = new File(dasAusgabeverzeichnis.getPath() + dieDatei.separator +
                      new String(new StringBuffer(dieDatei.getName()).reverse()));
}

// wenn die Datei beschreibbar ist, wird der Puffer in die Datei geschrieben
if(dieDatei.canWrite())
{
  RandomAccessFile dieAusgabeDatei = new RandomAccessFile(dieDatei, "rw");
  dieAusgabeDatei.write(einDatenPuffer);
  dieAusgabeDatei.close();
}
else
{
  System.out.println("In die Datei kann nicht geschrieben werden.");
}

// Ausgabe des Verzeichnisinhalts für das neue Verzeichnis (File.list())
System.out.println("Dateiliste für das neue Verzeichnis: ");
String[] VerzeichnisInhalt = dasAusgabeverzeichnis.list();
for(int i = 0; i < VerzeichnisInhalt.length; i++)
System.out.println(VerzeichnisInhalt[i]);

// Ausgabe aller .txt-Dateien im neuen Verzeichnis. Dazu Einsatz eines
// Dateinamensfilters für .txt-Dateien
System.out.println("Alle .txt-Dateien im neuen Verzeichnis: ");
VerzeichnisInhalt = dasAusgabeverzeichnis.list(new TextDateiFilter());
```

```
        for(int i = 0; i < VerzeichnisInhalt.length; i++)
        System.out.println(VerzeichnisInhalt[i]);
    }
    catch (IOException e)
    {
        System.out.println("Ein-/Ausgabefehler: " + e);
    }
  }
}

// Hilfsklasse: Dateinamensfilter für .txt-Dateien
// Implementierung der Schnittstelle FilenameFilter
class TextDateiFilter implements FilenameFilter
{
  // prüft, ob eine Datei dem Muster entspricht
  public boolean accept(File Verzeichnis, String DateiMuster)
  {
    // liefert wahr, wenn der Dateiname auf ".txt" endet, sonst falsch
    return (DateiMuster.endsWith(".txt"));
  }
}
```

Codebeispiel 80: Manipulation des Dateisystems mit java.io.File

6.4.5 Speicherung von Objekten durch Serialisierung

Die bisher vorgestellten Möglichkeiten der Ein-/Ausgabeprogrammierung verwenden Ströme, über die Daten der primitiven Typen char bzw. byte geschickt werden bzw. mit denen Schreib- und Leseoperationen für alle primitive Datentypen möglich sind (DataInput/DataOutput). Auf dieser Basis ist es relativ schwierig, den Zustand komplexer Objekte, wie sie in Java-Programmen typischerweise verwendet werden, dauerhaft (*persistent*) zu speichern. Das ist aber ein häufig auftretendes Anwendungsproblem: Hat man z. B. ein Adreßverwaltungssystem entwickelt, dessen Datensätze als Java-Objekte modelliert sind, so müssen die Daten auch gespeichert werden können. Eine naheliegende Lösung hierfür ist die Einbindung einer Schnittstelle zu einer Datenbank (vgl. Kap. 9.4). Die Tabellenstruktur einer relationalen Datenbank ist aber nur bedingt geeignet, um in objektorientierten Programmen komplexe Objekte zu speichern: Die Abbildung von Objekten auf ein Tabellen ist sehr umständlich, da man Objekte mit komplexer Struktur nicht einfach in eine Tabelle umwandeln kann – die Attribute einer Tabelle dürfen anders als Objekte im Regelfall nur primitive Datentypen enthalten. Für die persistente Speicherung von Objekten bieten sich zwei Verfahren an:

- Man verwendet die in der Java 2-Plattform enthaltene Funktionalität für die Serialisierung von Objekten oder

- verbindet das Programm mit einem objektorientierten Datenbanksystem (OODBMS). Für OODBMS gibt es anders als für relationale Datenbanken kein standardisiertes Interface (wie JDBC, vgl. Kap. 10), man muß daher auf die von einem Datenbankanbieter bereitgehaltenen Java-Klassen zurückgreifen.

Die einfachste Lösung, die in einem Programm instantiierten Objekte zu speichern, ist die Verwendung der Objektserialisierung. Darunter ist ein einfacher Mechanismus zu verstehen, der es erlaubt, Objekte an Datenströme zu senden und diese z. B. in einer Datei abzulegen. Damit erreicht man die persistente Speicherung von Objekten im Dateisystem. Das Paket **java.io** enthält je eine Datenstromklasse für die Objekteingabe bzw. die Objektausgabe, die jeweils passende Schnittstellen implementieren (ObjectInput/ObjectOutput sowie die Schnittstelle ObjectStreamConstants):

```
public class ObjectOutputStream  extends OutputStream
                                 implements ObjectOutput, ObjectStreamConstants
public class ObjectInputStream   extends InputStream
                                 implements ObjectInput, ObjectStreamConstants
```

Die Objektströme verfügen über die bereits bekannten Methoden der Datenströme (DataInput/DataOutput) sowie zusätzlich über die Methoden readObject() bzw. writeObject(), mit denen Objekte gelesen und geschrieben werden können. Mit ihnen kann man also auch primitive Datentypen ein- und auslesen (readInt(), readDouble() etc.).

Will man Objekte serialisieren, so ist folgendes zu beachten: Eine serialisierbare Klasse muß entweder

- das Interface **Serializable** implementieren, wobei diese Schnittstelle keine Methoden enthält und nur zur Kennzeichnung der Serialisierbarkeit dient, oder
- die Schnittstelle **Externalizable** mit den Methoden **readExternal()** und **writeExternal()** implementieren. Das neu implementierte Methodenpaar übernimmt die Aufgabe des Schreibens und Lesens von Objekten an Stelle der Default-Implementierungen von readObject() und wirteObject(). Diese Variante ist dann anzuwenden, wenn volle Kontrolle über den Prozeß der Datenabspeicherung gewährleistet sein soll, d. h. dann, wenn eine generische Methode wie writeObject() nicht als ausreichend erachtet wird.

Die einzelnen Arbeitsschritte bei der Objektserialisierung sind:

1. Erzeugen eines Ausgabestroms, an den die Objekte geschickt werden können, z. B. um sie in einer Datei zu speichern:
   ```
   FileOutputStream DateiAusgabe = new FileOutputStream("Objekte.osp");
   ```
2. Erzeugen eines Objektstroms, der an den Dateistrom gebunden ist:
   ```
   ObjectOutputStream Objektausgabe = new
   ObjectOutputStream(DateiAusgabe);
   ```

3. Übergabe der Objekte an den Strom:
   ObjektAusgabe.writeObject(einObjekt);
4. Endgültiges Schreiben in den Zielspeicher:
   ObjektAusgabe.flush();

Die Methode writeObject() serialisiert das Objekt samt seiner transitiven Hülle, d. h. aller Objekte, die direkt über das Objekt referenziert werden können. Die Speicherstruktur beginnt mit der Klasse des Objekts und allen Feldern in der Vererbungshierarchie. Umgekehrt lassen sich nach dem gleichen Verfahren serialisierte Objekte in ein Programm einlesen:

1. Erzeugen eines Eingabestroms:
   FileInputStream DateiEingabe = new FileInputStream ("Objekte.osp");
2. Erzeugen eines Objekteingabestroms, der an den Dateistrom gebunden ist:
   ObjectInputStream ObjektEingabe = new ObjectInputStream(DateiEingabe);
3. Einlesen der Objekte, wobei das Wissen über den Objekttyp vorausgesetzt wird, d. h. der Entwickler muß das eingelesene Objekt mittels einer cast-Operation auf den korrekten Typ abbilden:
   eineKlasse einObjekt = (eineKlasse)ObjektEingabe.readObject();

Wie aus den Beispielen zu erschließen ist, kann man dieses Verfahren nicht nur für selbst definierte Objekte, sondern etwa auch für Strings einsetzen. Es gelten für die Serialisierung Einschränkungen: Nur nicht-statische und nicht-transiente Felder werden serialisiert. Soll also gewährleistet werden, daß eine Eigenschaft eines Objektes *nicht* mit den anderen Eigenschaften serialisiert wird, so ist sie als private transient zu kennzeichnen.

Das nachfolgende Beispiel erzeugt ein Objekt vom Typ Date(), dessen Datenfelder das aktuelle Datum beinhalten, speichert es in einer Datei („tmp.tmp") ab und liest anschließend aus dieser Datei das Objekt wieder ein. Zum Vergleich wird – nach einer Wartezeit von 5 Sekunden – auch das tatsächliche Datum ausgegeben.

```java
import java.io.*;
import java.util.Date;

public class ObjektSerialisierung implements Serializable
{
  public static void main(String[] argv)
  {   new ObjektSerialisierung();  }

  public ObjektSerialisierung()
  {
    try
    {
      // Erzeugen eines Objektausgabestroms mit Hilfe eines Dateiausgabestroms
      ObjectOutputStream Ausgabe =
      new ObjectOutputStream(new FileOutputStream("tmp.tmp"));
```

```java
    // Ausgabe eines String- und eines Date-Objekts
    Ausgabe.writeObject("Jetzt:");
    Ausgabe.writeObject(new Date()); Ausgabe.flush();

    // erzwungene Wartezeit
    new Thread().sleep(5000);

    // Erzeugen eines Objekteingabestroms mit Hilfe eines
    // Dateieingabestroms
    ObjectInputStream Eingabe
      = new ObjectInputStream(new  FileInputStream("tmp.tmp"));

    // Einlesen eines String- sowie eines Date-Objekts
    String Heute = (String)Eingabe.readObject();
    Date gespeichertesDatum = (Date)Eingabe.readObject();

    // Ausgabe der eingelesenen Objekte sowie des aktuellen Datums
    System.out.println("Dieser Zeitpunkt wurde gespeichert:");
    System.out.println(gespeichertesDatum.toString());
    Date aktuellesDatum = new Date();
    System.out.println("Dies ist der aktuelle Zeitpunkt:");
    System.out.println(aktuellesDatum.toString());
  }
catch(FileNotFoundException e)
  {     System.outprintln("Datei nicht gefunden" + e);     }
catch(IOException e)
  {     System.outprintln("Ein-/Ausgabefehler: " + e);     }
catch(ClassNotFoundException e)
  {     System.outprintln("Klasse nicht gefunden" + e);     }
catch(InterruptedException e)
  {     System.outprintln("Thread wurde unterbrochen: " + e);     }
  }
}
```

Codebeispiel 81: Objektserialisierung mit Objektströmen

Das Programm erzeugt folgende Ausgabe:
Dieser Zeitpunkt wurde gespeichert:
Sat Apr 24 17:42:09 CEST 1999
Dies ist der aktuelle Zeitpunkt:
Sat Apr 24 17:42:14 CEST 1999

6.5 Aufgaben

Aufgabe 34: Schreiben Sie ein Programm, das mit Hilfe der Methoden von File das Dateisystem rekursiv nach Dateinamen durchsucht, die von der Kommandozeile eingegeben werden können.

Aufgabe 35: Lenken Sie die Standardausgabe- und Fehlerströme in eine Datei um, so daß alle Konsolenausgaben eines Programms in einer Datei abgespeichert werden. Setzen Sie die dabei entstehende Methode in einer geänderten Fassung von Codebeispiel 53 ein.

Aufgabe 36: Verwenden Sie Objektserialisierung zur Speicherung von Adreßdatensätzen. Die Eingabe der Daten kann entweder über ein einfaches Kommandozeileninterface oder über eine Eingabemaske erfolgen (vgl. Codebeispiel 86 und Aufgabe 40 in Kap. 7.4).

Aufgabe 37: Wenden Sie die Klasse StreamTokenizer an, um den Text aus einer HTML-Datei zu extrahieren. Erweitern Sie StreamTokenizer ggf. um Methoden zur Erkennung von HTML-Marken.

Aufgabe 38: Mit den Klassen PipedReader und PipedWriter kann man Eingabeströme und Ausgabeströme unmittelbar miteinander koppeln (connect(), Prinzip einer Datenpipe). Was der Ausgabestrom in die Pipe schreibt (write()), kann der Eingabestrom lesen (read()). Verwenden Sie diese Klassen, um Codebeispiel 77 bzw. Codebeispiel 78 so zu vereinfachen, daß Eingabe und Ausgabe durch eine Pipe gekoppelt sind.

Aufgabe 39: Modifizieren Sie Aufgabe 38, indem Sie statt einfacher Ein- und Ausgabeströme die Klassen ZipInputStream und ZipOutpuStream verwenden und so komprimierte Textdateien (ZIP-Dateien) erzeugen bzw. entpacken und lesen.

7 Benutzerschnittstellen und Graphikprogrammierung

Alle bisherigen Beispiele mit Ausnahme der einfachen Applets haben auf eine graphische Benutzerschnittstelle verzichtet; die Interface- und Graphikprogrammierung gehört aber zu den wesentlichen Funktionalitätsbereichen, die die Java 2-Plattform bereitstellt. Nachfolgend werden anhand von Beispielen folgende vier Teilbereiche erläutert:

- Aufbau von Benutzerschnittstellen mit dem *abstract windowing toolkit* (Steuerelemente, Layout der Benutzerschnittstelle, Ereignisverarbeitung),
- Swing und die *Java Foundation Classes* als weiterführende Möglichkeit (ab JDK 1.1), das Interface auch in visueller Hinsicht vollständig plattformneutral zu gestalten,
- Graphik- und Animationsprogrammierung und
- Erweiterungen der 2D-Graphikprogrammierung der Java 2-Plattform.

7.1 Aufbau von Benutzerschnittstellen mit dem AWT

Der *abstract windowing toolkit* (java.awt und Unterpakete) stellt eine plattformunabhängige Sammlung von Steuerelementen (*controls*) und Fensterklassen zur Entwicklung graphischer Benutzerschnittstellen (*graphical user interface*, GUI) zur Verfügung. Dazu gehören:

- Fenstertypen,
- Steuerelemente (*controls*),
- Klassen, die das Layout von Steuerelementen regeln (*layout manager*),
- Klassen für den Entwurf und die Steuerung von Menüs sowie Menü-Shortcuts,
- Klassen für die Manipulation von Farben und Schriften und
- ein Graphikkontext mit Ausgabemethoden (Linien zeichnen, formatierten Text ausgeben etc.) und Graphikprimitive (u. a. Kreis, Rechteck, Polygon).

Die Steuerelemente im AWT sind der kleinste gemeinsame Nenner in verschiedenen graphischen Benutzerschnittstellen (z. B. MS-Windows, OSF Motif oder MAC-OS) verfügbaren Fenstertypen und Steuerelementen. Bei der Ausführung eines Java-Programms mit einer mit dem AWT entwickelten Benutzerschnittstelle kommen die Steuerelemente der Anwendungsplattform zum Einsatz, d. h. ein solches Programm hat je nach Ausführungsplattform ein unterschiedliches visuelles Erscheinungsbild. Die Schnittstellen zwischen der abstrakten Funktionalität der Java-AWT-Klassen und der konkreten Funktionsweise eines Steuerelements in der Zielplattform bilden sog. *peer*-Klassen für jedes Steuerelement sowie die AWT-Systemklasse java.awt.Toolkit.

In den Unterpaketen von java.awt (java.awt.datatransfer, java.awt.event, java.awt.image, java.awt.peer) finden sich weitere Klassen für

- die Programmierung der Zwischenablage (*clipboard* – ein Zwischenspeicher für den programmübergreifenden Datenaustausch in graphischen Benutzerschnittstellen),
- die Nachrichtenverarbeitung,
- die Bildbearbeitung (d. h. die Verarbeitung von Bilddaten in Binärformaten wie .gif oder .jpg) und
- die Schnittstelle zwischen den AWT-Steuerelementen und den Steuerelementen der jeweiligen Zielplattform (etwa die Schaltfläche java.awt.Button und ihre Umsetzung unter MS-Windows, Motif, MAC-OS etc., im Paket java.awt.peer).

Die Gestaltung von Benutzerschnittstellen erfordert neben der Kenntnis der verfügbaren Gestaltungselemente im AWT oder in Swing eine einheitliche Vorgehensweise; wie bei der objektorientierten Modellierung kommt dabei den ersten Designschritte eine erhebliche Bedeutung zu, da sich eine einmal getroffene Gestaltungsentscheidung nach ihrer Implementierung kaum mehr korrigieren läßt. Als grobe Orientierung empfiehlt sich folgende Herangehensweise:

1. Herstellen einer Korrelation zwischen den funktionalen Aufgaben, die ein Programm lösen soll, und seinem graphischen Erscheinungsbild; dabei ist insbesondere die Aufteilung in verschiedene Fenster wichtig (Hauptfenster einer Applikation oder eines Applets, Dialogfenster, eigenständige Unterfenster (Frames)).
2. Erarbeiten eines groben Entwurfs der einzelnen Fenster mit den in ihnen enthaltenen Steuerelementen (etwa durch Gliederung des Darstellungsbereichs in Überschrift, Arbeits- und Ausgabebereich, Steuerleiste mit Schaltflächen für Aktionsauslösung und Navigation und eine Statuszeile).
3. Auswahl geeigneter Layoutmanager für die verschiedenen Darstellungsbereiche der Fenster (BorderLayout für die Basisaufteilung des Fensters, GridLayout für eine tabellarische Werteausgabe, s. u. Kap. 7.1.2).
4. Implementierung der Benutzerschnittstelle durch Quellcodeprogrammierung oder mit Hilfe eines visuellen Editors (in einem *integrated development environment*).
5. Definition der Ereignisse bzw. Nachrichten (*events*), die von den Kontrollelementen abgefangen werden sollen.
6. Implementierung der eigentlichen Programmfunktionalität, also Verbinden der Steuerelemente mit den Methoden, die den Programmzweck i. e. S. bewirken.

7.1.1 Gestaltungselemente des AWT

Wie schon am Beispiel der Klasse **Applet** gezeigt, sind alle visuell darstellbaren Elemente in Java von Basisklassen abgeleitet, die die benötigte Funktionalität für die verschiedenen Steuerelemente bereitstellen.

Komponenten, Container und Fensterklassen
Die Basisklasse des AWT ist **Component**; jedes Element einer graphischen Benutzerschnittstelle ist eine Komponente und daher von **Component** abgeleitet (Ausnahme: Klassen für den Aufbau von Menüs sind Unterklassen von **MenuComponent**). **Component** faßt alle gemeinsamen Eigenschaften und Methoden von Benutzerschnittstellenkomponenten zusammen. Zu ihnen gehören

- Methoden, die die Position, die Größe und das Layout festlegen oder ermitteln:
  Dimension getSize(), void setSize(Dimension eineDimension),
  Rectangle getBounds(), void setBounds(Rectangle einRechteck),
  Dimension getPreferredSize(),
  void resize(Dimension eineDimension),
- Methoden für den Zugriff auf die Komponentenhierarchie, z. B. **Container getParent(),**
- Methoden für die Bestimmung und Ermittlung graphischer Eigenschaften, z. B.
  Font getFont(), void setFont(Font eineSchrift)
  Color getForeground(), void set Foreground(Color eineFarbe)
  Color getBackground(), void setBackground(Color eineFarbe),
- Methoden für das Zeichnen und Anzeigen der Komponente, u. a.
  void paint(), void paintAll(), void update(),
  void setVisible(boolean istAngezeigt) und
- Methoden für die Verarbeitung von Nachrichten und Ereignissen, z. B.
  void addActionListener(ActionListener einAktionsLauscher),
  void addKeyListener(KeyListener einTastenLauscher),
  void removeFocusListener (FocusListener einFokusLauscher),
  void processEvent(AWTEvent einEreignis),
  void processMouseEvent(MouseEvent einMausEreignis).

Alle Steuerelemente des AWT sind von **Component** abgeleitet; wenn nachfolgend von Komponenten gesprochen wird, ist damit immer eine AWT-Klasse gemeint, die über die Methoden und Eigenschaften von **Component** verfügt. Man sollte sich daher vor Augen führen, daß jede Unterklasse von **Component** alle geerbten **Component**-Felder unmittelbar einsetzen kann, auch wenn sie selbst nur wenige *eigene* Eigenschaften und Methoden definiert. Anwendungen der Eigenschaften und Methoden von **Component** finden sich in den nachfolgenden Beispielen.

Die wichtigste Unterklasse von **Component** ist die Klasse **Container**. Sie ist der Ausgangspunkt aller Komponenten, die die Eigenschaft haben, selbst Komponenten enthalten zu können. Dazu gehören u. a. alle Fensterklassen (**Frame, Window,**

Dialog etc.), die Klasse **Applet** sowie die Klasse **Panel**. Zu den wesentlichen Eigenschaften von Containern gehört, daß sie nicht nur andere Komponenten aufnehmen können, sondern selbst Teil anderer Container sein können. Da man den Containern unterschiedliche Layoutverfahren zuordnen kann, ist durch diese Schachtelungsfunktion eine sehr flexible Gestaltung der Benutzerschnittstelle unabhängig von den konkreten Gegebenheiten der Anwendungsplattform möglich. Durch das Hinzufügen von Komponenten zu einem Container (**add()**) entsteht eine Komponentenhierarchie, bei der jede Komponente ihren unmittelbaren Container als „Elternkomponente" (*parent*) zugeordnet bekommt. Die in einem Container enthaltenen Komponenten sind über einen Index ansprechbar, der sich nach der Reihenfolge richtet, in der sie eingefügt wurden. Die Klasse **Container** enthält Methoden zur Identifikation, Hinzunahme bzw. Entfernung von Komponenten, u. a.

- zählt **int countComponents()** die in einem Container enthaltenen Komponenten,
- fügt **Component add(Component eineKomponente)** eine Komponente einem Container hinzu, während sie durch den Aufruf von **void remove(Component eineKomponente)** wieder aus dem Container entfernt wird,
- legt **void setLayout(LayoutManager einLayoutManager)** den Layoutmodus für einen Container fest,
- findet **Component getComponentAt(Point eineXYPosition)** die Komponente an einer Position im Container, während **Component getComponent(int n)** die *n*te Komponente findet und
- führt **void doLayout()** einen Neuaufbau des Containers mit seinem Layout durch.

Sowohl **Component** als auch **Container** sind *abstrakte* Oberklassen, die der konzeptuellen Bündelung von Funktionalität dienen; sie können nicht direkt als Objekte instantiiert werden. Unterhalb von **Component** und **Container** finden sich die konkreten Gestaltungselemente des AWT, die zum Aufbau einer Benutzerschnittstelle zu verwenden sind. Dazu gehören Fensterklassen (**Window, Frame, Dialog, FileDialog**) und Controlklassen (Steuerelemente). Die Fensterklassen sind Containerklassen, da sie dazu dienen, weitere Elemente aufzunehmen (die eigentlichen Steuerelemente etc.). Folgende Klassen dienen als Subklassen von Container der Anordnung von Bildschirmelementen und der Fensterprogrammierung:

Fenstertyp	*Bedeutung*
Panel	„Darstellungsfläche": Containerklasse zur Organisation von Steuerelementen; kann selbst Teil eines anderen Containers sein
ScrollPane	Containerklasse, die nur eine einzige Komponente enthält und die zu deren Betrachtung Rollbalken anbietet (*scroll bars*)
Dialog	Basisklasse für Dialogmasken
FileDialog	Vordefinierte Klasse für „Datei öffnen"/ „Datei speichern"-Dialoge
Frame	Fenster mit Rahmen, Titelleiste und Menü
Window	Einfaches Fenster (ohne Rahmen, Titelleiste und Menü)

Tabelle 31: Flächen- und Fensterklassen im AWT

Die visuellen Unterschiede zwischen den einzelnen Fensterklassen zeigt das nachfolgende Programmbeispiel; die Hauptklasse ist von Frame abgeleitet, hat also ein Top-Level-Fenster, in ihm werden Subfenster unterschiedlichen Typs gestartet.

```java
import java.awt.*;
class FensterTest extends Frame
{
  // verschiedene Fenstertypen als Eigenschaften der Klasse FensterTest
  Window einNormalesFenster;
  Frame einFensterMitRahmen;
  Dialog eineModaleDialogBox;
  FileDialog dateiOeffnen;

  public FensterTest()
  {
    // Aufbau des Hauptfensters
    super();
    setLocation(0,0);   setSize(100,300);      setTitle("das HauptFenster");
    setVisible(true);
    // Erzeugen eines Subfensters (Frame) mit Rahmen und Titelleiste
    einFensterMitRahmen = new Frame("Subfenster mit Rahmen (Frame)");
    einFensterMitRahmen.setSize(300,100);
    einFensterMitRahmen.setLocation(130,0);
    einFensterMitRahmen.setVisible(true);
    // Erzeugen einer modalen Dialogbox, die die anderen Fenster für die Interaktion
    // sperrt, solange sie geöffnet ist
    eineModaleDialogBox = new Dialog( einFensterMitRahmen, "ein Dialog", false);
    eineModaleDialogBox.setLocation(130,100);
    eineModaleDialogBox.setSize(300,200);
    eineModaleDialogBox.setVisible(true);
    // Aufbau eines einfachen Fensters ohne Titelleiste und Rahmen
    einNormalesFenster = new Window(einFensterMitRahmen);
    einNormalesFenster.setLocation(0,330);
    einNormalesFenster.setSize(300,100);
    einNormalesFenster.setVisible(true);
    // Erzeugen einer Datei-Dialogmaske
    dateiOeffnen = new FileDialog( einFensterMitRahmen, "Datei oeffnen");
    dateiOeffnen.setVisible(true);
  }

  public static void main(String[] argv)
  {
    FensterTest derTest = new FensterTest();
  }
}
```

Codebeispiel 82: Erzeugen verschiedener Fenstertypen

Die Ausgabe von FensterTest sieht wie folgt aus:

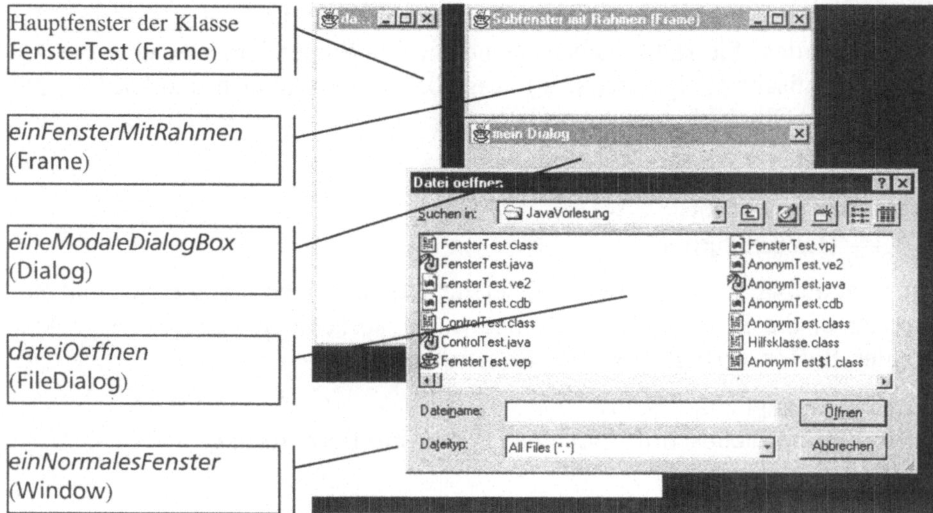

Abbildung 26:   Fenstertypen im AWT

Steuerelemente im AWT

Die Steuerelemente im AWT umfassen die in Tabelle 32 gezeigten Komponenten; ihre Anwendung erfolgt exemplarisch in Codebeispiel 91 und Codebeispiel 92.

Steuerelement	*Bedeutung*	*Beispiel*
Button	Schaltflächen (*push button*)	eine Schaltfläche
Checkbox	Schaltflächen zum Ankreuzen bzw. Auswählen (*checkbox* bzw. *radio button*)	Dies / oder das / Hier ankreuzen! oder jenes.
TextField	einzeilige Texteingabefelder	Eintrag im Textfeld
TextArea	mehrzeilige Texteingabefelder	Eintrag im Textbereich
Label	statische Bezeichner	Hier ist die Beschriftung
List	Listen	erster Eintrag / zweiter Eintrag / dritter Eintrag / vierter Eintrag
Choice	pull-down-Auswahllisten	erster Eintrag
Scrollbar	Rollbalken	
Canvas	Zeichenflächen zur Bildausgabe	

Tabelle 32:   Kontrollelemente im AWT

Als Beispiel für die verschiedenen Steuerelemente soll die Klasse **Button** näher betrachtet werden. Sie steht stellvertretend für alle Steuerelemente, über die Aktionen (semantische Ereignisse, s. u.) ausgelöst werden können und hat folgende Position in der Objekthierarchie von Java:

```
java.lang.Object
  |
  +----java.awt.Component
            |
            +----java.awt.Button
```

Da sie unmittelbar von **Component** abgeleitet ist, handelt es sich um eine einfache Komponente, die keine anderen Komponenten aufnehmen kann – sie ist kein Container. **Button** verfügt über zwei Konstruktoren:

- **Button()** erzeugt einen Button *ohne*,
- **Button(String dieBeschriftung)** einen Button *mit* Beschriftung.

Mit den Methoden

- **void setLabel(String label)** und **String getLabel()** setzt und erhält man die Beschriftung der Schaltfläche,
- mit **void setActionCommand()** bzw. **String getActionCommand()** setzt und erhält man das „Befehlskürzel" für die Versendung von Aktionsnachrichten, d. h. einen String, der anzeigt, daß ein Aktionsereignis von *dieser* Schaltfläche ausgelöst wurde und
- mit **void addActionListener(ActionListener einAktionsLauscher)** und **void removeActionListener(ActionListener einAktionsLauscher)** ordnet man der Schaltfläche ein „Aktions-Lauschobjekt" zu oder entfernt es. Dadurch werden Aktionsereignisse, die bei Mausklick auf die Schaltfläche entstehen, an das Lauschobjekt weitergeleitet, s. u. Kap. 7.1.3.

Die Verwendung einer Schaltfläche in einem Fenster zeigt Codebeispiel 83:

```
import java.awt.*;
class ButtonFenster extends Frame
{
  Button eineSchaltfläche;
  public static void main(String[] argv)
  {   new ButtonFenster("Ein Fenster für die Schaltfläche"); }

  public ButtonFenster(String Titel)
  {
    super(Titel);     setSize(300, 100);
    // die Schaltfläche wird mit Beschriftung erzeugt
    eineSchaltfläche = new Button("Das ist die Beispielschaltfläche");
    // durch add() wird sie dem Fenster hinzugefügt
    add(eineSchaltfläche);
    setVisible(true);
```

```
    // Änderung der Fenstergröße auf die preferred size
    pack();
  }
}
```

Codebeispiel 83: Fenster mit Schaltfläche (Button)

Wie die nachfolgende Ausgabe zeigt, paßt sich das Fenster durch den Aufruf von **pack()** (von **Window** geerbte Methode) automatisch der Wunschgröße an (*preferred size*), die sich aus der Wunschgröße der in ihm enthaltenen Komponenten, also hier der Schaltfläche, errechnet. Bei einer Schaltfläche ist diese Wunschgröße eine Größe, die sicherstellt, daß die Beschriftung gut angezeigt werden kann.

Abbildung 27:   Fenster mit Schaltfläche (Button)

Im Beispiel bleibt die Schaltfläche ohne Funktion, da ihr kein Nachrichtenlauschobjekt mit **addActionLitener()** zugeordnet ist, vgl. dazu die Beispiele zur Nachrichtenverarbeitung in Kap. 7.1.3.

7.1.2 Verwenden von Layoutmanagern

Die Realisierung plattformneutraler Programme ist besonders schwierig, wenn sie in unterschiedlichen *graphischen* Betriebssystemumgebungen lauffähig sein sollen, da nicht nur auf Unterschiede der Implementierung der Programmiersprache zu achten ist (Darstellungsbereich von Datentypen), sondern die Benutzerschnittstelle mit den jeweiligen unterschiedlichen Steuerelementen der Zielplattform aufzubauen ist. Außerdem soll die relative Anordnung von Steuerelementen auch bei Größenänderungen von Fenstern und für Ausgabegeräte mit unterschiedlichen Charakteristika erhalten bleiben. Um das Anordnen der visuellen Elemente eines Programms im zweidimensionalen Raum zu erleichtern, verwendet der AWT das Konzept der *Layoutmanager*. Mit ihrer Hilfe kann man den Containern einer Benutzerschnittstelle einen Layouttyp zuordnen, der die konkrete Anordnung der im Container enthaltenen Elemente regelt. Da Container auch in sich geschachtelt sein können und jeder **Container** über ein eigenes Layout verfügen kann, ist so eine genaue Steuerung der Anordnung der Bildschirmelemente möglich.

Beim Entwurf der Anordnung der Bildschirmelemente sollte man frühzeitig überlegen, welche Elemente sich zu Gruppen zusammenfassen lassen und durch welche Layoutmanager die Anordnung gesteuert werden kann (z. B. die Aufteilung einer Eingabemaske in den Eingabebereich aus Beschriftungen und Texteingabefeldern in Tabellensatz (GridLayout) und eine Steuerleiste mit den Schaltflächen der Dialogmaske (FlowLayout).

Layouttypen

Für einen Container bestimmt man durch die Methode setLayout(), welches Layout zu verwenden ist. Folgende Layoutmanager stehen zur Verfügung:

FlowLayout (default):

Die einzelnen Elemente werden von links nach rechts und von oben nach unten in der Reihenfolge gesetzt, in der sie ihrem Container zugefügt wurden. Paßt ein Element nicht mehr „auf eine Zeile", so wird mit ihm die nächste Zeile begonnen. Dieser Layoutmanager ist die Voreinstellung in Java.

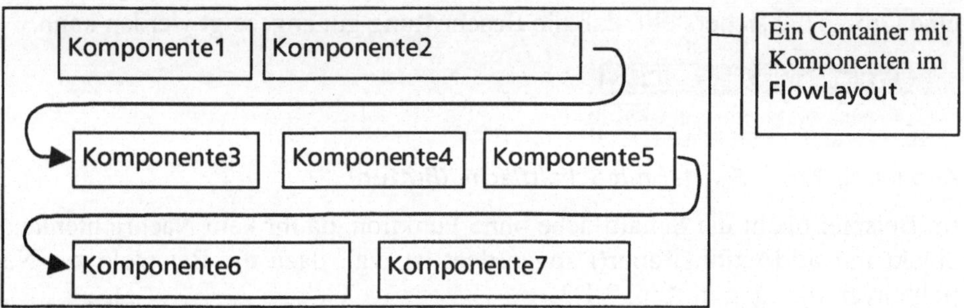

Abbildung 28: *FlowLayout* (schematisch)

BorderLayout:

Ein Layoutmanager, der die Fläche des Container in fünf Bereiche aufteilt, die oben, unten, links und rechts um ein zentrales Element angeordnet sind. Die Bereiche des Layout werden über die Konstanten NORTH, SOUTH, EAST, WEST und CENTER) angesprochen, d. h. man fügt ein Element in den östlichen Bereich eines Container durch die Methode void add(eineKomponente, BorderLayout.EAST) ein.

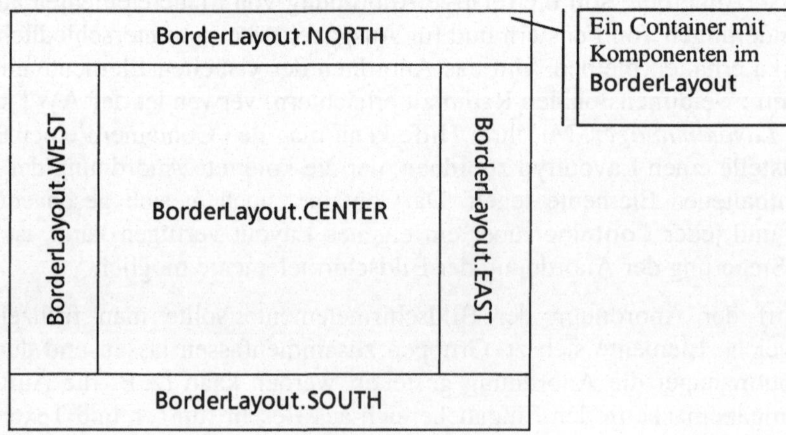

Abbildung 29:   BorderLayout *(schematisch)*

GridLayout:
Ein GridLayout gibt ein tabellarisches Raster durch Anzahl der Spalten und Zeilen vor, entlang dem die Elemente angeordnet werden; dabei haben alle Rasterzellen grundsätzliche die gleiche Größe. Der Umfang des Rasters kann entweder durch Vorgabe von Spalten- und Zeilenzahl exakt festgelegt oder durch Hinzufügen von Komponenten dynamisch erweitert werden. Die Anzahl der Zeilen und Spalten kann man mit den Methoden void setColumns(int die Spaltenzahl) bzw. void setRows(int die Zeilenzahl) jederzeit ändern.

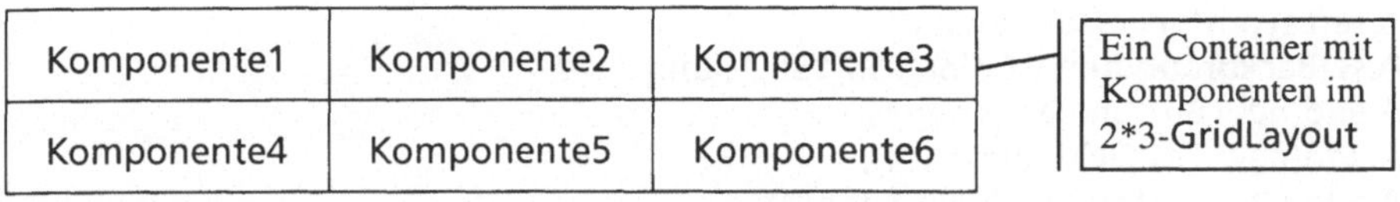

Komponente1	Komponente2	Komponente3
Komponente4	Komponente5	Komponente6

Ein Container mit Komponenten im 2*3-GridLayout

Abbildung 30:   GridLayout *(schematisch)*

CardLayout:
Das CardLayout erlaubt es, mehrere Darstellungsflächen wie einen Stapel Spielkarten hintereinander anzuordnen, wobei jeweils nur die oberste Karte sichtbar ist. Jede Karte enthält eine Komponente, dabei kann es sich auch um einen Container handeln, der selbst mehrere Komponenten enthält. Welche Karte aus dem Stapel angezeigt wird, läßt sich u. a. über folgende Methoden von CardLayout steuern:

```
    void first(Container derElternContainer),
    void last(Container derElternContainer),
    void next(Container derElternContainer),
    void previous(Container derElternContainer),
    show(Container derElternContainer, String derKomponentenName)).
```

Kombination verschiedener Layoutmanager
Die Flexibilität der verschiedenen Layoutmanager zeigt sich in ihrer wiederholten Anwendbarkeit: Ein Container, der ein bestimmtes Layout (z. B. GridLayout) aufweist, kann selbst (in diesem Fall in den Zellen eines Rasters) wieder Container mit anderen Layouttypen enthalten. Im nachfolgenden Beispiel wird ein Fenster angelegt, das ein Panel mit einem 2 × 2-GridLayout enthält. Jede Zelle des Rasters (die Panel A, B, C, D) erhält ein unterschiedliches Layout zugewiesen. Innerhalb der vier Panel dieses Rasters sind jeweils die gleichen Steuerelemente definiert:

```
import java.awt.*;
class AlleLayouts extends Frame
{
  public static void main(String[] argv)
  {   new AlleLayouts(); }
```

```java
public AlleLayouts()
{
  // Anlegen des Hauptfensters
  super("Layouttypen im Vergleich");
  setSize(650,400);     setLocation(10,10);
  setLayout(new GridLayout(2,2));

  // In jeder Zelle ein neues Panel (A-D) mit je unterschiedlichem Layout
  // und identischen Steuerelementen
  Panel A = new Panel();
  A.setSize(300, 200);
  A.setLayout(new FlowLayout());
  A.setBackground(new Color(150,150,150));
  A.add(new Button("Der Knopf"));
  A.add(new TextField("einText"));
  A.add(new Button("noch ein Knopf"));
  A.add(new TextField("zweiter Text"));
  A.add(new Scrollbar());

  Panel B = new Panel();
  B.setSize(300, 200);
  B.setLayout(new BorderLayout());
  B.setBackground(new Color(200,200,200));
  B.add("West", new Button("Der Knopf"));
  B.add("East", new TextField("einText"));
  B.add("South", new Button("noch ein Knopf"));
  B.add("North", new TextField("zweiter Text"));
  B.add("Center", new Scrollbar());

  Panel C = new Panel();
  C.setSize(300, 200);
  C.setLayout(new CardLayout());
  C.setBackground(new Color(100,100,100));
  C.add("eins", new Button("Der Knopf"));
  C.add("zwei", new TextField("einText"));
  C.add("drei", new Button("noch ein Knopf"));
  C.add("vier", new TextField("zweiter Text"));
  C.add("fünf", new Scrollbar());

  Panel D = new Panel();
  D.setSize(300, 200);
  D.setLayout(new GridLayout(2,2));
  D.add(new Button("Der Knopf"));
  D.add(new TextField("einText"));
  D.add(new Button("noch ein Knopf"));
  D.add(new Scrollbar());
```

```
   // Die vier Panel werden der Reihe nach dem Hauptpanel angefügt - Auffüllen der
   // 2*2-"Tabelle" von links nach rechts und von oben nach unten
   add(A);   add(B);   add(C);   add(D);
   pack();   setVisible(true);
  }
}
```

Codebeispiel 84: Verwendung unterschiedlicher Layoutmanager

Ausgabe des Programms:

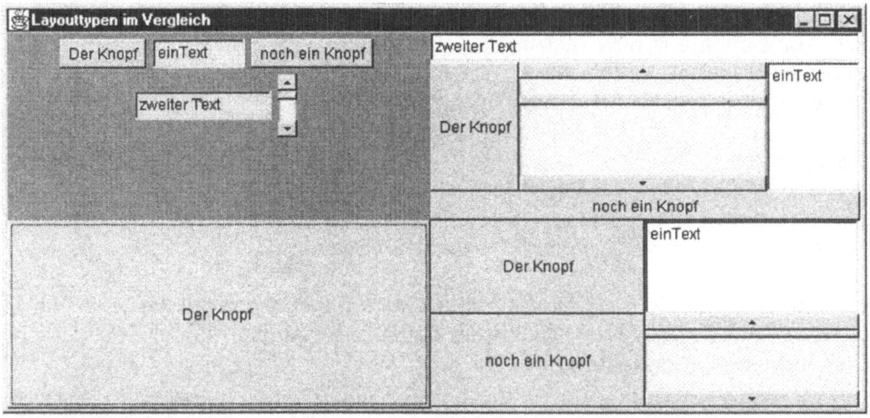

Abbildung 31:   Verwendung unterschiedlicher LayoutManager

GridBagLayout

Bei GridBagLayout handelt es sich um den aufwendigsten Layoutmanager, da
nicht nur ein Raster Verwendung findet, sondern auch die enthaltenen Steuerelemente nicht auf eine gemeinsame Größe einer Rasterzelle zugeschnitten werden,
d. h. sie können sich über mehr als eine Zelle in Höhe und Breite erstrecken. Damit dies in einer sinnvollen Weise geschehen kann, müssen zusätzliche Informationen angegeben werden: Für jede in ein GridBagLayout eingefügte Komponente
kann man Layoutparameter mit Hilfe eines Objekts vom Typ GridBagConstraints
angeben. Zu den Eigenschaften, die man mit GridBagConstaints setzen kann, gehören

- die relative Position im Raster (int gridx, int gridy),
- die relative Gewichtung einer Komponente (double weightx, double weighty),
- die Orientierung der Verankerung (int anchor) einer Komponente (CENTER,
  EAST, NORTH, NORTHWEST etc.),
- die Anzahl der Zellen, die eine Komponente in horizontaler bzw. vertikaler
  Richtung im Raster ausfüllen soll (int gridwidth, int gridheight)
- der Füllmodus einer Komponente (BOTH, NONE, HORIZONTAL, VERTICAL) und
- Angaben zu inneren Rahmenabständen innerhalb des Rasters (Insets insets)
  bzw. innerhalb der Komponente selbst (int ipadx, int ipady).

Mit einem GridBagLayout hat man die größtmögliche Kontrolle über das Erscheinungsbild der Benutzerschnittstelle. Insbesondere sind logische Rasterzellen nicht 1:1 den Komponenten zugeordnet, d. h. eine Komponente kann sowohl horizontal als auch vertikal mehrere Rasterzellen einnehmen. Dazu definiert man für jede Komponente, die in einen Container eingefügt werden soll, die für sie gültigen Constraints und fügt die Komponente in den Container mit GridBagLayout ein, wie in folgendem Schema angedeutet:

```java
// 1. Container, Komponente, Layoutmanager und Constraints erzeugen
Panel einContainer = new Panel();
TextArea eineKomponente = new TextArea();
GridBagLayout einGridBagLayout = new GridBagLayout();
GridBagConstraints dieConstraints = new GridBagConstraints();


// 2. Constraints setzen
einContainer.setLayout(einGridBagLayout);
dieConstraints.gridwidth = 3;
dieConstraints.gridwidth = 3;      // etc. für weitere Constraints


// 3. Komponente unter Anwendung der Constraints dem Container hinzufügen
inGridBagLayout.setConstraints(eineKomponente, dieConstraints);
einContainer.add(eineKomponente);
```

Codebeispiel 85: Schematische Anwendung von GridBagConstraints

Die Constraints gelten jeweils solange weiter, bis eine Komponente mit anderen Constraints eingefügt wird. Das nachfolgende Beispiel baut eine Eingabemaske für Adreßangaben auf, wobei jede Zeile aus einer Beschriftung und einem Eingabefeld bestehen soll. Über die Constraints des GridBagLayout sollen die Beschriftungen rechtsbündig, die Eingabefelder linksbündig angeordnet werden. Dazu werden für beide Typen von Steuerelementen GridBagConstraints definiert.

```java
import java.awt.*;
public class EingabeFormular extends Frame
{
  //GridBagLayout für das Hauptpanel
  GridBagLayout einGridBagLayout;
  //Darstellungsconstraints für die Feldbeschriftungen
  GridBagConstraints  BeschriftungsConstraints = new GridBagConstraints();
  //Darstellungsconstraints für die Eingabefelder
  GridBagConstraints  EingabeFeldConstraints = new GridBagConstraints();
  // Container für die Steuerelemente (Beschriftungen und Eingabefelder)
  Panel dieFlaeche;

  public static void main(String[] argv)
  {
    // Hauptfenster erzeugen
```

```java
        EingabeFormulardasFenster = new EingabeFormular("Beispiel GridBagLayout");
        // Einfügen der Steuerelemente
        dasFenster.addFormularFeld(new Label("Name:"), new TextField("Maier", 30));
        dasFenster.addFormularFeld(new Label("Vorname:"), new TextField("Anna", 20));
        dasFenster.addFormularFeld(new Label("Straße:"), new TextField("Hauptstr. 23",40));
        dasFenster.addFormularFeld(new Label("PLZ:"), new TextField("D-04107", 7));
        dasFenster.addFormularFeld(new Label("Ort:"), new TextField("Leipzig", 40));
        // Fenster wird sichtbar gemacht
        dasFenster.setVisible(true);
    }


    // Konstruktor der Klasse
    public EingabeFormular(String derFensterTitel)
    {
        // Aufruf des Konstruktors der Oberklasse Frame
        super(derFensterTitel);

        // Erzeugen und Zuweisen des Layoutmanager
        einGridBagLayout = new GridBagLayout();
        dieFlaeche = new Panel(einGridBagLayout);
        add(BorderLayout.CENTER, dieFlaeche);

        // Darstellungsanweisungen für die Beschriftungen (rechtsbündig)
        BeschriftungsConstraints = new GridBagConstraints();
        BeschriftungsConstraints.anchor = GridBagConstraints.EAST;
        BeschriftungsConstraints.fill = GridBagConstraints.NONE;

        // Darstellungsanweisungen für die Eingabefelder
        // (linksbündig; restlichen Platz im Raster verwenden)
        EingabeFeldConstraints = new GridBagConstraints();
        EingabeFeldConstraints.anchor = GridBagConstraints.WEST;
        EingabeFeldConstraints.fill = GridBagConstraints.NONE;
        EingabeFeldConstraints.gridwidth = GridBagConstraints.REMAINDER;
    }


    // Methode für das Einfügen der Komponenten unter Berücksichtigung der Constraints
    public void addFormularFeld(Label dieBeschriftung, TextField dasEingabeFeld)
    {
        einGridBagLayout.setConstraints(dieBeschriftung, BeschriftungsConstraints);
        dieFlaeche.add(dieBeschriftung);
        einGridBagLayout.setConstraints(dasEingabeFeld, EingabeFeldConstraints);
        dieFlaeche.add(dasEingabeFeld);
        // Fenster wird auf der Basis der preferredSize der Komponenten angezeigt
        pack();
    }
}
```

Codebeispiel 86: Verwendung eines GridBagLayoutManager

Ausgabe des Beispiels:

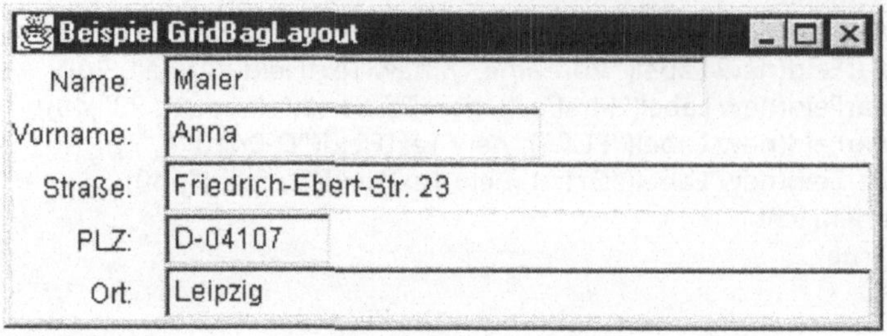

Abbildung 32:   Eingabeformular (GridBagLayout)

7.1.3 Ereignisverarbeitung

Die voranstehende Einführung in die Gestaltung von Benutzerschnittstellen mit Java hat lediglich gezeigt, wie Steuerelemente *definiert* und *angezeigt* werden. Damit eine Benutzerschnittstelle auch wie vorgesehen auf Eingaben reagiert, müssen Ereignisse (*events*) verarbeitet werden. Ereignisse entstehen aufgrund von Aktionen des Benutzers und müssen von den jeweils betroffenen Elementen der Schnittstelle verarbeitet werden. Zu den Ereignissen gehören u. a.

- Mausbewegungen,
- Tastendruck (Tastatur/Maus) und
- Betätigen von Rollbalken (*scrolling*).

Seit der Einführung von Java hat sich die Verarbeitung solcher Ereignisse grundlegend geändert – im ursprünglichen Ereignismodell des JDK 1.0.X ist ein Ereignis eine „plattformneutrale" Klasse, die die Nachrichten und Aktionen verschiedener graphischer Benutzerschnittstellen modelliert. Das bedeutet, daß die in der Klasse Event spezifizierten Aktionen die gemeinsame Menge der auf allen Plattformen verarbeitbaren Aktionen darstellen, also etwa: Tastendruck, Mausbewegung, Fensterzustand (Ikonisierung etc.). Jede Komponente der Benutzerschnittstelle leitet eingehende Nachrichten zu ihrer Elternkomponente weiter, unabhängig davon, ob die Nachricht schließlich verarbeitet oder einfach verworfen wird. Das bedeutet, daß jede Komponente **alle** eingehenden Ereignisse auf ihren Typ untersuchen und die zu verarbeitenden Nachrichten herausfiltern (durch handleEvent-Methoden) bzw. weiterreichen muß. Diese Form der Nachrichtenverarbeitung ist sehr ineffizient, da in jedem Fall alle Nachrichten auf ihren Typ untersucht werden müssen. In der Regel sind aber die meisten Nachrichten ohne Bedeutung für die Benutzerschnittstelle (z. B. wenn der Benutzer lediglich die Maus bewegt und dafür keine Verarbeitung vorgesehen ist). Das nachfolgende Schema zeigt das Prinzip der Nachrichtenverarbeitung im JDK 1.0.X:

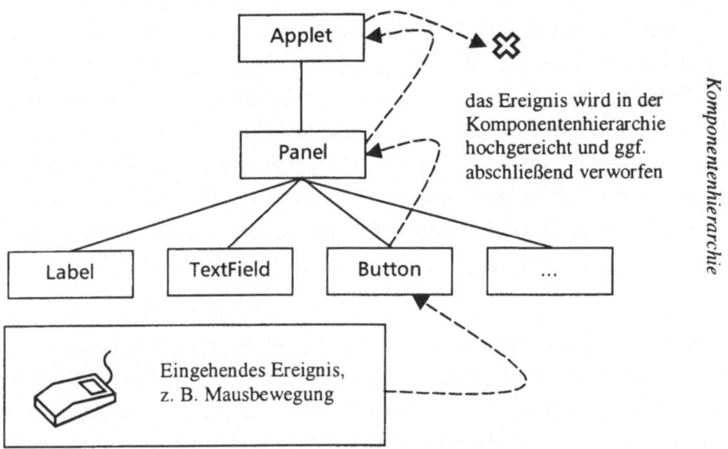

*Abbildung 33:   Schema der Ereignisverarbeitung im JDK 1.0.**

Mit der Reimplemeniterung des AWT im JDK 1.1 wurde ein neues Ereignismodell eingeführt: Grundprinzip ist die Weiterleitung eines Ereignisses von der Ereignisquelle zu einem „Lauschobjekt" (*event listener*), das auf Ereignisse eines
bestimmten Typs wartet. Für jeden Nachrichtentyp (Tastaturdruck, Mausbewegung) existiert eine eigene Lauscherklasse. Ist für einen Ereignistyp kein Lauschobjekt registriert, findet keine Ereignisverarbeitung statt: Nur diejenigen Ereignisse werden verarbeitet, auf die eine Komponente „hört" (lauscht). Damit verringert
sich die Rechnerlast, da eine Vielzahl von Ereignissen ignoriert werden kann.
Abbildung 34 zeigt den Weg eines Ereignisses nach dem neuen Modell:

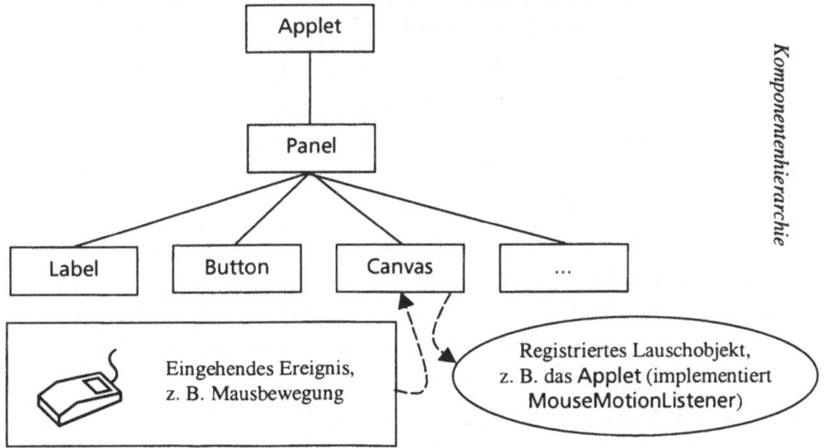

*Abbildung 34:   Schema der Ereignisverarbeitung ab JDK 1.1.**

Im neuen Event-Modell ist die Nachrichtenverarbeitung lokal organisiert; Nachrichten werden nur in der Hierarchie nach oben weitergereicht, wenn dies in einem *event listener* explizit vorgesehen ist. Ereignisse entstehen an einer Ereignisquelle (*event source*). Die Quelle erzeugt ein Ereignis und übergibt es an ein registriertes Lauschobjekt oder verwirft es. Bei Ereignisquelle und Lauschobjekt muß es sich nicht um dasselbe Objekt handeln: Typischerweise implementiert man die Methoden der Lauscherschnittstellen in Containerobjekten (z. B. das Hauptfenster einer Anwendung), die als Lauschobjekt ihren Komponenten zugeordnet werden (addXXXListener-Methoden). Abbildung 34 ist wie folgt zu interpretieren:

1. Die Zeichenfläche registriert ein Lauschobjekt für Mausbewegungen (void addMouseMotionListener(MouseMotionListener einMausbewegungsLauscher)).
2. Der Parameter einMausbewegungsLauscher ist eine Referenz auf eine Komponente, die die entsprechende Schnittstelle (MouseMotionListener) implementiert.
3. Das Lauschobjekt bekommt MouseMotionEvents zugesandt und verarbeitet sie.
4. Ereignisse, für die kein Lauschobjekt existiert, können ignoriert werden, sie werden auch nicht in der Komponentenhierarchie nach oben weitergereicht.

Nach diesem Verfahren kann man einer Ereignisquelle auch *mehrere* Lauschobjekte sukzessive zuweisen – die entsprechenden Ereignisse werden dann an alle Lauschobjekte zu Verarbeitung versandt (*event multicast*, s. u. Codebeispiel 89).

Ereignistypen
Alle Ereignistypen sind von der gemeinsamen Basisklasse EventObject abgeleitet. Jede Unterklasse von EventObject realisiert die Besonderheiten des jeweiligen Ereignistyps. Abbildung 35 zeigt die Einteilung der Ereignistypen in Java 1.1ff:

Ereignisklasse	*Bedeutung*
EventObject	Basisklasse aller Ereignisse
----PropertyChangeEvent	Eigenschaftsänderung in einer Java-Bean-Komponente
----AWTEvent	Ereignis in der Benutzerschnittstelle (abstrakte Basisklasse)
----ActionEvent	Aktionsauslösung in der Benutzerschnittstelle
----AdjustmentEvent	Anpassung von Rolleisten/Rollflächen (*scroll bars*)
----TextEvent	Textänderung in TextField, TextArea
----ComponentEvent	Änderung von Komponenten
----PaintEvent	Komponenten zeichnen (wird nur intern verwendet)
----FocusEvent	Fokuswechsel von Komponenten in einem Container
----ContainerEvent	Hinzufügen/Löschen von Komponenten in einem Container
----WindowEvent	Öffnen/Schließen, Aktivieren, Minimieren etc. von Fenstern
----InputEvent	Eingabeereignisse (abstrakte Oberklasse)
----MouseEvent	Mauseingabeereignisse (bewegen, klicken etc.)
----KeyEvent	Tastatureingabeereignisse (Taste drücken, loslassen)

Abbildung 35:   Übersicht der Ereignisklassen im AWT

Die Basisklasse EventObject hat lediglich eine Methode, Object getSource(), um die Ereignisquelle zu bestimmen. In ihren Unterklassen ist jeweils die für einen bestimmten Ereignistyp benötigte Funktionalität definiert:

- AWTEvent definiert eine Methode zur Bestimmung des Typs eines Ereignisses (int getID()),
- InputEvent hat Methoden zur Ausgabe des Zeitpunkts eines Ereignisses (long getWhen()) und der während der Aktionsauslösung gedrückten Tasten:
  int getModifiers(),
  boolean isAltDown() für die ALT-Taste,
  boolean isAltGraphDown() für die ALT GR-Taste,
  boolean isMetaDown() für die META-Taste,
  boolean isControlDown() für die STRG-/CTRL-Taste und
  boolean isShiftDown() für die Shift-/Umschalttaste.
- MouseEvent definiert Methoden, die Position (Point getPoint(), int getX(), int getY()) und Anzahl der Mausklicks (int getClickCount()) bestimmen, und
- die Tastaturereignisklasse KeyEvent enthält als Konstanten (d. h. statische finale Eigenschaften) eine Liste von Tastaturcodes (*virtual keys*), die bei Drükken einer Taste mit dem KeyEvent-Objekt verschickt und über char KeyEvent.getKeyChar() bzw. int KeyEvent.getKeyCode() abgefragt werden können, z. B. KeyEvent.VK_B für „b" bzw. „B", KeyEvent.VK_7 für die Ziffer „7", KeyEvent.VK_PAGE_UP für die Taste „Bild nach oben" oder KeyEvent.VK_SHIFT für die Umschalttaste.

Die Informationen sind also ganz spezifisch nur den Ereignisklassen zugeordnet, für die sie benötigt werden.

Die Ereignisse werden in zwei Grobklassen eingeteilt, die „primitiven" und die „semantischen" Ereignisse. Zu den primitiven Ereignissen zählt v. a. das Abfangen von Benutzereingaben (InputEvent: Maus, Tastatur), die Fenstermanipulation (Minimieren von Fenstern, Fokuswechsel etc.) oder das Zeichnen im Interface (PaintEvent). Im Unterschied zu den primitiven Nachrichten stehen die sog. semantischen Nachrichten, die jeweils für eine bedeutungstragende Aktion einer Komponente stehen, etwa für die Tatsache, daß ein Benutzer eine Taste gedrückt hat (im Unterschied zu der „primitiven" Mausaktion, die dieses Ereignis an sich ausgelöst hat) oder für den Statuswechsel beim Anklicken eines Kontrollkästchens (Checkbox). Jeder Typ von Kontrollelement kann dabei auf unterschiedliche Typen semantischer Ereignisse reagieren, z. B. reagiert ein Button auf den semantischen Ereignistyp ActionEvent, während eine Scrollbar auf einen AdjustmentEvent, eine Liste auf ActionEvent und ItemEvent reagieren kann. Beim Abfangen eines semantischen Ereignisses kann man über die Methode getActionEvent() des ActionEvent feststellen, um welche Aktion es sich handelt bzw. von welcher Komponente sie ausgelöst wurde. Tabelle 33 zeigt die Zuordnung zwischen AWT-Komponenten und den von ihnen ausgelösten Ereignistypen.

	ActionEvent	AdjustmentEvent	ComponentEvent	ContainerEvent	FocusEvent	ItemEvent	KeyEvent	MouseEvent	TextEvent	WindowEvent
Button	•		•		•		•	•		
Canvas			•		•		•	•		
Checkbox			•		•	•	•	•		
CheckboxMenuItem	•					•				
Choice			•		•	•	•	•		
Component			•		•		•	•		
Container			•	•	•		•	•		
Dialog			•	•	•		•	•		•
Frame			•	•	•		•	•		•
Label			•		•		•	•		
List	•		•		•	•	•	•		
MenuItem	•									
Panel			•	•	•		•	•		
Scrollbar		•	•		•		•	•		
ScrollPane			•	•	•		•	•		
TextArea			•		•		•	•	•	
TextComponent			•		•		•	•	•	
TextField	•		•		•		•	•	•	
Window			•	•	•		•	•		•

Tabelle 33:   Zuordnung von Komponenten und Ereignistypen im AWT

EventListener und Adapterklassen
Ein Ereignis wird nur verarbeitet, wenn ein zu ihm passendes Lauschobjekt existiert. Die EventListener sind Schnittstellen, die analog zu den entsprechenden Ereignistypen (z. B. MouseEvent) Methoden für das Verarbeiten dieser Nachrichten zusammenfassen. Damit eine Komponente Ereignisse abfangen kann, muß sie eine der EventListener-Schnittstellen implementieren, d. h. für alle Methoden eines EventListener eine Implementierung angeben. In den Listener-Schnittstellen sind in der Regel mehrere Subtypen von Ereignissen zusammengefaßt, z. B. ent-

hält der **KeyListener** die abstrakten Methoden void keyPressed(KeyEvent einTastenEreignis), void keyReleased(KeyEvent einTastenEreignis) und void keyTyped(KeyEvent einTastenEreignis), die von jedem Objekt, das Nachrichten des Typs KeyEvent verarbeiten will, implementiert werden müssen. Tabelle 34 faßt die Lauscherschnittstellen (*event listener*) und ihre Nachrichtenverarbeitungsroutinen zusammen.

Lauscherschnittstelle	*Nachrichtenverarbeitungsmethoden, die bei Verwenden der Schnittstelle implementiert werden müssen*
ActionListener	void actionPerformed(ActionEvent einAktionsEreignis)
AdjustmentListener	void adjustmentValueChanged(AdjustmentEvent einAnpassungsereignis)
ComponentListener	void componentHidden(ComponentEvent einKomponentenEreignis) void componentMoved(ComponentEvent einKomponentenEreignis) void componentResized(ComponentEvent einKomponentenEreignis) void componentShown(ComponentEvent einKomponentenEreignis)
ContainerListener	void componentAdded(ContainerEvent einContainerEvent) void componentRemoved(ContainerEvent einContainerEvent)
FocusListener	void focusGained(FocusEvent einFokussierungsEreignis) void focusLost(FocusEvent einFokussierungsEreignis)
ItemListener	void itemStateChanged(ItemEvent einEintragsereignis)
KeyListener	void keyPressed(KeyEvent einTastaturEreignis) void keyReleased(KeyEvent einTastaturEreignis) void keyTyped(KeyEvent einTastaturEreignis)
MouseListener	void mouseClicked(MouseEvent einMausEreignis) void mouseEntered(MouseEvent einMausEreignis) void mouseExited(MouseEvent einMausEreignis) void mousePressed(MouseEvent einMausEreignis) void mouseReleased(MouseEvent einMausEreignis)
MouseMotionListener	void mouseDragged(MouseEvent einMausEreignis) void mouseMoved(MouseEvent einMausEreignis)
TextListener	void textValueChanged(TextEvent einTextEreignis)
WindowListener	void windowActivated(WindowEvent einFensterEreignis) void windowClosed(WindowEvent einFensterEreignis) void windowClosing(WindowEvent einFensterEreignis) void windowDeactivated(WindowEvent einFensterEreignis) void windowDeiconified(WindowEvent einFensterEreignis) void windowIconified(WindowEvent einFensterEreignis) void windowOpened(WindowEvent einFensterEreignis)

Tabelle 34:   Lauscherschnittstellen und ihre Ereignisverarbeitungsmethoden

Um Ereignisse abfangen und verarbeiten zu können, reicht die *Implementierung* einer Lauscherschnittstelle allein noch nicht aus; es muß vielmehr der Komponente, die einen Nachrichtentypus auslösen, auch explizit ein Lauschobjekt zugewiesen sein, das diese Nachricht verarbeitet. Im nachfolgenden Beispiel ist dies ein einfaches Fenster mit Rahmen: Die Klasse MausLauschen implementiert die beiden Methoden der Schnittstelle MouseMotionListener, mouseDragged() und mouseMoved() und erhält in ihrem Konstruktor ein passendes Lauschobjekt zugewiesen (addMouseMotionListener(this)):

```java
import java.awt.Frame;
import java.awt.event.MouseMotionListener;
import java.awt.event.MouseEvent;

class MausLauschen extends Frame implements MouseMotionListener
{
  public static void main(String[] argv)
  { new MausLauschen(); }

  public MausLauschen()
  {
    // Konstruktor erzeugt das Hauptfenster
    super("Testfenster für Mausbewegung");
    setSize(300,200);
    setLocation(0,0);

    // Hinzufügen des Lauschobjekts für Nachrichten vom Typ Mausbewegung
    addMouseMotionListener(this);
    setVisible(true);
  }

  // Implementierung der Methoden der Schnittstelle MouseMotionListener
  public void mouseDragged(MouseEvent e)
  {
    // Weiterverarbeitung der Nachricht: Statusmeldung in der Konsole
    System.out.println(  "Maus wurde bei gedrückter Taste bewegt, Position: " +
                    e.getX() + ", " + e.getY());
  }

  // Implementierung der Methoden der Schnittstelle MouseMotionListener
  public void mouseMoved(MouseEvent e)
  {
    // Weiterverarbeitung der Nachricht: Statusmeldung in der Konsole
    System.out.println("Maus wurde bewegt, Position: " +
    e.getX() + ", " + e.getY());
  }
}
```

Codebeispiel 87: Abfangen von Mausereignissen (primitive Ereignisse)

Ein zweites Beispiel der Nachrichtenverarbeitung soll zeigen, wie *semantische* Nachrichten verarbeitet werden: Dazu wird ein Fenster definiert, das eine Schaltfläche enthält; bei Betätigen der Schaltfläche wird Text in eine TextArea ausgegeben. In diesem Beispiel sind Ereignisquelle (die Schaltfläche) und Lauschobjekt (das Fenster) verschieden.

```java
import java.awt.Frame;
import java.awt.Button;
import java.awt.TextArea;
import java.awt.GridLayout;
import java.awt.event.ActionListener;
import java.awt.event.ActionEvent;

class ButtonMitListener extends Frame implements ActionListener
{
  Button eineSchaltfläche;
  TextArea einTextFeld;

  public static void main(String[] argv)
  { new  ButtonMitListener("Schaltfläche mit Funktion");  }

  public ButtonMitListener(String Titel)
  {
    // Anlegen des Fensters
    super(Titel);
    setSize(300, 100);
    setLayout(new GridLayout(2,1));

    eineSchaltfläche = new Button("Text eintragen");

    // Schaltfläche bekommt ein Lauschobjekt zugewiesen:
    eineSchaltfläche.addActionListener(this);

    einTextFeld = new TextArea(  "", 20,4, TextArea.SCROLLBARS_NONE);
    add(eineSchaltfläche);
    add(einTextFeld);
    setVisible(true);
  }

  // Implementierung der in der Schnittstelle ActionListener enthaltenen Methode
  // actionPerformed()
  public void actionPerformed(ActionEvent e)
  {
    // Wenn nichts anderes angegeben ist, ist der Befehlsname mit der Beschriftung der
    // Schaltfläche identisch - sonst über setActionCommand() direkt anzugeben
    if (e.getActionCommand().equals("Text eintragen"))
    {
      // Beispieltext wird im Textfeld angehängt
      einTextFeld.setText(einTextFeld.getText() + " Test text wurde ausgegeben.");
    }
  }
}
```

Codebeispiel 88: Verarbeiten semantischer Ereignisse

Ein drittes Beispiel soll nochmals das Prinzip der lokalen Verarbeitung von Nachrichten verdeutlichen: In einem Fenster befindet sich ein **TestPanel** (von **Panel** abgeleitete Hilfsklasse), im **TestPanel** eine graue Zeichenfläche (**Canvas**). Alle drei Objekte haben ein Lauschobjekt für Mausbewegungen registriert (MouseMotion-Ereignisse), als Lauschobjekt dient das Fenster (Multicast) selbst, das die Methoden von **MouseMotionListener** implementiert. Für die Zeichenfläche ist zusätzlich das **TestPanel** als zweites Lauschobjekt vorgesehen (*event multicast*). Zur Kontrolle werden jeweils die Eigenschaften des aktuellen Mausereignisses (Typ, Position etc.) ausgegeben. Wie die Ausgabe zeigt, werden die Mausbewegungen jeweils nur von den Komponenten verarbeitet, die als Lauschobjekte registriert sind, aber nicht in der Komponentenhierarchie nach oben (von **Canvas** zu **Panel** zu **Frame**) weitergereicht.

```java
import java.awt.*;
import java.awt.event.*;
import java.util.Date;

class Multicast extends Frame implements MouseMotionListener
{
  public static void main(String[] argv)
  {   new Multicast("Ereignis-Multicast");   }

  public Multicast(String Titel)
  {
    // Fenster wird erzeugt, bekommt Lauschobjekt (d. h. sich selbst) zugewiesen
    super(Titel);  setSize(250, 150);  setLayout(new BorderLayout());
    addMouseMotionListener(this);

    // im Fenster ein TestPanel, ebenfalls mit Lauschobjekt
    TestPanel eineFlaeche = new TestPanel();
    add(BorderLayout.CENTER, eineFlaeche);
    eineFlaeche.addMouseMotionListener(this);

    // im Panel ein grauer Canvas, auch er hört auf Mausbewegungen
    Canvas eineZeichenFlaeche = new Canvas();
    eineZeichenFlaeche.setSize(200,100);
    eineZeichenFlaeche.setBackground(Color.lightGray);

    // Für den Canvas sind zwei Lauschobjekte registriert:
    // 1. Lauschobjekt: das Fenster (Klasse Multicast)
    eineZeichenFlaeche.addMouseMotionListener(this);
    // 2. Lauschobjekt: das Panel (Klasse TestPanel)
    eineZeichenFlaeche.addMouseMotionListener(eineFlaeche);

    eineFlaeche.add(eineZeichenFlaeche);
    setVisible(true);
  }
```

```java
  // Verarbeitung von Mausbewegungen: Ausgabe der Eigenschaften der aktuellen Nachricht
  public void mouseMoved(MouseEvent einMausEreignis)
  {
    System.out.println( "Nachricht abgefangen durch: " + this.toString() +
            "\nNachrichten-ID: " + einMausEreignis.getID() +
            "\nNachrichtenquelle: " + einMausEreignis.getSource().toString() +
            "\nZeitpunkt: " + new Date(einMausEreignis.getWhen()).toString() +
            "\nPosition: " + einMausEreignis.getX() + ", " + einMausEreignis.getY());
  }


  public void mouseDragged(MouseEvent einMausEreignis)
  {   /* nicht verwendet */    }
}

class TestPanel extends Panel implements MouseMotionListener
{
  // Verarbeitung von Mausbewegungen: Ausgabe der Eigenschaften der aktuellen Nachricht
  public void mouseMoved(MouseEvent einMausEreignis)
  {
    System.out.println( "Nachricht abgefangen durch: " + this.toString() +
            "\nNachrichten-ID: " + einMausEreignis.getID() +
            "\nNachrichtenquelle: " + einMausEreignis.getSource().toString() +
            "\nZeitpunkt: " + new Date(einMausEreignis.getWhen()).toString() +
            "\nPosition: " + einMausEreignis.getX() + ", " + einMausEreignis.getY());
  }

  public void mouseDragged(MouseEvent einMausEreignis)
  {   /* nicht verwendet */    }
}
```

Codebeispiel 89: Mehrfachverarbeitung von Ereignissen (event multicast)

Das Fenster sieht wie folgt aus:

Abbildung 36:   Beispielfenster Nachrichtenverarbeitung

Bei Bewegen der Maus vom Panel (weißer Rand) in die Zeichenfläche (grau) entsteht folgende Ausgabe:

Nachrichten-ID: 503
Abgefangen von: Multicast[frame0,0,0,250x150,layout=java.awt.BorderLayout, ...
Nachrichtenquelle: TestPanel[panel0,4,23,242x123,layout=java.awt.FlowLayout]
Zeitpunkt: Sun May 30 13:16:49 CEST 1999
Position: 235, 82
Nachrichten-ID: 503
Abgefangen von: Multicast[frame0,0,0,250x150,layout=java.awt.BorderLayout, ...
Nachrichtenquelle: TestPanel[panel0,4,23,242x123,layout=java.awt.FlowLayout]
Zeitpunkt: Sun May 30 13:16:49 CEST 1999
Position: 225, 82
Nachrichten-ID: 503
Abgefangen von: Multicast[frame0,0,0,250x150,layout=java.awt.BorderLayout, ...
Nachrichtenquelle: java.awt.Canvas[canvas0,21,5,200x100]
Zeitpunkt: Sun May 30 13:16:50 CEST 1999
Position: 141, 67
Nachrichten-ID: 503
Abgefangen von: TestPanel[panel0,4,23,242x123,layout=java.awt.FlowLayout]
Nachrichtenquelle: java.awt.Canvas[canvas0,21,5,200x100]
Zeitpunkt: Sun May 30 13:16:50 CEST 1999
Position: 141, 67
Nachrichten-ID: 503
Abgefangen von: Multicast[frame0,0,0,250x150,layout=java.awt.BorderLayout, ...
Nachrichtenquelle: java.awt.Canvas[canvas0,21,5,200x100]
Zeitpunkt: Sun May 30 13:16:50 CEST 1999
Position: 140, 67
Nachrichten-ID: 503
Abgefangen von: TestPanel[panel0,4,23,242x123,layout=java.awt.FlowLayout]
Nachrichtenquelle: java.awt.Canvas[canvas0,21,5,200x100]
Zeitpunkt: Sun May 30 13:16:50 CEST 1999
Position: 140, 67

Die Ausgabe zeigt die *zweifache* Verarbeitung der Mausbewegung über der Zeichenfläche (Canvas) durch die beiden registrierten Lauschobjekte Multicast und TestPanel).

Adapterklassen für Lauscherschnittstellen
Da die Listener-Schnittstellen jeweils mehr als einen Ereignissubtypus spezifizieren, muß man bei Deklaration einer Klasse, die einen Listener verwenden soll, immer *alle* Methoden dieser Schnittstelle implementieren, d. h. alle Ereignistypen abhören, was meist weder wünschenswert noch praktisch ist. Im obigen Beispiel MausLauschen sind *beide* Methoden aus MouseMotionListener, mouseMoved() *und* mouseDragged(), implementiert. Will man nur einen Ereignistyp abhören, so muß man die zweite Methode ohne Methodenrumpf implementieren. Enthält eine Listener-Schnittstelle eine Vielzahl von Methoden (z. B. fünf Ereignissubtypen in der Schnittstelle MouseListener), so ist dieses Verfahren umständlich. Im Paket java.awt.event existiert daher parallel zu jeder Listener-*Schnittstelle* eine entspre-

chende *Adapterklasse*, die eine „leere" Implementierung der Schnittstelle darstellt. Statt eine Listener-Schnittstelle zu implementieren, kann man eine neue Klasse auch vom entsprechenden Adapter ableiten und muß dann nicht mehr *alle* Methoden der Schnittstelle implementieren. Nachfolgend wird dies anhand des modifizierten MausLauschen-Beispiels gezeigt, wobei hier nur der Ereignistyp mouseDragged() verarbeitet wird. Zudem entfällt die Ableitung von der Klasse Frame (nur Einfachvererbung ist erlaubt und die Vererbung wird für die Ableitung von der Klasse MouseMotionAdapter benötigt):

```java
import java.awt.Frame;
import java.awt.event.MouseMotionAdapter;
import java.awt.event.MouseEvent;

public class MausLauschenMitAdapter extends MouseMotionAdapter
{
  Frame dasFenster;

  public MausLauschenMitAdapter()
  {
    dasFenster = new Frame("Testfenster für Mausbewegung");
    dasFenster.setSize(300,200);     dasFenster.setLocation(0,0);

    // Hinzufügen des Lauschobjekts für Nachrichten vom Typ Mausbewegung
    dasFenster.addMouseMotionListener(this);
    dasFenster.setVisible(true);
  }

  public static void main(String[] argv)
  {   new MausLauschenMitAdapter(); }

    // Die aus MouseMotionAdapter geerbte Methode mouseDragged() wird implementiert
    public void mouseDragged(MouseEvent e)
    {
      // Weiterverarbeitung der Nachricht: Statusmeldung in der Konsole
      System.out.println( "Maus wurde bei gedrückter Taste bewegt, Position: " +
                          e.getX() + ", " + e.getY());
    }
}
```

Codebeispiel 90: Einsatz von Adapterklassen

Ein abschließendes Beispiel zur Nachrichtenverarbeitung soll die Themen Aufbau von Benutzerschnittstellen, Fensterverwaltung und Nachrichtenverarbeitung im Zusammenhang zeigen. Im Beispiel werden zwei Fenster angelegt:

1. Ein Fenster, das verschiedene Kontrollelemente enthält (ControlTest), sowie
2. ein Fenster, in dem eine Leiste von Schaltflächen dazu dient, die Kontrollelemente des ersten Fensters zu modifizieren.

Zur Vorgehensweise im Einzelnen:

1. Definition geeigneter Fensterobjekte („*Subklasse* extends Frame").
2. Anlegen eines Panel für die Steuerelemente.
3. Festlegen des Layouts des Panels (GridLayout).
4. Instantiieren und Einfügen der Steuerelemente in das Panel.
5. Einfügen des Panels in das Fenster.
6. Implementierung der passenden Lauschklasse, um semantische Ereignisse abfangen zu können.
7. Festlegen der Aktionskommandos für die Steuerelemente.
8. Implementieren der „Aktionsfunktionalität".

Zunächst folgt der Beispielquelltext für das Fenster mit den verschiedenen Steuerelementen:

```java
import java.awt.*;
public class ControlTest extends Frame
{
  Panel Flaeche;                    Button Knopf;              Canvas Leinwand;
  CheckboxGroup KreuzelGruppe;      Checkbox Kreuzel;          Choice Auswahl;
  Label Beschriftung;              List Liste;                Scrollbar Rollbalken;
  TextField TextFeld;              TextArea TextBereich;

  public static void main(String[] argv)
  {
    ControlTest derTest = new ControlTest();
  }

  public ControlTest()
  {
    super("Hauptfenster mit verschiedenen Steuerelementen");
    setLocation(0,0);   setSize(450,150);

    Knopf = new   Button("eine Schaltläche");
    Leinwand = new   Canvas(); Leinwand.setBackground(Color.cyan);
    Leinwand.setSize(50,50);
    Kreuzel = new Checkbox("Hier ankreuzen!",KreuzelGruppe,true);
    Auswahl = new Choice();  Auswahl.addItem("erster Eintrag");
    Auswahl.addItem("zweiter Eintrag");  Auswahl.addItem("dritter Eintrag");
    Beschriftung = new Label("Hier ist die Beschriftung");
    Liste = new List();   Liste.add("erster Eintrag");   Liste.add("zweiter Eintrag");
    Liste.add("dritter Eintrag");   Liste.add("vierter Eintrag");   Liste.add("fünfter Eintrag");
    Rollbalken = new Scrollbar(Scrollbar.HORIZONTAL,40,40,20,100);
    TextFeld= new TextField("Eintrag im Textfeld",20);
    TextBereich = new TextArea("Eintrag im Textbereich", 5, 30);
```

```
    Flaeche = new Panel();
    Flaeche.setSize(this.getSize());
    Flaeche.setLocation(0,0);
    Flaeche.setLayout(new GridLayout(3,3));

    Flaeche.add(Knopf);        Flaeche.add(Leinwand);       Flaeche.add(Kreuzel);
    Flaeche.add(Auswahl);      Flaeche.add(Beschriftung);   Flaeche.add(Liste);
    Flaeche.add(Rollbalken);   Flaeche.add(TextFeld);       Flaeche.add(TextBereich);

    add(Flaeche);      setVisible(true);
  }
}
```

Codebeispiel 91: Steuerung von Komponenten eines Fensters I

Bildschirmausgabe des Fensters mit verschiedenen Kontrollelementen:

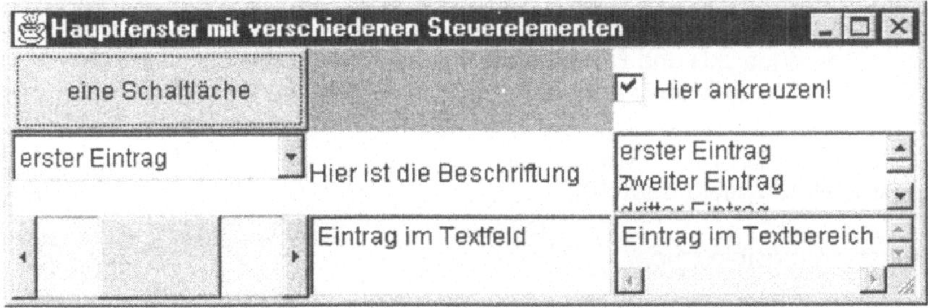

Abbildung 37:   Fenster mit verschiedenen Kontrollelementen

Der zweite Teil des Beispiels beinhaltet eine Klasse, die das Steuerfenster erzeugt und eine Instanz des Kontrollelementfensters (s.o.) aufruft. Zusätzlich ist die Klasse **SteuerFenster** von **WindowAdapter** abgeleitet, um ein Schließen des Fensters durch den Benutzer zuzulassen (windowClosing()-Ereignis):

```
import java.awt.*;
import java.awt.event.*;

public class SteuerFenster extends WindowAdapter implements ActionListener
{
  // Schaltflächen zur Steuerung (als Array angelegt)
  Button[] dieKnoepfe = new Button[8];

  // das zu steuernde Fenster als Eigenschaft von SteuerFenster
  ControlTest einTestFenster;
  Frame dasSteuerFenster;

  public static void main(String[] argv)
  { new SteuerFenster();   }
```

```java
public SteuerFenster()
{
  // ein Fenster mit den verschiedenen Kontrollelementen wird erzeugt
  einTestFenster = new ControlTest();

  dasSteuerFenster = new Frame("Steuerung");
  dasSteuerFenster.setLayout(new GridLayout(2,4));
  dasSteuerFenster.setSize(400,200);
  dasSteuerFenster.setLocation(0,150);
  dasSteuerFenster.addWindowListener(this);

  // Erzeugen der Steuerschaltflächen
  dieKnoepfe[0] = new Button("Knopf");    dieKnoepfe[1] = new Button("Leinwand");
  dieKnoepfe[2] = new Button("Kreuzel");  dieKnoepfe[3] = new Button("Auswahl");
  dieKnoepfe[4] = new Button("Beschriftung");   dieKnoepfe[5] = new Button("Liste");
  dieKnoepfe[6] = new Button("TextFeld"); dieKnoepfe[7] = new Button("TextBereich");

  // Zuordnen des Lauschobjekts und Einfügen der Schaltflächen in dasSteuerFenster
  for(int i = 0; i < dieKnoepfe.length; i++)
  {
    dieKnoepfe[i].addActionListener(this);
    dasSteuerFenster.add(dieKnoepfe[i]);
  }
  dasSteuerFenster.setVisible(true);
}

// Implementierung der actionPerformed-Methode aus der
// Schnittstelle ActionListener
public void actionPerformed(ActionEvent e)
{
  String Befehl = e.getActionCommand();
  if(Befehl.equals("Knopf"))  {einTestFenster.Knopf.setLabel("neuesLabel für Knopf");}
  if(Befehl.equals("Leinwand")){einTestFenster.Leinwand.setBackground(Color.magenta);}
  if(Befehl.equals("Kreuzel")) {einTestFenster.Kreuzel.setState(false);}
  if(Befehl.equals("Beschriftung")){einTestFenster.Beschriftung.setText("neue Beschriftung");}
  if(Befehl.equals("Auswahl")){einTestFenster.Auswahl.insert("neuer Eintrag", 0);}
  if(Befehl.equals("Liste")){einTestFenster.Liste.add("neuer Eintrag", 0);}
  if(Befehl.equals("TextFeld")){einTestFenster.TextFeld.setText("neuer Text");}
  if(Befehl.equals("TextBereich")){einTestFenster.TextBereich.setText("neuer Text");}
}
// Implementierung der Methode windowClosing (ererbt aus der Oberklasse
// WindowAdapter). Das Ereignis tritt auf, wenn der Quit-Button gedrückt
// wurde; ermöglicht das Schließen des Fensters:
public void windowClosing(WindowEvent e)
{   System.exit(0);   }
}
```

Codebeispiel 92: Steuerung von Komponenten eines Fensters II

7.1.4   Menüs und Zwischenablage

Ein wichtiger Teil von Benutzerschnittstellen sind Menüs, über die die Funktionen eines Programms aufzurufen sind. Es gibt verschiendene Typen von Menüs:

* Als Menüleiste, die am oberen Fensterrand verankert ist und über einfache oder geschachtelte Listen von Menüeinträgen verfügt, oder
* als Popup- oder Kontextmenüs, die per Mausklick aktiviert werden und sich meist an der Position des Mauszeigers öffnen.

Neben der direkt-manipulativen Ansteuerung von Menüs mit der Maus sehen Menüs in der Regel auch sog. Tastatur-Shortcuts für die wichtigsten Befehle und Aktionen vor, so daß der Benutzer alternative Bedienungsmöglichkeiten hat. Die nachfolgende Abbildung zeigt ein Beispiel eines Menüs mit seinen Bestandteilen:

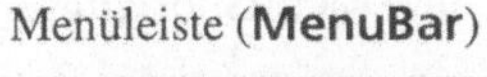

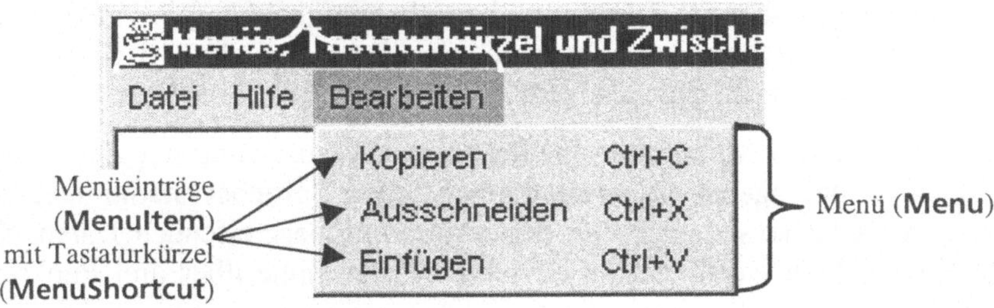

Abbildung 38:   Aufbau von Menüs

Im *abstract windowing toolkit* sind eine Reihe von Klassen enthalten, die die Menüfunktionalität realisieren: Die Klassen **MenuBar** und **PopMenu** definieren die zwei verschiedenen Menütypen, sie werden einem Fenster (**Frame**) bzw. Container durch die Methoden **void setMenuBar(MenuBar dieMenueLeiste)** bzw. **Component add(Component dasPopupMenue)** zugefügt. Dabei enthält eine Menüleiste ein oder mehrere Objekte vom Typ **Menu**, jedes Menü wiederum ein oder mehrere Menüeinträge (**MenuItem**). Die Bestandteile einer Menüleiste werden durch Aufruf der **add**-Methode der passenden Komponente zusammengebaut. Dabei kann man Menüs schachteln: Durch Hinzufügen von Menüs zu Menüs (anstelle des „einfachen" Hinzufügen von Menüeinträgen zu Menüs) entstehen kaskadierende Menüs, wie die nachfolgende Abbildung zeigt:

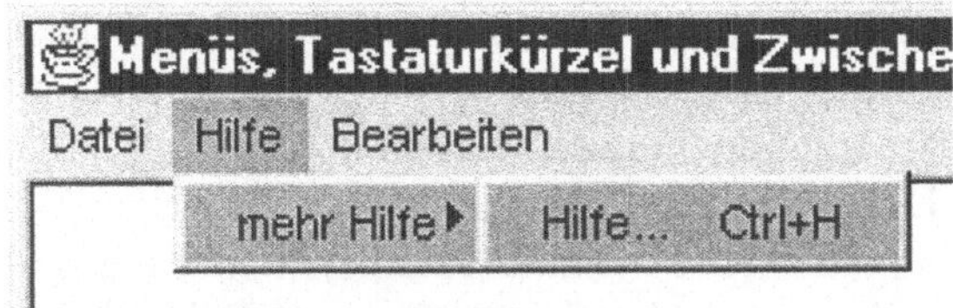

Abbildung 39:   Kaskadierende Menüs

Damit auf das Anklicken eines Menüs hin auch die gewünschte Aktion ausgelöst wird, muß man

- den Menüeinträgen *Aktionskommandos* zuordnen (mit Hilfe der Methode void setActionCommand(String derBefehlsname)) und
- ein Lauschobjekt für „semantische Aktionen" registrieren (durch die Methode void addActionListener(ActionListener einAktionsLauscher), s. o.). Die Menüaufrufe werden wie alle semantischen Ereignisse durch die Implementierung der actionPerformed-Methode im Lauschobjekt abgearbeitet.

Bei der Erzeugung eines Menüeintrags kann ihm ein passendes Tastaturkürzel zugewiesen werden; dazu erzeugt man ein (anonymes) Objekt der Klasse MenuShortCut und übergibt es dem Konstruktor des Menüeintrags:

MenuItem einMenueEintrag = new MenuItem("Text", new MenuShortcut(KeyEvent.VK_T));

Die Anwahl von Menüs über die Tastatur ist betriebssystemabhängig – meist muß man zugleich mit dem angegebenen Shortcut (hier: KeyEvent.VK_T, d. h. der *virtual key* „T") eine Sondertaste drücken, z. B. die Control- bzw. Steuertaste.

Ein typisches Beispiel für Menüfunktionalität ist die Ansteuerung der Zwischenablage. Die Zwischenablage ist ein in allen graphischen Betriebssystemumgebungen vorhandener Zwischenspeicher, der den programmübergreifenden Datenaustausch ermöglicht. Dabei verfügen die einzelnen Programme über drei Funktionen:

Kopieren (*copy*): Der aktuell markierte Inhalt des Programms (Text, Bild etc.) wird in die Zwischenablage übertragen; die dort bisher abgelegten Daten werden überschrieben.

Ausschneiden (*cut*): Der aktuell markierte Inhalt des Programms wird gelöscht und in die Zwischenablage übertragen.

Einfügen (*paste*): Der Inhalt der Zwischenablage wird in das Programm eingefügt, soweit es sich dabei um einen passenden Datentypus handelt.

Für die Steuerung der Zwischenablage ist in Java ein eigenes Unterpaket des AWT vorgesehen, java.awt.datatransfer. Neben einer Klasse Clipboard mit Methoden für die Ansteuerung der Zwischenablage (void setContents(Transferable derInhalt, ClipboardOwner derClipboardBesitzer) um etwas in die Zwischenablage einzufügen bzw. Transferable getContents(Object dasNachfragendeObjekt) um ihren Inhalt zu lesen), ist dort die Klasse DataFlavor definiert. DataFlavor dient der Beschreibung von Datenformaten, die benutzt werden können, um in die Zwischenablage zu schreiben oder Daten aus der Zwischenablage zu holen. Für den Zugriff auf String-Objekte, unformatierten Text und Dateilisten sind die drei Datenformate stringFlavor, plainTextFlavor und javaFileListFlavor (JDK 1.2) als

Eigenschaften der Klasse **DataFlavor** vordefiniert. Benötigt man eine Beschreibung für ein zusätzliches Datenformat, so muß man dafür eine neue „Datengeschmacksrichtung" samt Zugriffsmethode definieren.

Für die tatsächliche Übertragung von Daten von und zur Zwischenablage benutzt man Objekte, die die Schnittstelle **Transferable** implementieren und deren Inhalt ggf. auf passende Objekte im Programm abgebildet werden. Für den häufigsten Fall, die Übertragung von Textdaten, ist im Paket **java.awt.datatransfer** die Klasse **StringSelection** vorgesehen, die **Transferable** implementiert. Mit ihrer Hilfe können Daten vom Typ **DataFlavor**-Typ **stringFlavor** eingelesen und auf Objekte vom Typ **String** übertragen werden (vgl. den nachfolgenden Quellcode). Da die tatsächliche Funktionsweise der Zwischenablage betriebssystemabhängig ist, erfolgt der Zugriff auf die Zwischenablage über das Systemobjekt **Toolkit** (java.awt.Toolkit), das eine Reihe systemnaher Dienstleistungen zur Verfügung stellt. Der (Schreib-)Zugriff auf die Zwischenablage setzt noch einen weiteren Schritt voraus: Das Programm muß die Methode **lostOwnership()** der Schnittstelle **ClipboardOwner** implementieren, damit es benachrichtigt werden kann, sobald die in die Zwischenablage geschriebenen Daten von einem anderen Programm überschrieben wurden.

Bei der Realisierung von Zugriffen auf die Zwischenablage ist zu beachten, daß diese für Java-Applets in der Standard-Sicherheitsumgebung der WWW-Browser als Zugriff auf Systemressourcen nicht zulässig ist. Das nachfolgende Programm gibt ein Beispiel für Menüs und die Verwendung der Zwischenablage. In einem einfachen Fenster befindet sich ein Textfeld, dessen Inhalt über das Menü in die Zwischenablage übertragen werden kann bzw. in das man den Inhalt der Zwischenablage einfügen kann. Die dazu erforderliche Funktionalität befindet sich in der **actionPerformed**-Methode des Programms, die den Menüeinträgen durch die Registrierung eines **ActionListener** zugeordnet ist. Die Menübedienung erfolgt entweder mit der Maus oder über Tastaturkürzel.

```java
import java.awt.*;
import java.awt.event.*;
import java.awt.datatransfer.*;
class MenueClipBoard extends Frame
                implements ActionListener, WindowListener, ClipboardOwner
{
    // Textfeld für den Test der Zwischenablage und der Menüs
    TextArea dieTextFlaeche;
    // Instanz der Zwischenablage
    Clipboard dieZwischenablage;
    // Menüleiste, Hauptmenüs und Menüeinträge
    MenuBar   dieMenueLeiste;
    Menu      mBearbeiten, mBeenden, mHilfe;
    MenuItem  miBeenden, miKopieren, miAusschneiden, miEinfuegen, miHilfe;
```

```java
public static void main(String[] argv)
{   new MenueClipBoard();    }

public MenueClipBoard()
{
  super("Menüs, Tastaturkürzel und Zwischenablage");
  // Lauschobjekt für Fensterereignisse zuweisen (Abfangen von"Fenster schließen")
  addWindowListener(this);
  // Zuweisung eines Layouts
  setLayout(new BorderLayout());
  // Erzeugen der Zwischenablage
  dieZwischenablage = new Clipboard("dieZwischenablage");
  // Erzeugen der Menüleiste
  dieMenueLeiste  = new MenuBar();

  // Erzeugen der Menüs und ihrer Einträge: Jeder Menüeintrag wird einem Menü, jedes
  // Menü der Menüleiste hinzugefügt; anschließend wird die Menüleiste selbst in das
  // Objekt der Klasse MenueClipBoard eingefügt.
  // Jeder Menüeintrag bekommt ein Tastaturkürzel zu gewiesen, d. h. es fängt einen
  // bestimmten KeyEvent ab. Dabei ist systemabhängig voreingestellt, welche Sondertaste
  // zusätzlich gedrückt sein muß (z. B. Windows: Control-/Steuertaste).
  // Abfrage über Toolkit.getMenuShortcutKeyMask()
  mBeenden   = new Menu("Datei");
  miBeenden  = new MenuItem( "Beenden", new MenuShortcut(KeyEvent.VK_F1));
  miBeenden.setActionCommand("Beenden");
  miBeenden.addActionListener(this);
  mBeenden.add(miBeenden);
  dieMenueLeiste.add(mBeenden);

  mHilfe = new Menu("Hilfe");
  miHilfe =   new MenuItem( "Hilfe...", new MenuShortcut(KeyEvent.VK_H));
  miHilfe.setActionCommand("Hilfe");
  miHilfe.addActionListener(this);
  mHilfe.add(miHilfe);
  dieMenueLeiste.add(mHilfe);
  dieMenueLeiste.setHelpMenu(mHilfe);

  mBearbeiten = new Menu("Bearbeiten");
  miKopieren  = new MenuItem("Kopieren", new MenuShortcut(KeyEvent.VK_C));
  miKopieren.setActionCommand("Kopieren");
  miKopieren.addActionListener(this);
  mBearbeiten.add(miKopieren);

  miAusschneiden = new MenuItem( "Ausschneiden", new MenuShortcut(
                                                  KeyEvent.VK_X));
  miAusschneiden.setActionCommand("Ausschneiden");
  miAusschneiden.addActionListener(this);
  mBearbeiten.add(miAusschneiden);
```

```java
    miEinfuegen = new MenuItem( "Einfügen", new MenuShortcut(KeyEvent.VK_V));
    miEinfuegen.setActionCommand("Einfuegen");
    miEinfuegen.addActionListener(this);
    mBearbeiten.add(miEinfuegen);
    dieMenueLeiste.add(mBearbeiten);

    setMenuBar(dieMenueLeiste);

    String StartText = "Dies ist der Starttext.\n\nDas Programm läßt sich " +
                       "über die Menüs oder über Tastaturkürzel bedienen,\n" +
                       "z. B. Kopieren: Ctrl/Strg + C";
    dieTextFlaeche = new TextArea(StartText,0,0, TextArea.SCROLLBARS_NONE);
    add(dieTextFlaeche, BorderLayout.CENTER);
    pack();
    setVisible(true);
}

// In dieser Methode werden die verschiedenen Menübefehle abgearbeitet:
public void actionPerformed(ActionEvent e)
{
  String Befehl = e.getActionCommand();
  // Menüeintrag "Beenden"
  if(Befehl.equals("Beenden"))
  { System.out.println("Anwendung beendet (System.exit(0)).");  System.exit(0);     }

  // Menüeintrag "Hilfe"
  if(Befehl.equals("Hilfe"))
  {
    dieTextFlaeche.setText("Dieser Text simuliert die Reaktion der Hilfe ...");
  }
  // Menüeintrag "Kopieren"
  if(Befehl.equals("Kopieren"))
  {
    // Neues Objekt vom Typ StringSelection (implementiert die Schnittstelle Transferable):
    StringSelection derText = new StringSelection(dieTextFlaeche.getText());

    // Zugriff auf die Zwischenablage über java.awt.Toolkit:
    getToolkit().getSystemClipboard().setContents(derText, this);
  }

  // Menüeintrag "Ausschneiden"
  if(Befehl.equals("Ausschneiden"))
  {
    StringSelection derText = new StringSelection(dieTextFlaeche.getText());
    dieTextFlaeche.setText("");
    getToolkit().getSystemClipboard().setContents(derText, this);
  }
```

```java
// Menüeintrag "Einfuegen"
if(Befehl.equals("Einfuegen"))
{
  // Generisches Objekt für die Daten der Zwischenablage; Einlesen der Zwischenablage
  // über Zugriff auf java.awt.Toolkit
  Transferable dieDatenderZwischenablage =
  getToolkit().getSystemClipboard().getContents(this);
  // Test, ob Datentyp (DataFlavor) passend ist: Es wird geprüft, ob die Daten der
  // Zwischenablage zum DataFlavor stringFlavor passen.
  try
  {
    if(  (dieDatenderZwischenablage != null)
      &&(dieDatenderZwischenablage.isDataFlavorSupported(DataFlavor.stringFlavor))
    {
      // Einlesen der Daten ins Textfeld
      dieTextFlaeche.append((String)  dieDatenderZwischenablage.getTransferData(
                                        DataFlavor.stringFlavor));
    }
  }
  // Ausnahmeverarbeitung: Hinweis auf Fehler im Textfeld
  catch(Exception e)
  {
    dieTextFlaeche.setText(  "inkompatibles Datenformat in der " +
                        "Zwischenablage oder Ein-/Ausgabefehler" + e);
  }
 }
}
// Implementierung der Schnittstelle WindowListener, Verarbeiten der Methode
// windowClosing()
public void windowClosing(WindowEvent e)
{
  System.out.println("Anwendung mit System.exit(0) beendet.");System.exit(0);
}
public void windowOpened(WindowEvent e){}
public void windowIconified(WindowEvent e){}
public void windowDeiconified(WindowEvent e){}
public void windowClosed(WindowEvent e){}
public void windowActivated(WindowEvent e){}
public void windowDeactivated(WindowEvent e){}

// Implementierung der Schnittstelle ClipboardOwner
public void lostOwnership(Clipboard Cl, Transferable T)
{   dieTextFlaeche.setText("Besitz des Clipboards verloren - neuer Inhalt verfügbar ?");}
}
```

Codebeispiel 93: Menüs und Zugriff auf die Zwischenablage

Das Programm hat folgendes Interface:

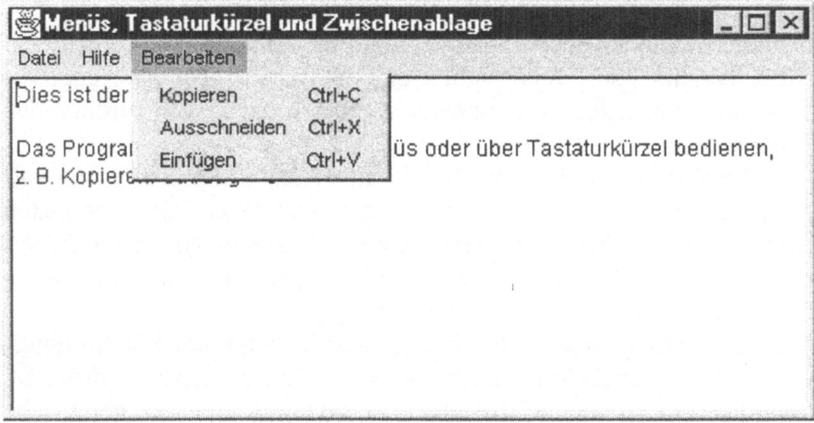

Abbildung 40:   Tastaturkürzel in Menüs

7.2 Swing/Java Foundation Classes

Der *abstract windowing toolkit* gibt dem Entwickler zwar die Möglichkeit, Benutzerschnittstellen zu entwickeln, die auf unterschiedlichen Plattformen lauffähig sind, für die Ausführung eines AWT-basierten Programms z. B. unter MS-Windows oder OSF-Motif verwendet der Java-Interpreter aber eine plattformspezifische Implementierung der AWT-Klassen, die nicht in Java geschrieben ist (AWT-Komponenten benötigen in jeder Ausführungsplattform einen sog. *peer*, der ihre Darstellung und Funktionalität steuert und in *native code* der Ausführungsplattform geschrieben ist). Dies bedeutet u. a., daß man keine völlige Kontrolle über das Aussehen eines Programms in einer anderen als der Entwicklungsplattform hat. Um die Funktionalität und Portabilität von Benutzerschnittstellen zu erhöhen, haben Sun und Netscape die *Java Foundation Classes* (JFC) entwickelt, die als Hauptbestandteil die Swing-Pakete enthalten. Swing besteht aus mehreren Einzelpaketen (vgl. Tabelle 53 im Anhang), die meisten Komponenten in Swing sind im Paket javax.swing zusammengefaßt.[12]

Swing ist die Implementierung einer vollständig in Java geschriebenen Menge von Komponenten zum Aufbau von Benutzerschnittstellen. Dabei stehen folgende Merkmale im Vordergrund:

* Vollständige Implementierung in Java (*pure Java*) und Unabhängigkeit von plattformspezifischen Einschränkungen; damit ist es möglich, neue Komponenten einzuführen, die nicht auf allen Zielplattformen vorhanden sind oder

---

[12] Swing ist erst in der Java 2-Plattform offizieller Bestandteil des JDK. Im JDK 1.1 ist Swing nicht enthalten und muß gesondert installiert werden. Dabei gilt der *global unique package name* COM.sun.java.swing (statt javax.swing).

den Standardkomponenten erweiterte Funktionalität zu geben, beispielsweise Schaltflächen, die statt einer Beschriftung Bilder oder Animationen zeigen.

- Konzeptuelle Trennung von Funktionalität und Aussehen (*user interface*, UI) einer Komponente, d. h. jeder Komponente ist ein UI-Objekt beigeordnet, daß die Darstellung regelt.
- Trennung von Darstellung und Daten der Swing-Komponenten. Die Verwaltung der Daten, die in einer Komponenten dargestellt werden (etwa die Daten in einer Swing-Tabelle (JTable)) werden in einer eigenen Klasse modelliert (*model*; hier: TableModel). Diese Datenmodellierungsklassen sind vor allem für die komplexeren Swing-Controls von Bedeutung.
- *Pluggable look-and-feel* (PLAF) – die Swing-Komponenten können ein unterschiedliches Aussehen annehmen – unabhängig von der Plattform, auf der sie ausgeführt werden. Dies bedeutet, daß ein Java-Programm, dessen graphische Benutzerschnittstelle mit Swing implementiert wurde, auf allen Plattformen dasselbe Aussehen aufweisen kann (*Java look-and-feel*) oder auch, daß das Programm unter MS-Windows aussieht wie ein Motif-Progamm und umgekehrt.
- Einführung einer Reihe zusätzlicher Komponenten, die die Möglichkeiten der Entwicklung von Benutzerschnittstellen erheblich erweitern und den Standardmöglichkeiten graphischer Benutzerschnittstellen angleichen.
- Erweiterte Möglichkeiten der Fensterprogrammierung (neue Fensterklassen; mehrere strukturell identische Subfenster zu einem Hauptfenster ähnlich dem *Multiple Document Interface* von MS-Windows etc.).

Die Trennung von Daten (*model*) und Komponenten einerseits, von Komponente und Darstellung (UI) andererseits bedeutet, daß bei der Verwendung einer Swing-Komponente immer drei Klassen zusammenspielen: Die eigentliche Komponenten (JTable), ihr Datenmodell (TableModel) und ihre UI-Klasse (TableUI), vgl. Abbildung 41. In den nachfolgenden Beispielen wird auf die Erläuterung der Verwendung von Modellen und UI-Klassen aus Platzgründen verzichtet.

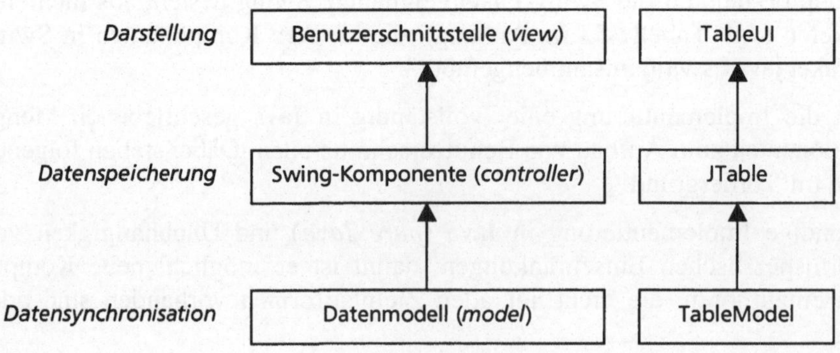

Abbildung 41: Funktionsweise von Swing-Komponenten

Nachfolgend sollen wesentliche Neuerungen in Swing kurz vorgestellt werden; dabei ist keine erschöpfende Erläuterung der vielfältigen Möglichkeiten von Swing möglich, vgl. aber WEINER & ASBURY 1998.[13]

7.2.1 Swing-Komponenten und Fensterklassen

Swing-Komponenten sind mit Ausnahme der Fensterklassen von der Oberklasse JComponent abgeleitet. JComponent selbst ist eine Unterklasse von java.awt.Container (und daher von Component und Object). Alle Swing-Komponenten sind so nicht nur Komponenten im Sinn des AWT, sondern auch Containerklassen. Für jede Komponente des AWT existiert eine Entsprechung in Swing, wie Tabelle 35 zeigt. Zur besseren Unterscheidung ist den Klassennamen der Swing-Komponenten jeweils ein „J" vorangestellt:

AWT (java.awt.*)	Swing (javax.swing.*)	Stellung in der Klassenhierarchie (unterhalb von Container)
Button	JButton	JComponent → AbstractButton
CheckBox	JCheckBox	JComponent → AbstractButton → JToggleButton
Component	JComponent	Object → Component → Container
Label	JLabel	JComponent
List	JList	JComponent
Menu	JMenu	JComponent → AbstractButton → JMenuItem
MenuBar	JMenuBar	JComponent
MenuItem	JMenuItem	JComponent → AbstractButton
Panel	JPanel	JComponent
PopMenu	PopMenu	JComponent
ScrollBar	JScrollBar	JComponent
ScrollPane	JScrollPane	JComponent
TextArea	JTextArea	JComponent → JTextComponent
TextField	JtextField	JComponent → JTextComponent

Tabelle 35:   Steuerelemente von AWT und Swing im Vergleich

Neben diesen Klassen, die jeweils eine direkte Entsprechung im Paket java.awt besitzen und die auf ähnliche Weise programmiert werden (die Swing-Klassen erben die Funktionalität der AWT-Basisklassen Component und Container), enthält Swing eine Reihe zusätzlicher Steuerelemente und Hilfsklassen. Dazu gehören u. a.:

---

[13] Ein umfangreiches Beispiel, das alle Eigenschaften der Swing-Komponenten erläutert, ist in den Demo-Dateien der Java 2-Plattform im Verzeichnis ...\JDKBasisverzeichnis\demo\ jfc\SwingSet\ enthalten.

Komponente	Beschreibung
JComboBox	Eine *ComboBox*, d. h. eine Kombination aus Klappliste und Texteingabefeld.
JEditorPane	Eine Textfläche, die formatierten Text aufnehmen und darstellen kann (in verschiedenen Formaten, z. B. HTML oder RTF).
JOptionsPane	Einfache Hinweis- und Abfragefenster (*message boxes*), z. B. Für Ja/Nein-Entscheidungen.
JPassworldField	Ein Textfeld für die verdeckte Eingabe z. B. von Paßwörtern.
JSlider	Ein Stellregler, über den man Werte eingeben kann.
JSplitPane	Eine zweigeteilte Fläche, deren anteilige Sichtbarkeit über einen Schieber eingestellt werden kann
JTabbedPane	Eine Komponente, die mehrere Flächen von Komponenten hintereinander stapelt und mit Reitern versieht („Registerkarten").
JTable	Eine Tabellenkomponente, die die flexible Programmierung von Tabellen beliebiger Struktur erlaubt.
JToggleButton	Basisklasse für Wechselschalter (Schaltflächen mit zwei Zuständen, z. B. JRadioButton).
JToolBar	Eine Containerklasse für die Aufnahme von Komponenten, die entweder fest verankert an einer bestimmten Position im Fenster erscheint oder frei schwebend als losgelöstes Subfenster („Werkzeugleiste").
JTree	Eine Komponente für die graphische Darstellung von Hierarchien (Baumdarstellung).

Tabelle 36:   Neue Steuerelemente in Swing

Auch die Fensterklassen sind in Swing gegenüber dem AWT reimplementiert oder werden zusätzlich neu eingeführt:

AWT (java.awt.*)	Swing (javax.swing.*)	Beschreibung
Applet	JApplet	Unterklasse von Applet mit zusätzlicher Funktionalität für die (Sub-)Fensterprogrammierung mit Swing.
—	JColorChooser	Standard-Dialogfenster für die Farbwahl nach unterschiedlichen Farbmodellen.
Dialog	JDialog	Basisklasse für Dialogfenster.
FileDialog	JFileChooser	Standarddialogfenster für die Dateiauswahl.
Frame	JFrame	Basisklasse für Fenster mit Rahmen.
—	JInternalFrame	Subfenster mit Rahmen (abhängig von einem Hauptfenster z. B. vom Typ JFrame oder JApplet).
Window	JWindow	Basisklasse für ein einfaches Swing-Fenster ohne Rahmen.

Tabelle 37:   Fensterklassen in AWT und Swing im Vergleich

7.2.2   Zusätzliche Funktionalität der Swing-Komponenten

Für *alle* Komponenten des Swing-Pakets steht eine Reihe zusätzlicher funktionaler Möglichkeiten zur Verfügung:

Rahmen für Komponenten (border)
Swing bietet die Möglichkeit, Rahmen unterschiedlicher Art (mit/ohne Beschriftung, mit neu definiertem Rahmenmuster, hervorgehoben/versenkt etc.) zu defi-

nieren. Das Paket **javax.swing.border** stellt dazu die nötige Funktionalität zur Verfügung. Der nachfolgende Codeausschnitt zeigt, wie für einen **JButton** ein Rahmen mit Beschriftung angelegt wird:

```
JLabel dieSwingBeschriftung = new JLabel("ein Label mit beschriftetem Rand");
TitledBorder einRahmen = new TitledBorder("eine Beschriftung (JLabel)");
einRahmen.setTitlePosition(TitledBorder.ABOVE_TOP);
einRahmen.setTitleJustification (TitledBorder.LEFT);
dieSwingBeschriftung.setBorder(einRahmen);
```

Codebeispiel 94: Erzeugen von Rahmen um Swing-Komponenten

Verwendung von Tooltips
Ein *ToolTip* ist ein kleines Beschriftungsfenster, das über einer Komponente angezeigt wird, wenn man mit der Maus über der Komponente „zum Stehen kommt." *ToolTips* sind nützliche Werkzeuge, um die Selbsterklärungsfähigkeit der Benutzerschnittstelle zu verbessern, da man im *ToolTip* meist mehr Text unterbringen kann, als es aus Platzgründen in der Beschriftung der Komponente (z. B. einer Schaltfläche) möglich wäre. Das nachfolgende Beispiel weist der Schaltfläche einen *ToolTip* zu:

```
derSwingButton.setToolTipText("eine Schaltfläche (JButton)");
```

Abbildung 42 zeigt die Ausgabe der Beschriftung mit Rand und Tooltip:

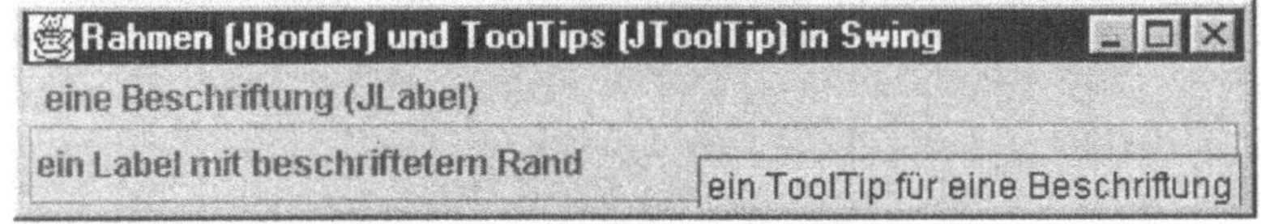

Abbildung 42:   Ränder und ToolTips in Swing

double buffering
In Swing kann man durch automatisches *double buffering* das Zeichnen der Komponenten auf dem Bildschirm beschleunigen. Dies ist bei Komponenten sinnvoll, deren Zeichenoperationen aufwendig sind und die schneller vor der Bildschirmausgabe *im Hauptspeicher* ausgeführt werden können.

Tastaturunterstützung
Den Swing-Komponenten kann man in Abhängigkeit von ihrem Zustand (sichtbar, mit/ohne Fokus) Tastaturkombinationen zuweisen. Ähnlich wie bei der Zuweisung von Lauschobjekten registriert man eine Tastaturaktion für die Komponente. Codebeispiel 95 weist einer Schaltfläche die Aktion „Beenden" zu, falls die Taste „ALT+C" gedrückt wird und sich die Schaltfläche in dem Fenster befindet, das den Fokus besitzt (JComponent.WHEN_IN_FOCUSED_WINDOW). Dazu wird der Taste ein **ActionListener** zugeordnet (im Beispiel der **ActionListener** der Fen-

sterklasse, die die Schaltfläche als Feld enthält) und ein „Tastaturereignis"
(KeyStroke) zugewiesen, das die Tastenkombination festlegt:

```
derSwingButton1.registerKeyboardAction( this,                    // ActionListener
    "Beenden", // ActionCommand
    KeyStroke.getKeyStroke(KeyEvent.VK_C, ActionEvent.ALT_MASK),  // Tastaturereignis
                                                                  // "ALT"+ "C"
    JComponent.WHEN_IN_FOCUSED_WINDOW);                           // Fokus-Bedingung
```

Codebeispiel 95: Registrierung von Tastatur-Shortcuts in Swing

Ereignisverarbeitung
In Swing wird das Modell der Nachrichtenverarbeitung verwendet (wie in Kap.
7.1.3 erläutert), d. h. Nachrichten werden nur von Komponenten verarbeitet, die
für sie Lauschobjekte installiert haben. Die neuen Komponenten benötigen aber
eine Reihe zusätzlicher Nachrichtentypen ein, die im Paket javax.swing zusammengefaßt sind (z. B. **DocumentEvent/DocumentListener** für Ereignisse, die Änderungen an einem Textdokument signalisieren oder **TableModelEvent/
TableModelListener** für Nachrichten, die signalisieren, daß sich der Inhalt einer
Tabelle (**JTable**) geändert hat).

Layout und Viewport
Swing fügt den bekannten Layoutmanager-Klassen des AWT ein weiteres, sehr
flexibles Layoutverfahren hinzu, das **BoxLayout**. Darin werden alle Komponenten
als Rechtecke behandelt, die mit der Hilfe von Stützen (*struts*) und flexiblem
„Klebstoff" (*glue*) gesetzt werden können. Das Verfahren ähnelt stark dem Tabellensatz, wie er in der Satzsprache TEX verwendet wird. Da in vielen Fällen die
Darstellungsfläche einer Komponente kleiner ist als die Komponente selbst, also
nur ein Teil der Komponente angezeigt werden kann (z. B. sichtbarer Textaus-
schnitt eines Dokuments in einem Texteditor), führt Swing das Konzept eines
viewport (**JViewPort**) und eines dazugehörigen Layoutmanager
(**ViewportManager**) ein, der die Darstellung der Komponente in ihrem Sichtfen-
ster regelt. Ein *viewport* wird beispielsweise von Komponenten innerhalb einer
Darstellungsfläche mit Rollbalken (**JScrollPane**) verwendet.

7.2.3   Verwendung von Swing-Komponenten

Für eine Auswahl der Swing-Komponenten wird im folgenden je ein kurzes Anwendungsbeispiel gegeben. Das bei Verwendung eines **GridBagLayout** entstehende Interface für die Beispielkomponenten ist in Abbildung 45 zu sehen.

Verwendung von Fenstern – JFrame
Ein Unterschied zwischen dem AWT-Frame und JFrame in Swing ist die Aufteilung des **JFrame** in verschiedene Flächen: Die beiden wichtigsten Basisklassen der

Fensterprogrammierung in Swing – **JFrame** und **JApplet** – sind so strukturiert, daß kaskadierende Subfenster möglich sind. Als Basisklasse für den Fensterinhalt dient ein Objekt vom Typ **JRootPane**, das in die folgenden Bestandteile gegliedert ist, auf die man über die Methoden von **JRootPane** zugreifen kann:

GlassPane	Eine nicht sichtbare Fläche, die dem Abfangen von Mausereignissen an das Fenster dient.
LayeredPane	Die Containerklasse für die Subfenster des Fensters; wird nur benötigt, falls das Fenster „Kindfenster" zu verwalten hat (z. B. bei einem Text- oder Bildeditor, in dem man mehrere Dokumente gleichzeitig öffnen kann).
ContentPane	Dies ist die Darstellungsfläche des Fensters oder Applets selbst. Soll in der Darstellungsfläche eines Fensters z. B. eine Komponente eingefügt werden, so geschieht dies nicht wie beim AWT-Frame durch **Frame.add(Component eineKomponente)**, sondern die Komponente in die **ContentPane** des **JFrame** eingefügt: **JFrame.getContentPane().add(Component eineKomponente)**.
MenuBar	Die Menüleiste des Fensters. Sie gilt für das Hauptfenster und alle seine Subfenster.

Abbildung 43 veranschaulicht die Binnenstruktur eines Swing-Fensters:

Fensterobjekt (*JFrame*)

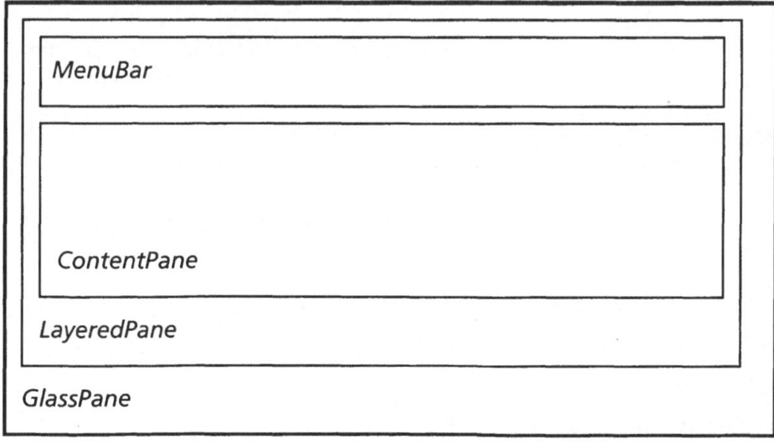

Abbildung 43:   Aufbau von Fenstern in Swing(JFrame, JApplet)

Das folgende Beispiel zeigt, wie ein **JFrame** angelegt und mit Unterfenstern versehen wird. Dazu instantiiert das Beispiel drei Fenster vom Typ **JInternalFrame**, die jeweils eine Beschriftung (**JLabel**) enthalten. Sie werden über ein Objekt vom Typ **JLayeredPane** in die Darstellungsfläche (*client area*) des Hauptfensters eingefügt.

```java
import javax.swing.*;
import java.awt.*;
import java.awt.event.*;

public class SubFenster extends JFrame
{
  JLayeredPane dieUnterfensterVerwaltung;
  JInternalFrame erstesSubfenster, zweitesSubfenster, drittesSubfenster;

  public static void main(String[] argv)
  {   new SubFenster(); }

  public SubFenster()
  {
    setSize(620, 320);    setTitle("Hauptfenster mit Unterfenstern");
    setBackground(Color.white);
    dieUnterfensterVerwaltung = new JLayeredPane();

    // Die drei Unterfenster werden der Reihe nach erzeugt, es wird ein JLabel eingesetzt
    // und sie bekommen Größe und Position zugewiesen. Abschließend werden sie in
    // die JLayeredPane des Hauptfensters eingesetzt.
    erstesSubfenster = new JInternalFrame("erstes Unterfenster", true, true, true, true);
    erstesSubfenster.getContentPane().add(new JLabel("das erste Unterfenster"));
    erstesSubfenster.setLocation(0,0); erstesSubfenster.setSize(200,100);
    dieUnterfensterVerwaltung.add(erstesSubfenster);

    zweitesSubfenster = new JInternalFrame("zweites Unterfenster",true,true,true,true);
    zweitesSubfenster.getContentPane().add(new JLabel("das zweite Unterfenster"));
    zweitesSubfenster.setLocation(200,100);
    zweitesSubfenster.setSize(200,100);
    dieUnterfensterVerwaltung.add(zweitesSubfenster);

    drittesSubfenster = new JInternalFrame("drittes Unterfenster", true, true, true, true);
    drittesSubfenster.getContentPane().add(new JLabel("das dritte Unterfenster"));
    drittesSubfenster.setLocation(400,200);
    drittesSubfenster.setSize(200,100);
    dieUnterfensterVerwaltung.add(drittesSubfenster);

    // Die JLayeredPane wird dem Hauptfenster zugeordnet.
    setLayeredPane(dieUnterfensterVerwaltung);
    setVisible(true);
    setVisible(true);
  }
}
```

Codebeispiel 96: Fenstererzeugung in Swing

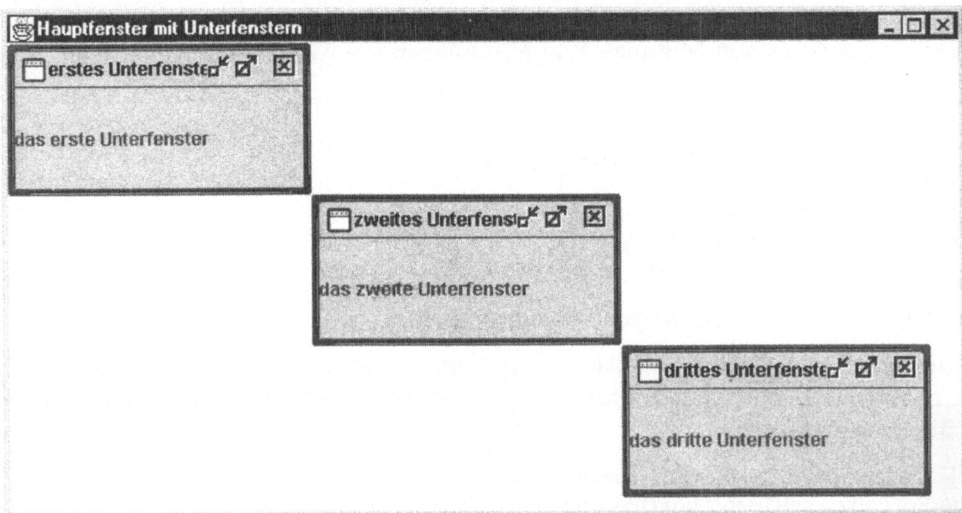

Abbildung 44:   Hauptfenster mit Unterfenstern (JFrame, JInternalFrame)

Zu den nachfolgenden Codebeispielen von Einzelkomponenten in Swing vgl. Abbildung 45, die alle besprochenen Swing-Elemente in einem Fenster zeigt.

Schaltflächen – JRadioButton/JCheckBox
Schaltflächen wie **RadioButton** oder **CheckBox** werden weitgehend wie im AWT verwendet. Neu ist in Swing die Klasse **ButtonGroup**, die zusammengehörende Schaltflächen bündelt und ihr Verhalten steuert (z. B. die logisch zusammengehörenden **RadioButtons** bei der Auswahl einer Option). Nachfolgend werden **RadioButtons** erzeugt und in einer Gruppe gebündelt:

```
// Gruppenobjekt erzeugen
ButtonGroup dieUIGruppe = new ButtonGroup();
// Container mit GridLayout für die RadioButtons
JPanel RadioPanel = new JPanel();   RadioPanel.setLayout(new GridLayout(3,1));
// Erzeugen der Schaltflächen und Zuweisen von ActionListener und Befehlsnamen
JRadioButton RadioJava = new JRadioButton("Java Look and Feel", true);
RadioJava.setActionCommand("Java"); RadioJava.addActionListener(this);
RadioPanel.add(RadioJava); dieUIGruppe.add(RadioJava);
JRadioButton RadioWindows = new JRadioButton("Windows Look and Feel",false);
RadioWindows.setActionCommand("Windows"); RadioWindows.addActionListener(this);
RadioPanel.add(RadioWindows);  dieUIGruppe.add(RadioWindows);
JRadioButton RadioMotif = new JRadioButton("Motif Look and Feel", false);
RadioMotif.setActionCommand("Motif"); RadioMotif.addActionListener(this);
RadioPanel.add(RadioMotif);  dieUIGruppe.add(RadioMotif);
getContentPane().add(RadioPanel);
```

Codebeispiel 97: RadioButtons *und* CheckBoxes *in Swing*

Das folgende Beispiel erzeugt einen horizontalen Fortschrittsbalken (JProgress-Bar) und setzt seinen Minimal- und Maximalwert sowie den aktuellen Stand des Balkens:

```
JProgressBar derBalken = new JProgressBar();
derBalken.setOrientation(JProgressBar.HORIZONTAL);
derBalken.setMaximum(100);
derBalken.setMinimum(1);
derBalken.setValue(33);
getContentPane().add(derBalken);
```

Codebeispiel 98: Fortschrittsbalken (JProgressBar)

Die Verwendung von Rollbalken (JScrollBar) ist weitgehend analog zu den Fort-schrittsbalken: Auch hier können Orientierung sowie Skalierung und aktuelle Position gesetzt werden:

```
JScrollBar derRollBalken = new JScrollBar();
derRollBalken.setOrientation(JProgressBar.HORIZONTAL);
derRollBalken.setMaximum(100);
derRollBalken.setMinimum(1);
derRollBalken.setValue(33);
derRollBalken.setPreferredSize(new Dimension(100, 50));
getContentPane().add(derRollBalken);
```

Codebeispiel 99: Rollbalken (JScrollBar)

Ein drittes Beispiel einer Komponente, die einen Wert auf einer Skala darstellt, ist der Stellregler (JSlider). Er hat einige zusätzliche Funktionen, die z. B. die Ska-lenbeschriftung und das Verhalten des Reglers bei Einstellen eines Wertes betref-fen:

```
JSlider derRegler = new JSlider();
derRegler.setOrientation(JProgressBar.HORIZONTAL);
derRegler.setMaximum(100);
derRegler.setMinimum(1);
derRegler.setValue(33);
derRegler.createStandardLabels(10);
derRegler.setPaintLabels(true);
getContentPane().add(derRegler);
```

Codebeispiel 100:　Stellregler (JSlider)

ComboBoxen sind eine nützliche Kombination aus Klapplisten und Eingabefel-dern. Mit ihnen kann der Benutzer nicht nur aus einer vorgegebenen Liste von Attributwerten auswählen, sondern auch selbst einen bislang noch nicht vorgese-henen Wert eintragen. Die nachfolgende ComboBox wird durch einen Objektarray (hier bestehend aus Strings, es wären aber auch Bilder (Image) denkbar) instanti-iert und eine bestimmte Zeile wird als Default ausgewählt:

```
// Inhalt definieren
Object[] InhaltderComboBox = {"Zeile 1", "Zeile 2", "Zeile 3", "Zeile 4", "Zeile 5"};

// ComboBox erzeugen
JComboBox dieComboBox = new JComboBox(InhaltderComboBox);
// Eigenschaften festlegen
dieComboBox.setEditable(true);
dieComboBox.setPreferredSize(new Dimension (100, 30));
dieComboBox.setSelectedItem(InhaltderComboBox[2]);

// dem Fenster hinzufügen
getContentPane().add(dieComboBox);
```

Codebeispiel 101:   Editierbare Klapplisten (JComboBox)

Zusätzliche Containerklassen in Swing:
Splitviewer (JSplitPanel) und Registerkarten mit Reitern (JTabbedPane)
Swing führt eine Reihe zusätzlicher Containerklassen für die Strukturierung von
Benutzerschnittstellen ein. Dazu gehört die Möglichkeit, die Darstellungsfläche
eines Containers (horizontal oder vertikal) in zwei Teile zu teilen, deren anteilige
Größe mit der Maus (oder durch das Programm) verändert werden kann. Dies
wird typischerweise bei der Kombination von hierarchischen Baumdarstellungen
mit Inhaltsauflistungen verwendet (z. B. wie im Windows-Explorer). Das nachfolgende Beispiel zeigt ein SplitPanel, das vertikal in zwei Teile geteilt ist. Jeder
Teil (je ein Panel) weist unterschiedliche Beschriftungen (JLabel) und einen unterschiedlichen Hintergrund auf.

```
// Panels für linke und rechte Seite erzeugen und Eigenschaften setzen
JPanel  dieLinkeSeite = new JPanel();
JPanel  dieRechteSeite = new JPanel();
dieRechteSeite.setBackground(Color.lightGray);
dieRechteSeite.add(new JLabel("rechts"));
dieLinkeSeite.add(new JLabel("links"));

// Erzeugen des Splitviews mit Hilfe der beiden Panels
JSplitPane derSplitter = new JSplitPane(JSplitPane.HORIZONTAL_SPLIT,
            true, dieLinkeSeite, dieRechteSeite);
getContentPane().add(derSplitter);
```

Codebeispiel 102:   Geteilte Darstellungsflächen (JSplitPane)

Das zweite Beispiel für Swing-Panels zeigt einen Stapel aus vier Registerkarten
mit Reitern in einem JTabbedPane. Auf der obersten Fläche wird eine Liste in das
Panel eingefügt. Diese Liste ist wie die ComboBox im Beispiel oben aus einem
Objektarray aufgebaut.

```
// Inhalt definieren
Object[] InhaltderListe = {"Zeile 1", "Zeile 2", "Zeile 3", "Zeile 4", "Zeile 5"};
```

```
// Liste erzeugen, Eigenschaften setzen und in eine rollbare Fläche (JScrollPane) einsetzen
JList dieListe = new JList(InhaltderListe);
dieListe.setVisibleRowCount(1);
dieListe.setFixedCellHeight(15);
dieListe.setSize(100, 30);
JScrollPane dieScrollFlaeche = new JScrollPane(dieListe);

// Registerkarten-Panel erzeugen
JTabbedPane dieReiter = new JTabbedPane();

// Registerkarten hinzufügen – der ersten Registerkarte wird
// bei Erzeugung die Fläche mit der Liste beigefügt
dieReiter.addTab("erster", dieScrollFlaeche);
dieReiter.addTab("zweiter", null);
dieReiter.addTab("dritter", null);
dieReiter.addTab("vierter", null);

// Eigenschaften setzen
dieReiter.setPreferredSize(new Dimension(200, 200));

// Registerkarten zum Fenster hinzufügen
getContentPane().add(dieReiter);
```

Codebeispiel 103:　　Listen (JList) und Registerkarten (JTabbedPane)

Visualisierung von Hierarchien – JTree

Zu den interessantesten Neuerungen in Swing gehört die Baumkomponente
(JTree). Sie erlaubt die Darstellung und Manipulation von Hierarchien, was z. B.
bei der Visualisierung von Dateibäumen oder Inhaltsverzeichnissen und in Edito-
ren für strukturierte Information ein vielfach benötigtes Kontrollelement ist. Die
einzelnen Bestandteile eines Baums (seine Knoten) können mit der Klasse
DefaultMutableTreeNode (etwa: „veränderbarer Standardknoten im Baum") erzeugt werden. Zum Aufbau einer JTree-Komponente legt man zunächst Objekte
vom Typ **DefaultMutableTreeNode** an und erzeugt die hierarchischen Zusammenhänge zwischen den Knoten. Dazu verwendet man die **add**-Methode der
Knotenklasse: Werden nacheinander mehrere Knoten zum gleichen (Eltern-)Kno-
ten hinzugefügt, erhält man eine Liste auf gleicher Hierarchiestufe. Durch hinzufügen der Knoten zu anderen Knoten entsteht die Hierarchie. Abschließend wird
mit dem Knoten auf der obersten Ebene, dem Wurzelknoten, der Baum instantiiert. Aufgrund der Komplexität der Daten (und auch zur Verarbeitung von Änderungen) empfiehlt es sich, anders als im nachfolgenden Beispiel, die Daten zunächst mit Hilfe eines **TreeModel** zu strukturieren und erst dann den Baum zu
erzeugen. Codebeispiel 104 zeigt einen Ausschnitt aus der Pakethierarchie des
Java-JDK. Es arbeitet mit nur drei Instanzen von **DefaultMutableTreeNode**

(WurzelKnoten, ElternKnoten, Knoten), die beim Aufbau der Hierarchie jeweils mehrfach verwendet werden.

```
// Erzeugen der einzelnen Knoten
DefaultMutableTreeNode WurzelKnoten = new
DefaultMutableTreeNode("Pakete");

DefaultMutableTreeNode ElternKnoten = new DefaultMutableTreeNode("java");

DefaultMutableTreeNode Knoten = new DefaultMutableTreeNode("awt");

// Aufbau des ersten Asts
ElternKnoten.add(Knoten);
Knoten     = new DefaultMutableTreeNode("lang");
ElternKnoten.add(Knoten);
Knoten     = new DefaultMutableTreeNode("io");
ElternKnoten.add(Knoten);
Knoten     = new DefaultMutableTreeNode("net");
ElternKnoten.add(Knoten);
WurzelKnoten.add(ElternKnoten);

// Aufbau des zweiten Asts
ElternKnoten = new DefaultMutableTreeNode("javax");
Knoten     = new DefaultMutableTreeNode("swing");
ElternKnoten.add(Knoten);
Knoten     = new DefaultMutableTreeNode("servlet");
ElternKnoten.add(Knoten);
WurzelKnoten.add(ElternKnoten);

// Erzeugen des Baums mit Hilfe des Wurzelknotens
JTree derBaum = new JTree(WurzelKnoten);

// Eigenschaften festlegen
derBaum.setPreferredSize(new Dimension(150, 200));
getContentPane().add(derBaum);
```

Codebeispiel 104:   Baumdarstellung (JTree)

Tabellen – **JTable**
Das letzte Beispiel für die Verwendung von Swing-Komponenten betrifft die komplexeste, aber wohl auch nützlichste neue Komponente, die Tabelle (JTable). Wie bereits bei JTree erwähnt, gilt auch für Tabellen, daß sie i. d. R. mit Hilfe der passenden Modellierungsklasse programmiert werden sollten (TableModel). Bevor eine Tabelle erzeugt wird, sollte man zunächst das Modell für die Daten der Tabelle aufbauen. Die Swing-Tabellen-Komponente ist in vielerlei Hinsicht modifizierbar:

- Es gibt unterschiedliche Auswahlmodi (Zeilen, Spalten oder beliebiger Zellenbereich),
- die Tabellenzellen können Objekte unterschiedlichen Typs aufnehmen (Strings, Bilder etc.),
- die Tabelle kann statisch ausgegeben oder editierbar gemacht werden (z. B. für die Programmierung einer Tabellenkalkulation),
- Spaltenbreiten und Zeilenhöhen können fixiert werden, sich dem Inhalt der Zellen anpassen oder vom Benutzer modifiziert werden und
- eine Reihe allgemeiner Darstellungsparameter kann gesetzt werden (Tabellengitter, Spalten- und Tabellenüberschriften, Defaultwerte für die Darstellung der Inhalte in den Zellen etc.).

Im nachfolgenden Beispiel wird wie bei JComboBox und JList zunächst ein Objektarray angelegt, der die Tabellenzellen füllt. Dieser Schritt ist bei komplexeren Tabellen durch den Aufbau des Modells zu ersetzen, mit dem dann – statt mit Hilfe des Objektarrays – der Konstruktor der Klasse JTable aufgerufen wird. Zusätzlich wird dem Konstruktor ein Stringarray mit den Spaltennamen übergeben. Nach Erzeugung der Tabelle werden einige Parameter gesetzt.

```java
// Tabelleninhalt als Objekt-Array definieren
Object[][] TabellenInhalt =
{ {"Zeile1,ZelleA","Zeile1,ZelleB","Zeile1,ZelleC","Zeile1,ZelleD"},
  {"Zeile2,ZelleA","Zeile2,ZelleB","Zeile2,ZelleC","Zeile2,ZelleD"},
  {"Zeile3,ZelleA","Zeile3,ZelleB","Zeile3,ZelleC","Zeile3,ZelleD"},
  {"Zeile4,ZelleA","Zeile4,ZelleB","Zeile4,ZelleC","Zeile4,ZelleD"},
  {"Zeile5,ZelleA","Zeile5,ZelleB","Zeile5,ZelleC","Zeile5,ZelleD"},   };


// Spaltennamen festlegen
Object[] SpaltenNamen = new Object[4];
SpaltenNamen[0] = new String("Spalte 1");
SpaltenNamen[1] = new String("Spalte 2");
SpaltenNamen[2] = new String("Spalte 3");
SpaltenNamen[3] = new String("Spalte 4");


// Tabelle erzeugen
JTable dieTabelle = new JTable(TabellenInhalt, SpaltenNamen);
// Eigenschaften setzen
dieTabelle.setGridColor(Color.black);
dieTabelle.setShowGrid(true);
// Tabelle in Panel einfügen
JPanel TabellenPanel = new JPanel();
TabellenPanel.add(dieTabelle);
// dem Fenster hinzufügen
getContentPane().add(TabellenPanel);
```

Codebeispiel 105:　　Tabellen (JTable)

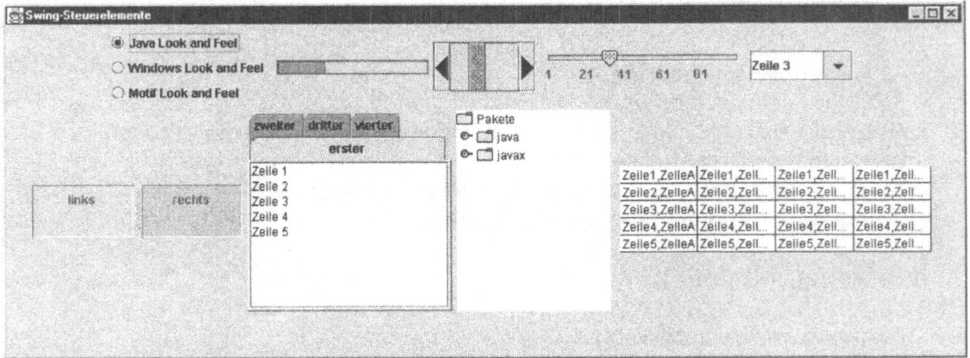

Abbildung 45:   Zusammenfassende Darstellung der Swing-Steuerelemente

7.2.4   Pluggable look-and-feel *(plaf)*

Swing erlaubt die Verwendung unterschiedlicher Aussehensweisen (*look-and-feel*, Paket javax.swing.plaf) von Benutzerschnittstellen unabhängig von der Ausführungsplattform eines Programms. Mit den Swing-Paketen werden drei Standard-*look-and-feel*-Varianten ausgeliefert (Java, Windows, Motif). Zur Steuerung des Aussehens dient die Klasse **UIManager**, über die man ermitteln kann, welche Aussehensweisen zur Verfügung stehen und welches *look-and-feel* von der aktuellen Systemplattform verwendet wird (z. B. com.sun.java.swing.plaf.windows. WindowsLookAndFeel unter Windows). Um einem Programm ein bestimmtes Aussehen zuzuweisen, muß die Methode void setLookAndFeel(LookAndFeel dasNeueAussehen) bzw. void setLookAndFeel(String LookandFeelKlassenname) der Klasse **UIManager** aufgerufen und anschließend der Komponentenbaum des Fensters aktualisiert werden (void SwingUtilities.updateComponentTreeUI(this)). Der folgende Codeausschnitt zeigt die Ereignisverarbeitung für drei RadioButtons, die die drei Standard-*look-and-feel*-Varianten auswählen:

```java
public void actionPerformed(ActionEvent e)
{
  String Befehl = new String(e.getActionCommand());
  try
  {
    // Test, welche plaf-Variante geladen werden soll
    if(Befehl.equals("Java"))
    {
      RadioMotif.setSelected(false);        RadioWindows.setSelected(false);
      // plaf über den UIManager setzen und Komponentenhierarchie neu zeichnen
      UIManager.setLookAndFeel(
      "javax.swing.plaf.metal.MetalLookAndFeel");
      SwingUtilities.updateComponentTreeUI(this);
    }
```

```
    if(Befehl.equals("Windows"))
    {
      RadioMotif.setSelected(false);
      RadioJava.setSelected(false);
      // plaf über den UIManager setzen und Komponentenhierarchie neu zeichnen
      UIManager.setLookAndFeel(
      "com.sun.java.swing.plaf.windows.WindowsLookAndFeel");
      SwingUtilities.updateComponentTreeUI(this);
    }
    if(Befehl.equals("Motif"))
    {
      RadioJava.setSelected(false);
      RadioWindows.setSelected(false);
      // plaf über den UIManager setzen und Komponentenhierarchie neu zeichnen
      UIManager.setLookAndFeel(
      "com.sun.java.swing.plaf.motif.MotifLookAndFeel");
      SwingUtilities.updateComponentTreeUI(this);
    }
  }catch(Exception ex){ex.printStackTrace();
}
```

Codebeispiel 106:   Ändern des look-and-feel der Benutzerschnittstelle

Grundsätzlich kann man mit Hilfe der UI-Klassen von Swing auch zusätzliche *look-and-feel*-Varianten definieren. Der Aufwand hierfür dürfte jedoch nicht unbeträchtlich sein.

Die folgenden drei Abbildungen zeigen jeweils ein Fenster mit verschiedenen Swing-Elementen in den drei verschiedenen Standard-*look-and-feel*-Varianten:

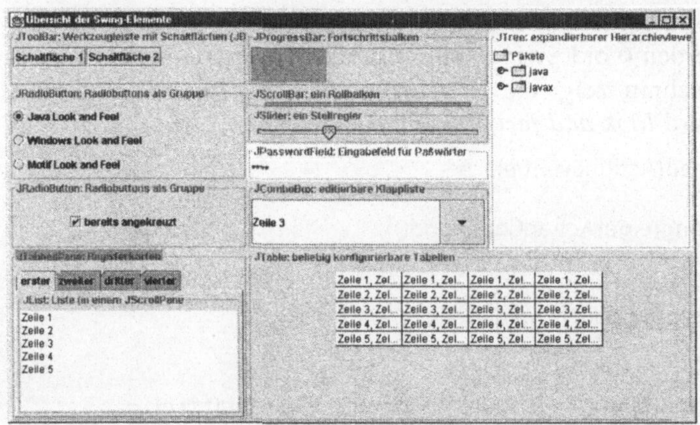

Abbildung 46:   Java-look-and-feel

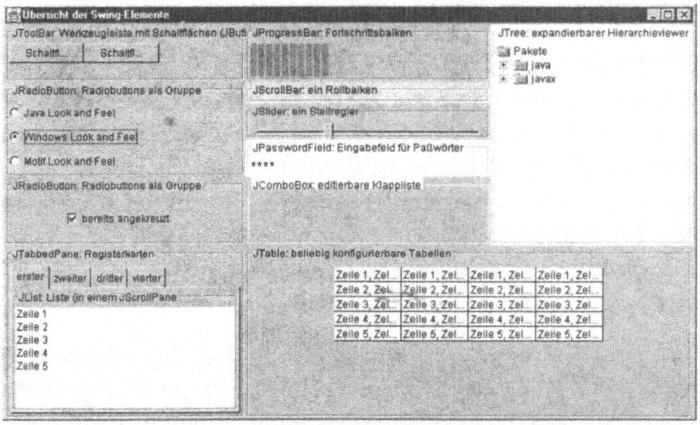

Abbildung 47: **Windows-look-and-feel**

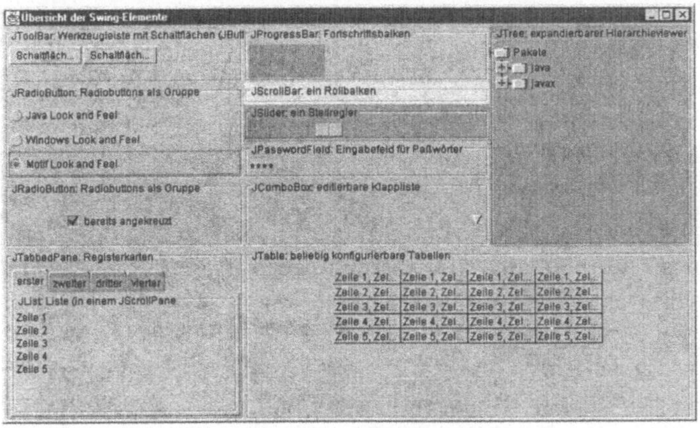

Abbildung 48: **Motif-look-and-feel**

7.3 Graphikprogrammierung mit dem AWT

Neben dem Aufbau von Benutzerschnittstellen aus vorgegebenen Elementen und der Verknüpfung mit der „eigentlichen" Programmfunktionalität durch die Nachrichtenverarbeitung ist die Graphikprogrammierung ein wesentlicher Bestandteil des *abstract windowing toolkit*. Dazu gehört:

- Das Zeichnen von Graphik auf dazu geeigneten Zeichenflächen der graphischen Komponenten (z. B. java.awt.Canvas),
- die Ausgabe von formatiertem Text in unterschiedlichen Schriftarten,
- die Programmierung von Animationen,
- die Darstellung und Manipulation von Bilddaten (Bitmaps) und
- die Verwendung von Farben und Mustern .

Zu diesem Zweck sind in **java.awt** eine Reihe von Klassen vorgesehen:

- Der Graphikkontext **Graphics**, der eine einheitliche Schnittstelle zu unterschiedlichen Ausgabemedien darstellt und alle Zeichenmethoden beinhaltet,
- die bereits eingeführte Klasse **Component** und die von ihr abgeleiteten Unterklassen, die eine Zeichenfläche beinhalten, z. B. **Canvas** („Leinwand"),
- Klassen, die einfache graphische Objekte bzw. deren Größe modellieren (**Dimension, Point, Polygon, Rectangle** etc.),
- Klassen für die Farbprogrammierung (**Color, SystemColor**) und
- Klassen für die Schriftprogrammierung (**Font, FontMetrics**).

Die Funktionalität für die Graphikprogrammierung ist in den JDK-Versionen 1.0.X und 1.1.X ein Schwachpunkt von Java, da nur relativ wenige und einfache Methoden zur Verfügung stehen. Beispielsweise ist es nicht möglich, Linien unterschiedlicher Dicke oder mit unterschiedlichen Mustern zu zeichnen; Transformationen graphischer Elemente im Koordinatensystem werden nicht unterstützt, die Schriftfunktionalität ist sehr eingeschränkt und die Geräteansteuerung (Bildschirm, Drucker) erfolgt generisch und mit geringer Qualität. Im Java 2D API, das im JDK 1.2 enthalten ist, sind zahlreiche Neuerungen enthalten, die diese Schwächen beseitigen.[14] Im einzelnen handelt es sich um folgende Funktionalitätsbereiche, die in den Kapiteln 7.3.3 - 7.3.8 kurz vorgestellt werden:

- Eine verbesserte Zeichenfunktionalität (Graphikprimitive, Beschreibung graphischer Formen durch Outlinepfade, Transformationen in Koordinatensystemen etc.),
- verbesserte Text und Schriftunterstützung,
- Farbverwaltung,
- *Imaging*, d. h. Funktionalität für die Bildverarbeitung und
- Unterstützung unterschiedlicher Graphik-Ausgabegeräte.

Neben Ergänzungen zum Paket **java.awt** kommen im JDK 1.2 zusätzliche Unterpakete hinzu bzw. werden gegenüber früheren Fassungen erheblich erweitert:

Paket	*Bedeutung*
java.awt.color	Farbverwaltung nach der Spezifikation des *International Color Consortium*
java.awt.font	Unterstützung standardisierter Schriftformate (Postscript-Schriften, *True Type*-Schriften)
java.awt.geom	zahlreiche zusätzliche Graphikprimitive (z. B. Bezier-Kurven und Pfade)
java.awt.image	Klassen für die Bildbearbeitung (Bitmapfilter und -Operatoren, Farbmodelle, gepufferte Bilddatentypen etc.)

Tabelle 38:   Neue AWT-Pakete im JDK 1.2

---

[14] Es gibt auch eine Spezifikation für ein Java 3D-API, mit dessen Hilfe 3D-Graphikprogrammierung in Java möglich ist (vgl. http://www.javasoft.com/products/java-media/3D/forDevelopers/j3dguide/j3dTOC.doc.html). Aus Platzgründen wird auf dieses Paket nicht näher eingegangen, vgl. aber die Online-Materialien zu diesem Buch.

7.3.1 Arbeiten mit dem Graphikkontext (Graphics)

Um auf der Zeichenfläche einer Komponente etwas ausgeben zu können, verwendet man ein Objekt vom Typ **Graphics** (bzw. **Graphics2D** in der Java 2-Plattform), d. h. einen Graphikkontext der die Schnittstelle zwischen Programm und Ausgabegerät (Bildschirm, Drucker etc.) bildet. **Graphics** enthält die notwendigen Methoden für:

- das Setzen graphischer Attribute (void **setFont(Font eineSchrift)**, void **setColor(Color eineFarbe)**, void **setPaintMode()**, void **setXORMode(Color eineFarbe)**),
- das Zeichnen von graphischen Formen (Umrisse wie void **drawRect()**,void **drawOval()** bzw. gefüllte Formen wie void **fillRect()**,void **fillOval()** etc.) bzw. Text (void **drawString()**),
- die Ausgabe von Bitmaps (void **drawImage(Image einBild, int xPosition, int yPosition, int Hoehe, int Breite)**) und
- die Bestimmung des zu zeichnenden Bereichs innerhalb der Zeichenfläche (*clipping area*, Rectangle **getClipRect()**).

Für die Graphikprogrammierung greift man einerseits auf die von **Component** geerbten Methoden und Eigenschaften der jeweiligen Zeichenfläche einer Komponente zurück (z. B. **getSize()**), andererseits bestimmt man die aktuellen Eigenschaften der Zeichenumgebung über die Eigenschaften und Methoden des Graphikkontextes (**Graphics**, z. B. **setColor()**, **setFont()**). Setzt man ein graphisches Attribut des Graphikkontextes wie Zeichenfarbe oder Schriftart, so gilt dieses Attribut, bis sein Wert verändert wird:

```
g.setColor(new Color(255, 0, 0));
// ab hier wird rot gezeichnet, z. B:
g.fillRect(10, 10, 100, 50);
g.setFont(new Font(new Font("SansSerif", Font.BOLD, 24);
// ab hier wird eine serifenlose fette Schrift der Größe 24 Punkt verwendet, z. B.
g.drawString(„Ausgabetext", 10, 10);
```

Codebeispiel 107: Setzen graphischer Attribute im Graphikkontext

An graphischen Formen unterstützt Graphics

- *Rechtecke* (void **drawRect(int links, int oben, int breit, int hoch)** und void **fillRect(int links, int oben, int breit, int hoch)**),
- *Rechtecke mit abgerundeten Ecken* (void **drawRoundRect(int links, int oben, int breit, int hoch, intBogenweite, int Bogenhoehe)** und void **fillRoundRect(int links, int oben, int breit, int hoch, intBogenweite, int Bogenhoehe)**),

- *erhabene (3D-)Rechtecke* (void draw3Drect(int links, int oben, int breit, int hoch, boolean istErhaben), void fill3Drect(int links, int oben, int breit, int hoch, boolean istErhaben)),
- *Linien* (void drawLine(int xStart, int yStart, int xEnde, int yEnde)),
- *Ovale* bzw. *Kreise* void drawOval(int xWert, int Ywert, int breit, int hoch), void fillOval(int xWert, int Ywert, int breit, int hoch)),
- *Oval- und Kreissektoren* (void drawArc(int xWert, int Ywert, int breit, int hoch, int StartWinkel, int DrehWinkel)) und void fillArc(int xWert, int Ywert, int breit, int hoch, int StartWinkel, int DrehWinkel)) und
- *Polygone* (void drawPolygon(Polygon einPolygon), void fillPolygon(Polygon einPolygon)).

Den Zeichenmethoden werden jeweils die Daten der zu zeichnenden Form als Übergabeparameter mitgegeben, z. B. ein Objekt vom Typ java.awt.Polygon für void drawPolygon(Polygon einPolygon) und void fillPolygon(Polygon einPolygon) bzw. alternativ dazu Arrays mit X- und Y-Werten und die Anzahl der zu zeichnenden Punkte (void drawPolygon(int[] dieXWerte, int[] dieYWerte, int dieZahlderPunkte).

Das Zeichnen der Zeichenfläche einer Komponente erfolgt systemgesteuert automatisch immer dann,

- wenn die Laufzeitumgebung feststellt, daß die Zeichenfläche neu gezeichnet werden muß (z. B. weil sie durch ein anderes Fenster verdeckt war und wieder sichtbar wird, also neu gezeichnet werden muß, oder weil sich ihre Größe geändert hat), oder
- wenn man selbst die Zeichenfläche einer Komponente „invalidiert" (durch Aufruf der von Component geerbten Methode invalidate()).

Für dieses „automatische" Zeichnen ruft das System die Methoden void paint(Graphics g) bzw. void update(Graphics g) auf; sie bekommen den Graphikkontext für die Zeichenfläche der Komponente als Übergabeparameter mit und werden *nie* durch den Entwickler direkt aufgerufen - will man ein Neuzeichnen der Zeichenfläche explizit auslösen, z. B. als Reaktion auf eine Mausbewegung, so kann man dies durch Aufruf von repaint() tun (ebenfalls aus Component geerbt).

Soll außerhalb der Methoden paint() bzw. update() in die Zeichenfläche einer Komponente (oder auch eines Bitmaps (Image)) gezeichnet werden, so muß man sich über die Methode getGraphics() einen gültigen Graphikkontext anlegen, der dann für die Zeichenoperationen genutzt werden kann:

```
Graphics einGraphikKontext = getGraphics();
einGraphikKontext.setColor(new Color(255, 0, 0));)
```

bzw.

```
Graphics einGraphikKontext = zuZeichnendeKomponente.getGraphics();
einGraphikKontext.drawString(„auszugebender Text", 20, 20);
// etc. weitere Zeichenoperationen bzw. Attributsetzungen
```

Codebeispiel 108:   Einsatz eines Graphikkontexts außerhalb von paint()/upate()

Was auf diese Art außerhalb gezeichnet wurde, wird durch den nächsten Aufruf von paint() bzw. update() überschrieben – man sollte daher sorgfältig planen, unter welchen Umständen außerhalb der Standard-Zeichenmethoden eine graphische Ausgabe sinnvoll ist. Um die graphische Ausgabe in die Zeichenfläche selbst steuern zu können, überlädt man paint() bzw. update(). Die beiden Methoden unterscheiden sich dadurch, daß paint() vor dem Zeichnen den Hintergrund der Komponente löscht, während dies bei einem Aufruf von update() nicht erfolgt, also einfach „weitergezeichnet" wird.

Größen und Positionsangaben in der Zeichenfläche erfolgen als Pixelangaben, das Koordinatensystem hat seinen Ursprung in der linken oberen Ecke (Koordinaten 0, 0), d. h. die Orientierung erfolgt von links nach rechts und von oben nach unten. Dabei sind die Koordinatenangaben immer auf die aktuelle Komponente bezogen und nicht z. B. auf den Gesamtbildschirm oder Container, in denen sie ist (erweiterte Möglichkeiten der Skalierung und Orientierung von Koordinatensystemen finden sich im JDK 1.2 – Java 2D-API, vgl. Kap. 7.3.4). Beim Zeichnen innerhalb von Containern und Fenstern sind zur Berechnung der eigentlich verfügbaren Zeichenfläche die Höhe und Breite von Innenrändern, Kopfleisten und Rahmen zu berücksichtigen. Sie können über die Methode getInsets() ermittelt werden.

Das nachfolgende Beispielprogramm führt einige der Graphikfähigkeiten des Java AWT vor; dabei werden in Abhängigkeit von der Mausbewegung Rechtecke, Ovale und Oval-Sektoren zufälliger Größe und Position gezeichnet und ihre Daten ausgegeben. Bei einem Mausklick wird die Zeichenfläche ungültig gemacht, ein repaint() ausgelöst und der Hintergrund gelöscht. Um ein automatisches Löschen des Hintergrunds bei jeder Zeichenoperation zu vermeiden, wird nicht die paint-, sondern die update-Methode verwendet. Weitere Beispiele zur Anwendung der Zeichenmethoden finden sich im folgende Kapitel bei den Beispielen zur Programmierung von Animationen.

```
import java.awt.*;
import java.awt.event.*;
import java.util.Random;

class GraphischeElemente extends Frame
                implements  MouseListener,
                            MouseMotionListener,
                            WindowListener
{
```

```java
Random  dieZufallszahlen;
Font  dieSchrift;

// Hilfsvariablen für Zufallszahlen, Größe, Position etc.
int    aktZufallszahl, alteZufallszahl, vorletzteZufallszahl, vorvorletzteZufallszahl,
       derAktionswaehler,  Rotwert, Blauwert, Gruenwert, links,
       oben, breit, hoch;

public static void main(String[] argv)
{
  new GraphischeElemente();
}

public GraphischeElemente()
{
  // Oberklasse Frame initialisieren
  super("Testklasse für die Graphikprogrammierung");

  // Lauschobjekte hinzufügen
  addMouseListener(this);
  addMouseMotionListener(this);
  addWindowListener(this);

  // Größe festlegen und anzeigen
  setSize(400,300);
  setVisible(true);

  // Zufallszahl und Schrift erzeugen
  dieZufallszahlen = new Random();
  dieSchrift = new Font("SansSerif", Font.BOLD, 24);
}

public void update(Graphics g)
{
  // wenn Neuzeichnen per Mausklick angefordert,
  // Hintergrund neu zeichnen und validieren
  if(!isValid())
  {
    g.clearRect(0,0,getSize().width, getSize().height);
    validate();
    return;
  }

  // Holen der nächsten Zufallszahl (Betrag!)
  aktZufallszahl = Math.abs(dieZufallszahlen.nextInt());

  // Position und Größe in Abhängigkeit von den letzten beiden Zufallszahlen
  links  = aktZufallszahl               % getSize().width;
```

```java
oben = alteZufallszahl           % getSize().height;
breit = vorletzteZufallszahl     % getSize().width;
hoch = vorvorletzteZufallszahl   % getSize().height;

// Farbwert in Abhängigkeit von den letzten Zufallszahlen
Rotwert  = aktZufallszahl % 255;
Gruenwert = alteZufallszahl % 255;
Blauwert  = vorletzteZufallszahl % 255;

// Festlegen von aktueller Schrift und Farbe, "Schreibfläche" freihalten
g.setFont(dieSchrift);
g.setColor(new Color(Rotwert, Gruenwert, Blauwert));
g.clearRect(95,80,120,110);

// Aktion auswählen
derAktionswaehler = aktZufallszahl % 3;

switch(derAktionswaehler)
{
  // gefülltes Rechteck zeichnen
  case 0:
    g.fillRect(links, oben, breit, hoch);
    g.setColor(new Color(0,0,0));
    g.drawString("Rechteck", 100,100);
  break;

  // gefülltes Oval zeichnen
  case 1:
    g.fillOval(links, oben, breit, hoch);
    g.setColor(new Color(0,0,0));
    g.drawString("Oval", 100,100);
  break;

  // gefüllten Kreissektor zeichnen
  case 2:
    // zusätzliche Parameter: Start- und Endwinkel
    g.fillArc( links, oben, breit, hoch, aktZufallszahl % 360, alteZufallszahl % 360);
    g.setColor(new Color(0,0,0));
    g.drawString("Sektor", 100,100);
  break;
}
// Position und Größe ausgeben
g.drawString("Links:" + links, 100,120);
g.drawString("Oben:" + oben, 100,140);
g.drawString("Breit:" + breit, 100,160);
g.drawString("Hoch:" + hoch, 100,180);
```

```java
    // Weiterschieben der Zufallszahlen
    vorvorletzteZufallszahl = vorletzteZufallszahl;
    vorletzteZufallszahl = alteZufallszahl;
    alteZufallszahl = aktZufallszahl;
  }

  // bei Mausklick Fenster "invalidieren", d .h. Zeichenfläche löschen (mit der
  // Defaulthintergrundfarbe weiß füllen)
  public void mouseClicked(MouseEvent e)
  {
    invalidate();
    repaint();
  }

  // bei Mausbewegung Zeichenaktion auslösen, falls Timestamp modulo 100 gleich Null
  public void mouseMoved(MouseEvent e)
  {
    // je kleiner der Wert, desto häufiger wird das Zeichnen ausgelöst
    if(e.getWhen() % 3 == 0)
    repaint();
  }

  public void windowClosing(WindowEvent e)
  {
    System.out.println("Anwendung mit System.exit(0) beendet.");
    System.exit(0);
  }

  // nicht verwendete Methoden von MouseListener, MouseMotionListener
  // und WindowListener
  public void mousePressed(MouseEvent e){}
  public void mouseReleased(MouseEvent e){}
  public void mouseEntered(MouseEvent e){}
  public void mouseExited(MouseEvent e){}
  public void mouseDragged(MouseEvent e){}
  public void windowOpened(WindowEvent e){}
  public void windowIconified(WindowEvent e){}
  public void windowDeiconified(WindowEvent e){}
  public void windowClosed(WindowEvent e){}
  public void windowActivated(WindowEvent e){}
  public void windowDeactivated(WindowEvent e){}
}
```

Codebeispiel 109:   Ausgabe von Graphikprimitiven

Die Ausgabe des Beispielprogramms sieht wie folgt aus:

Abbildung 49:   Ausgabe von Graphikprimitiven

7.3.2   Exkurs: Animationen

Das voranstehende Beispiel erzeugt *auf Ereignisse hin* je ein graphisches Element auf der Zeichenfläche. Ein wichtiges Anwendungsfeld für die Graphikprogrammierung ist über eine solche *statische* Graphikausgabe die Erzeugung zeitabhängiger Bewegtbilder, d. h. von Animationen.[15] Das Grundprinzip einer Animation ist, daß zeitabhängig visuelle Modifikationen einer Zeichenfläche vorgenommen werden müssen, sei es durch das Laden und Darstellen von Bildfolgen, sei es durch direktes Zeichnen in der Benutzerschnittstelle. Für jeden Darstellungsschritt ist ein Aufruf der **paint-** bzw. **update**-Methode des Programms erforderlich. Die Steuerung einer Animation erfolgt in der Regel in einer Schleife; die Steuerungsfunktion sollte allerdings *nicht direkt* innerhalb einer **paint-** oder **update**-Methode implementiert werden, da dies den Hauptausführungsstrang (Thread, s. u. Kap. 7.4) der Anwendung zu stark behindern würde; deshalb ist es sinnvoll, für die Steuerung von Animationen einen eigenen Ausführungsstrang zu starten. Die Implementierung einer Animation sollte daher nach folgender Vorgehensweise erfolgen:

---

[15] Die nachfolgenden Ausführungen orientieren sich an VAN HOFF 1996..

1. Implementierung des Interfaces **Runnable**, damit Threads zur Verfügung stehen,[16]
2. Implementierung der **paint()**- bzw. **update()**-Methode der Animation,
3. Implementierung der zeitabhängigen Steuerungslogik in der **run**-Methode und
4. ggf. zeitabhängige Steuerung durch Korrelation mit der Systemzeit und Berücksichtigung von Geschwindigkeitsparametern (z. B. als Übergabeparameter an ein Applet in einer HTML-Seite).

Das nachfolgende Programm gibt in seiner Darstellungsfläche zeitabhängig eine Animation überlagerter Sinuswellen aus. Pro Iterationsdurchlauf „rutschen" die Funktionswerte um einen Pixel weiter, dabei baut sich das Bild durch das abschnittsweise Zeichnen vertikaler Linienabschnitte auf. Über die Abfrage der Systemzeit ist eine konstante Bildrate gewährleistet, wobei allerdings die tatsächliche Übereinstimmung der voreingestellten Verzögerung mit der Ausgabe nur approximiert werden kann. Bei hoher Framerate kann nicht für jeden **repaint()**-Aufruf **paint()** tatsächlich ausgeführt werden. Das Programm soll den prinzipiellen Aufbau von Animationen zeigen, insbesondere hinsichtlich ihrer Implementierung als nebenläufige Programme. Es ist ein Beispiel für die programmgesteuerte Generierung der Ausgabeanimation ohne Rückgriff auf externe Ressourcen wie Bilddateien.

```java
import java.awt.*;
import java.awt.event.*;

public class SinusAnimation extends Frame implements Runnable, WindowListener
{
    int Iteration,        // auszugebender Zähler
        Verzoegerung;     // Zeitverzögerung

    Thread Animator;      // Thread zur Steuerung der Animation

    static public void main(String[] argv)
    {
        // Kommandozeilenargument als Verzögerung, sonst Defaultwert 100 ms
        if(argv.length == 1)
        {
            new SinusAnimation(Integer.parseInt(argv[0]));
        }
        else
        {   new SinusAnimation(100);   }
    }
```

---

[16] Dies ist dann erforderlich, falls die neue Klasse nicht direkt von der Klasse Thread abgeleitet werden kann (z. B. bei Applets, die ja bereits von java.applet.Applet abgeleitet sind). Runnable enthält lediglich die Methode run(), mit deren Hilfe man nebenläufig programmieren kann, vgl. unten Kap. 8).

```java
public SinusAnimation(int V)
{
  // Fensteraufbau
  super("Sinusanimation ");
  setLayout(new BorderLayout());
  setSize(200, 70);
  addWindowListener(this);
  setVisible(true);

  Verzoegerung = V;
  // startet den Animationsthread d. h. das Objekt der Klasse SinusAnimation
  // wird diesem Thread übergeben und verwendet dessen run-Methode
  Animator = new Thread(this);
  Animator.start();
}

public void run()
{
  long Zeit = System.currentTimeMillis();
  // Steuerungsschleife für die Animation: Solange der Thread lebt, wird ein repaint()
  // durchgeführt, danach legt sich der Thread für die vorgesehene Zeitspanne "schlafen"
  while (Thread.currentThread() == Animator)
  {
    repaint();
    try
    {
      Zeit += Verzoegerung;
      // Synchronisation mit der Systemzeit
      Thread.sleep(  Math.max(0,Zeit - System.currentTimeMillis()));
    }
    catch (InterruptedException e)
    { break;  }
    // Ausgabezähler hochsetzen
    Iteration++;
  }
}

public void paint(Graphics g)
{
  Dimension Groesse  = getSize();     int  Hoehe = Groesse.height / 2;

  // Schleife von links nach rechts: je ein Pixel breite senkrechte Linien an der Position
  // xPosition, deren roter und blauer Anteil durch die Sinusfunktion berechnet wird
  for (int xPosition = 0 ; xPosition < Groesse.width ; xPosition++)
  {
    int yWert1 =  (int)((1.0 + Math.sin((xPosition -  Iteration) * 0.05)) *     Hoehe);
    int yWert2 =  (int)((1.0 + Math.sin((xPosition + Iteration) * 0.07)) *     Hoehe);
```

```java
    // bei Bedarf yWerte vertauschen
    if (yWert1 > yWert2)
    {
      int  tempWert = yWert1;
      yWert1 = yWert2;
      yWert2 = tempWert;
    }

    // blaue Linie von y = 0 bis y = yWert1 und von yWert2 bis zur maximalen Höhe
    g.setColor(Color.blue);
    g.drawLine(xPosition, 0, xPosition,  yWert1);
    g.drawLine(xPosition, yWert2, xPosition, Groesse.height);

    // rote Linie von y = yWert1 bis yWert2
    g.setColor(Color.red);
    g.drawLine(xPosition, yWert1, xPosition, yWert2);
  }
}

// Fenster schließen
public void windowClosing(WindowEvent e)
{ System.exit(0); }
// nicht verwendete Methoden der Schnittstelle WindowListener
public void windowOpened(WindowEvent e){}
public void windowIconified(WindowEvent e){}
public void windowDeiconified(WindowEvent e){}
public void windowClosed(WindowEvent e){}
public void windowActivated(WindowEvent e){}
public void windowDeactivated(WindowEvent e){}
}
```

Codebeispiel 110:   Animation einer Sinuskurve

Führt man das Programm aus, so sieht man „Blitzer" zwischen den einzelnen Iterationen. Dies liegt an der Verwendung von **paint()** als Zeichenmethode, d. h. bei jeder Iteration wird der Hintergrund gelöscht, was bei der Animation zu unerwünschtem Flackern führt. Ein zweiter Nachteil besteht darin, daß das Zeichnen direkt in der Bildschirmausgabe erfolgt, was wenig effektiv ist. Zur Optimierung der Animation bieten sich zwei Möglichkeiten an:

1. Überschreiben der Methode **update()** an Stelle von **paint()**, so daß das automatische Löschen des Hintergrunds entfällt und

2. Zeichnen der Animation im Speicher und anschließendes (schnelleres) Darstellen des „fertigen Bilds" *in einem Schritt* (*double buffering, backbuffer*). *Double buffering* benötigt zwar mehr Speicherplatz, resultiert aber in wesentlich schnellerem Bildaufbau, da das Bild sehr schnell im Speicher erzeugt wird und nur durch einen einzelnen Schritt am Bildschirm zur Darstellung kommt.

Zur Realisierung des *double buffering* legt man ein Image-Objekt an: Dabei handelt es sich um einen Speicherbereich, in den man wie in die Zeichenfläche einer Komponente zeichnen kann, d. h. über einen Graphikkontext (Graphics) kann man die bekannten Zeichenoperationen anwenden. Damit das Speicherbild auf die Zeichenfläche paßt, legt man ein Image an, das dieselbe Größe hat wie die Zeichenfläche der Komponente (hier: die Zeichenfläche des Applets) und zeichnet über den Graphikkontext des Image zunächst im Speicher (d. h. in den Speicherbereich des Image, nicht auf den Bildschirm). Nach jeder Zeicheniteration wird das Bild dann durch die drawImage-Methode des Graphikkontexts des Applets zur Darstellung gebracht. Um dies zu realisieren, ist die Zeichenfunktionalität statt wie bisher in den Methoden paint() bzw. update() in einer Hilfsmethode paintFrame() untergebracht, die in einem Graphikobjekt (BufferImage) im Speicher zeichnet. Zusätzlich werden anders als im ersten Beispiel die Fensterränder korrekt berücksichtigt.

```java
import java.awt.*;
import java.awt.event.*;

public class SinusAnimationBufferUpdate    extends Frame
                                           implements Runnable, WindowListener
{
  int Verzoegerung;                                // Zeitverzögerung
  Dimension Groesse = new Dimension();             // Größe der Zeichenfläche
  Insets FensterRahmen;                            // Fensterränder (Rahmen, Titelleiste)
  Dimension diePufferGroesse = new Dimension();    // Größe des Bildpuffers
  Image derBildPuffer;                             // Bildpuffer im Speicher
  Graphics PufferGraphics;                         // Graphikkontext für den Bildpuffer
  int Iteration;                                   // Zählvariable
  Thread Animator;                                 // Thread zur Steuerung der Animation

  static public void main(String[] argv)
  {
    // Kommandozeilenargument als Verzögerung, sonst Defaultwert 1 ms
    if(argv.length == 1)
    {   new SinusAnimationBufferUpdate(Integer.parseInt(argv[0]));   }
    else
    {   new SinusAnimationBufferUpdate(1);   }
  }

  public SinusAnimationBufferUpdate(int V)
  {
    // Fensteraufbau
    super("Sinusanimation mit Double Buffer");
    setLayout(new BorderLayout());   setSize(400, 200);   addWindowListener(this);
    setVisible(true);
```

```java
    Verzoegerung = V;
    // startet den Animationsthread, d. h. das Objekt der Klasse SinusAnimationBufferUpdate
    // wird diesem Thread übergeben und verwendet dessen run-Methode
    Animator = new Thread(this);
    Animator.start();
}
public void run()
{
    // Steuerungsschleife für die Animation: Solange der Thread lebt, wird ein repaint()
    // durchgeführt, danach legt sich der Thread für die vorgesehene Zeitspanne "schlafen"
    while (Thread.currentThread() == Animator)
    {
        repaint();
        try
        {       Thread.sleep(Verzoegerung);       }
        catch (InterruptedException e)
        { break;  }
        // Zähler hochsetzen
        Iteration++;
    }
}
public void update(Graphics g)
{
    // Gesamtgröße des Fensters
    Dimension RohGroesse = getSize();
    // Fensterränder bestimmen
    FensterRahmen = getInsets();
    // Große der Zeichenfläche = Gesamtgröße - Ränder
    Groesse.width = RohGroesse.width - FensterRahmen.left -FensterRahmen.right;
    Groesse.height = RohGroesse.height - FensterRahmen.top -FensterRahmen.bottom;
    // Erzeugen/Anpassen des Speicherbildobjekts bei Programmstart oder
    // Fenstergrößenänderung
    if (       (PufferGraphics == null)
        || (Groesse.width   != diePufferGroesse.width)
        || (Groesse.height  != diePufferGroesse.height))
    {
        diePufferGroesse.width  = Groesse.width;
        diePufferGroesse.height = Groesse.height;
        derBildPuffer = null;
        derBildPuffer = createImage( diePufferGroesse.width, diePufferGroesse.height);
        PufferGraphics = derBildPuffer.getGraphics();
        System.out.println("geändert: " + diePufferGroesse.width);
    }
    // Zeichnen der Graphik
    paintFrame(PufferGraphics);
    // Darstellen am Bildschirm
    g.drawImage( derBildPuffer, FensterRahmen.left, FensterRahmen.top, null);
}
```

```java
public void paint(Graphics g)
{
  if (derBildPuffer != null)
  { g.drawImage(derBildPuffer, FensterRahmen.left, FensterRahmen.top, null);  }

// Zeichnen im Speicher
public void paintFrame(Graphics g)
{
  // Hintergrund löschen
  PufferGraphics.setColor(getBackground());
  PufferGraphics.fillRect(0, 0, diePufferGroesse.width,
  diePufferGroesse.height);
  int Hoehe = diePufferGroesse.height / 2;

  // Schleife von links nach rechts: je ein Pixel breite senkrechte Linien an der Position
  /// xPosition, deren roter und blauer Anteil durch die Sinusfunktion berechnet wird
  for ( int xPosition = 0 ; xPosition < diePufferGroesse.width; xPosition++)
  {
    int yWert1 =    (int)((1.0 + Math.sin((xPosition -  Iteration) * 0.05)) * Hoehe);
    int yWert2 =    (int)((1.0 + Math.sin((xPosition + Iteration) * 0.07)) * Hoehe);
    // bei Bedarf yWerte vertauschen
    if (yWert1 > yWert2)
    { int tempWert = yWert1;       yWert1 = yWert2;       yWert2 = tempWert;}
    // blaue Linie von y = 0 bis y = yWert1 und von yWert2 bis zur maximalen Höhe
    g.setColor(Color.blue);
    g.drawLine(xPosition, 0, xPosition,  yWert1);
    g.drawLine( xPosition, yWert2, xPosition, diePufferGroesse.height);
    // rote Linie von y = yWert1 bis yWert2
    g.setColor(Color.red);
    g.drawLine(xPosition, yWert1, xPosition, yWert2);
  }
}
// Fenster schließen
public void windowClosing(WindowEvent e)
{
  // Thread beenden, Speicherbild und Graphikkontext löschen
  Animator = null;  derBildPuffer = null;  PufferGraphics = null;  System.exit(0);
}
// nicht verwendete Methode der Schnittstelle WindowListener
public void windowOpened(WindowEvent e){}
public void windowIconified(WindowEvent e){}
public void windowDeiconified(WindowEvent e){}
public void windowClosed(WindowEvent e){}
public void windowActivated(WindowEvent e){}
public void windowDeactivated(WindowEvent e){}
}
```

Codebeispiel 111:   Animation mit double buffering

Das Programm erzeugt folgende Ausgabe:

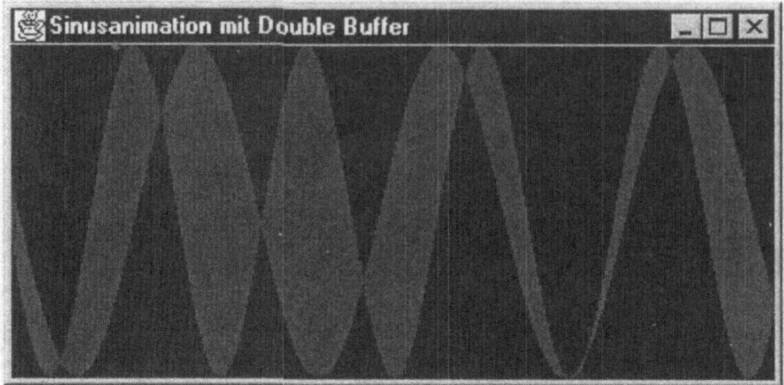

Abbildung 50:   Animation einer überlagerten Sinuskurve

Neben der direkten Generierung animierter Darstellung mit Hilfe der Zeichen-
funktionen von **java.awt** wie in den obigen Beispielen wird bei Animationen oft
auf externe Bilddaten zurückgegriffen, die z. B. als GIF-Bilder vorliegen. Dabei
unterscheidet man zwischen *Frameanimationen*, bei der an gleicher Stelle nacheinander unterschiedliche Bilder geladen werden und so ein Bewegungseffekt
erzielt wird und der *Pfadanimation*, bei der eine Bilddatei nacheinander an verschiedenen Stellen dargestellt wird, sie sich also über den Bildschirm bewegt.
Beide Methoden lassen sich miteinander kombinieren. Im nachfolgenden Beispiel
werden eine Reihe von Bilddateien geladen, die eine Frameanimation ergeben. Sie
werden entlang eines Pfades über die Zeichenfläche bewegt, so daß zugleich eine
Pfadanimation entsteht. Gegenüber dem obigen Beispiel der Sinusanimation ergeben sich folgende Änderungen: Ein Array von Bildern wird als Eigenschaft der
Klasse (im Beispiel: FrameAnimation) deklariert:

```
Image dieBilder[];
```

Im Konstruktor der Klasse werden die Bilder (vierzehn Ansichten einer Kugel in
verschiedenen Drehstellungen, als GIF-Bilder kugel01.gif – kugel14.gif) geladen:

```
dieBilder = new Image[14];
for (int i = 1 ; i <= 14 ; i++)
{
  if(i < 10)
  {
    // mit führender Null
    dieBilder[i-1] = getToolkit().getImage(new String("Kugel0" + i + ".gif"));
  }
  else
  { dieBilder[i-1] = getToolkit().getImage(new String("Kugel" + i + ".gif")); }
}
```

Codebeispiel 112:   Laden von Bilddateien

Bei Applikationen können Bilddateien über die getImage-Methode des Syste-mobjekts Toolkit geladen werden (die Bilder werden als Dateiname oder als URL referenziert). Bei Laden von Bildern in Applets kann direkt die getImage-Methode der Klasse Applet verwendet werden (referenziert als URL). Um die Bilddateien anzuzeigen, wird die paintFrame-Methode verändert: Nach Berechnung der aktuellen X- und Y-Position wird in Abhängigkeit vom Iterationszähler die jeweils nächste Bilddatei mit drawImage() in den Speicherbereich geschrieben und anschließend wie bisher in update() bzw. paint() am Bildschirm angezeigt (2. Anwendung von drawImage()):

```
public void paintFrame(Graphics g)
{
  // Hintergrund löschen
  g.setColor(Color.white);
  g.fillRect(0, 0,  diePufferGroesse.width, diePufferGroesse.height);

  int maxYpos =   diePufferGroesse.height - dieBilder[0].getHeight(this);
  int yPositionFrame = (int)(Math.abs(Math.sin(0.01*Iteration) * maxYpos));
  int xPositionFrame = Iteration % diePufferGroesse.width;
  g.drawImage( dieBilder[Iteration % 6], xPositionFrame, yPositionFrame, null);
  Iteration++;
}
```

Codebeispiel 113:   Zeichnen einer Pfad- und Frameanimation

Die Ausgabe zeigt den Weg der Bilder in der Zeichenfläche (hier zur besseren Visualisierung ohne Löschen des Hintergrunds und mit größeren Iterationsabständen).

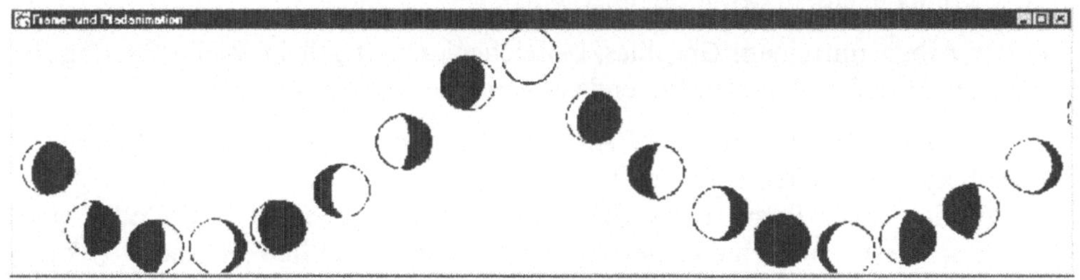

Abbildung 51:   Pfadanimation mit Bilddateien

Die nachfolgenden Kapitel beschreiben Neuerungen der Graphikprogrammierung in der Java 2-Plattform; sie können nur dann erprobt werden, wenn der JDK 1.2 installiert ist.

7.3.3　Das Graphik-2D-API – erweiterter Graphikkontext

Die für die Graphikprogrammierung wichtigste Änderung ist die Einführung einer zusätzlichen Klasse für Graphikkontexte, die über wesentlich mehr Methoden und Eigenschaften verfügt: Von der bisherigen Klasse **Graphics** ist **Graphics2D** abgeleitet. Die Instantiierung eines **Graphics2D**-Kontextes erfolgt in einer paint-Routine in Abhängigkeit von der wie üblich als Parameter übergebenen Variablen vom Typ **Graphics**:

```
public void paint(Graphics g)
{
  Graphics2D g2d = (Graphics2D) g;
  // ... Zeichenoperationen ...
}
```

Im aktuellen Graphikkontext sind zu jedem Zeitpunkt folgende Parameter gesetzt:

- *Schriftart* (*Font*; Default: die aktuelle Schriftart der Komponente, in der gezeichnet werden soll),
- *Zeichenstil* (*stroke*; Default: durchgezogene, ein Pixel breite Linie, rechteckiger Zeichenstift),
- *Transform* (Abbildungsvorschrift vom Benutzer- in das Systemkoordinatensystem (s.u.); Default: die Konfiguration der Komponente, in der gezeichnet werden soll), d. h. 1:1-Abbildung auf der Basis von Pixelwerten,
- *Composite* (Überschreibmodus/Alphakanal; Default: Überlagerung ohne Transparenz (SRC_OVER)) und
- *Clip* (aktuell darstellbarer Bereich; Default: *Clipping area* der Zeichenfläche der Komponente, in der gezeichnet wird).

Bei der Arbeit mit einem **Graphics2D**-Zeichenkontext gilt in Weiterführung des bereits zu **Graphics** Gesagten folgende allgemeine Vorgehensweise:

1. Setzen von Graphikattributen (*rendering attributes*) wie Linientyp, Füllmuster (auch komplexe Gradienten etc.),
2. Definition einer Form, einer Zeichenkette (auszugebender Text) oder eines Bildes. Diese unterschiedlichen Typen werden einheitlich behandelt (Skalierung, Rotation, Verzerrung etc.). Für graphische Formen bildet die Schnittstelle **Shape** die Basis, **GeneralPath** (s. u.) ist z. B. eine Implementierung dieser Schnittstelle,
3. Anwendung von Transformationen (z. B. Bild verzerren oder filtern, Text drehen etc.) und
4. Ausgabe des graphischen Elementes (z. B. durch die **Graphics2D**-Methoden **draw()**, **drawImage()**, **drawRectangle()** oder **fill()**).

Die eigentliche Ausgabe eines graphischen Objektes (*rendering*) im Zielmedium (Bildschirm, Drucker etc.) erfolgt grundsätzlich in vier Schritten:

1. Das Objekt wird in Graphikprimitive umgewandelt und auf den Koordinatenraum des Ausgabegeräts (*device space, s.u.*) abgebildet.
   - Handelt es sich um eine *Form* (**Shape**), so werden die in der Form enthaltenen einzelnen Graphikelemente bestimmt.
   - Handelt es sich um *Text*, wird die Form der Buchstaben (*Glyphen*) aus der Schriftinformation bestimmt und in einen Umriß (*outline*) umgewandelt, der sich als **Shape**-Objekt beschreiben läßt.
   - Bei *Bildern* (*images*) wird ihre *bounding box* in Device-Koordinaten umgewandelt (unter Verwendung der im Programm angegebenen Transformationen des **Graphics2D**-Kontextes).
2. Der aktuelle *clipping path* schränkt die Darstellungsoperation (*rendering operation*) ein. Ein *clipping path* kann jede Form annehmen, die sich durch ein **Shape**-Objekt beschreiben läßt. Normalerweise handelt es sich um den Bereich der gerade tatsächlich gezeichnet werden kann (z. B. die sichtbare Fläche eines Fensters).
3. Die Ausgabefarbe wird bestimmt (aus den Bilddaten bei Bildern, aus dem aktuellen **Paint**- oder **Color**-Objekt in allen anderen Fällen).
4. Die Farbe wird auf das auszugebende Objekt „angewandt".

Die folgenden Kapitel zeigen unterschiedliche Beispiele im Umgang mit **Graphics2D**.

7.3.4 Koordinatensysteme und Transformationen

In JDK 1.0.X und 1.1.X kann man das Koordinatensystem der Zeichenfläche nicht modifizieren; es ist mit der Größe der Zeichenfläche (in Pixeln) identisch und hat eine feste Orientierung. In Java JDK 1.2 können graphische Formen, Text und Bilder im Koordinatensystem transformiert werden, d. h. sie können skaliert, gedreht oder verschoben werden (affine Transformationen). Ähnlich wie in anderen graphischen Entwicklungsumgebungen (z. B. MS-Windows) unterscheidet das Java 2D API zwischen

- dem *user coordinate space* (Koordinatenraum des Benutzers) und
- dem *device coordinate space* (Koordinatenraum des Ausgabegeräts; Windows-Terminologie: *logical* und *physical device context*).

Der *device coordinate space* hat seinen Ursprung (wie in JDK 1.1) links oben, d. h. wachsende Y-Werte wandern nach unten, X-Werte nach rechts. Per Default haben *user* und *device coordinate space* dieselbe Orientierung und Skalierung. Die Eigenschaften des *user coordinate space* können aber angepaßt werden, das System sorgt dann für die Abbildung von Werten vom Koordinatenraum des Benutzers in den des Systems (*device coordinate space*) und damit für die passende Abbildung auf die gegebene Zeichenfläche. Die Unterscheidung ist für alle Anwendungen sinnvoll, die selbst ihre graphisch darzustellenden Daten nach inhaltlichen Kriterien skalieren (z. B. bei der Erstellung von Diagrammen oder Karten mit einer bestimmten Skalierung). Die Abbildung vom Nutzer- ins Systemkoordinatensystem vereinfacht die Entwicklungsarbeit, da der Benutzer sich sein Koordinatensystem passend definieren kann und die Abbildung auf die Eigenschaften der tatsächlich vorhandenen Zeichenfläche automatisch erfolgt. Die Flexibilität bei der Festlegung des Koordinatenraums hat auch zur Folge, daß alle Werte im Graphics2D-Kontext als float-Werte festgelegt werden, d. h. die logischen Einheiten des Benutzerkoordinatenraums können beliebig genau definiert werden (z. B. eine Linienbreite von 2.33f).

Das folgende Beispiel zeigt die Verwendung von Transformationen im Graphics2D-Kontext. Um Transformationen ausführen zu können, muß man ein Objekt vom Typ AffineTransform anlegen, über dessen Methoden man beliebige Transformationen festlegen und miteinander kombinieren kann. Die eigentliche Modifikation des Koordinatenraums erfolgt dann durch Aufruf der Methode transform() des aktuellen Graphics2D-Kontextes, der das zu transformierende Objekt übergeben wird. Bei der Festlegung von Transformationen ist zu unterscheiden, ob eine Transformation auf der Basis der bereits bestehenden Operationen weiter modifiziert wird oder ob sie auf eine einzelne Aktion (z. B. Drehen) festgelegt wird (setToXXX-Methoden von AffineTransform). Zu den möglichen Transformationen gehören:

- die Drehung (void rotate(double Drehwinkel), void setToRotation(double Drehwinkel)),
- die Skalierung (void scale(double XSkalierung, double YSkalierung), void setToScale(double XSkalierung, double YSkalierung)),
- die Verschiebung (void translate(double XVerschiebung, double YVerschiebung), void setToTranslation(double XVerschiebung, double YVerschiebung)),
- die Verzerrung (shear(), setToShear()) und
- die Abbildung einer Punktmenge auf eine andere Punktmenge (allg. Transformation):
  void transform(Point2D[] Ausgangsmenge,
                    int ersterZuTransformierenderPunktImArray,
                    Point2D[] ZielArray,
                    int ersterPunktImZielArray,
                    int AnzahlZuTransformierenderPunkte).

Das nachfolgende Beispiel zeigt ein Rechteck, das zunächst im Ursprung des Koordinatensystems, der linken oberen Ecke, gezeichnet wird. Anschließend wird der Koordinatenraum durch sukzessive Anwendung von Transformationen

- verschoben,
- verschoben und gedreht,
- verschoben, gedreht und skaliert und
- verschoben, gedreht, skaliert und verzerrt.

Nach jeder Transformation wird das Rechteck erneut gezeichnet.

```java
public void paint(Graphics g)
{
  Graphics2D g2d = (Graphics2D) g;
  // Rechteck (50 * 50) in linker oberer Ecke
  Rectangle einRechteck = new Rectangle( getInsets().left, getInsets().top, 50, 50);
  g2d.draw(einRechteck);

  // neues Transformationsobjekt erzeugen
  AffineTransform dieTransformation = new AffineTransform();

  // Koordinatenraum um 50x-, 50y-Einheiten verschieben
  dieTransformation.translate(50.0, 50.0);
  g2d.transform(dieTransformation);
  g2d.setColor(Color.lightGray);
  g2d.fill(einRechteck);

  // Koordinatenraum um 30 Grad gegen den Uhrzeigersinn drehen
  dieTransformation.rotate(-Math.PI/12.0);
  g2d.transform(dieTransformation);
  g2d.setColor(g2d.getColor().darker());
  g2d.fill(einRechteck);

  // Koordinatenraum die Faktoren 1.33*x, 0.66*y skalieren
  dieTransformation.scale(1.33f, 0.66f);
  g2d.transform(dieTransformation);
  g2d.setColor(Color.black);
  g2d.fill(einRechteck);

  // Koordinatenraum die Faktoren 0.1*x, 0.1y verzerren
  dieTransformation.shear(0.1f, 0.1f);
  g2d.transform(dieTransformation);
  g2d.setColor(Color.black);
  g2d.fill(einRechteck);
}
```

Die Ausgabe zeigt den Effekt der Transformationsoperationen:

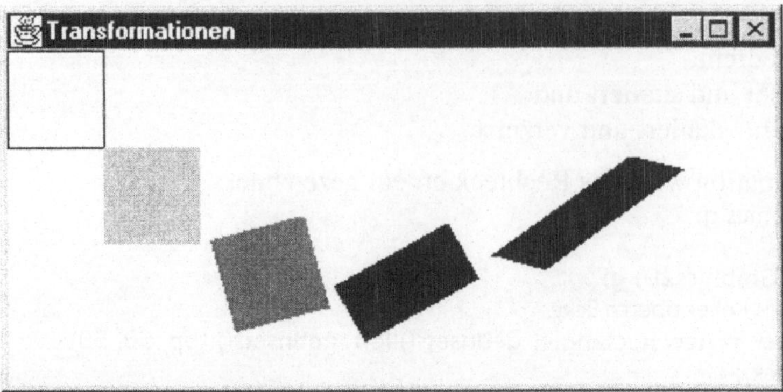

*Abbildung 52:	Transformationsoperationen bei additiver Anwendung*

Ersetzt man im obigen Beispiel die sukzessiv aufeinander angewandten Transformationsoperationen wie nachfolgend gezeigt durch die entsprechenden setToXXX-Methoden, so erhält als Ausgabe Abbildung 53 – jede Transformation wird *nur einmal* angewandt, ihr Effekt bleibt aber jeweils bestehen (d. h. das Koordinatensystem bleibt für die nächste Ausgabe um 50x/50y verschoben, um 30 Grad gedreht etc.).

```
dieTransformation.setToTranslation(50.0, 50.0);

// ...
dieTransformation.setToRotation(-Math.PI/12.0);
// ...
dieTransformation.setToScale(1.33f, 0.66f);
// ...
dieTransformation.setToShear(0.3f, 0.6f);
// ...
```

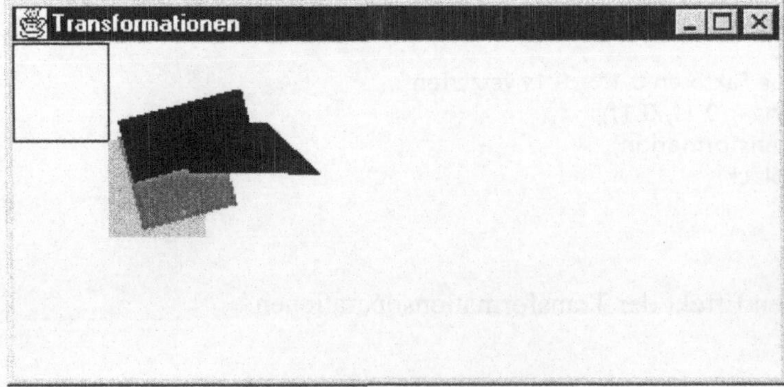

*Abbildung 53:	Transformationsoperationen*

7.3.5 Objektdarstellung durch Pfade und Umrisse

Eine wichtige Grundfunktion ist die Möglichkeit, Formen durch Pfade zu definieren, die dargestellt werden können. Ein Pfad ist dabei eine Folge von Koordinatenpaaren, die den Umriß einer graphischen Form beschreibt. Die Ausgabe auf dem Bildschirm erfolgt unter Berücksichtigung der gerade gültigen Graphikparameter Position, Drehung, Farbe, Muster, Transparenz etc. Im einfachsten Fall erzeugt man einen Pfad, indem man ein Objekt der Klasse **GeneralPath** instantiiert und festlegt, welche Punkte zu diesem Pfad gehören sollen. Dies kann durch Aufruf der Methoden von **GeneralPath** geschehen: Man verfolgt einen virtuellen Pfad in der Zeichenfläche und generiert dabei die Punkte, die zu dem Pfad gehören sollen.[17] Der nachfolgende Quellcode zeigt die **paint**-Routine eines Beispielprogramms, in dem ein rotes Polygon aus einem Pfad aufgebaut werden soll:

```java
public void paint(Graphics g)
{
  // Graphics2d-Objekt wird auf der Basis des Graphics-Objektes erzeugt
  Graphics2D g2d = (Graphics2D) g;
  g2d.setColor(Color.blue);

  GeneralPath einPfad = new GeneralPath();
  // Startpunkt festlegen (Ursprung der sichtbaren Zeichenfläche des Fensters
  einPfad.moveTo(getInsets().left, getInsets().top);
  for(int i = 1, j = 10; i <= 10; i++,j--)
  {
    einPfad.lineTo( getSize().width/j,
                        getSize().height/i);
    einPfad.lineTo( getSize().width/j,
                        getSize().height/j);
  }
  // der Pfad wird geschlossen:
  einPfad.closePath();

  // Zeichnen (blau) des Umrisses des Pfadobjektes und Füllen (rot)
  g2d.setColor(Color.blue);
  g2d.draw(einPfad);
  g2d.setColor(Color.red);
  g2d.fill(einPfad);
}
```

Codebeispiel 114:   Erzeugen eines Pfads (GeneralPath)

Das Programm erzeugt folgende Ausgabe:

---

[17] Diese Vorgehensweise ähnelt der Funktionsweise der Programmiersprache Logo, in der eine Schildkröte als Markierung der Zeichenposition über den Bildschirm „wandert".

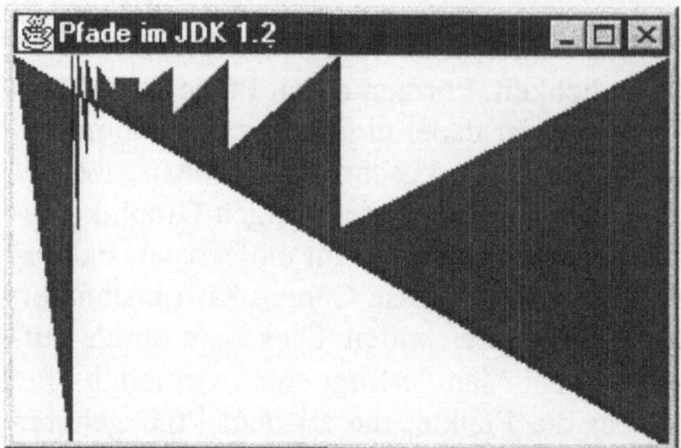

Abbildung 54:   Erzeugen und Füllen eines Pfadobjekts

Die Klasse **GeneralPath** implementiert wie alle anderen Graphikmuster des Java 2D-API die Schnittstelle **Shape**, die die wesentlichen Eigenschaften graphischer Formen bündelt. Neben der flexiblen Definition von Pfaden ist im Java 2D-API auch die Möglichkeit gegeben, beliebige Linienformen (*strokes*) zu verwenden. Dazu ist ein Objekt vom Typ **BasicStroke** zu instantiieren. Wie alle **Stroke**-Objekte implementiert **BasicStroke** die Schnittstelle **Stroke**. Zu den Eigenschaften einer Linienform gehören u. a. ihre Dicke, die Art der Linienenden und die Art der Strichelung (**Dash**). Das nachfolgende Beispiel zeigt in Weiterführung von Codebeispiel 114 die Modifikation der Pfadausgabe gegenüber obigem Code – es wird vor dem Zeichnen des Umrisses des Pfads (**draw()**) ein gestricheltes **Stroke**-Objekt erzeugt und dem **Graphics2D**-Kontext zugewiesen:

```
// Array für das Muster der Strichelung, abwechselnd "deckend" und "transparent", d. h.
// hier: "langer Strich, kurze Pause, kurzer Strich, lange Pause"
float[] dieStrichelung = {30.0f, 15.0f, 15.0f, 30.0f};
BasicStroke dieLinienArt
        = new BasicStroke( 10.0f,                        // Linienbreite
                           BasicStroke.CAP_BUTT,         // Linienende
                           BasicStroke.JOIN_ROUND,       // Linienverknüpfung
                           1.0f,                         // s.o.
                           dieStrichelung,               // s.o.
                           0.0f);                        // Offset vor Beginn
// Stroke festlegen
g2d.setStroke(dieLinienArt);
```

Codebeispiel 115:   Definition eines Linienmusters

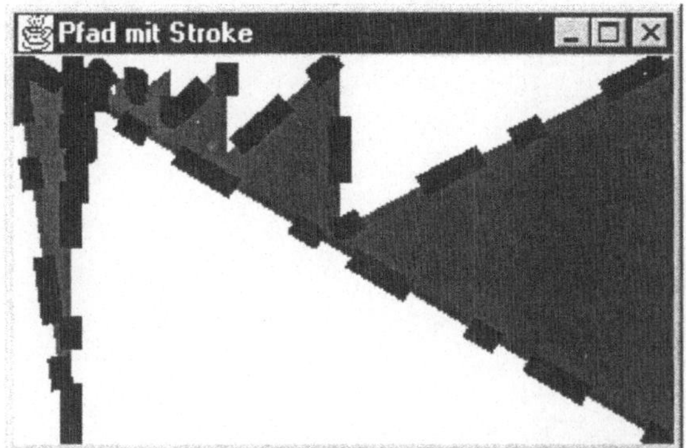

Abbildung 55:   Verwendung von Linienmustern

7.3.6   Füllmuster, Gradienten und Transparenz

Das Java 2D API erlaubt die Verwendung von Farbübergängen (Gradienten) und Mustern zur Füllung beliebiger Formen. Dazu existieren zwei Klassen, die die Schnittstelle Paint („Farbtyp") implementieren:

* GradientPaint für Farbübergänge und
* TexturePaint für Füllmuster auf der Basis einer Bilddatei, die das Muster vorgibt.

Das aktuelle Füllmuster wird über die setPaint()-Methode des Graphics2D-Kontextes gesetzt. Der folgende Codeausschnitt modifiziert das vorangegangene Pfadbeispiel und füllt den Pfad mit einem Farbgradienten, der von links oben nach rechts unten von weiß nach schwarz verläuft:

```
// neues Gradientenobjekt
GradientPaint  derFarbGradient =
                new GradientPaint(  getInsets().left,         // Startpunkt
                                    getInsets().top,          // Gradient
                                    new Color(255,255,255),   // Farbe
                                    getSize().width,          // Endpunkt
                                    getSize().height,         // Gradient
                                    new Color(0, 0, 0));      // Endfarbe


// Gradient festlegen
g2d.setPaint(derFarbGradient);

// Pfad füllen
g2d.fill(einPfad);
```

Codebeispiel 116:   Definition eines Farbgradienten (GradientPaint)

Ausgabe:

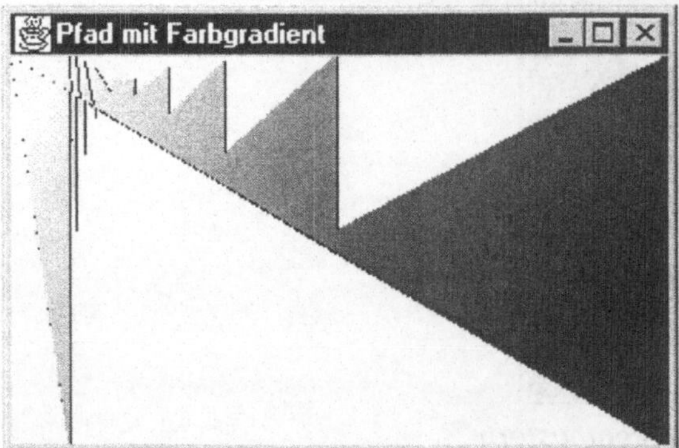

Abbildung 56:   Farbgradient als Füllung eines Pfads

Neben der Verwendung von Mustern und Gradienten steht im Java 2D-API zusätzlich auch die Möglichkeit transparenten Zeichnens zur Verfügung: Für jede
graphische Form kann ein Transparenzwert („Alphakanal") angegebenen werden,
der festlegt, wie stark „deckend" gezeichnet werden soll. Dazu instantiiert man ein
Objekt vom Typ **AlphaComposite** und setzt den entsprechenden Zeichenparame-
ter mit der Methode **setComposite()** des **Graphics2D**-Kontextes. Eine weitere Modifikation des Beispielprogramms bewirkt, daß ein rotes, halbtransparentes
(Transparenzwert = 0.5) Rechteck über dem bisherigen Muster liegt:

```
// Farbe festlegen (verdrängt den Gradienten)
g2d.setColor(Color.red);

// Instanz eines Alphakanals laden (Wert: 50% = 0.5)
AlphaComposite derTransparenzmodus =
AlphaComposite.getInstance(AlphaComposite.SRC_OVER, 0.5f);

// Transparenzwert festlegen
g2d.setComposite(derTransparenzmodus);

// Zeichnen eines Rechtecks (50 Pixel Rand an allen Seiten)
g2d.fillRect( getInsets().left + 50, getInsets().top+ 50,
             getSize().width - getInsets().right - 100,
             getSize().height - getInsets().bottom - 100);
```

Codebeispiel 117:   Transparente Objekte zeichnen (Alpha-Kanal, AlphaComposite)

Ergebnis des transparenten Zeichnens:

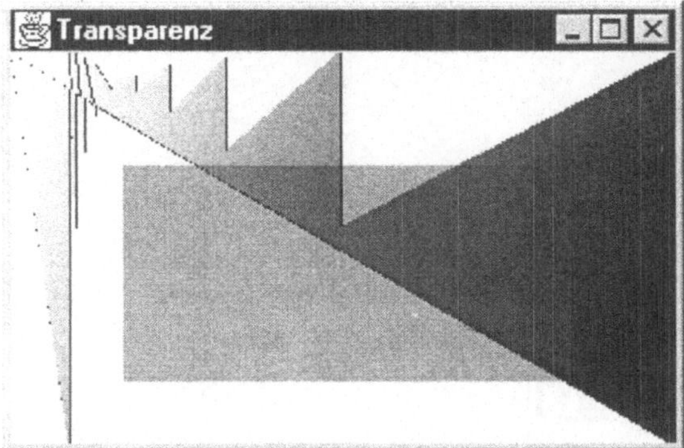

Abbildung 57:   *Transparente Überlagerung von Formen*

7.3.7   Textausgabe

Die voranstehend eingeführten Zeichenmöglichkeiten lassen sich auf die Textausgabe übertragen: Auch Schrift kann transformiert, mit Muster gefüllt und mit Umrißlinien versehen werden. Dabei ist die graphische Repräsentation eines Schriftzeichen, ein Glyph, die „kleinste Einheit" der Textrepräsentation. Ein Schriftobjekt (Font) ist eine Sammlung von Glyphen; ein in einem Schriftobjekt enthaltenes *Alphabet* besteht aus verschiedenen Glyphen). Eine Schrift kann über mehrere Schnitte (*faces*) verfügen, die unterschiedliche Attribute besitzen (Laufweite, Strichdicke, Neigung, Serifen etc.). Ein Font-Objekt repräsentiert eine Instanz eines Schriftschnittes der im System verfügbaren Schriftarten. Da Schriften wie alle anderen Graphikobjekte behandelt werden, werden dieselben Operationen der Graphikprogrammierung angewandt, die aus den Beispielen zum Java 2D-API bereits bekannt sind. Das nachfolgende Beispiel gibt den Text „Java" gedreht und durch eine *shearing*-Operation leicht schräggestellt vor einem roten Rechteck aus:

```java
public void paint(Graphics g)
{
  Graphics2D g2d = (Graphics2D) g;
  Rectangle einRechteck = new Rectangle(0,0, 200, 75);
  Font dieSchrift = new Font("Serif", Font.PLAIN, 75);
  g2d.setFont(dieSchrift);

  // Transformationen: Verschiebung, Drehung, Verzerrung
  AffineTransform dieTransformation = new AffineTransform();
  dieTransformation.setToTranslation(50, 125);
  dieTransformation.rotate(-Math.PI/8.0);
  dieTransformation.shear(-0.5f, 0.0f);
  g2d.transform(dieTransformation);
```

```
// Ausgabe Rechteck und Schrift
g2d.setColor(Color.red.brighter());
g2d.fill(einRechteck);
g2d.setColor(Color.blue);
g2d.setComposite(AlphaComposite.getInstance(
AlphaComposite.SRC_OVER, 0.6f));
g2d.drawString("Java", 0f, 20f);
}
```

Codebeispiel 118:   Schriftmanipulation im Java 2D-API

Abbildung 58:   Manipulation von Schriften

Zusätzlich kann man mit Hilfe der Font-Methode getGlyphOutline() den Umriß eines Schriftzeichens als Pfad (Shape) bekommen, d. h. ein Schriftumriß kann

- als graphisches Objekt manipuliert,
- mit Mustern gefüllt,
- unterschiedlichen Linien umgeben oder
- mit Farbübergängen versehen werden.

Die Schnittstellen OpenType und MultipleMaster in java.awt.font geben die Funktionalität für die Manipulation herstellerspezifischer Schriftsoftware (OpenType und TrueType-Schriften bzw. *multiple master fonts*) an. Es ist allerdings keine Implementierung dieser Schnittstellen im JDK 1.2 enthalten.

7.3.8   Bildverarbeitung

Das AWT-Paket zur Bildverarbeitung (java.awt.image) wurde in der Java 2-Plattform wesentlich erweitert, insbesondere sind vielfältige Filteroperationen und Transformationen über Bitmapdaten möglich:

- Amplitudenmodifikation (und -skalierung),
- Lineare Kombination von Bändern,

- Farbmodifikation und Anwendung verschiedener Farbmodelle und -filter und
- tabellengesteuerte Modifikation vom Bitmap-Daten.

Die nachfolgende Tabelle zeigt einige der im Paket java.awt.image enthaltenen Operatorklassen für Bilddaten:

Klasse in java.awt.image	*Bedeutung*
AffineTransformOp	Basisklasse für affine Operationen über Bildern
BandCombineOp	Beliebige lineare Kombinationen über Bändern eines Bilds
ColorConvertOp	Farbumwandlung
ConvolveOp	Anwendung von Bildfiltern (Schärfen, Weichzeichnen etc.)
LookupOp	Tabellengesteuerte Abbildung von Pixelwerten
RescaleOp	„Skalierung" von Pixelwerten

Tabelle 39:   Operatorklassen für die Manipulation von Bilddaten

Außerdem werden neue strukturierte Datenklassen für die Speicherung von Bildern eingeführt:

Klasse in java.awt.image	*Bedeutung*
Raster	Speicherklasse für Arrays von Pixeln
BufferedImage	Klasse für die Bildspeicherung mit modifizierbarem Puffer
DataBufferInt	Datenpuffer für die Speicherung von int-Werten

Tabelle 40:   Klassen für die Speicherung von Bilddaten

Codebeispiel 119 soll die Anwendung von Methoden zur Bilddatenmanipulation veranschaulichen. Das Beispiel ist wie folgt aufgebaut:

1. Zunächst lädt das Programm eine Bilddatei (**Palme.gif**) als Image-Objekt.
2. Über den **Graphics2D**-Kontext des Fensters wird das Bild ausgegeben.
3. Das Ausgangsbild wird in ein Speicherbild (**BufferedImage**) kopiert.
4. Anschließend wird ein weiteres Speicherbild (**BufferedImage**) doppelter Breite erzeugt und eine Skalierungstransformation auf das Bild angewandt.
5. Das erste Speicherbild wird unter Anwendung der Transformation und mit Hilfe des Graphikkontextes des **BufferedImage** (!) in das breitere Speicherbild geschrieben und in der Zeichenfläche des Fensters ausgegeben.
6. Abschließend wird ein Bildfilter (**BufferedImageOp** vom Typ **ConvolveOp**) definiert, bei dem alle Pixel des Speicherbilds unter Anwendung einer Wertematrix (dieKernelWerte) neu berechnet werden. Das unter Anwendung des Filters entstehende hellere und unschärfere dritte (Speicher-)Bild wird ebenfalls in der Zeichenfläche des Fensters dargestellt.

Nachfolgend ist nur die **paint**-Routine des Beispielprogramms gezeigt:

```
public void paint(Graphics g)
{
  // 2D-Graphikkontext des Fensters
  Graphics2D g2d = (Graphics2D) g;
```

```java
// Ausgangsbild wird geladen
Image einBild = getToolkit().getImage(new String("Palme.gif"));
// Hilfsoperation, die sicherstellt, daß das Bild vollständig geladen ist (aus javax.swing)
einBild = new ImageIcon(einBild).getImage();
// Ausgabe des Ausgangsbilds
g2d.drawImage( einBild,  getInsets().left, getInsets().top, null);


// Speicherbild anlegen
BufferedImage  PufferBildA  =
                new BufferedImage( einBild.getWidth(null), einBild.getHeight(null),
                                   BufferedImage.TYPE_BYTE_GRAY);
// Graphikkontext des Speicherbilds
Graphics2D BildKontextA = PufferBildA.createGraphics();
// Kopieren des Ausgangsbilds in das Speicherbild
BildKontextA.drawImage(einBild, 0, 0, null);
// Zweites Speicherbild (doppelte Breite)
BufferedImage  PufferBildB = new BufferedImage(  PufferBildA.getWidth(null)*2,
                                                 PufferBildA.getHeight(null),
                                                 PufferBildA.getType());

// Skalierungstransformation definieren
AffineTransform dieTransformation = new AffineTransform();
dieTransformation.scale(2.0f, 1.0f);


// Graphikkontext für das zweite Speicherbild und Transformation von Speicherbild A
// nach Speicherbild B; Ausgabe des zweiten Speicherbilds im Fenster
Graphics2D BildKontextPB = PufferBildB.createGraphics();
BildKontextPB.drawImage(PufferBildA,dieTransformation,null);
g2d.drawImage( PufferBildB, getInsets().left + einBild.getWidth(null),
               getInsets().top,null);


// Definition einer Wertematrix sowie des darauf basierenden Bildfilters
float[] dieKernelWerte = { 0.1f, 0.5f, 0.1f,
                           0.3f, 0.1f, 0.3f,
                           0.1f, 0.3f, 0.1f};
Kernel derKernel = new Kernel(3, 3, dieKernelWerte);
BufferedImageOp BildFilter = new ConvolveOp(derKernel);


// Dritte Speicherbild erzeugen (als Zielbild des Bildfilters):
BufferedImage PufferBildC = BildFilter.createCompatibleDestImage(PufferBildB,null);


// Anwendung des Filters und Ausgabe des dritten Speicherbilds im Fenster
BildFilter.filter(PufferBildB, PufferBildC);
g2d.drawImage( PufferBildC,getInsets().left + (einBild.getWidth(null)*3),
               getInsets().top,null);
}
```

Codebeispiel 119:   Anwendung von Bildfiltern im Graphik-2D-API

Das Programm erzeugt die folgende Ausgabe:

Abbildung 59:   Bildmanipulation (Streckung, Bildfilter)

7.4   Hinweise und Aufgaben

Zur Programmierung mit Swing geben *Weiner & Asbury* 1998 eine ausführliche Einführung mit zahlreichen Beispielen. Die Verwendung von Graphics2D für Applets, die in einem Web-Browser lauffähig sein sollen, setzt die Verwendung des Java-plug-in von Sun voraus. Es ist im JDK 1.2 enthalten und kann mit ihm installiert werden. Die virtuellen Java-Maschinen der gängigen Webbrowser bieten derzeit noch keine Unterstützung für JDK 1.2 an.

Aufgaben

Aufgabe 40: Erweitern Sie das Formular aus Codebeispiel 86 um eine Steuerleiste mit Schaltflächen zur Manipulation, so daß das Formular z. B. als Benutzerschnittstelle einer Adreßverwaltung genutzt werden kann.

Aufgabe 41: Modifizieren Sie Codebeispiel 87, so daß alle Nachrichtentypen mit ihren Eigenschaften ausgegeben werden. Entwickeln Sie Ihre neue Klasse zu einem *event logger* weiter, der in anderen Programmen zu Testzwecken eingesetzt werden kann.

Aufgabe 42: Schreiben Sie ein Programm, das aus einer im Textformat angegeben Spezifikation von Steuerelementen automatisch die entsprechende Benutzerschnittstelle aufbaut. Dazu definieren Sie ein geeignetes Format (z. B. Layouttyp, Klassenname, ggf. Beschriftung, Größe, Position), das aus einer Datei oder einem Eingabefeld eingelesen wird.

Aufgabe 43: Über die Systemklasse java.awt.Toolkit kann man ein Objekt der Klasse PrintJob erhalten (Toolkit.getPrintJob(Frame einFenster, String JobName, java.util. Properties Eigenschaften)), mit dem ein Ausdruck an den Systemdrucker möglich ist. Die Funktionsweise entspricht dabei dem Zeichnen in einer Zeichenfläche, d. h. die Klasse PrintJob hat einen Graphikkontext (PrintJob.getGraphics()), in den gezeichnet werden kann und der dann (PrintJob.end()) gedruckt wird. Erweitern Sie Codebeispiel 110 um die Möglichkeit, die animierte Darstellung auszudrucken.

Aufgabe 44: Bauen Sie mit Hilfe der Swing-Klassen JSplitPane, JTree und JList einen Dateisystem-Browser ähnlich dem MS-Windows Explorer auf, in dem der gesamte Verzeichnisbaum im linken, der Inhalt des aktuellen Verzeichnisses als Liste im rechten Fenster angezeigt wird.

Aufgabe 45: Verwenden Sie einen Fortschrittsbalken, um das Laden einer umfangreichen Datei aus dem WWW darzustellen. Greifen Sie dazu z. B. Codebeispiel 128 auf.

Aufgabe 46: Entwickeln Sie einen Texteditor mit Subfenstern mit Hilfe der Swing-Klassen JFrame, JInternalFrame und JEditorPane. Der Editor sollte über die Standardfunktionalität zum Einlesen und Speichern von Dateien sowie den Zugriff auf die Zwischenablage verfügen; diese soll über die Menüleiste des Hauptfensters erreichbar sein.

Aufgabe 47: Bauen Sie eine editierbare Tabelle (JTable) auf, die mit einfachen Tabellenkalkulationsfunktionen versehen ist (Summe, Produkt, Durchschnitt der Werte von Zellen). Verwenden Sie dazu die Nachrichtentypen für JTable (TableModelEvent, TablemodelListener). Als Erweiterung ist das Einlesen von Daten in die Tabelle aus einer Datei denkbar. Definieren Sie dazu ein geeignetes Datenbeschreibungsformat (Spaltenzahl, Zeilenzahl, Zellenadressierung, Datenart, Beschriftungen etc.).

Aufgabe 48: Entwickeln Sie Codebeispiel 109 zu einem Graphikeditor weiter, bei dem der Benutzer die verschiedenen Graphikmethoden von Graphics() auswählen und mit ihnen in der Zeichenfläche zeichnen kann. Fangen Sie dazu die Nachrichtentypen MouseEvent und MouseMotionEvent ab, um direkt-manipulatives Zeichnen mit der Maus zu ermöglichen. Die fertige Zeichnung soll als Bilddatei speicherbar sein (z. B. durch Serialisierung eines Image-Objekts).

Aufgabe 49: Erweitern Sie den Graphikeditor um die Funktionalität von Graphics2D, so daß der Benutzer die gezeichneten Objekte auch transformieren kann.

Aufgabe 50: Modifizieren Sie Codebeispiel 116 so, daß statt eines Gradienten die Form mit einem Muster gefüllt wird. Das Muster soll durch Verwendung einer Bilddatei entstehen.

8 Nebenläufige Programmierung

In den meisten Programmiersprachen kann man nur jeweils einen Kontroll- oder
Steuerfluß manipulieren. Dies steht zwar mit der i. d. R. verfügbaren Hardware
(Von-Neumann-Paradigma) in Einklang, da bei einer Einprozessormaschine keine
„echte" Parallelität vorliegt, allerdings verlangen viele Problemstellungen nach
einer Lösung, bei der mehrere Ausführungsstränge von einem Programm erzeugt
und gesteuert werden können:

- Laden und Darstellen unterschiedlicher Medienelemente (z. B. Sound und Video in einem Browser),
- Serverdienste zur Verfügung stellen (vgl. Codebeispiel 131 in Kap. 9.2),
- Aufbau von Bildern und Graphiken in Animationen (vgl. Codebeispiel 111 in Kap. 7.3.2) oder
- gleichzeitiger Zugriff auf Ressourcen durch mehrere Prozesse (vgl. Codebeispiel 125 in diesem Kapitel).

Java unterstützt die Nebenläufigkeit von Programmen, d. h. mehrere Kontrollflüsse (*flow of control*) können gleichzeitig ausgeführt werden. Die Kontrollflüsse
eines Programms bezeichnet Java als *threads*:

> A *thread* is a thread of execution in a program. The Java Virtual Machine
> allows an application to have multiple threads of execution running concurrently. (JDK Dokumentation, java.lang.Thread.html)

Threads sind von *Prozessen* abzugrenzen. Unter einem Prozeß versteht man einen
eigenständig ablaufenden Kontrollfluß, der über eigene Ressourcen verfügt, während Threads *innerhalb eines Prozesses* auf die gemeinsamen Ressourcen des
Prozesses zugreifen. Insofern ist bei der Programmplanung zu überlegen, ob ein
ausreichender Zusammenhang zwischen verschiedenen zu implementierenden
Aufgaben besteht, der die Realisierung über Threads innerhalb eines Prozesses
(d. h. hier: eines Java-Programms) nahelegt. Handelt es sich um Teilaufgaben, die
kaum etwas miteinander zu tun haben, ist die Realisierung in mehreren eigenständigen Programmen die bessere Alternative.

Nebenläufigkeit tritt in Java selbst dann auf, wenn man keinen Thread explizit
einsetzt, da die automatische Speicherverwaltung als Thread im Hintergrund abläuft.[18] Nebenläufige Programme, die Threads verwenden, können zwar die vorhandenen Ressourcen effizienter nutzen, gleichzeitig fällt aber durch die Steuerung der *threads* ein Mehraufwand an. Dies gilt um so mehr, wenn verschiedene
Kontrollflüsse *synchronisiert* ablaufen sollen, d. h. wenn das Programm zusätzlich
die Konsistenz gemeinsam genutzter Daten gewährleisten muß und daher die Da-

---

[18] Vgl. dazu die Beispielsitzung des JDK-Debuggers in Kap. 1.4.1.

ten überwacht (synchronisiert) und sicherstellt, daß zu einem Zeitpunkt immer nur ein Kontrollfluß auf sie zugreift.

8.1   Sprachkonstrukte für Nebenläufigkeit

In Java bzw. innerhalb des JDK stehen mehrere Konzepte zur Verfügung, die den Aufbau und die Steuerung mehrerer Kontrollflüsse ermöglichen:

- Die Klasse Thread (java.lang.Thread) als Modellierung eines Kontrollflusses,
- das Interface Runnable mit der Methode void run(),
- Methoden der Basisklasse Object für die Steuerung von Threads (void wait(), void notify(), void notifyAll()) und
- besondere Variablentypen für den synchronisierten bzw. nicht synchronisierten Zugriff auf Methoden, Ausdrücke und Variablen (die Modifikatoren synchronized und volatile).

Die Klasse Thread weist eine Methode run() auf, die in jedem Fall (für eine neu definierte Subklasse von Thread oder eine Klasse, die Threads verwendet, s.u.) zu überschreiben ist, da hier der Programmcode für den Steuerfluß seinen Platz findet. Die Methode run() ist gewissermaßen der Programmeintrittspunkt für den Thread. Für den Aufbau nebenläufiger Programme gibt es zwei Alternativen:

1. Subclassing von Thread
   Man leitet von Thread eine neue Unterklasse ab und überschreibt die run-Methode von Thread. Innerhalb von run() befindet sich dann der eigentliche von dem Kontrollfluß auszuführende Programmcode nach folgendem Schema:

```
class Klassenname extends Thread
{
 public void run()
 {
   // Ausführungscode für den Thread
 }
}
```

Codebeispiel 120: Schema für die Ableitung von Unterklassen von Thread

2. Implementieren der Schnittstelle Runnable
   In vielen Fällen kann man eine Klasse nicht direkt von Thread ableiten, da die Klasse bereits von einer anderen Klasse abgeleitet ist und Mehrfachvererbung in Java nicht zulässig ist. Dies ist z. B. bei Applets der Fall, die immer von java.applet.Applet abgeleitet sein müssen. Um innerhalb solcher Klassen mehrere Kontrollflüsse verwenden zu können, muß man die Schnittstelle Runnable implementieren, die ausschließlich die Methode run() enthält. Innerhalb der Klasse können dann neue Objekte vom Typ Thread erzeugt werden, die die

Methode run() der Klasse, die **Runnable** implementiert, verwenden. Damit solch neu generierte Threads erkennen, welche run()-Methode sie verwenden sollen, ist ihrem Konstruktor ein Objekt vom Typ **Runnable** zu übergeben. Dies kann man zu folgendem Schema zusammenfassen:

```
class ThreadApplet extends Applet implements Runnable
{
 Thread einThread;
 public void start()
 {
   einThread = new Thread(this);
   einThread.start().
 }

 public void run()
 {
   System.out.println("Thread gestartet");
 }

 public void stop()
 {
   System.out.println("Thread gestartet");
 }
}
```

Codebeispiel 121: Verwenden von Threads mit Hilfe von Runnable

Die Verwendung von Threads kann man in einem Java-Programm nach folgendem Muster planen:

1. Thread-Objekt wird erzeugt (Instantiierung eines Objektes der Klasse Thread).
2. Konfiguration des Thread (s. u. Kap. 8.2).
3. Überladen der Methode run(). Dabei ist darauf zu achten, daß der Thread die Kontrolle auch an andere Threads abgeben kann, z. B. indem er sich innerhalb einer Endlosschleife immer wieder „schlafen legt", d. h. die Methode sleep() aufruft.
4. Start des Thread (**Thread.start()**).
5. Kontrollfluß läuft (in der run-Methode).
6. Kontrollfluß wird (automatisch oder durch Eingriff) beendet.

Bevor auf Details der Klasse **Thread** und ihrer Steuerung eingegangen wird, sollen zwei einfache Beispiele die Grundfunktionalität von Threads verdeutlichen. In ersten Fall wird direkt eine Unterklasse von Thread erzeugt, deren run-Methode ausgeführt wird, im zweiten Fall implementiert die neue Klasse die Schnittstelle **Runnable** und die Threads bekommen ein Objekt diesen Typs übergeben und nutzen dessen **run**-Methode.

Thread-Beispiel 1: Ausgabe von Wörtern in Threads:

```java
// Jeder Thread gibt ein anderes Wort an die Konsole aus. Durch unterschiedliche
// Schlafensperioden erhalten sie unterschiedlich viel Prozessorzeit zugewiesen
class WorteRingen extends Thread
{
  String Text;
  int Verzoegerung;

  public static void main(String[] argv)
  {
    // Anlegen von vier Threadobjekten mit je unterschiedlichen Verzögerungszeiten
    new WorteRingen("Hier", 300).start();
    new WorteRingen("sind", 100).start();
    new WorteRingen("verschiedene", 500).start();
    new WorteRingen("Worte", 1000).start();
  }

  // Im Konstruktor werden Ausgabetext und Wartezeit für jeden Thread festgelegt
  WorteRingen(String wasAusgeben, int WarteZeit)
  {
    Text = wasAusgeben;
    Verzoegerung = WarteZeit;
  }

  // Der "Kern" des Thread, d. h. die in seinem Kontrollfluß auszuführenden Anweisungen
  public void run()
  {
    try
    {
      // jedes Threadobjekt läuft in einer Endlosschleife und gibt regelmäßig die Kontrolle ab
      for(;;)
      {
        System.out.print(Text + " ");
        // durch sleep() gibt der Thread die Kontrolle, andere Threads können zur
        // Ausführung kommen
        sleep(Verzoegerung);
      }
    }
    // Wenn der Thread unterbrochen wurde, Programm beenden
    catch (InterruptedException e)
    {
      System.out.println(  "Thread wurde unterbrochen: " + e); e.printStackTrace();
      return;
    }
  }
}
```

Codebeispiel 122:   Threads für die Textausgabe an die Konsole

Ausgabe:
Hier sind verschiedene Worte sind sind Hier sind sind verschiedene sind Hier
sind sind sind Hier sind verschiedene Worte sind sind Hier sind sind sind Hier
verschiedene sind sind sind Hier sind sind Worte verschiedene sind Hier sind
sind sind Hier sind verschiedene sind sind Hier sind sind sind Worte Hier
verschiedene sind sind sind Hier sind sind verschiedene sind Hier sind sind sind
Hier sind Worte verschiedene sind sind Hier sind sind sind verschiedene Hier
sind sind sind Hier sind sind Worte verschiedene sind Hier sind sind sind Hier
sind verschiedene ...

Die Ausgabe zeigt, daß die Threads in Korrelation mit ihren Wartezeiten unterschiedlich oft die Kontrolle über den Prozeß erlangen: Da das Threadobjekt, das
mit „sind" initialisiert wurde, die geringste Wartezeit hat, kommt es am häufigsten
zum Zug, kann also die meisten Worte ausgeben.

2. Beispiel: Fortschrittsbalken

Das zweite Beispiel visualisiert drei parallel laufende Threads als Fortschrittsbalken, die in einem Fenster von links nach rechts laufen und die aktuelle Iteration
des Thread angeben. Zur Steuerung wird von der Kommandozeile für jeden
Thread ein Verzögerungswert eingelesen, der in Millisekunden angibt, wie lange
der Thread nach jedem Zugriff auf den Kontrollfluß „schlafen" soll. Die Ausgabe
in Abbildung 60 zeigt, daß bei Verzögerungswerten von 1, 10 und 100 auch die
Zugriffe auf die run-Methode (Iterationszähler) in etwa in diesem Verhältnis zueinander stehen.

```java
import java.awt.*;
import java.awt.event.*;

class ThreadVisualisierung extends Frame implements Runnable, WindowListener
{
  // drei Threadobjekte, die die Fortschrittsbalken steuern
  Thread obererThread, mittlererThread, untererThread;
  // Name des aktuellen Threads
  String aktuellerThread;

  // Hilfsvariablen für Verzögerung, Balkenposition und Iterationszahl der Threads
  int    VerzoegerungOben, VerzoegerungMitte, VerzoegerungUnten,
         BalkenEnde,
         aktOben, aktUnten, aktMitte,
         altaktOben, altaktMitte, altaktUnten,
         iterationOben, iterationMitte, iterationUnten;

  // Wahrheitswert für die Notwendigkeit des Balkenzeichnens
  boolean repaintOben, repaintMitte, repaintUnten;
```

```java
// Konstruktor mit Fenstertitel und Verzögerungszeiten
ThreadVisualisierung(String Titel, String VO, String VM, String VU)
{
  VerzoegerungOben  = Integer.parseInt(VO);
  VerzoegerungMitte = Integer.parseInt(VM);
  VerzoegerungUnten = Integer.parseInt(VU);

  // Fenster aufbauen und positionieren
  setTitle(Titel);  setSize(750, 150);   setLocation(0,0);
  addWindowListener(this);
  BalkenEnde = this.getSize().width-150;
  setVisible(true);

  // Hilfsvariablen initialisieren
  repaintOben = repaintMitte = repaintUnten = false;
  iterationOben = iterationMitte = iterationUnten = 1;

  // Threads erzeugen und mit Namen versehen
  obererThread   = new Thread(this, "oben");   obererThread.start();
  mittlererThread = new Thread(this, "mitte");  mittlererThread.start();
  untererThread = new Thread(this, "unten");   untererThread.start();
}

// Run-Methode, auf die alle drei Threads zugreifen
public void run()
{
  try
  {
    // Endlosschleife, in der die Balken hochgezählt werden
    for(;;)
    {
      // nur der Zähler des aktuellen Threads wird
      // wird hochgezählt und „schläft" anschließend
      if(Thread.currentThread() == obererThread)
      {
        aktuellerThread = "oben";altaktOben = aktOben++;
        if(aktOben >= BalkenEnde)
        aktOben = altaktOben = 0;

        iterationOben++;
        repaintOben = true;
        obererThread.sleep(VerzoegerungOben);
      }

      if(Thread.currentThread() == mittlererThread)
      {
        aktuellerThread = "mitte";altaktMitte = aktMitte++;
        if(aktMitte >= BalkenEnde)
```

```java
            aktMitte = altaktMitte = 0;

            iterationMitte++;
            repaintMitte = true;
            mittlererThread.sleep(VerzoegerungMitte);
          }
        if(Thread.currentThread() == untererThread)
          {
            aktuellerThread = "unten";altaktUnten = aktUnten++;
            if(aktUnten >= BalkenEnde)
            aktUnten = altaktUnten = 0;

            iterationUnten++;
            repaintUnten = true;
            untererThread.sleep(VerzoegerungUnten);
          }
        repaint();
      }
  }
// Wenn der Thread unterbrochen wurde, Programm beenden
catch (InterruptedException e)
  {
    System.out.println(  "Thread wurde unterbrochen: " + e);
    e.printStackTrace();
    return;
  }
}

public static void main(String[] argv)
{
  new ThreadVisualisierung("Visualisierung von Threads",
                            argv[0], argv[1], argv[2]);
}

// Ausgaberoutine: Zeichnet drei Fortschrittsbalken als Einzellinien von links nach rechts
public void update(Graphics g)
{
  g.setFont(new Font("TimesRoman", Font.BOLD, 30));
  g.setColor(Color.lightGray);
  g.drawString("oben",BalkenEnde+15,53);
  g.drawString("mitte",BalkenEnde+15,86);
  g.drawString("unten",BalkenEnde+15,119);

  // Die Schrift des aktuellen Thread wird bunt
  if(aktuellerThread == "oben")
  {
    g.setColor(Color.red);    g.drawString("oben", BalkenEnde+15,53);
  }
```

```java
    if(aktuellerThread == "mitte")
    {
      g.setColor(Color.blue);   g.drawString("mitte", BalkenEnde+15,86);
    }
    if(aktuellerThread == "unten")
    {
      g.setColor(Color.green); g.drawString("unten", BalkenEnde+15,119);
    }

    g.setColor(getBackground());
    if(repaintOben)
    {
      for(int i = 33; i < 53 ; i++)   g.drawLine(0,i, BalkenEnde+5, i);
      repaintOben = false;
    }
    if(repaintMitte)
    {
      for(int i = 66; i < 86 ; i++)   g.drawLine(0,i, BalkenEnde+5, i);
      repaintMitte = false;
    }
    if(repaintUnten)
    {
      for(int i = 99; i < 119 ; i++)  g.drawLine(0,i, BalkenEnde+5, i);
      repaintUnten = false;
    }

    g.setColor(Color.red);
    for(int i = 33; i < 53 ; i++)     g.drawLine(5,i, aktOben+5, i);
    g.setColor(Color.blue);
    for(int i = 66; i < 86 ; i++)     g.drawLine(5,i, aktMitte+5, i);
    g.setColor(Color.green);
    for(int i = 99; i < 119 ; i++)    g.drawLine(5,i, aktUnten+5, i);

    // Ausgabe des Iterationszählers im jeweiligen Balken mit weißer Schrift
    g.setColor(Color.white);
    if(iterationOben > 1)      g.drawString(Integer.toString(iterationOben),20,53);
    if(iterationMitte > 1)     g.drawString(Integer.toString(iterationMitte),20,86);
    if(iterationUnten > 1)     g.drawString(Integer.toString(iterationUnten),20,119);
  }

  public void paint(Graphics g)
  {   update(g);   }

  public void windowClosing(WindowEvent e)
  {   System.exit(0);   }
  public void windowOpened(WindowEvent e){}
  public void windowClosed(WindowEvent e){}
  public void windowIconified(WindowEvent e){}
```

```
  public void windowDeiconified(WindowEvent e){}
  public void windowActivated(WindowEvent e){}
  public void windowDeactivated(WindowEvent e){}
}
```

Codebeispiel 123:   Konkurrierende Threads mit Visualisierung

Abbildung 60:   Threads als Fortschrittsbalken

Die beiden Beispiele können auch genutzt werden, um andere Steuerungsmöglichkeiten für Kontrollflüsse zu illustrieren, indem man anstelle von sleep() die Methoden wait() und notify() der Basisklasse Object einsetzt oder die Threads mit unterschiedlichen Prioritäten versieht.

8.2 Eigenschaften von Threads

Die Klasse Thread verfügt über Eigenschaften und Methoden, die eine differenzierte Steuerung von Kontrollflüssen erlauben. Die verschiedenen Konstruktoren von Thread erlauben u. a.

* die einfache Generierung eines Threads (automatische Namenszuweisung als „Thread-n", bei drei generierten Threads kann man diese als Thread-1, Thread-2 und Thread-3 identifizieren, Defaultkonstruktor Thread()),
* die Erzeugung eines Threads mit Namen (Thread(String derThreadName)),
* die Erzeugung eines Threads, der zu einer Threadgruppe (ThreadGroup) gehört (s.u., Konstruktor Thread(ThreadGroup die ThreadGruppe, String derThreadName)), und
* die Erzeugung eines Threads unter Angabe eines Objektes (ZielObjekt), das die Schnittstelle Runnable implementiert und dessen run-Methode der Thread ausführen soll (Konstruktor Thread(Runnable dasZielObjekt)).

Zum Verständnis wichtig ist vor allem die Unterscheidung, ob ein Thread bei der Erzeugung ein Runnable-Objekt als *target* zugewiesen bekommt oder nicht. Im ersten Fall verwendet der Thread seine eigene run-Methode, im zweiten Fall die des zugewiesenen Zielobjekts.

Mit den Methoden void setPriority(int diePrioritaet) und int getPriority() kann man die Priorität eines Threads, d. h. die relative Häufigkeit der Erlangung der Systemkontrolle für einen Thread bestimmen und erfragen. Dazu verfügt die Klasse Thread über die statischen Konstanten (final static)

- MIN_PRIORITY,
- NORM_PRIORITY (Defaultwert) und
- MAX_PRIORITY.

Der Wertebereich für die Festlegung von Prioritäten liegt zwischen 1 und 10, ein lineares Ansteigen der Prozessorzuteilung mit der Höhe der Priorität kann allerdings nicht garantiert werden.

Die Methoden void setName(String derThreadName) und String getName() setzen bzw. erfragen den Namen eines Thread, Thread currentThread() gibt den aktuell ausgeführten Thread zurück und mit der Methode boolean isAlive() kann man prüfen, ob ein Thread noch „lebt" (ob er bereits gestartet und noch nicht beendet wurde).

Für die Programmierung nebenläufiger Anwendungen sind vor allem die Methoden für die Steuerung von Threads wichtig. Neben dem Starten (void start() und dem Ausführen (void run()) gehören dazu vor allem Methoden, die den Zugang zur Systemkontrolle steuern:

- void yield() weist den aktuellen Thread an, die Kontrolle an einen anderen ausführbaren Thread abzugeben (unmittelbar und ohne „Ruhepause" wie bei sleep().
- void sleep(long AnzahlMillisekunden) bzw. void sleep(long AnzahlMillisekunden, int AnzahlNanosekunden) legt den Thread für eine bestimmte Zeit „schlafen".
- void join() fordert den Thread, der gerade die Systemkontrolle hat, auf, zu warten, bis der Thread, der join() aufruft, beendet ist bzw. bis die angegebene Zeit verstrichen ist. join() ist ein Pendant zu sleep(), nur gibt der Thread hier nicht selbst die Kontrolle ab, sondern fordert den gerade laufenden Thread auf, zu warten.
- void destroy() zerstört den Thread ohne weitere „Aufräumarbeiten"; diese Methode sollte man nicht verwenden.

Die zur Steuerung von Threads verwendeten Methoden notify() und notifyAll() für die Benachrichtigung sowie wait() erbt die Klasse Thread wie alle anderen Java-Klassen auch von der Basisklasse Object. Neben der Steuerung des Systemzugriffs kann man Threads auch *unterbrechen*. Die Methode void interrupt() fordert einen Thread zur Unterbrechung auf, boolean interrupted() prüft, ob der Thread, der gerade die Systemkontrolle hat, unterbrochen ist und boolean isInterrupted() stellt für einen beliebigen Thread fest, ob er unterbrochen wurde.

Will man einen Thread als immer im Hintergrund laufenden Prozeß (Dämon) konfigurieren, so kann man ihm diese Eigenschaft mit void setDaemon() zuweisen bzw. mit booolean isDaemon() abfragen.

8.3 Steuerung von Threads

Die verschiedenen Möglichkeiten der Steuerung des Zugriffs auf das System mit Hilfe der gerade eingeführten Methoden sollen nachfolgend im Detail erläutert werden.

8.3.1 Zustände von Threads

Threads befinden sich immer in einem der folgenden Zustände:

- Der Thread ist initialisiert, aber noch nicht gestartet (noch nicht aktiv),
- der Thread arbeitet oder steht in einer Warteschlange zur Ausführung bereit (*thread is runnable*),
- er ist blockiert („Thread schläft") oder
- beendet.

Der Übergang zwischen den Zuständen – insbesondere zwischen Blockierung und Ausführung eines Threads ist auf unterschiedliche Weise möglich, wie Abbildung 61 zeigt.

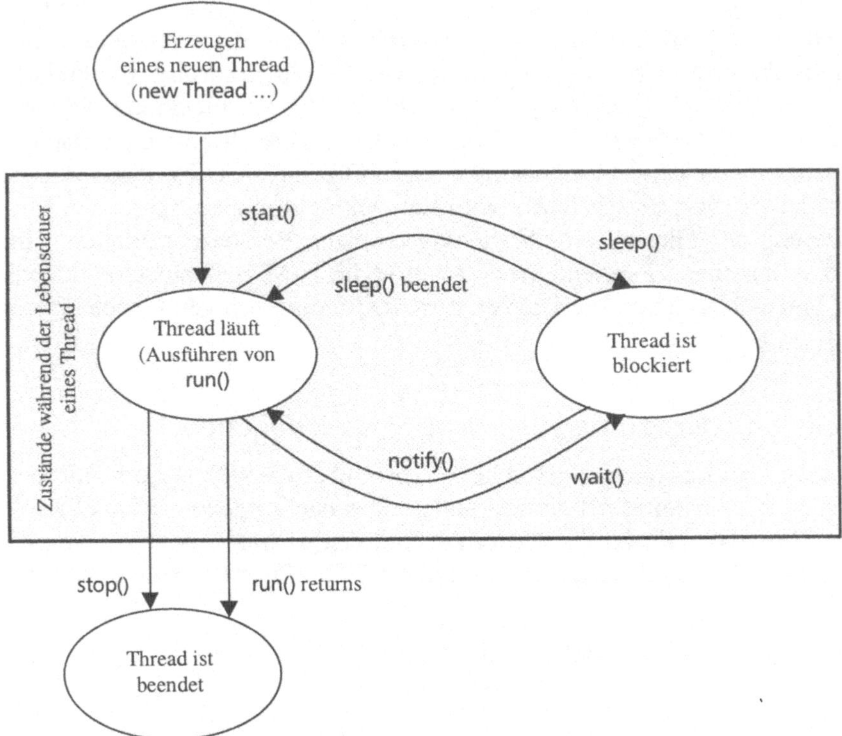

Abbildung 61:   Schema der Steuerung von Threads

8.3.2   Scheduling der Threads durch das System

Es können zu einem bestimmten Zeitpunkt mehrere Threads zur Ausführung bereitstehen. Threads gleicher Priorität bekommen alle „der Reihe nach" den Prozessor zugeteilt, d. h. ein Thread der gerade ausgeführt wurde, kann nicht wieder ausgeführt werden, bis nicht alle Threads gleicher Priorität eine Chance zur Ausführung erhalten haben.

Der aktuelle Thread wird dabei solange ausgeführt, bis

- er durch yield() explizit die Kontrolle abgibt,
- er durch den Aufruf von sleep() in den blockierten Zustand versetzt wird,
- durch wait() blockiert ist,
- beendet ist („normales" Beenden von run(), direktes Beenden des Thread durch destroy()) oder
- durch einen Thread mit höherer Priorität verdrängt wird, der gerade runnable geworden ist, da seine Blockierung beendet wurde (sleep-Zeit abgelaufen etc.).

Die Details der Zuteilung von Prozessorzeit an die einzelnen Threads hängen von der Implementierung der *Java virtual machine* im jeweiligen Betriebssystem ab (z. B. gab es im JDK 1.0 einen anderen Schedulingmechanismus für Sun/Solaris als für Windows 95/98/NT). Dies ist prinzipiell bei der Programmierung mit Threads zu beachten, da sonst sog. *selfish threads*, die die Kontrolle während der Ausführung ihres Kontrollflusses nicht abgeben, das System blockieren können. In präemptiven Betriebssystemen, die Prozessen bzw. Threads jeweils Zeitscheiben zur Ausführung zuteilen (wie Win95 oder NT), ist dies allerdings ausgeschlossen – hier existiert unterhalb der vom Entwickler explizit eingesetzten Mittel zur Steuerung der Threads eine betriebssystemnahe Ressourcenzuteilung. Im Idealfall – d. h. bei einem Parallelrechner – würde die JVM verschiedene Threads parallel auf unterschiedlichen Prozessoren zur Ausführung bringen („echte Parallelität").

8.3.3   Steuerung durch unterschiedliche Threadprioritäten

Threads können Prioritäten zugewiesen bekommen, über die sich steuern läßt, wie viel Prozessorzeit sie anteilig bekommen sollen. Das nachfolgende Beispiel greift das Beispiel ThreadVisualisierung wieder auf und ersetzt bzw. ergänzt die explizite Steuerung durch sleep() durch eine unterschiedliche Prioritätenzuordnung der einzelnen Threads:

```
class ThreadVisualisierung extends Thread
{
   // ...
```

```java
public void run()
{
  try
  {
    mitte.setPriority(MAX_PRIORITY);
    oben.setPriority(MIN_PRIORITY+3);
    unten.setPriority(MAX_PRIORITY-5);
    for(;;)
    {
      // ...
    }
  }
  // ...
}
// ...
}
```

Codebeispiel 124:   Schema der Threadsteuerung durch Prioritäten

8.3.4 Zeitabhängige Threadsteuerung

Die einfachste Art, in die automatische Steuerung der Threads durch den Scheduler einzugreifen, ist die zeitorientierte Steuerung. Dabei wird dem Thread innerhalb seines Ausführungsstrangs, also innerhalb der run()-Methode „mitgeteilt", daß er für einen bestimmten Zeitraum (ausgedrückt i. d. R. in Millisekunden) in den blockierten Zustand übergehen solle. Dies bedeutet, daß der Thread frühestens nach Ablauf dieser Zeit wieder aktiv werden kann; es kann aber auch länger dauern, wenn Threads gleicher oder höherer Priorität weiter vorne in der Warteschlange für die abzuarbeitenden Threads stehen.

8.3.5 Steuerung über wait(), notify() und notifyAll()

Ein Thread kann über yield() die Kontrolle abgeben; dies bewirkt aber keine prinzipielle Blockade seiner Ausführung, vielmehr reiht er sich lediglich unter die zur Ausführung bereitstehenden Threads wieder in. In einer Situation, bei der der Thread, für den yield() aufgerufen wird, der einzige mit hoher Priorität ist, wird er kaum Kontrolle an andere Threads abgeben (auch hier können Unterschiede in der Realisierung der JVM bzw. des zugrundeliegenden Betriebssystems eine Rolle spielen). Will man „ereignisgesteuert" erreichen, daß ein Thread bis zu einem bestimmten Ereignis blockiert ist, also grundsätzlich *nicht ausgeführt wird*, so kann man dies über Verwendung der wait()-Methode erreichen. Ruft man für einen Thread wait() auf, so ist er blockiert, bis seine notify()-Methode aufgerufen wird oder von einem anderen Thread eine notifyAll()-Nachricht versandt wird. Die

Methoden wait(), notify() und notifyAll() sind von Object geerbt; dies ist für die Synchronisation von beliebigen Objekten bei Verwendung von Threads von Bedeutung.

8.3.6 Gruppierung von Threads

Threads lassen sich zu einer Gruppe zusammenfassen, um die Steuerung zu vereinfachen; dazu dient die Klasse Threadgroup. Threadgruppen können geschachtelt angelegt sein und *per default* gehört jeder Thread von vornherein einer Gruppe an, nämlich der des ihn erzeugenden Threads. Die Zuweisung eines Threads zu einer Gruppe erfolgt im Konstruktor des Threads und ist nicht modifizierbar. Über Methoden der Klasse ThreadGroup lassen sich alle in ihr enthaltenen Threads gemeinsam steuern, z. B. durch Setzen einer gemeinsamen maximalen Priorität. Die Steuerung, die sich sonst auf einen einzelnen Thread beziehen würde, wirkt sich dann auf alle in einer Gruppe befindlichen Threads aus. ThreadGroup enthält auch Verfahren, um die in ihr enthaltenen Threads aufzuzählen (enumerate()).

8.3.7 Dämonen

Unter Dämonen versteht man Threads, die für andere Programmteile (Threads) Dienste bereitstellen und im Hintergrund ablaufen. Ihre Implementierung umfaßt üblicherweise eine Endlosschleife, in der in regelmäßigen Abständen z. B. Information bereitgestellt wird (Zeit, neue e-Mail etc.). Für sie existiert daher auch keine logische Abbruchbedingung, d. h. ihre run()-Methode läuft *ad infinitum*. Ein Thread kann als Dämon gekennzeichnet werden, bevor er gestartet wird (setDaemon(true)). Ein Programm, in dem nur noch als Dämonen gekennzeichnete Threads laufen, kann beendet werden. Die main-Methode einer Java-Applikation läuft als *user thread*, d. h. sie ist *kein Dämon*. Ist main() beendet, können auch alle als Dämonen gekennzeichneten Threads beendet werden (wie etwa die automatische Speicherverwaltung).

8.4 Synchronisation von threads

Können mehrere Threads auf dieselben Objekte bzw. Ressourcen zugreifen, so ist zunächst nicht sicher, daß keine Wertinkonsistenzen auftreten, weil mehrere Threads zur gleichen Zeit dieselben Daten manipulieren. Synchronisationsmechanismen, die jeweils bestimmte Programmausschnitte für einen Thread reservieren bzw. für alle übrigen sperren, können verhindern, daß parallel nicht zusammenpassende Werteveränderungen eintreten.

Ein Grund für das Auftreten solcher Wertinkonsistenzen ist die *Nichtatomarität* von Anweisungen der Programmiersprache: Einer einzelnen Wertmodifikation in

Java entspricht in der Regel eine Mehrzahl von Maschinenbefehlen (Variableninhalt ins Register laden, Wert modifizieren, Wert zurückschreiben), so daß der Fall eintreten kann, daß ein Thread, der einen Wert erhöht, von einem anderen Thread unterbrochen wird, bevor er zurückschreiben kann. Schreibt der erste Thread anschließend seinen Wert zurück, geht die Änderung des „Unterbrechers" verloren.

Allgemein können also Inkonsistenzen auftreten, wenn eine Mehrzahl von Threads auf dieselben Ressourcen zugreift und sie modifiziert. Das nachfolgende Beispiel zeigt dies anhand der Simulation des Bibliotheksleihverkehrs: Die Daten des Programms bestehen aus Bibliotheken, die jeweils über eine Anzahl Bücher verfügen. Zwischen je zwei Bibliotheken werden Bücher verschickt; die Gesamtzahl der Bücher des Versenders verringert sich, während sie sich beim Empfänger um den gleichen Betrag erhöht. Die Leihaktionen werden von Threads ausgeführt. Obwohl die Gesamtzahl der Bücher aller Bibliotheken konstant ist, können durch den simultanen Zugriff der Threads auf die Daten Inkonsistenzen auftreten, wenn keine Threadsynchronisation verwendet wird.

```java
class FernleihVerkehr implements Runnable
{
  // Gesamtzahl der Bücher aller Bibliotheken
  public final int BUECHERZAHL = 100000;
  // Zahl der Bibliotheken
  public final int BIBILOTHEKENZAHL = 50;
  // Anzahl der Leihaktionen zwischen den Bibliotheken
  private int LeihAktionen;
  // Array mit den aktuellen Beständen der Bibliotheken
  private long[] dieBibliotheksBestaende = new long[BIBILOTHEKENZAHL];
  // Zur Messung der Transaktionsdauern
  long StartZeit;

  public static void main(String[] argv)
  {   new FernleihVerkehr();   }

  FernleihVerkehr()
  {
    StartZeit = System.currentTimeMillis();
    // Startbestände festlegen
    for (int i = 0;  i < BIBILOTHEKENZAHL; i++)
    {   dieBibliotheksBestaende[i] = BUECHERZAHL / BIBILOTHEKENZAHL;          }
    // "Verleih-Threads" starten
    for (int i = 0;  i < BIBILOTHEKENZAHL; i++)
    {
      // Jeder Thread bekommt als Namen die laufende
      // Iterationsnummer der Zählschleife, also "0", "1" ...
      new Thread(this, new String(Integer.toString(i))).start();
    }
  }
}
```

```java
  public void run()
  {
    // Endlosschleife, die von den Threads benutzt wird
    while(true)
    {
      // die Quelle, also die ausleihende Bibliothek ist die, die der Threadnummer entspricht
      int Quelle = Integer.parseInt(Thread.currentThread().getName());

      // das Ziel wird durch eine Zufallszahl bestimmt
      int Ziel = (int)((BIBILOTHEKENZAHL - 1) * Math.random());

      // Anzahl der zu verleihenden Bücher wird ebenfalls per Zufallszahl ermittelt,
      // anschließend wird eine Leihaktion zwischen Quelle und Ziel mit dieser Zahl ausgelöst
      int AnzahlBuecher = 1+ (int)(BUECHERZAHL * Math.random())/10;
      LeihAktion(Quelle, Ziel, AnzahlBuecher);

      // der Thread gibt die Kontrolle frei
      try
      {   Thread.currentThread().sleep((int)(5 * Math.random()));    }
      catch(InterruptedException e)
      {System.out.println("Thread unterbrochen: " + e);}
    }
  }

  // die Leihaktion zieht der Quellbibliothek eine Zahl Bücher ab
  // und addiert sie bei der Zielbibliothek
  public void LeihAktion(int Quelle, int Ziel, int AnzahlBuecher)
  {
    // sollte Aktion "mangels Büchern" nicht ausführbar sein, so lange warten, bis die
    // Aktion möglich geworden ist (durch Leihaktionen anderer Threads)
    if(dieBibliotheksBestaende[Quelle]< AnzahlBuecher)
    return;

    // Zahl an der Quelle abziehen, beim Ziel addieren
    long Puffer;
    Puffer = dieBibliotheksBestaende[Quelle] - AnzahlBuecher;
    dieBibliotheksBestaende[Quelle] = Puffer;
    Puffer = dieBibliotheksBestaende[Ziel]  + AnzahlBuecher;
    dieBibliotheksBestaende[Ziel] = Puffer;
    LeihAktionen++;
    // Testausgabe des Gesamtbestands
    if (LeihAktionen % 5000 == 0)
    ZwischenstandAusgeben();
  }

public void ZwischenstandAusgeben()
{
    long aktuelleGesamtzahl = 0;
```

```
// Dauer einer Einzelaktion
float DauerProAktion = (float)(System.currentTimeMillis() - StartZeit) / LeihAktionen;

// Bestände addieren, Gesamtzahl ausgeben
for (int i = 0; i < BIBILOTHEKENZAHL; i++)
aktuelleGesamtzahl += dieBibliotheksBestaende[i];

System.out.println(LeihAktionen +  " Aktionen, Buecherzahl: " +
                   aktuelleGesamtzahl + ", Dauer pro Aktion: " +
                   DauerProAktion + " ms");
  }
}
```

Codebeispiel 125:   Simulation des Leihverkehrs als Beispiel für Synchronisation

Die Ausgabe eines Testlaufs zeigt, daß – zufällig – nach mehr als 145.000 und wieder nach mehr als 360.000 Leihaktionen Fehler auftreten, die ihre Ursache in dem nicht synchronisierten Zugriff auf die Bibliotheksbestandsangaben im Beispiel haben:

```
...
140000 Aktionen, Buecherzahl: 100000, Dauer pro Aktion: 0.40835714 ms
145000 Aktionen, Buecherzahl: 100000, Dauer pro Aktion: 0.40834484 ms
150000 Aktionen, Buecherzahl: 99548, Dauer pro Aktion: 0.4068 ms
155000 Aktionen, Buecherzahl: 99548, Dauer pro Aktion: 0.4071613 ms

355000 Aktionen, Buecherzahl: 99548, Dauer pro Aktion: 0.4483662 ms
360000 Aktionen, Buecherzahl: 99548, Dauer pro Aktion: 0.4476389 ms
365000 Aktionen, Buecherzahl: 100251, Dauer pro Aktion: 0.44736987 ms
370000 Aktionen, Buecherzahl: 100251, Dauer pro Aktion: 0.44621623 ms
...
```

Um solche Effekte zu vermeiden und die Synchronisation des Zugriffs auf gemeinsam genutzte Ressourcen zu ermöglichen, kann man in Java einen Monitormechanismus für „kritische Bereiche" im Programmcode verwenden. Sowohl Methoden als auch Ausdrücke und Anweisungsblöcke können als synchronized gekennzeichnet werken, was bewirkt, daß jeweils nur ein Thread auf diese Bereiche Zugriff hat. Jedes als synchronized gekennzeichnete Objekt bzw. jede Methode erhält einen eigenen *Monitor*, der das Objekt für den ersten Thread, der es betritt, sperrt. Jeder weitere Thread ist für die Ausführungszeit des die Sperre haltenden Threads blockiert. Die Synchronisation von parallelen Ausführungssträngen impliziert einen nicht unerheblichen Mehraufwand bzw. Performanzverlust und sollte daher nicht „auf Verdacht" zum Einsatz kommen. Man sollte Synchronisation immer dann einsetzen, wenn es darum geht, Datenfelder zu schützen, bei denen bei parallelem Zugriff durch mehrere Threads Inkonsistenzen zu befürchten sind. Bei Unterklassenbildung werden synchronisierte Methoden nicht automatisch als synchronisiert vererbt, sondern müssen in der Unterklasse wiederum mit synchronized gekennzeichnet werden, wenn man auch hier synchronisiertes Verhalten wünscht. Im obigen Beispiel bietet es sich an, die Methode LeihAktion() zu synchronisieren, da in ihr die Threads auf den kritischen Datenbereich, die Bibliotheksbestände, zugreifen:

```
public synchronized void LeihAktion( int Quelle, int Ziel, int AnzahlBuecher)
```

Neben der Synchronisation von Methoden läßt Java auch die Synchronisation von Objekten nach folgender Syntax zu:

synchronized (Ausdruck) Anweisung; bzw. {Anweisungsblock;}   (vgl. P_{104})

Der Ausdruck muß eine Objektreferenz ergeben, die das zu sperrende Objekt darstellt. Es ist für die nachfolgende Anweisung (bzw. den Anweisungsblock gesperrt, d. h. ein Thread, der diesen Bereich gerade bearbeitet, hat eine exklusive Sperre für das Objekt. Im Beispiel könnte man die Bibliotheksbestände für den Bestandstransfer einer Leihaktion sperren:

```
synchronized (dieBibliotheksBestaende)
{
  long Puffer;
  Puffer = dieBibliotheksBestaende[Quelle] - AnzahlBuecher;
  dieBibliotheksBestaende[Quelle] = Puffer;
  Puffer = dieBibliotheksBestaende[Ziel]  + AnzahlBuecher;
  dieBibliotheksBestaende[Ziel] = Puffer;
}
```

Codebeispiel 126:   Synchronisation eines Anweisungsblocks

Die nachfolgende Ausgabe eines Testlaufs der synchronisierten Fassung „beweist" zwar nicht direkt das korrekte Funktionieren der Synchronisation, zeigt aber, daß nach mehr als 10^7 Leihaktionen noch kein Synchronisationsfehler aufgetreten ist:

```
...
11245000 Aktionen, Buecherzahl: 100000, Dauer pro Aktion: 0.42762294 ms
11250000 Aktionen, Buecherzahl: 100000, Dauer pro Aktion: 0.42761865 ms
11255000 Aktionen, Buecherzahl: 100000, Dauer pro Aktion: 0.42758417 ms
11260000 Aktionen, Buecherzahl: 100000, Dauer pro Aktion: 0.42758968 ms
...
```

Man kann diese Vorgehensweise auch benutzen, um über ein Referenzobjekt beliebige Codebereiche (und damit eine Vielzahl von Objekten) für den Zugriff durch mehrere Objekte zu sperren. Der Ausdruck nach synchronized hat dann nur eine Art Platzhalterfunktion.

8.5 Hinweise und Aufgaben

Die Entwicklung nebenläufiger Programme verlangt neben der Kenntnis der Funktionsweise von Threads in Java eine systematische Herangehensweise: LEA 1997 stellt eine Vielzahl von Entwurfsmustern für nebenläufige Programme am Beispiel von Java vor, die einen sinnvollen und sicheren Einsatz der Nebenläufigkeit gewährleisten. Hintergrundinformation zur Implementierung der Java-Threads auf verschiedenen Betriebssystemplattformen (z. B. MS-Windows, Solaris, MAC-OS) findet man unter http://java.sun.com/cgi-bin/java-ports.cgi.

Aufgaben

Aufgabe 51: Modifizieren Sie das Beispiel WorteRingen so, daß Threads für Worte gleicher Kategorie (Artikel, Nomina, Verben etc.) zu Threadgruppen zusammengefaßt werden.

Aufgabe 52: Entwickeln Sie Codebeispiel 123 so weiter, daß nicht nur die relative Aktivität der Threads, sondern auch genaue Information über den aktuellen Zustand ausgegeben wird („Thread ruht noch...", „Thread ist bereit", „Thread ist aktiv" etc.).

Aufgabe 53: Verwenden Sie Threads zum parallelen Laden von Bilddateien, die in den Rasterzellen eines Grid- oder GridBagLayout angezeigt werden. Vergleichen Sie ihre Implementierung mit Arbeitsweise eines solchen Programms ohne Threads.

Aufgabe 54: Variieren Sie Aufgabe 53, indem Sie, statt Bilddaten zu laden, in verschiedenen Zeichenflächen fraktale Muster ausgeben. Dazu können Sie z. B. einen Algorithmus für Mandelbrot-Bäume einsetzen. Ressourcen zu solchen Algorithmen finden sich z. B. unter http://forum.swarthmore.edu/library/topics/fractals/.

9 Netzwerkprogrammierung

Computer sind heute typischerweise durch Netzwerke miteinander verbunden. Das beste Beispiel hierfür ist das Internet und die mit ihm assoziierte Familie von Netzwerkstandards, TCP/IP (*transmission control protocol/internet protocol*).

Die Java 2-Plattform enthält (in unterschiedlichen Paketen) eine Vielzahl von Klassen, die unterschiedliche Typen von netzwerkorientierten Programmen unterstützen. Im Rahmen solcher Programme kommen meist auch verschiedene Klassen des Pakets java.io zum Einsatz, da das Stromkonzept in Java durchgehend implementiert ist und für unterschiedliche Formen von Ein- und Ausgabeoperationen zum Einsatz kommt, unabhängig davon, ob Daten aus dem Speicher, von einer Datei oder von einem über einen Socket angesprochenen Server stammen. Java abstrahiert gewissermaßen von den physikalischen Gegebenheiten bei Ein-/ Ausgabeprozessen.

Netzwerkprogrammierung basiert auf einem sehr einfachen Prinzip: Man unterscheidet in der Regel zwischen einem Client, der Daten und/oder Dienste über ein Netzwerk anfordert und einem Server, der entsprechende Information zur Verfügung stellt. In manchen Fällen können „beide Seiten" sowohl die Rolle des Clients als auch die des Servers wahrnehmen. Man kann ferner die Architektur von Client-/Serverprogrammen nach der Anzahl der logischen Schichten unterscheiden, die implementiert werden: Im einfacheren Modell, der zweischichtigen Architektur (*two tier architecture*), realisiert der Client die Benutzerschnittstelle und die Anwendungslogik (oder Teile davon), während der Server (z. B. in Form einer Datenbank) die Daten liefert. Da dieses Modell („*fat client*") in heterogenen und umfangreichen Netzwerken schwer zu verwalten ist, hat sich in jüngerer Zeit ein dreischichtiges Modell durchgesetzt, das aus Client (Präsentationslogik), Server (Anwendungslogik) und Datenbank (Informationslieferant) besteht. Die nachfolgende Darstellung unterschiedlicher Formen der Netzwerkprogrammierung in Java bezieht sich auf die Implementierungsaspekte von Netzwerkprogrammen; die Grundfrage nach der richtigen Architektur und der Verteilung der verschiedenen Programmkomponenten auf Client- und Serverprogramme sollte aber nie außer Acht gelassen werden. Je nach Abstraktionsgrad der Verbindung zwischen Client und Server kann man folgende Typen von Netzwerkprogrammen unterscheiden:

1. Netzwerkanwendungen auf der Basis von Datenpaketen (*datagrams*), die zwar das *internet protocol* (IP) verwenden, aber den durch die Übertragungskontrolle von TCP entstehenden *overhead* vermeiden (basierend auf dem *user datagram protocol*, UDP).
2. Client-/Serverprogrammierung unter Verwendung von *Sockets*.

3. *Remote method invocation* (RMI). Das RMI-Paket des JDK erlaubt es Java-Programmen, wechselseitig Methoden aufzurufen – unabhängig davon, auf welchen Rechnern die Programme laufen.

4. Will man Java-Programme in verteilte, sprachunabhängige Objektsysteme integrieren, so steht in den Paketen org.omg.CORBA.* die Funktionalität der *common object request broker architecture* (CORBA) der *Object Management Group* (OMG) als sprachunabhängige Middleware-Architektur zur Verfügung. Dies wird hier nicht näher behandelt (vgl. aber die Online-Materialien zu diesem Buch sowie VOGEL & DUDDY 1997 und ORFALI, HARKEY & EDWARDS 1998).

In weitergehender Betrachtung könnte man auch die Datenbankprogrammierung mit Hilfe der *Java Database Connectivity* (JDBC) hinzurechnen, da es sich hierbei oftmals um Client-/Serverprogramme handelt, die über Netzwerke laufen. Die Datenbankprogrammierung mit JDBC wird in Kap. 10 vorgestellt.

9.1 Basisklassen zur Netzwerkprogrammierung

Das Paket java.net enthält Klassen, die die Übertragung und Verarbeitung von Daten über das Internet erlauben. Da Java-Applets (und Applikationen) mit beliebigen, auch zukünftigen, Protokollen arbeiten können sollen, sind geeignete Basisklassen zur Behandlung unterschiedlicher Protokolle erforderlich. Nachfolgend werden einige der Klassen dieses Pakets vorgestellt und anhand von Beispielen erläutert.

9.1.1 Adressierung von Rechnern in TCP/IP-Netzen

Die Klasse InetAddress repräsentiert Internetadressen und dient dazu, Hostnamen und IP-Nummern zu bestimmen, d. h. eine Internetadresse kann sowohl als IP-Nummer (z. B. 139.2.19.45) als auch als Rechnername nach den Konventionen des *domain name system* (DNS, z. B. isun02.informatik.uni-leipzig.de) angegeben werden. Das nachfolgende Beispielprogramm gibt zunächst DNS-Namen und IP-Nummer des Rechners, auf dem es gestartet wurde, aus und liest dann entweder einen DNS-Namen oder eine IP-Nummer ein, wandelt sie um und gibt DNS-Name oder IP-Nummer aus. Der Zugriff auf den Nameserver, der über TCP/IP erreichbar ist, erfolgt durch die Methoden von InetAddress:

- byte[] getAddress() liefert die Adresse, die ein InetAddress-Objekt kapselt, als Array von 4 Byte,
- String getHostAddress(), String getHostName() und String getLocalHost() liefern IP-Nummer bzw. DNS-Namen des Host bzw. des lokalen Rechners als Zeichenkette und

- InetAddress getByName(String Rechnername) erzeugt aus einer Zeichenkette (IP-Nummer oder DNS-Name) ein InetAddress-Objekt.

Voraussetzung ist allerdings, daß der Rechner Verbindung zum Internet über TCP/IP hat. Andernfalls kann das Programm nur mit der *default loopback address* von TCP/IP getestet werden (localhost/127.0.0.1).

```java
import java.net.*;
import java.io.*;

class InternetAdressen
{
  public static void main (String[] argv)
  {
    String Eingabe;
    BufferedReader  derEingabeStrom = new BufferedReader(
                                    new InputStreamReader(System.in));
    try
    {
      // Initialisieren einer InetAddress mit den Daten des
      // lokalen Host und Ausgabe des DNS-Namens (getHostName())
      InetAddress ClientRechner = InetAddress.getLocalHost();
      System.out.println("Ausgangsrechner: " + ClientRechner.getHostName());
      System.out.println("IP-Nummer: " + ClientRechner.getHostAddress());
      System.out.print("IP-Nummer oder Hostnamen eingeben: ");
      System.out.flush();

      // Einlesen des gesuchten Rechners
      Eingabe = derEingabeStrom.readLine();      derEingabeStrom.readLine();
      if(Eingabe != null)
      {
        // Initialisierung der InetAddress - getByName()
        // akzeptiert DNS-Namen oder IP-Nummern (Format: n.n.n.n)
        InetAddress  InternetRechner = InetAddress.getByName(Eingabe);
        // Ausgabe des Rechnernamens
        System.out.println("Rechnername: " + InternetRechner.getHostName());
        // Ausgabe der IP-Nummer
        System.out.println(  "IP-Nummer: " + InternetRechner.getHostAddress());
      }
    }
    // Fehlerbehandlung:
    catch(UnknownHostException e)
    {    System.out.println("Rechner nicht gefunden: " + e);    }
    catch(IOException e)
    {    System.out.println("Ein-/Ausgabefehler: " + e);   }
  }
}
```

Codebeispiel 127:   Adreßbestimmung mit InetAddress

9.1.2 Verwenden von Uniform Ressource Locators (URL)

Die Klasse URL repräsentiert einen *uniform resource locator* (bzw. *eine* URL), d. h. eine Adresse im Internet, die aus Protokollangabe (z. B. http, ftp, telnet), Rechnername/IP-Nummer/(Port) und Pfad- bzw. Dateiangabe aufgebaut ist. Mit ihrer Hilfe kann man auf verschiedene Typen von Ressourcen im Internet (z. B. WWW-Seiten) zugreifen. Die Klasse URL wird u. a. in der Klasse Applet verwendet, um den Ausgangsrechner eines Applets zu bestimmen (in der Klasse Applet liefert die Methode URL getCodeBase() ein URL-Objekt) oder Bilddateien zu laden (URL getImage()). URL verfügt über unterschiedliche Konstruktoren für den Aufbau einer URL:

- URL(String URLZeichenkette),
- URL(String einProtokoll, String einRechner, String einPfad)),
- URL(String einProtokoll, String einRechner, String einPort, String einPfad)),

sowie über Methoden, um eine URL in ihre Bestandteile zu zerlegen:

- Protokoll – String getProtocol(),
- Internethost – String getHost(),
- Port – int getPort(),
- Datei – String getFile().

Mit den Methoden

- URLConnection openConnection(),
- Object getContent() (Kurzform für: Object openConnection().getContent()) und
- InputStream openStream() (Kurzform für: openConnection().getInputStream())

kann man eine Datenverbindung zur durch das URL-Objekt angegebenen Ressource aufbauen und den Inhalt der URL lesen.

Im nachfolgenden Beispiel wird URL verwendet, um eine beliebige Ressource aus dem WWW zu laden und ihre ersten 1000 Bytes in der Konsole auszugeben (d. h. bei einer HTML-Datei den HTML-Quelltext):

```java
import java.awt.*;
import java.io.*;
import java.net.*;

public class URLLaden
{
  public static void main(String[] argv)
  {
    new URLLaden(argv[0]);
  }
```

```java
public URLLaden(String dieAdresse)
{
  // Zeicheneingabestrom für die Netzwerkverbindung
  InputStreamReader derEingabeStrom;

  // Zwischenspeicher
  char[] ZeichenPuffer = new char[1000];
  try
  {
    // Der Kommandozeilenparameter dient zur Instantiierung eines (anonymen) URL-
    // Objekts, dessen openStream()-Methode aufgerufen und an den Konstruktor des
    // Eingabestroms übergeben wird. Damit steht ein Eingabestrom zum Einlesen von
    // Daten über das Internet zur Verfügung.
    derEingabeStrom = new InputStreamReader(new URL(dieAdresse).openStream());

    // Sollten Daten zu finden sein, werden sie in den Zwischenspeicher geladen und als
    // String an die Konsole ausgegeben.
    if (derEingabeStrom != null)
    {
      derEingabeStrom.read(ZeichenPuffer, 0, 1000);
      String AusgabeString = new String(ZeichenPuffer);
      System.out.println(   "Die ersten 1000 Zeichen sind:\n" + AusgabeString);
      derEingabeStrom.close();
    }
  }
  catch(IOException e)
  {
    System.out.println("Ein-/Ausgabefehler: " + e);
  }
}
```

Codebeispiel 128:   „Minibrowser" – Ausgeben einer HTML-URL

Ein zweites Anwendungsbeispiel der Klasse URL soll zeigen, wie man mit Hilfe der Klassen Applet und AppletContext eine Art „Dia-Show" in einem HTML-Browser ablaufen lassen kann. Dazu werden in den PARAM-Tags in der HTML-Seite verschiedene URLs sowie eine Zeitverzögerung kodiert. Das Applet bewegt den Browser dazu, nach Ablauf der Zeit zu einer neuen Seite umzuschalten. Die Zeitsteuerung wird wie bei den Animationsbeispielen über einen Thread erreicht. Die URLs sind im Programm in einen Vector geladen, dessen nächstes Element automatisch über einen Zähler (elementAt(Iteration) bestimmt wird. Die Applet-kodierung in der HTML-Seite gibt im Parameter DocumentN jeweils an, welche URL zu laden ist:

```
<param name="Verzoegerung" value="5000">
<param name="Dokument1" value="http://www.uni-leipzig.de">
<param name="Dokument2" value="http://wortschatz.uni-leipzig.de ">
```

```
<param name="Dokument3" value="http://www.yahoo.de">
<param name="Dokument4" value="http://www.infoseek.com">
<param name="Dokument5" value="http://www.lycos.de">
```

Quellcode des Programms:

```java
import java.applet.Applet;
import java.applet.AppletContext;
import java.util.Vector;
import java.net.URL;
import java.net.MalformedURLException;

// Lösung mit Hilfe von Threads, daher Implementierung der Schnittstelle Runnable
public class DiaShow extends Applet implements Runnable
{
  Thread einThread = null;
  int Iteration = 0;
  Vector dieHTMLDokumente;
  int Verzoegerung = 10000;

  public void init()
  {
    // Initialisierung, d. h. Einlesen der Parameter mittels getParameter() und Übergabe der
    // URLs an den Vector
    dieHTMLDokumente = new Vector(1);    int i = 1;
    String sVerzoegerung = getParameter("Verzoegerung");
    if(sVerzoegerung != null)
    Verzoegerung = new Integer(sVerzoegerung).intValue();

    while(true)
    {
      String eineDokumentAdresse = getParameter("Dokument"+i);
      if(eineDokumentAdresse == null) break;
      i++;
      try
      { dieHTMLDokumente.addElement(new URL(eineDokumentAdresse));  }
      catch(MalformedURLException e)
      {   showStatus("Inkorrekte URL, nehme nächste...");     break;     }
    }
  }
  public void start()
  {
    if(einThread == null)
    {
      // Start des Hauptthread des Programms
      einThread = new Thread(this).start();
    }
  }
```

```java
  public void run()
  {
    Iteration = 0;
    // Endlosschleife des Threads: "Umschalten" nach Ablauf der Verzögerung
    while(einThread != null)
    {
      // Laden des Kontexts des Applets
      AppletContext derKontext = getAppletContext();
      // Ausgabe der URL des nächsten Dokuments in der Statuszeile des WWW-Browsers
      showStatus("Schalte weiter zu: "+dieHTMLDokumente.elementAt(Iteration));
      // Umschalten zum nächsten Dokument –
      // Steuerung des Browsers über den AppletContext
      derKontext.showDocument((URL)dieHTMLDokumente.elementAt(Iteration));
      try
      {
        // "Betrachtungspause" der Länge "Verzoegerung"
        Thread.sleep(Verzoegerung);
      }
      catch(InterruptedException e)
      {
        System.out.println("Fehler - Thread abgebrochen");
      }

      // falls alle gezeigt wurden, von vorne anfangen
      Iteration++;
      if(Iteration >= dieHTMLDokumente.size())
      Iteration = 0;
    }
    einThread = null;
  }
}
```

Codebeispiel 129:   „Dia-Show" einer URL-Liste im Browser

Zu den weiteren Hilfsklassen in java.net, die der Adressierung und Manipulation von Objekten über Internetprotokolle dienen, gehören:

- **java.net.URLConnection**
  Abstrakte Basisklasse, die die Verbindung zu einem Objekt im Internet unter einem bestimmten URL repräsentiert.
- **java.net.ContentHandler**
  Eine Klasse, die Daten aus einer **URLConnection** einliest und als Objekt zurückgibt. Unterklassen von **ContentHandler** behandeln die unterschiedlichen zulässigen MIME-Typen (*multipurpose internet mail extensions*, Spezifikationsformat für Datentypen im Internet) im Internet. Hat man für eine **URLConnection** bestimmt, um welchen MIME-Typ es sich handelt, so muß eine Instanz der Klasse **ContentHandlerFactory** dafür sorgen, daß der richtige

ContentHandler ausgewählt wird. Applets sollten ContentHandler nicht direkt verwenden, sondern URL.getContent() oder URLConnection.getContent() benützen.

9.2 Client-Server-Programmierung über Sockets

Sockets sind die wichtigsten Bausteine der einfachen Client-/Server-Programmierung. Ein Socket, der auf einem Rechner über eine Portnummer eindeutig erreichbar ist, ist die Basis für Kommunikationsverbindungen zwischen Client und Server (ein Kommunikationsendpunkt auf einem Rechner). Mit der Klasse java.net.Socket bzw. java.net.ServerSocket können solche Verbindungen erzeugt und mit einen anderen Rechnern bzw. ihren verfügbaren (Server)Sockets verbunden werden. Zwischen Client und Server existieren (vermittelt durch die beiden Sockets) jeweils ein InputStream und ein OutputStream, es wird also die bereits bekannte Funktionalität für die Behandlung von Ein- und Ausgabeströmen verwendet. Über dieses Paar von Ein- und Ausgabestrom wickelt man die Kommunikation zwischen Client und Server ab, wobei man völlige Freiheit bei der Festlegung des Protokolls für den Nachrichtenaustausch hat. Damit die Kommunikation zwischen Server und Client aufgebaut werden kann, müssen folgende Voraussetzungen erfüllt sein:

1. Der Server muß laufen, d. h. sein ServerSocket muß empfangsbereit sein und über TCP/IP erreichbar sein (Ausnahme: Verwenden der TCP/IP-*loopback address* bei Starten von Client(s) und Server auf demselben Rechner).
2. Der Socket des Client wie der ServerSocket auf dem Server müssen über den gleichen Port kommunizieren, sonst kommt keine Verbindung zustande. Dabei verwendet man eine Portnummer, die nicht bereits durch einen Standarddienst des Internet wie *HyperText Transfer Protocol* (http, Port 80), *File Transfer Protocol* (ftp, Port 20/21) oder telnet (Port 23) besetzt ist.

Die Klasse Socket verfügt neben einer Reihe von Konstruktoren (u. a. Socket(String einHost, int einPort), Socket(InetAddress eineAdresse, int einPort)) und über

- Methoden für den Zugriff auf die Datenströme (InputStream getInputStream(), OutputStream getOutputStream()),
- Methoden, die Informationen über eine Socketverbindung liefern (InetAddress getInetAddress(), InetAddress getLocalAddress(), int getPort(), int getLocalPort()), und
- Methoden, die Details über Eigenschaften des zugrundeliegenden Netzwerkprotokolls ermitteln (int getSendBufferSize(), void setReceiveBufferSize(int PufferGroesse), int getSoTimeout(), void setSoTimeout(int Wartezeit)).

Die Klasse **ServerSocket**, deren Objekte die auf einem Server auf Anfragen zum
Aufbau einer Socketverbindung zwischen Client und Server warten, arbeitet im
wesentlichen mit ihrer **accept-Methode()**, die für jede Anfrage eines Client-Socket
einen Socket auf der Serverseite erzeugt (Socket accept()).

Im nachfolgenden Beispiel sind Client wie Server als *stand-alone*-Programme
realisiert. Im Server ist die Kommunikation über eine Unterklasse von Thread
gelöst, so daß mehrere Clients parallel mit dem Server kommunizieren können.

Aufbau des Client
```
import java.net.*;
import java.io.*;

public class EchoClient
{
  Socket derClientSocket = null;
  // BufferedReader als Hülle für den einfachen Eingabestrom, damit zeilenweise von der
  // Kommandozeile gelesen werden kann
  BufferedReader derEingabeStrom = new BufferedReader(
                                        new InputStreamReader(System.in));
  InputStreamReader    derSocketEingabeStrom = null;
  OutputStreamWriter   derSocketAusgabeStrom = null;
  // Hilfsvariablen zur Übertragung und Ausgabe der Daten
  char[] ZeichenPuffer = new char[1024];  int geleseneZeichen = 0; String dieZeile = null;

  public static void main (String[] argv)
  {
    // Servername von der Kommandozeile lesen, sonst localhost (127.0.0.1) verwenden:
    if (argv.length > 0) new EchoClient(argv[0]);
    else new EchoClient("localhost");
  }

  public EchoClient(String derHost)
  {
    try
    {
      // Socket wird geöffnet, seine Ströme verbunden:
      derClientSocket = new Socket(derHost, 10321);
      // Der Eingabestrom des Socket instantiiert einen InputStreamReader:
      derSocketEingabeStrom = new InputStreamReader(derClientSocket.getInputStream());
      derSocketAusgabeStrom = new OutputStreamWriter(
      derClientSocket.getOutputStream());
      // Zeilenweises Einlesen von der Konsole, weitersenden und Ausgabe der Antwort
      while ((dieZeile = derEingabeStrom.readLine()) != null)
      {
        // Zeile an den Server senden
        derSocketAusgabeStrom.write(dieZeile, 0, dieZeile.length());
```

```
        // Eingehende Information vom Server lesen
        geleseneZeichen = derSocketEingabeStrom.read(ZeichenPuffer);
        // Ausgabe
        System.out.println(new String( ZeichenPuffer, 0, geleseneZeichen));
      }
    }
    catch (UnknownHostException e)
    {   System.out.println("unbekannter Rechner: " + e);    }
    catch (IOException e)
    {   System.out.println("Ein-/Ausgabefehler:" + e);        }
  }
}
```

Codebeispiel 130:   Ein Echo-Client (Socketprogrammierung)

Aufbau des Server

Der Server erzeugt einen ServerSocket und wartet in einer Schleife auf kontaktierende Clients (ServerSocket.accept()). Um die parallele Bearbeitung von Anfragen mehrerer Clients bewältigen zu können, wird eine eigene Klasse EchoDienst angelegt, die durch die Implementierung von Runnable parallel arbeiten kann. Für jeden neuen Client startet der Server einen solchen Dienst, ein neuer Socket wird auf der Server-Seite erzeugt, während der Server auf weitere Anfragen wartet (Abbildung 62). Der EchoDienst wickelt dann die eigentliche Kommunikation und Ausgabe ab (Leseschleife, Ausgabe an den Client und in das EchoDienst-Fenster). Mit Hilfe dieser Konstruktion kann der Server mehrere Kommunikationskanäle gleichzeitig offenhalten: Jeder Client, der den Server kontaktiert, wird über einen eigenen Thread bedient.

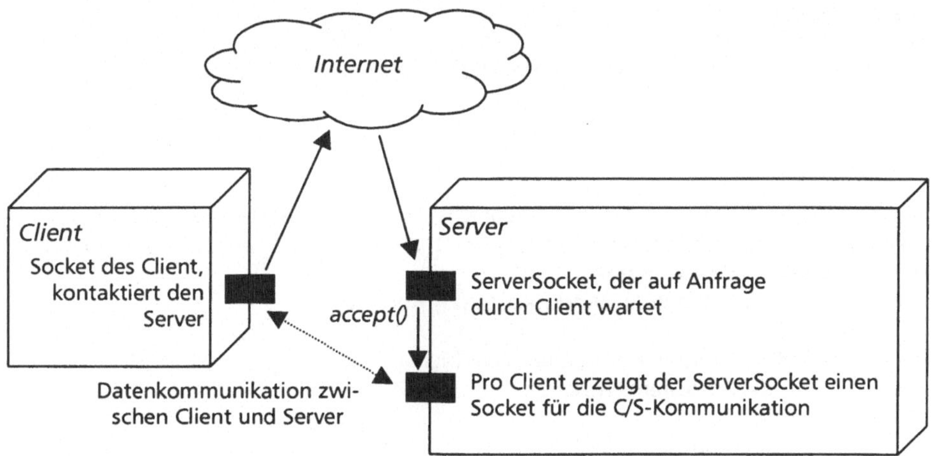

Abbildung 62:   Schema der Client-Server-Kommunikation mit Socket und ServerSocket

```java
import java.net.*;
import java.io.*;
import java.awt.*;
import java.awt.event.WindowEvent;
import java.awt.event.WindowListener;

public class EchoServer
{
  static int derClientZaehler = 0;
  public static void main (String[] argv)
  {
    new EchoServer();
  }

  public EchoServer()
  {
    ServerSocket derServerSocket = null;
    Socket derClientSocket = null;
    try
    {
      // Kern des Programms: der ServerSocket wird erzeugt und wartet auf kontaktierende
      // Clients. Für jeden neuen Client, der akzeptiert wird, erzeugt der Server ein eigenes
      // Objekt der Klasse EchoDienst.
      derServerSocket = new ServerSocket(10321);
      while((derClientSocket = derServerSocket.accept()) != null)
      {
        new EchoDienst(derClientSocket);
      }
    }
    catch (IOException e)
    {
      System.out.println("Ein-/Ausgabefehler: " + e);
    }
  }
}

// Die Klasse EchoDienst übernimmt die eigentliche Arbeit: Eingehende Texte werden
// in einem Fenster ausgegeben, die Textlänge wird als Information an den Client geschickt.
class EchoDienst    extends Frame
                    implements WindowListener, Runnable
{
  // Der Thread, dem die run-Methode des EchoDienst-Objekts zugewiesen wird:
  private Thread derEchoDienstThread;

  // Die Socketverbindung zum Client:
  private Socket derSocket = null;
```

```java
// Hilfsvariablen für Kommunikation und Ausgabe:
private char[] ZeichenPuffer = new char[ 1024 ];
private int geleseneZeichen = 0;
private String dieZeile = null;
private String dieEingabe = new String();
private String dieAusgabe = new String();
private String derClientName = new String();
private String dieClientNummer = new String();

public EchoDienst(Socket einSocket)
{
  setSize(250, 120);
  setLocation(EchoServer.derClientZaehler * 250, 0);
  setVisible(true);
  this.derSocket = einSocket;
  setName("Client " + ++EchoServer.derClientZaehler);
  setTitle("Client " + EchoServer.derClientZaehler);
  addWindowListener(this);

  // Zuordnung und Start des Thread (benutzt run(), s.u.)
  derEchoDienstThread = new Thread(this).start();
}

public void run()
{
  try
  {
    // Öffnen der Ein-/Ausgabekanäle zum Client
    OutputStreamWriter derAusgabeStrom = new OutputStreamWriter(
                                        derSocket.getOutputStream());
    InputStreamReader derEingabeStrom = new InputStreamReader(
                                        derSocket.getInputStream());
    // Lese- und Ausgabeschleife, läuft solange Verbindung besteht
    while ((geleseneZeichen = derEingabeStrom.read(ZeichenPuffer)) != 0)
    {
      // Information im EchoDienst-Fenster ausgeben
      dieZeile = new String(ZeichenPuffer, 0, geleseneZeichen);
      dieEingabe = "Empfangen: "+ dieZeile;
      dieAusgabe = "Text hat die Länge "+ dieZeile.length()+".";
      derClientName = derSocket.getInetAddress().getHostName();
      dieClientNummer = getName();

      // Textlänge an Client zurücksenden
      derAusgabeStrom.write(dieAusgabe, 0, dieAusgabe.length());
      derAusgabeStrom.flush();
      repaint();
    }
  }
```

```
    catch (IOException e)
    {       System.out.println("Ein-/Ausgabefehler: " + e);   }
  }

  public void paint(Graphics g)
  {
    g.setFont(new Font("TimesRoman", Font.BOLD, 16));
    g.drawString(dieEingabe, 20, 45);
    g.drawString(dieAusgabe, 20, 65);
    g.drawString(derClientName, 20, 85);
  }

  public void windowClosing(WindowEvent e)
  { System.exit(0);}
  public void windowOpened(WindowEvent e){}
  public void windowClosed(WindowEvent e){}
  public void windowIconified(WindowEvent e){}
  public void windowDeiconified(WindowEvent e){}
  public void windowActivated(WindowEvent e){}
  public void windowDeactivated(WindowEvent e){}
}
```

Codebeispiel 131:   Ein Echo-Server (Socketprogrammierung)

Da das Programm, wenn kein Rechnername als Kommandozeilenargument übergeben wurde, auf dem sog. localhost, d. h. auf dem Rechner, auf dem der Client selbst gestartet wurde, nach dem Server sucht, läßt sich das Programm auch gut ohne Online-Verbindung testen (sog. IP *loopback address*, 127.0.0.1). Für den Server und jeden Client öffnet man dazu eine Kommandoshell (z. B. DOS-Box) und startet die Programme. Anschließend kann man durch Texteingabe bei den Clients die Funktionsweise der Kommunikation beobachten. Die nachfolgende Abbildung zeigt das Interface eines Servers, den drei Clients kontaktiert haben:

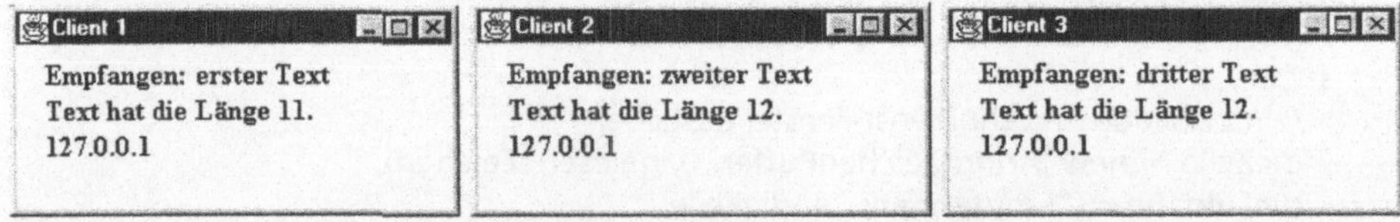

Abbildung 63:   Ausgabe des EchoServer

Das Beispiel zeigt das Grundprinzip der Client-Server-Kommunikation über Sokkets. Bei umfangreicheren Programmen muß man sich überlegen, in welchem Format die Daten übertragen werden sollen und wie dabei zu kommunizieren ist (Aufbau eines eigenen Protokolls).

9.3 Remote Method Invocation (RMI)

Eine weitere Möglichkeit, Programmfunktionalität im Sinne des Client-Server-Gedankens auf verschiedene Rechner zu verteilen, ist das bereits seit langem bekannte Prinzip der *remote procedure calls* (RPC). Dabei kommuniziert der Client mit dem Server nicht über ein selbst definiertes Protokoll (wie bei der Kommunikation über Sockets), sondern er benutzt direkt Methoden von Objekten, die auf anderen Rechnern als Programme laufen. In Java ist diese Idee verteilter Objekte als *remote method invocation* (RMI) in den Paketen java.rmi.* implementiert. Das RMI-API des JDK (ab Version 1.1) bietet alle notwendigen Klassen für die Realisierung verteilter Objektsysteme. Damit ist es möglich, daß Objekte die Methoden anderer Objekte auf verschiedenen Rechnern aufrufen, d. h. verteilte Architekturen sind „leicht" zu realisieren. Die Anwendung von RMI setzt voraus, daß alle beteiligten Programme (Objekte) einer verteilten Anwendung von RMI *in Java* implementiert sind. Dies ist eine Einschränkung gegenüber der *common object request broker architecture* (CORBA), bei der die verteilten Objekte in verschiedenen Sprachen implementiert sein können, soweit diese über eine CORBA-Schnittstelle verfügen. Dies muß aber aufgrund der Plattformneutralität von Java kein schwerer Nachteil sein. Gegenüber der Verwendung von CORBA hat RMI den Vorteil, daß es wesentlich überschaubarer und einfacher zu implementieren ist und zudem keine weitere proprietäre Software benötigt wird (wie etwa ein *Object Request Broker* (ORB) in CORBA). Die über die Standardentwicklungsumgebung hinaus benötigten Tools für den Einsatz von RMI sind im JDK enthalten.

9.3.1 RMI im Überblick

Damit Java-Objekte unabhängig über ein Netzwerk ansprechbar sind, muß man einige Voraussetzungen erfüllen:

1. Sie müssen die (leere) Schnittstelle Remote implementieren, die lediglich die Aufgabe hat, Klassen als für RMI vorgesehen zu markieren.
2. Sie müssen bekanntgeben, welche ihrer Eigenschaften und Methoden zugänglich sein sollen.
3. Für jede RMI-Klasse Programm sind ein *stub* und ein *skeleton* zu generieren. Ein *stub* ist eine Klasse, die den Aufruf „entfernter" Methoden aus einem Programm heraus in die entsprechenden Kommunikationsaktionen im Netzwerk übersetzt und den Server anspricht (Server im Sinne des Programms, dessen Methoden aufgerufen werden soll). Ein *skeleton* ist dazu das serverseitige Gegenstück, d.h. es ist eine Klasse auf dem Server, die Aufrufanforderungen über das Netz entgegennimmt und aus ihnen einen tatsächlichen Methodenaufruf für ein bestimmtes Programm auf dem Server macht. Beide, *stub* wie *skeleton*, werden mit Hilfe der JDK-Utility rmic (*RMI compiler*) erzeugt.

4. RMI-Server und RMI-Client müssen bei einem Namensdienst (*registry*) registriert sein, damit sie sich gegenseitig im Netz finden können. Ohne diese Registrierung wäre die Zuordnung der verteilten Objekte nicht möglich. Zur Adressierung der Objekte im Netz dient dabei die URL-Syntax.

Zusätzlich zu dem Hauptpaket java.rmi sind in den Unterpaketen java.rmi.server (u. a. mit der Unterklasse RemoteObject, abgeleitet von java.lang.Object mit einer (Re-)Implementierung der grundlegenden Eigenschaften von Java-Objekten für „entfernte Objekte"), java.rmi.registry und java.rmi.dgc (verteilte Speicherverwaltung, *distributed garbage collection*) weitere Hilfsklassen für RMI enthalten.

9.3.2 Der Namensdienst bei RMI

Um auf entfernte Objekte zugreifen zu können, ist eine Referenz auf sie erforderlich, die über den Namensdienst zu beziehen ist. Die *naming registry* wird von einer JDK-Utility bereitgestellt, die vor Aufruf eines RMI-Programms zu starten ist (rmiregistry). Ist dies geschehen, so kann ein Objekt mit Hilfe der Naming-Klasse und unter Angabe einer Ziel-URL eine Referenz auf ein entferntes Objekt beziehen. Naming verfügt über die Methode lookup(), die über das Netz (und die *naming registry*) versucht, eine Referenz auf entfernte Objekte zu erhalten. Die Registrierung erfolgt ebenfalls mit Hilfe der Klasse Naming – sie bietet für die Zuordnung von Objekten folgende Methoden an:

* void bind(String einName, Remote einEntferntesObjekt) bindet einen Namen an ein entferntes Objekt,
* String[] list(String einName) listet alle URLs in der *registry* auf,
* Remote lookup(String einName) liefert ein *remote object* zur angegebenen URL,
* void rebind(String einName, Remote einEntferntesObjekt) bindet einen Namen an ein neues Objekt und ersetzt dabei bisherige Bindungen und
* void unbind(String) löst die Zuordnung eines Namens zu einem Objekt.

9.3.3 Implementierung einer RMI-fähigen Klasse

Die oben genannten Schritte bei der Erzeugung RMI-fähiger Anwendungen müssen im Detail wie folgt realisiert werden: Zunächst ist für die neue RMI-Klasse eine Schnittstelle zu spezifizieren, die von Remote abgeleitet ist und genau die Methoden enthält, die per RMI aufgerufen werden sollen, z. B.

public interface eineRMISchnittstelle extends Remote

In dieser Schnittstelle werden die Signaturen aller in diesem Sinne öffentlichen Methoden der RMI-fähigen Klasse aufgelistet. Jede Klasse, auf die mit RMI zugegriffen werden soll, muß zusätzlich

1. von RemoteObject bzw. deren Unterklassen abgeleitet sein und
2. die neu definierte Unterschnittstelle von Remote (hier: eineRMISchnittstelle) implementieren.

Die (abstrakte) Klasse java.rmi.server.RemoteObject und ihre abstrakte Unterklasse java.rmi.server.RemoteServer sowie deren *konkrete* Unterklasse java.rmi.server.UnicastRemoteObject sind die Basisklassen für alle RMI-Server-Objekte, auf die ein Client zugreifen können soll. I. d. R. verwendet man UnicastRemoteObject als Ausgangsklasse. Sie enthält u. a. Methoden,

- um ein RemoteObject exportieren zu können (RemoteStub exportObject(Remote einEntferntesObjekt),
- eine Referenz auf ein entferntes Objekt zu erhalten (RemoteRef getRefRef()) und
- eine Logdatei anzulegen (PrintStream getLog(), void setLog(OutputStream)).

Codebeispiel 132 zeigt zunächst schematisch den Aufbau einer RMI-fähigen Klasse:

```
public eineRMIKlasse  extends  RemoteObject implements  eineRMISchnittstelle
{
  // Methodenimplementierungen der in eineRMISchnittstelle angegebenen Methoden sowie
  // beliebiger weiterer Methoden/Eigenschaften, die nicht (direkt) für RMI  verwendet werden.
}
```

Codebeispiel 132:   Aufbauschema RMI-fähiger Klassen

Werden als Folge des Aufrufs von Methoden des *remote object* Werte übergeben (Rückgabewerte der Methoden), so müssen diese entweder primitive Datentypen sein oder Objekte, die entweder die Schnittstelle Serializable implementieren (vgl. oben 6.4.5) oder selbst *remote objects* sind (d. h. sie implementieren die Schnittstelle Remote). Im nachfolgenden Beispiel erhält man als Rückgabewert ein Objekt vom Typ String; die Klasse String implementiert die Schnittstelle Serializable. In dem Beispiel greift der Client auf eine Methode des Servers zu, um aktuelle Datums- und Zeitinformationen zu bekommen und auszugeben. Die Implementierung beinhaltet drei Entwicklungsschritte:

1. Ableitung einer Schnittstelle für das RMI-Objekt; die Schnittstelle muß ein Subtyp von Remote sein und alle Methoden des *remote Object* enthalten, die für RMI verwendbar sein sollen.
2. Implementierung der Klasse, deren Objekte als *remote objects* benützt werden sollen. Diese Klasse muß eine Unterklasse von RemoteObject oder einer ihrer Unterklassen (hier: UnicastRemoteObject aus dem Paket java.rmi.server) sein.
3. Implementierung der Client-Klasse, die auf das *remote object* zugreift.

Das nachfolgende Beispiel für die Verwendung von RMI beinhaltet einen Server, der die aktuelle Zeit als Zeichenkette liefert (Codebeispiel 134), einen Client, der

eine entsprechende Anfrage (holeDatumZeit()) an ein RMI-Objekt richtet
(Codebeispiel 135) und die passende RMI-Schnittstelle, die die RMI-Methoden
enthält (Codebeispiel 133). Zunächst die Implementierung der RMI-Schnittstelle:

```java
// Eine Schnittstelle, in der die Methoden enthalten sind, die über RMI auf einem remote
// object aufgerufen werden sollen:
interface RemoteDatumZeit extends Remote
{
  String holeDatumZeit(int dieZeitverschiebung)  throws java.rmi.RemoteException;
}
```

Codebeispiel 133:   Ableiten einer Schnittstelle von java.rmi.remote

Der Server implementiert die Schnittstelle **RemoteDatumZeit** und bindet sich an
die *registry*, damit er vom Client per lookup gefunden und benutzt werden kann:

```java
import java.rmi.*;
import java.rmi.server.UnicastRemoteObject;
import java.net.*;
import java.util.Date;

// Unterklasse von UnicastRemoteObject, abgeleitet von RemoteServer und RemoteObject
// implementiert die Schnittstelle RemoteDatumZeit:
public class RMIServerDatumZeit     extends UnicastRemoteObject
                                    implements RemoteDatumZeit
{
  String derName;

  public RMIServerDatumZeit(String einName)  throws RemoteException
  {
    super();
    // derName wird für die Bindung in der Registry verwendet
    derName = new String(einName);
  }

  public String holeDatumZeit(int dieZeitverschiebung) throws RemoteException
  {
    // Datumsobjekt instantiieren und als String zurückgeben
    Date dasAktuelleDatum = new Date();
    return    dasAktuelleDatum.toString();
  }

  public static void main(String[] argv)
  {
    // Standard-SecurityManager verwenden
    System.setSecurityManager(new RMISecurityManager());
    try
    {
```

```
    // Objekt instantiieren
    RMIServerDatumZeit dasRMIObjekt = new RMIServerDatumZeit("DatumZeitServer");

    // Binden des Objekts an einen Namen in der Registry.
    // Voraussetzung: rmiregistry (JDK-Tool) muß laufen
    // Adressierung über URL-Format, (rmi://host/name), hier localhost als Rechnername,
    // der übergebene Name als Bezeichner in der Registry
    Naming.rebind("//localhost/DatumZeitServer", dasRMIObjekt);
    System.out.println("RMIServerDatumZeit erzeugt und in " +
    " der Registry an den Namen" + dasRMIObjekt.derName + " gebunden");
    }
    catch (MalformedURLException e)
    { System.out.println("Fehler in der URL: " + e);}
    catch (java.rmi.UnknownHostException e)
    { System.out.println("Host-Ausnahme: " + e);}
    catch (RemoteException e)
    { System.out.println("RMI-Ausnahme: " + e);}
  }
}
```

Codebeispiel 134:   Implementierung eines RMI-fähigen remote object

Nach dem Kompilieren von Schnittstelle und *remote object* müssen in einem
zweiten Kompilierungsschritt zusätzlich die *skeleton-* und *stub-*Klassen erzeugt
werden. Dazu wird der RMI-Compiler rmic aufgerufen (hier: rmic
RMIServerDatumZeit.java).[19] Bevor das Programm erfolgreich gestartet werden
kann, muß man sicher stellen, daß die RMI-*registry* zur Verfügung steht (Start des
JDK-Tool rmiregistry).

Schließlich ist der Client zu implementieren, der eine Referenz auf das *remote
object* über den **Naming-Service** (Zugriff auf die *registry*) herstellen soll und anschließend die Datumsmethode des entfernten Objekts (holeDatumZeit()) aufruft:

```
import java.awt.*;
import java.rmi.*;
import java.net.MalformedURLException;

// Client soll die Datumsinformation in einem Fenster ausgeben
public class RMIClientDatumZeit extends Frame
{
  String dasAktuelleDatum = new String();
  public static void main(String[] argv)
  {   new RMIClientDatumZeit();    }
```

---

[19] rmic erzeugt zwei Java-Quellcodedateien, RMIServerDatumZeit_Skel.java und
RMIServerDatumZeit_Stub.java und kompiliert sie. Über diese Hilfsklassen können die
RMI-Operationen dann abgewickelt werden (ohne daß sich der Entwickler direkt mit ihnen
befassen müßte). Vgl. dazu die Online-Materialien.

```java
  public RMIClientDatumZeit()
  {
    setTitle("RMI-Test");      setSize(100, 70);   setVisible(true);
    try
    {
      // Ein Objekt als Instantiierung der Schnittstelle RemoteDatumZeit wird erzeugt. Dazu
      // wird der Naming-Service aufgerufen. Der Client muß "wissen", unter welcher URL
      // und unter welchem Namen ein solches remote object verfügbar und über den
      // lookup in der Registry erreichbar ist
      RemoteDatumZeit dasRMIObjekt = (RemoteDatumZeit)
      Naming.lookup("//localhost/DatumZeitServer");

      // Aufruf der gewünschten Methode des remote object
      dasAktuelleDatum = dasRMIObjekt.holeDatumZeit(0);
    }
    catch (MalformedURLException e)
    { System.out.println("Fehler in der URL: " + e);}
    catch (java.rmi.UnknownHostException e)
    { System.out.println("Host-Ausnahme: " + e);  }
    catch (RemoteException e)
    { System.out.println("RMI-Ausnahme: " + e);}
    catch (NotBoundException e)
    { System.out.println("RMI-Objekt nicht gebunden: " + e);}
  }

  public void paint(Graphics g)
  {
    g.drawString(dasAktuelleDatum, 25, 50);
  }
}
```

Codebeispiel 135:   Client für den Zugriff auf ein remote object

Abschließend soll nochmals der prinzipielle Unterschied zwischen Socketprogrammierung und RMI deutlich gemacht werden: Bei der Client-Server-
Programmierung mit Sockets definiert man einen Kommunikationskanal, über
den man mit einem beliebigen Protokoll Information austauschen kann, während
RMI voraussetzt, daß der Klasse, die ein *remote object* verwenden will, dessen
innere Struktur (Methodensignatur(en)) sowie seine Adresse bekannt sind. Der
Vorteil von RMI ist, daß man Java-Methodenaufrufe und damit den Sprachaufbau
von Java-Klassen auch für verteilte Objektsysteme nutzen kann. Es spielt dann
keine Rolle mehr, wie die Objekte verteilt sind, ein eigenes Zugriffsprotokoll muß
nicht definiert werden.

9.4 Hinweise und Aufgaben

Weitere ausführliche Beispiele zur Netzwerkprogrammierung mit Java finden sich bei HUGHES et al. 1997 und SRIDHARAN 1997. Eine Darstellung der Entwicklung verteilter Java-Programme mit CORBA geben VOGEL & DUDDY 1997. Dabei sollte man eine Entwicklungsumgebung verwenden, die CORBA unterstützt, d. h. eine CORBA-Implementierung für Java mitliefert, z. B. JBuilder Client/Server.

Aufgaben

Aufgabe 55: Was sind die Nachteile der Verwendung von RMI ?

Aufgabe 56: Bauen Sie das Client-Server-Beispiel zu einem *chat*-Programm aus. Dazu ist zunächst ein Protokoll zu definieren, bei dem der Client jeweils Namen und Mitteilungstext an den Server sendet. Der Server verteilt die Nachrichten im gleichen Format an alle angemeldeten Gesprächsteilnehmer, die Textausgabe am Client kann über ein Textfeld oder eine Liste erfolgen.

Aufgabe 57: Implementieren Sie das *chat*-Programm mit Hilfe von RMI: Statt der Definition eines Nachrichtenprotokolls, das über Sockets ausgetauscht wird, definieren Sie geeignete Methoden Ihrer *chat*-Server-Klasse (clientAnmelden(), clientAbmelden(), sendeNachricht(), verteileNachricht() etc.). Was sind die Voraussetzungen dafür, daß Benutzer den *chat*-Server einsetzen können ?

Aufgabe 58: Entwickeln Sie Codebeispiel 128 weiter, so daß einfacher HTML-Text formatiert ausgegeben wird und die im HTML-Text enthaltenen Anker (<a>-Elemente) als Verknüpfungen verfügbar werden.

Aufgabe 59: Ein Spider ist ein Programm, das im WWW URLs aufsucht, ihren Inhalt analysiert und die in einer HTML-Datei enthaltenen Verknüpfungen weiterverfolgt. Schreiben Sie ausgehend von Codebeispiel 128 einen Spider, der eine URL von der Kommandozeile einliest und rekursiv eine Liste der darin enthaltenen URLs ausgibt.

Aufgabe 60: Mit dem *file transfer protocol* kann man im Internet Dateien zwischen Rechnern übertragen. Entwickeln Sie einen einfachen ftp-basierten Editor, der über das ftp-Protokoll eine Textdatei aus dem Internet lädt (Text, HTML etc.) und in einem Textfeld anzeigt. Das Programm soll es erlauben, die Datei zu bearbeiten und anschließend wieder per ftp unter ihrer Ausgangsadresse zu speichern. Die Spezifikation des ftp-Protokolls findet sich auf der WebSite der Internet Engineering Task Force (IETF), unter http://www.ietf.org/ bzw. unter ftp://ftp.isi.edu/in-notes/rfc265.txt.

10 Datenbankprogrammierung mit Java - JDBC

Für zahllose Anwendungen von Informationssytemen ist die Einbindung einer Datenbank ein zentrales Problem – es stellt sich immer dann, wenn eine Vielzahl gleichartig strukturierter Daten (Artikelliste, Telephonbuch, Personalverwaltung, Softwaredistribution etc.) erschlossen und zugänglich gemacht werden soll. Java stellt im Paket java.sql Klassen für die Anbindung relationaler Datenbanken an Java-Programme zur Verfügung (*Java database connectivity* – JDBC). Da dies ein wichtiges Anwendungsfeld der Programmierung ist, werden in diesem Kapitel die Funktionsweise von JDBC sowie einige kleine Anwendungen erläutert. Für die praktische Anwendung bei der Java-Programmierung stehen prinzipiell zwei Typen von Datenbanksystemen zur Verfügung:

- Relationale Datenbanken und
- objektorientierte Datenbanken.

Aus Platzgründen beschränkt sich dieses Kapitel auf die Diskussion der Einbindung eines *relationalen* Datenbanksystems (RDBS) mit Hilfe der *Java Database Connectivity* (JDBC).[20]

Aufbau und Eigenschaften einer relationalen Datenbank werden nur soweit eingeführt, als die Beispiele es erforderlich machen. In einer relationalen Datenbank sind die gespeicherten Informationen als Tabellen gespeichert. Eine Tabelle (Relation) besteht aus einer Reihe von Spalten (Attributen); die Spaltenüberschriften bezeichnen die Attribute (Attributnamen). In den Zeilen der Tabelle stehen die Datensätze, d. h. die Attributwerte oder Wertetupel der Relation. Um die Beispiele einfach zu halten, soll die hier verwendete Datenbank mit dem Namen JavaTestDatenbank aus einer einzigen Tabelle (Relation) Artikel mit den Attributen Name, Nummer und Preis bestehen (Tabelle 41).

Name	*Nummer*	*Preis*
...	...	...
...	...	...

Tabelle 41: Tabelle Artikel für die JDBC-Beispiele

Das Tabellenformat gilt nicht nur für die Modellierung und Speicherung der Daten, sondern auch für deren Selektion: Das Ergebnis einer Datenbankabfrage, die nach bestimmten Kriterien Daten in der Datenbank auswählt, ist wiederum eine Tabelle.

---

[20] Dieses Kapitel kann das Thema Datenbanken nur äußerst knapp einführen. Zum Thema relationale Datenbanken wird auf SCHICKER 1996 verwiesen, eine ausführliche Erläuterung von SQL findet sich bei DATE & DARWEN 1997, zu objektorientierten Datenbanken vgl. HEUER 1992 und die Online-Materialien zu diesem Buch.

Um die Daten in den Tabellen einer relationalen Datenbank manipulieren zu können, d. h. Tabellen erzeugen, verändern oder löschen, Daten zu Tabellen hinzufügen, modifizieren oder auswählen, benötigt man eine geeignete Datenbanksprache. Als standardisierte Datenmanipulationssprache für relationale Datenbanken hat sich SQL (*structured query language*) etabliert. Mit SQL kann man sowohl Datenbanken bzw. deren Tabellen definieren (CREATE TABLE-Anweisung), als auch Daten in die Datenbank einfügen (INSERT-Anweisung) oder nach bestimmten Kriterien auswählen (SELECT-Anweisung). Damit die Datenprogrammierung nicht von den Besonderheiten einer bestimmten Datenbank (wie *Oracle*, *SyBase* oder *MS-Access*) abhängig ist, verwendet java.sql ein verallgemeinertes Programmier-API für relationale Datenbanken: Die SQL-Befehle, die man in einem Java-Programm an eine Datenbank sendet, werden vom Java-Datenbanktreiber in den „SQL-Dialekt" der angesprochenen Datenbank übersetzt. Über die Anforderung von Metadaten der aktuellen Datenbank kann man darüber hinaus auch auf ihre funktionellen Besonderheiten zugreifen. Das Prinzip einer einheitlichen Zugriffssprache in JDBC ist eine Weiterentwicklung von ODBC (*Open Database Connectivity* (ein Microsoft-Standard) und setzt eine relationale Datenbank nach SQL-Standard voraus. Mit Hilfe der JDBC-Klassen (Paket java.sql) und ihres Protokolls kann man auf beliebige Datenbanken auf dem lokalen Rechner oder über das Internet zugreifen, soweit man für die Datenbank eine Zugriffsberechtigung hat und ein passender JDBC-Datenbanktreiber zur Verfügung steht.

Die Programmierung einer Datenbankschnittstelle folgt im wesentlichen dem folgenden Ablaufschema:

1. Laden eines JDBC-Treibers (Class.forName(derTreiberklassenName);).
2. Aufbau einer Verbindung zur Datenbank (CONNECT).
3. Aufbau eines SQL-Statements, das an die Datenbank geschickt werden soll (INSERT, SELECT etc.).
4. Senden des Statements an die Datenbank.
5. Analysieren der Struktur der Ergebnismenge (z. B. bei einer SELECT-Anweisung) mit Hilfe der getXXX-Methoden bzw. über die Ergebnis-Metadaten (ResultSetMetaData).
6. Laden der Rückgabedaten (i. d. R. in einer Schleife, die pro Iteration eine Zeile der Ergebnistabelle liefert („*fetch*-Schleife")
7. Weiterverarbeiten der Daten (z. B. durch Visualisierung, Ausgabe etc.).
8. Beenden der Datenbankverbindung (DISCONNECT).

10.1 Überblick über das Paket *java.sql*

Die folgende Übersicht gibt eine kurze Erläuterung der Klassen und Schnittstellen von JDBC; die wichtigsten Funktionsbereiche sind dabei als *Schnittstellen* im JDK spezifiziert – ihre Implementierung erfolgt durch den jeweiligen JDBC-

Datenbanktreiber. Die im JDK 1.2 enthaltenen zusätzlichen Schnittstellen und Klassen von JDBC V. 2 sind als solche gekennzeichnet; sie ändern nichts an der Grundfunktionalität von JDBC, sondern führen zusätzliche Werkzeuge für die Manipulation komplexer bzw. benutzerdefinierter SQL-Datentypen ein.

Schnittstelle	Funktion
Array	Abbildung des SQL-Datentyps Array (JDBC 2.0)
CallableStatement	Ausführbare Datenbankanweisung (in der Datenbank vorkompiliert)
Blob	Abbildung des SQL-Typs Blob (*binary large object*); Zeiger auf das Objekt (JDBC 2.0)
Clob	Abbildung des SQL-Typs Clob (*character large object*); Zeiger auf das Objekt (JDBC 2.0)
Connection	Modelliert eine Verbindung zu einer Datenbank
DatabaseMetaData	Beschreibung von Metadaten der Datenbank
Driver	Modelliert einen Datenbanktreiber
PreparedStatement	vorkompilierte SQL-Anweisung
Ref	Referenz auf einen strukturierten SQL-Wert (JDBC 2.0)
ResultSet	Beinhaltet jeweils die aktuelle Ergebnismenge
ResultSetMetaData	Beinhaltet Metadaten der aktuellen Ergebnismenge (z. B. Spaltennamen und Datentypen)
SQLData	Schnittstelle für die Abbildung benutzerdefinierter SQL-Datentypen (JDBC 2.0)
SQLInput	Eingabestrom, den der Treiber für die Modellierung benutzerdefinierter Datentypen verwendet (JDBC 2.0)
SQLOutput	Ausgabestrom, den der Treiber für die Modellierung benutzerdefinierter Datentypen verwendet (JDBC 2.0)
Statement	Modelliert eine SQL-Anweisung, die an die Datenbank geschickt werden kann
Struct	Abbildung eines strukturierten SQL-Datentyps (JDBC 2.0)

Tabelle 42: Schnittstellen in java.sql (JDBC)

Klasse	Funktion
Date	Hilfsmethoden für die Datumsmanipulation
DriverManager	Verwaltungsklasse für Datenbanktreiber
DriverPropertyInfo	Ermittelt Informationen über Datenbanktreiber
Time	Klasse mit Hilfsfunktionen für die Zeitmanipulation
Timestamp	Modelliert einen Zeitstempel
Types	Sammlung von Konstanten, die die JDBC-Datentypen bezeichnen (z. B. Types.BIT oder Types.NUMERIC)

Tabelle 43: Klassen in java.sql (JDBC)

Außerdem enthält java.sql eine Reihe von Ausnahmeklassen, die die Fehlermeldungen der Datenbank bzw. des Datenbanktreibers modellieren (DataTruncation, BatchUpdateException, SQLException, SQLWarning).

10.2 JDBC-Treibertypen

Die JDBC-Datenbanktreiber, die die Programmierung einer Datenbank aus einem Java-Programm ermöglichen, lassen sich in vier Klassen einteilen:

1. Verwendung einer Kombination aus JDBC-ODBC-Brücke & ODBC-Treiber. Der Brückentreiber übersetzt die JDBC-Befehle in ODBC-Befehle (nur auf der MS-Windows-Plattform möglich) und ist in der Klassenbiobliothek der Java 2-Plattform enthalten (sun.jdbc.odbc.JdbcOdbcDriver), d. h. mit ihm, einem ODBC-Treiber und einer ODBC-fähigen Datenbank kann man JDBC-Programmierung durchführen, ohne daß ein proprietärer (und kostenpflichtiger) JDBC-Treiber beschafft werden muß. Diese einfachste Variante wird bei der Beispielen in diesem Kapitel herangezogen (*JDBC-ODBC-Bridge*, ODBC-Treiber für MS-Access, MS-Access).
2. Treiber für ein *native API* einer Datenbank mit Übersetzung von Java. Solche Treiber übersetzen die JDBC-Aufrufe in Funktionsaufrufe des nativen Datenbank-API, was i. d. R. einen Performanzverlust mit sich bringt (im Prinzip eine Brückenlösung wie ODBC, aber mit einem „Zwischenschritt" weniger).
3. JDBC-Treiber mit datenbankunabhängigem Netzprotokoll (*middleware*). Ein Treiber dieser Kategorie übersetzt den JDBC-Aufruf in ein herstellerspezifisches, aber datenbankunabhängiges Netzwerkprotokoll.
4. Vollständig in Java geschriebene Treiber für proprietäre Protokolle. Dies stellt die wohl effizienteste Lösung dar, da keine Zwischenschritte (Übersetzung) mehr erforderlich sind, d. h. der Datenbankzugriff erfolgt direkt.

Für alle Typen von Treibern und für praktisch alle relationalen Datenbanksysteme existieren mittlerweile eine Reihe von Anbietern, sowohl von den Datenbankherstellern direkt als auch von Drittanbietern.

10.3 Verwendung von SQL

JDBC unterstützt den SQL ANSI SQL-2 *Entry Level*. Jeder JDBC-konforme Datenbanktreiber muß diesen Standard unterstützen. SQL (*Structured Query Language*) ist zwar ein internationaler Standard für die Manipulation relationaler Datenbanksysteme, unterschiedliche Implementierungen verschiedener Hersteller weisen im Detail – z. B. hinsichtlich Art und Wertebereich der Datentypen der Datenbank – voneinander ab. Dies wirft für die Verwendung eines *generischen Datenbankinterfaces* wie JDBC eine Reihe von Problemen auf. Sie lassen sich mit Hilfe von JDBC auf folgende Art lösen:

Der – datenbankspezifische – JDBC-Treiber wandelt JDBC-konforme Sprachkonstrukte in den proprietären SQL-Dialekt um. Prinzipiell muß die Datenbank nicht einmal auf SQL aufbauen, sie muß lediglich einen JDBC-Treiber bereitstellen, der das in JDBC verwendete SQL verstehen und in die Sprache der Datenbank übersetzen kann (und umgekehrt). JDBC erlaubt darüber hinaus die Abfrage von Datenbankmetainformation. Damit kann man eine Beschreibung über die in der Datenbank zur Verfügung stehenden Merkmale (Datentypen, Funktionen zur Datenmanipulation) erlangen.

Die wichtigsten von JDBC unterstützten SQL-Befehle (Datendefinitions- und Datenmanipulationssprache (*data definition language (DDL)*/*data manipulation language (DML)*) sind:

SQL-Anweisung	*Schematische Syntax*	*Bedeutung*
SELECT	SELECT spalte {, spalte} 　FROM tabelle {, tabelle} 　WHERE bedingung(en) 　ORDER BY asc|desc;	Selektiert Daten aus Tabellen (Abfrage).
CREATE TABLE	CREATE TABLE tabelle (spalte datentyp 　{, spalte datentyp});	Legt neue Tabellen an.
ALTER TABLE	ALTER TABLE tabelle 　ADD spalte datentyp |　DROP spalte;	Ändert die Struktur von Tabellen.
DROP TABLE	DROP TABLE tabelle;	Löscht Tabellen.
INSERT	INSERT INTO tabelle VALUES (wert {, wert});	Fügt neue Datenzeilen in Tabellen ein.
UPDATE	UPDATE tabelle 　SET spalte = wert 　WHERE bedingung(en);	Ändert bereits vorhandene Daten in Tabellen.
COMMIT	COMMIT;	Bündelt Anweisungen zu Transaktionen.
ROLLBACK	ROLLBACK;	Rücknahme von Transaktionen.

Tabelle 44:   Die wichtigsten SQL-Befehle in JDBC

10.4 Schrittweiser Aufbau eines JDBC-Programms

Die nachfolgende Beschreibung der Programmierung mit JDBC verzichtet auf eine Detaildiskussion von SQL und setzt elementare Kenntnisse der SQL-Syntax voraus. Die in der Einleitung dieses Kapitels grob skizzierten Schritte bei der Datenbankprogrammierung werden anhand einfacher Beispiele präzisiert.

10.4.1 Herstellen einer Datenbankverbindung

Die ersten beiden Schritte in der Datenbankprogrammierung erfordern

- das Laden eines Treibers und
- die Herstellung einer Verbindung zur Datenbank.

Dazu dient die Klasse **DriverManager** und die Schnittstelle **Connection** bzw. deren Implementierung durch den JDBC-Treiber. **Connection** repräsentiert eine Verbindung zu einer beliebigen (erreichbaren) JDBC-fähigen Datenbank, für die ein Treiber geladen werden konnte. Die wichtigsten Methoden in der Schnittstelle **Connection** sind:

- void **commit()** schließt eine Transaktion in der Datenbank ab,
- Statement **createStatement()** erzeugt ein SQL-Statement-Objekt,
- DatabaseMetaData **getMetaData()** liefert ein Objekt der Klasse DatabaseMetaData, über das man vielfältige Informationen über eine Datenbank ermitteln kann und
- void **rollback()** nimmt eine Transaktion in der Datenbank zurück.

Für unser Arbeitsbeispiel, das die JDBC-ODBC-Brücke von Sun und eine für ODBC registrierte MS-Access Datenbank **JavaTestDatenbank** verwendet, sieht die Implementierung der ersten beiden Schritte wie folgt aus:

```
// Class.forName lädt zur Laufzeit die als Argument übergebene Klasse, die aufgrund ihres
// vollqualifizierten Namens gefunden werden kann
Class.forName("sun.jdbc.odbc.JdbcOdbcDriver");

// Die Benutzung von Connection setzt voraus, daß bereits ein Treiber zur Verfügung steht
Connection  Verbindung =
            DriverManager.getConnection("jdbc:odbc:JavaTestDatenbank", null, null);
```

Codebeispiel 136:　　Herstellen einer Datenbankverbindung

Die Argumente von **Connection.getConnection()** erlauben die Angabe einer *JDBC-URL* im Format jdbc:<Unterprotokoll>:<Untername>, wobei <Untername> für die Datenquelle steht und bei Ansprechen der Datenbank über das Web selbst wieder URL-Format aufweisen kann, z. B:

jdbc:dbnet:aspra7.informatik.uni-leipzig.de:789/JavaTestDatenbank

Für ODBC kann der <Untername> wie folgt spezifiziert werden:

jdbc:odbc:<datenquelle>{;attribut>=<wert>}

d. h. es können ein oder mehrere Attribute für die Datenbankverbindung gesetzt werden, z. B. Benutzername und Paßwort.

10.4.2 Aufbau von SQL-Statements in JDBC

Um Tabellen zu manipulieren oder Daten zu selektieren, muß

- ein SQL-Statement aufgebaut werden und
- an die Datenbank zur Ausführung gesendet werden.

Dazu dient die treiberbezogene Implementierung der Schnittstelle Statement. Zu ihren Methoden gehören

- **Connection getConnection()**, mit der man das aktuelle Verbindungsobjekt ermittelt,
- **ResultSet executeQuery(String einSQLBefehl)**, mit der eine Anfrage, die den Inhalt der Datenbank nicht modifiziert ausführt und eine tabellarische Ergebnismenge liefert,
- **int executeUpdate(String einSQLBefehl)**, mit der Befehle ausgeführt werden, die die Datenbank modifizieren (z. B. **DELETE, INSERT, UPDATE**),
- **ResultSet getResultSet()** für den Zugriff auf die Ergebnismenge und
- die Methoden **void addBatch(String einSQLBefehl)**, **int[] executeBatch()** und **void clearBatch()**, mit denen man eine Mehrzahl von SQL-Befehlen im Batch-Verfahren ausführen kann (JDBC 2.0).

Ein Statement wird unter Bezugnahme auf eine aktuelle Datenbankverbindung erstellt:

```
Statement einSQLStatement = Verbindung.createStatement();
```

Dem **Statement** wird ein String übergeben, der ein (syntaktisch korrektes) SQL-Statement enthält. Je nach Art der SQL-Abfrage wird das Statement entweder durch einen Aufruf von

- **executeUpdate(String)** bei Änderungen an der Datenbank oder durch
- **executeQuery(String)** bei Abfragen

ausgeführt:

```
String SQLString = new String("SELECT * FROM artikel");
einSQLStatement.executeQuery(SQLString);
// oder direkt: einSQLStatement.executeUpdate("SELECT * FROM artikel");
```

Codebeispiel 137:   Ausführen eines SQL-Statements

Das **Statement**-Objekt kann man für beliebig viele Aktionen in der Datenbank nutzen, unabhängig von deren Typ. Beispielsweise können über eine Zählschleife sukzessive neue Zeilen in einer Datenbanktabelle erzeugt werden:

```
String[] Namen    {"Apfel", "Birne", "Pflaume"};
float[]    Preise {0.99, 1.29, 0.09};
for(int i = 0; i <3; i++)
{
  einSQLStatement.executeUpdate( "INSERT INTO artikel" + "VALUES (" +
                                 Namen[i] + ", " + i + ", " +
                                 Preise[i] + ")");
}
```

Codebeispiel 138:   Ausführen von Statements in einer Schleife

Die Änderung von Tabellenzeilen (UPDATE) erfolgt nach dem schon für SELECT-Anweisungen eingeführten Schema, d. h. man definiert einen String mit der UPDATE-Anweisung und führt diese mit Hilfe von **Statement.executeUpdate()** (nicht **executeQuery()** !) aus. Die UPDATE-Anweisung kann wie eine SELECT-Anweisung Bedingungen verwenden, die das Auswahlkriterium für die zu ändernden Zeilen der Tabelle(n) darstellen. Es werden also jeweils nur die Zeilen geändert, die die UPDATE-Bedingung erfüllen. Im folgenden Beispiel wird der Preis aller Artikel um 20 % erhöht:

```
String einUpdate = new String("UPDATE   artikel SET preis = 1.2 * preis");
einSQLStatement.executeUpdate(einUpdate);
```

Codebeispiel 139:   Ausführen eines Updates

10.4.3 Abfrage von Ergebnissen

Hat man eine Abfrage (ein SELECT-Statement) an die Datenbank geschickt, so liefert sie zeilenweise die entsprechenden Ergebnisse (d. h. eine Tabelle, deren Struktur sich aus den selektierten Spalten einer oder mehrerer Tabellen in der Datenbank ergibt). Damit diese Ergebnisdaten dem Programm zur Verfügung stehen, muß man über ein Objekt der Klasse **ResultSet** auf sie zugreifen. Dieses ist über den Rückgabewert von **Statement.executeQuery()** zu initialisieren:

```
ResultSet Ergebnis = einSQLStatement.executeQuery ("SELECT * FROM artikel");
```

Hat man ein gültiges **ResultSet**, so lassen sich die Daten in einer „*fetch*-Schleife" zeilenweise auslesen. Über die Methode **next()** von **ResultSet** bewegt man den *Ergebniscursor* um je eine Zeile in der Ergebnistabelle weiter, bis keine Ergebnisdaten mehr verfügbar sind:

```
ResultSet Ergebnis = einSQLStatement.executeQuery ("SELECT * FROM artikel");
while(Ergebnis.next())
{
  // Zugriff über getXXX-Methoden;
  // Daten je einer Ergebniszeile weiterverarbeiten ...
}
```

Codebeispiel 140:   Schema der Ergebnisausgabe für ein ResultSet

Da die Ergebniszeilen in den unterschiedlichen Spalten Daten unterschiedlichen Typs enthalten können, muß man geeignete Methoden einsetzen, um im Rumpf der „*fetch*-Schleife" auf sie zuzugreifen. Für jeden in JDBC verfügbaren Datentyp existiert in der Klasse **ResultSet** eine sog. **getXXX()**-Methode, wobei XXX für die verschiedenen Datentypen steht (s. u. Tabelle 47). Die **getXXX()**-Methoden erhalten als Argument den Spaltennamen, dessen Inhalt für diese Zeile auszulesen sind.

Beispiel:

```
ResultSet Ergebnis = einSQLStatement.executeQuery ("SELECT Name FROM artikel");
while(Ergenis.next())
{
  String einText = Ergebnis.getString("Name");
  System.out.println(einText);
}
```

Codebeispiel 141:   Auslesen von Anfrageergebnissen mit getXXX-Methoden

Alternativ dazu können die Spalten auch nach ihrer Reihenfolge in der Ergebnismenge referiert werden, d. h. das obige Beispiel ließe sich auch wie folgt realisieren:

```
ResultSet Ergebnis =      einSQLStatement.executeQuery ("SELECT * FROM artikel");
while(Ergenis.next())
{
  String einText = Ergebnis.getString(1);
  System.out.println(einText);
}
```

Codebeispiel 142:   Auslesen von Anfrageergebnissen über Spaltennummern

10.4.4 Datentypen in JDBC und getXXX-Methoden

Die Selektion der Ergebnismenge setzt zweierlei voraus:

*   Die Abbildung von JDBC-Datentypen auf Java-Datentypen und
*   die Abbildung datenbankspezifischer Datentypen auf JDBC-Datentypen.

In JDBC stehen folgende Datentypen zur Verfügung:

Name	*Beschreibung*
CHAR	Zeichenkette fester Länge (mit Leerzeichenauffüllung)
VARCHAR	Zeichenkette variabler Länge
LONGVARCHAR	„lange" Zeichenkette variabler Länge (ohne einheitliche Abbildung auf proprietäre Formate)
BINARY	Binärwert fester Länge
VARBINARY	Binärdaten variabler Länge
LONGVARBINARY	„lange" Binärdaten variabler Länge
BIT	einzelner Bitwert (0,1)
TINYINT	vorzeichenloser 8 Bit-Wert (0 ... 255)
SMALLINT	vorzeichenbehafteter 16 Bit-Zahlenwert (-32768 ... 32767)
INTEGER	vorzeichenbehafteter 32 Bit-Zahlenwert (-2147483648 ... 2147483647)
BIGINT	vorzeichenbehafteter 64 Bit-Zahlenwert (-9223372036854775808 ... 9223372036854775807)
REAL	Gleitkommazahl mit „einfacher Genauigkeit", d. h. mit siebenstelliger Mantisse
DOUBLE	Gleitkommazahl mit „doppelter Genauigkeit", d. h. mit 15stelliger Mantisse

Name	*Beschreibung*
FLOAT	wie DOUBLE (aus Kompatibilitätsgründen implementiert)
DECIMAL	Dezimalwerte festgelegter Genauigkeit; Genauigkeit (Stellenzahl insgesamt) und Zahl der Dezimalstellen können angegeben werden.
NUMERIC	wie DECIMAL – der Unterschied ist lediglich, daß bei DECIMAL-Typen die Genauigkeit zu einem späteren Zeitpunkt erhöht werden kann.
DATE	Aus Tag, Monat und Jahr zusammengesetzter Datumstyp – nicht für alle Datenbanksysteme implementiert
TIME	Aus Stunden, Minuten und Sekunden zusammengesetzte Uhrzeit, ebenfalls nicht durchgehend implementiert
TIMESTAMP	Kombination aus DATE und TIME, Einschränkungen wie oben

Tabelle 45:   Datentypen in java.sql

Tabelle 45 gibt an, welche Datenbank-Datentypen in JDBC vorgesehen sind; sie sagt aber nichts über die Abbildung dieser Datentypen auf die Datentypen von Java aus. Diese für die Entwicklung von Java-Datenbankprogrammen unerläßliche Zuordnung zeigt Tabelle 46:

JDBC-Datentyp	*Java-Datentyp*
CHAR,VARCHAR, LONGVARCHAR	String
NUMERIC, DECIMAL	java.math.BigDecimal
BINARY, VARBINARY, LONGVARBINARY	byte[]
BIT	boolean
TINYINT	byte
SMALLINT	short
INTEGER	int
BIGINT	long
REAL	float
DOUBLE	double
DATE	java.sql.Date
TIME	java.sql.time
TIMESTAMP	java.sql.Timestamp

Tabelle 46:   Zuordnung zwischen JDBC-Datentypen und Java-Datentypen

Den verschiedenen Datentypen entsprechend verfügt **ResultSet** über unterschiedliche **getXXX**-Methoden. Dabei ist die Zuordnung von **getXXX**-Methode zu JDBC-Datentyp nicht eindeutig. Man kann z. B. alle Zahlenwerte mit **getByte()** oder grundsätzliche *alle* Datentypen mit **getObject()** lesen. Tabelle 47 zeigt die von den JDBC-Entwicklern empfohlenen Methoden für die unterschiedlichen Datentypen (vgl. HAMILTON, CATTELL & FISHER 1998:281):

Datentyp	*Methode*
CHAR	getString()
VARCHAR	getString()
LONGVARCHAR	getAsciiStream() oder getUnicodeStream()
BINARY	getBytes()
VARBINARY	getBytes()
LONGVARBINARY	getBinaryStream()
BIT	getBoolean()

Datentyp	*Methode*
TINYINT	getByte()
SMALLINT	getShort()
INTEGER	getInt()
BIGINT	getLong()
REAL	getFloat()
FLOAT	getDouble()
DOUBLE	getDouble()
DATE	getDate()
TIME	getTime()
TIMESTAMP	getTimestamp()

Tabelle 47:   Methoden für den Zugriff auf JDBC-Datentypen

Jede dieser Methoden existiert in überladenen Varianten für den Zugriff über die Spaltennummer bzw. den Spaltennamen, also z. B.:

- int getInt(int Spaltennummer) und
- int getInt(String Spaltenname).

Da durch die Abfrage von Datenbank-Metadaten die Möglichkeit besteht, die Datentypen der verschiedenen Tabellen zu ermitteln (s. u. Kap. 10.5), kann an sich für jeden selektierten Datensatz bei der Programmierung auch immer die passende getXXX-Methode eingesetzt werden. Den großen Freiraum bei der Zuordnung von getXXX-Methoden und JDBC-Datentypen sollte man daher nicht ausnutzen.

10.4.5 Prepared Statements, Stored Procedures *und Transaktionen*

Die oben dargestellten Möglichkeiten der SQL-Programmierung mit JDBC dekken den Kern der Datenbankprogrammierung ab. Einige Besonderheiten erlauben aber eine effizientere bzw. sicherere Programmierung:

- Mit einem PreparedStatement kann man Abfrageschemata festlegen, in die nur noch bei Bedarf passende aktuelle Parameter vor der Ausführung einzusetzen sind.
- Transaktionen erlauben die sichere Abwicklung von Datenmanipulationen (UPDATE, INSERT etc.).
- *Stored procedures* sind – vereinfacht gesagt – das Datenbankpendant zu den *remote procedure calls*.

Diese drei Zusatzkonzepte setzen voraus, daß die verwendete Datenbank sie unterstützt. Ob dies der Fall ist, kann man durch die Abfrage von Datenbank-Metadaten ermitteln.

PreparedStatement
Ein PreparedStatement ist sinnvoll, wenn in einem Programm regelmäßig SQL-Statements gleicher Struktur, aber mit unterschiedlichen Parameterwerten einge-

setzt werden. Schon bei der Erzeugung eines **PreparedStatement** wird von der Datenbank der SQL-String übersetzt, es ergibt sich also u. U. auch ein Performanzvorteil (abhängig von der Treiberimplementierung).

Ein **PreparedStatement** wird wie ein gewöhnliches Statement erzeugt, im folgenden Beispiel als Schema eines UPDATES, das alle Preise über einem Mindestwert verändert:

```
PreparedStatement einPStatement = Verbindung.prepareStatement(
                        "UPDATE artikel SET preis = ? WHERE preis > ?");
```

Codebeispiel 143:   Erzeugen eines prepared statement

Für jeden Parameter, der beim tatsächlichen Ausführen des Statements eingesetzt werden soll, verwendet man den Platzhalter ?. Die Klasse **PreparedStatement** verfügt analog zu den **getXXX**-Methoden über **setXXX**-Methoden, mit denen die Platzhalter gefüllt werden können. Der Befehl **einPStatement.setInt(1, Preis[i])** setzt den ersten Platzhalter auf den Inhalt des int-Arrays **preis** an der Indexposition i.

Anschließend ruft man für das **PreparedStatement** die Methode executeUpdate() auf, allerdings ohne Übergabeparameter – diese sind ja bereits festgelegt:

```
einPStatement.executeUpdate().
```

Für komplexe Statements bzw. eine Mehrzahl von Änderungen in unterschiedlichen Tabellenzeilen lassen sich **PreparedStatements** in Schleifen einsetzen.

Verwenden von stored procedures
Stored procedures sind in der Datenbank (in kompilierter Form) gespeicherte Prozeduren, die meist eine Mehrzahl von Einzeloperationen in der Datenbankaktionen zusammenfassen. *Stored procedures* können i. d. R. auch Parameter annehmen, sind aber in ihrer Implementierung und Leistungsfähigkeit stark vom verwendeten Datenbanksystem abhängig. Das nachfolgende Beispiel zeigt daher nur das Prinzip der Erzeugung und Verwendung einer *stored procedure*. Eine *stored procedure* wird durch Ausführen des entsprechenden SQL-Statements CREATE PROCEDURE generiert:

```
String eineStoredProcedure =   "CREATE PROCEDURE sp1 AS " +
                        "SELECT name, preis FROM artikel " +
                                "WHERE preis > 100 ORDER BY preis DESC)";
einSQLStatement.executeUpdate(eineStoredProcedure);
```

Codebeispiel 144:   Erzeugen einer stored procedure

Damit ist die *stored procedure* in der Datenbank angelegt – um sie auch nutzen zu können, muß ein Objekt der Klasse **CallableStatement** angelegt und unter Verweis auf eine in der Datenbank vorhandene **stored procedure** initialisiert werden:

```
CallableStatement einCStatement = Verbindung.prepareCall("{call sp1}");
```

```
Ergebnis = einCStatement.executeQuery();
```

Codebeispiel 145:   Aufruf einer stored procedure

CallableStatement ist von PreparedStatement abgeleitet (s.o.), so daß prinzipiell die gleichen Mechanismen der Parameterübergabe eingesetzt werden können.

Transaktionen

Jedes leistungsfähige Datenbanksystem verfügt aus Sicherheitsgründen über einen Transaktionsmechanismus, der gewährleistet, daß eine logisch zusammenhängende Folge von Anweisungen (hier: beliebige SQL-Statements) vollständig ausgeführt werden bzw. überhaupt nicht wirksam werden. Transaktionsmechanismen in SQL umfassen den COMMIT-Befehl, der Modifikationen an der Datenbank verbindlich werden läßt, und den ROLLBACK-Befehl, der eine vorangegangene Transaktion rückgängig macht. JDBC verwendet per Default einen sog. Auto-Commit-Modus, bei dem jeder einzelne executeUpdate()-Aufruf als Transaktion durchgeführt wird. Diesen Mechanismus kann man ausschalten, um z. B. zu gewährleisten, daß eine Sperre eines Datenbankbereichs für eine Vielzahl von Anwendungen aufrecht erhalten wird. In diesem Zeitraum kann dann nur die aktive Verbindung diesen Bereich der Datenbank manipulieren:

```
Verbindung.setAutoCommit(false);
einSQLStatement.executeUpdate(updateEtwas);
einSQLStatement.executeUpdate(updateEtwasAnderes);
einSQLStatement.executeUpdate(updateNochEtwasAnderes);
// ... weitere Updates ...
Verbindung.commit();
```

Codebeispiel 146:   Ausführen einer Transaktion mit commit()

Die Rücknahme einer Transaktion über den SQL-Befehl ROLLBACK ist dann sinnvoll, wenn bei der Ausführung von SQL-Statements in einer Transaktion Fehler auftraten und daher alle Einzelanweisungen, nicht nur die den Fehler verursachende Anweisung, rückgängig gemacht werden sollen. Es ist für einen solchen Fall sinnvoll, einen ROLLBACK-Aufruf in der catch-Klausel der SQLException aufzunehmen:

```
try
{
  // Verbindungsaufbau etc.
  Verbindung.setAutoCommit(false);
  einPSQLStatement.executeUpdate(updateEtwas);
  einPSQLStatement.executeUpdate(updateEtwasAnderes);
  einPSQLStatement.executeUpdate(updateNochEtwasAnderes);

  // ... weitere Updates ...
  Verbindung.commit();
}
```

```
catch(SQLException E)
{
  if(Verbindung != null)
  {
    try
    {   Verbindung.rollback();   }
    catch(SQLException e)
    {   System.out.println("Wenn hier noch etwas schief laeuft..." + e);   }
  }
}
```

Codebeispiel 147:   Rollback in der Ausnahmebehandlung

10.4.6 Zusammenfassende Beispiele

Die nachfolgenden Beispiele zeigen die einzelnen Schritte der Datenbankpro-grammierung im Zusammenhang eines vollständigen Java-Programms. Sie bauen wie folgt aufeinander auf: Zunächst wird die Datenbanktabelle *Artikel* angelegt (CREATE TABLE), diese wird im zweiten Beispiel mit einem SELECT-Statement abgefragt, ein drittes Beispiel modifiziert Datenfelder in der Tabelle (UPDATE). Nur für das erste Beispiel ist der vollständige Programmcode angegeben. Die Bei-spiele setzen voraus,

- daß ein ODBC-fähiges Datenbanksystem zur Verfügung steht (hier *MS-Access*),
- die Beispiel-Datenbank beim ODBC-Manager registriert ist und einen Namen erhalten hat (hier: JavaTestDatenbank, Registrierung als ODBC-Datenquelle in der Windows-Systemsteuerung) und
- die JDBC-ODBC-Brücke des JDK verwendet wird (sun.jdbc.odbc. JdbcOdbcDriver).

```
import java.sql.*;
import java.util.Enumeration;

class Datenbankanlegen
{
  public static void main (String[] argv)
  {   new Datenbankanlegen();   }

  public Datenbankanlegen()
  {
    try
    {
      // Treiber laden
      Class.forName("sun.jdbc.odbc.JdbcOdbcDriver");
```

```
    // Verbindung mit der Datenbank herstellen
    Connection Verbindung =   DriverManager.getConnection(
                              "jdbc:odbc:JavaTestDatenbank", null, null);

    // SQL-Statement für das Anlegen der Tabelle erzeugen
    String SQLString = new String("CREATE TABLE artikel (" +
    "Name VARCHAR(20), Nummer INTEGER, Preis FLOAT)");
    Statement SQLStatement = Verbindung.createStatement();

    // Tabelle erzeugen
    SQLStatement.executeUpdate(SQLString);

    // Datenzeilen in die Tabelle einfügen
    SQLStatement.executeUpdate(  "INSERT INTO Artikel " +
                                 "VALUES ('Hose', 1, 79.90)");
    SQLStatement.executeUpdate(  "INSERT INTO Artikel " +
                                 "VALUES ('Jacke', 2, 149.80)");
    SQLStatement.executeUpdate(  "INSERT INTO Artikel " +
                                 "VALUES ('Kleid', 3, 120.00)");
    SQLStatement.executeUpdate(  "INSERT INTO Artikel " +
                                 "VALUES ('T-Shirt', 4, 20.00)");


    // Verbindung beenden
    Verbindung.close();
    }


    // Ausnahmeverarbeitung
    catch (ClassNotFoundException e)
    {   System.err.print("Klasse nicht gefunden:" + e);   }
    catch (SQLException e)
    {   System.err.print("SQL-Ausnahme: " + e);   }
    catch (IOException e)
    {   System.err.print("Ein-/Ausgabefehler: " + e);   }
  }
}
```

Codebeispiel 148:   Erzeugen einer Datenbanktabelle

Im nachfolgenden Quellcode wird im Konstruktor die voranstehend erzeugte Tabelle abgefragt. Die Spaltenwerte jeder Ergebniszeile werden mit **getString()** abgefragt, dabei werden die numerischen Datentypen der Datenbank (Nummer, Preis) in Zeichenketten umgewandelt. Das Beispiel setzt Wissen über die Tabellenstruktur voraus, zum Zugriff auf Metadaten (Beschreibung der Struktur von Ergebnismengen) s. u. Kap. 10.5.2.

```
// Erzeugen des SQL-Strings, eines Statements und Ausführen des Statements;
// Übergabe der Ergebnisse an ein ResultSet.
String SQLString = new String("SELECT * FROM Artikel ORDER BY Name");
```

```
Statement SQLStatement = Verbindung.createStatement();
ResultSet Ergebnis = SQLStatement.executeQuery(SQLString);

// Ausgabe der Ergebnisse an die Konsole ("fetch-Schleife")
while(Ergebnis.next())
{
  System.out.println( Ergebnis.getString("Name") + " "
  Ergebnis.getString("Nummer")  + " "
  Ergebnis.getString("Preis"));
}
```

Tabelle 48:   Abfrage einer Datenbanktabelle

Das dritte Beispiel modifiziert diejenigen Artikelpreise, die über einem bestimmten Wert liegen. Anschließend wird nochmals der Tabelleninhalt an die Konsole ausgegeben.

```
// Erzeugen, des SQL-Strings, eines Statements und Ausführen der UPDATE-Operation
String SQLString = new String(
"UPDATE Artikel SET Preis = (0.95 * Preis) WHERE Preis > 50.00");
Statement SQLStatement = Verbindung.createStatement();
SQLStatement.executeUpdate(SQLString);

// Ausgabe des Tabelleninhalts
ResultSet Ergebnis = SQLStatement.executeQuery("SELECT * FROM artikel");
while(Ergebnis.next())
{
  System.out.println(Ergebnis.getString("Name")   + " "
  Ergebnis.getString("Nummer") + " "
  Ergebnis.getString("Preis"));
}
```

Codebeispiel 149:   Ausführen eines Updates

10.5 Abfrage von Datenbank-Metadaten mit JDBC

Die bisherigen Programmbeispiele setzen voraus, daß der Entwickler bereits über die Struktur der Datenbank und der Ergebnismengen von Abfragen Bescheid weiß. In vielen Fällen benötigt man aber *zur Laufzeit* Information über die Datenbank und ihre Tabellen. Derartige Daten bezeichnet man als Metadaten. Sie können u. a. dazu dienen, zusätzliche funktionale Möglichkeiten der Datenbank, die nicht durch JDBC beschrieben sind, einzusetzen oder Datenbankanwendungen zu schreiben, die generisch arbeiten und nicht an die konkrete Struktur bestimmter Datenbanktabellen gebunden sind. JDBC stellt hierfür die beiden Klassen DatabaseMetaData und ResultSetMetaData zur Verfügung.

10.5.1 Informationen über eine Datenbank ermitteln

Informationen über eine JDBC-fähige Datenbank und ihren Inhalt kann man mit der Instantiierung eines Objekts der Klasse **DatabaseMetaData** ermitteln. Es wird mit Hilfe des aktuellen **Connection**-Objekts erzeugt:

DatabaseMetaData DBMeta = Verbindung.getMetaData();

Mit den Methoden von **DatabaseMetaData** kann man sowohl Informationen über die genaue Funktionalität der Datenbank als auch über die in ihr enthaltenen Tabellen und ihre Struktur abfragen. Prinzipiell lassen sich Informationen über alle Aspekte eines Datenbanksystems einholen, dazu stehen mehr als 130 Methoden in **DatabaseMetaData** zur Verfügung[21] – Tabelle 49 gibt einige Beispiele für die Methoden von **DatabaseMetaData**, das anschließende **DatabaseMetaData**-Beispiel wendet **DatabaseMetaData** für die Ausgabe von Information über die in der Testdatenbank enthaltenen Tabellen an.

Die in einem **DatabaseMetaData**-Objekt enthaltenen Daten können in Unterscheidung ihrer Rückgabewerte vier Kategorien zugeordnet werden:

- textuelle Informationen (**String**),
- als Zahlenwerte kodierte Information (**int**),
- als Wahrheitswert kodierte Information (**boolean**) und
- komplexe Informationsstrukturen tabellarisch in einem **ResultSet**.

Metadatenmethode	*Bedeutung*
boolean allTablesAreSelectable()	Wahrheitswert, der angibt, ob der aktuelle Benutzer alle Tabellen selektieren kann.
ResultSet getCatalogs()	Liefert alle Katalognamen in der Datenbank.
ResultSet getColumns(String derKatalog, String dasSchemaMuster, String dasTabellneMuster, String dasSpaltenMuster)	Liefert alle Tabellenspalten in einem Katalog.
String getDriverName()	Liefert den Namen des JDBC-Treibers.
int getMaxConnections()	Anzahl der maximalen Zahl gleichzeitig zulässiger Verbindungen zur Datenbank.
ResultSet getPrimaryKeys(String, String, String)	Beschreibt die Primärschlüssel einer Tabelle.
String getSQLKeywords()	Liste aller unterstützten SQL-Schlüsselwörter.
String getStringFunctions()	Liste der verfügbaren String-Operationen.
getTables(String derKatalog, String dasSchemaMuster, String dasTabellneMuster, String[] dieTypen)	Beschreibung verfügbaren Tabellen eines Katalogs.
String getURL()	Liefert die URL der aktuellen Datenbank.

---

[21] Die Dokumentationsdatei zu **DataBaseMetaData** ist noch *vor* javax.swing.JTable, java.awt.Component und javax.swing.JTree die umfangreichste der Java 2-Plattform.

Metadatenmethode	*Bedeutung*
boolean isReadOnly()	Wahrheitswert, der angibt, ob die Datenbank READ_ONLY ist.
boolean supportsANSI92FullSQL()	Liefert einen Wahrheitswert, der angibt, ob die Datenbank die vollständige Ansi92-SQL-Grammatik unterstützt.
boolean supportsSubqueriesInIns()	Liefert einen Wahrheitswert, der angibt, ob die Datenbank eingebettete Unteranfragen („Sub-SELECTs") in IN-Klauseln eines SELECT-Statements unterstützt.
boolean usesLocalFiles()	Liefert einen Wahrheitswert, der angibt, ob die Datenbank Tabellen in lokalen Dateien speichert.

Tabelle 49: Ausgewählte Methoden von DatabaseMetaData

10.5.2 Beschreibung von Ergebnismengen

Jede Ergebnismenge (ResultSet) kann über die Struktur der in ihr enthaltenen Daten Auskunft geben. Dazu erzeugt man mit Hilfe der aktuellen Ergebnismenge ein Metadatenobjekt (ResultSetMetaData):

```
ResultSet Ergebnis = einSQLStatement.executeQuery("SELECT * FROM artikel");
ResultSetMetaData MetaErgebnis = Ergebnis.getMetaData();
```

Mit Hilfe der Methoden von ResultSetMetaData läßt sich die Struktur der Ergebnismenge detailliert beschreiben (Spaltenanzahl, -typ, -bezeichnung, -breite etc.):

- int getColumnCount() gibt die Anzahl der Spalten der Ergebnismenge an,
- String getColumnLabel() gibt für eine Spalte die Spaltenüberschrift an,
- String getColumnName() gibt den Spaltennamen an,
- int getColumnType() gibt den Spaltentyp an und
- String getTableName() gibt den Tabellennamen an.

Sowohl Datenbank- als auch Ergebnis-Metadaten sind im folgenden Beispiel einer generischen Datenbankschnittstelle Bestandteil der Datenausgabe.

10.5.3 Metadaten-Anwendung: ein generisches Datenbankinterface

In vielen Fällen benötigt man ein einfaches Test- und Abfragewerkzeug für relationale Datenbanken. Im nachfolgenden Beispiel ist vorausgesetzt, daß eine JDBC-fähige Datenbank (eine registrierte ODBC-Datenquelle) samt Treiber lokal oder im Netz verfügbar ist. An sie können beliebige SQL-Statements gesendet werden. Sollte die Datenbank ein Ergebnis ausgeben, wird dieses in einem einfachen Textfeld angezeigt. Zusätzlich nimmt das Programm alle Abfragen in eine Liste auf, aus der sie neu selektiert oder direkt ausgeführt werden können. Bei der erstmaligen Herstellung einer Verbindung mit einer Datenbank ermittelt das Programm mit Hilfe von DataBaseMetaData Informationen über alle Tabellenspalten

in der Datenbank und gibt sie aus. Bei jeder Anfrage an die Datenbank benutzt das
Programm ResultSetMetaData, um die Spaltenzahl der Ergebnismenge zu bestimmen und die Spaltenüberschriften auszugeben.

```java
import java.sql.*;
import java.awt.*;
import java.awt.event.*;
import javax.swing.*;
import javax.swing.event.*;

public class DatenbankInterface    extends JFrame implements KeyListener
{
    // Wahrheitswert, der angibt, ob bereits eine Datenbankverbindung besteht
    boolean bereitsVerbunden;

    // Beschriftungen der Eingabefelder
    JLabel Datenbank  = new JLabel(    "ODBC-Datenbankname:", SwingConstants.RIGHT);
    JLabel Abfrage     = new JLabel(    "SQL-Abfrage (SELECT-Statement): ",
                                       SwingConstants.RIGHT);
    JLabel alteAnfragen = new JLabel(   "Vorangegangene Anfragen: ",
                                       SwingConstants.RIGHT);
    // Eingabefeld für die ODBC-Datenquelle
    JTextField   DatenbankEingabe = new JTextField("", 80);
    // Liste alter (erfolgreicher) Anfragen und ihr Datenmodell
    JList  AlteAnfrageListe = new JList();
    DefaultListModel dasListenModell = new DefaultListModel();
    // Eingabefeld für den SQL-String
    TextArea AbfrageEingabe  = new TextArea(5, 80);
    // Ausgabebereich
    TextArea dieErgebnisAusgabe = new TextArea(15, 120);

    // Eigenschaften für die Datenbankverbindung und das SQL-Statement
    Connection   dieDatenbankVerbindung;
    Statement    dieAbfrage;

    public static void main(String[] argv)
    {    new DatenbankInterface();  }
    public DatenbankInterface()
    {
      super("Abfrageschnittstelle für SQL-Datenbanken über ODBC");
      setSize(600, 400);
      // Hilfsmethode für den Aufbau der Benutzerschnittstelle
      SchnittstelleAufbauen();
      // Zuweisung des Datenmodells zur Liste
      AlteAnfrageListe.setModel(dasListenModell);
      // Lauschobjekt registrieren (Unterklasse von MouseAdapter)
      AlteAnfrageListe.addMouseListener(new ListenDoppelClick( AlteAnfrageListe,
                                        AbfrageEingabe));
```

```java
    // Lauschobjekt für Enter-Taste registrieren
    DatenbankEingabe.addKeyListener(this);
    // Fenster anzeigen
    setVisible(true);
  }


  // Verbindung zur Datenbank aufbauen (<Enter> im Datenbankeingabefeld)
  private Connection VerbindungAufbauen(String dieDB, Connection aktVerb)
  {
    try
    {
      // Treiber laden
      Class.forName("sun.jdbc.odbc.JdbcOdbcDriver");
      if(bereitsVerbunden)
      {
        if(aktVerb.isClosed())
          aktVerb.close();
      }
      // Verbindung herstellen
      aktVerb = DriverManager.getConnection(    "jdbc:odbc:" + dieDB,
                                                null, null);

      dieAbfrage = aktVerb.createStatement();
      bereitsVerbunden = true;
      // Metadaten über die Datenbank erzeugen
      DatabaseMetaData dieDBBeschreibung = aktVerb.getMetaData();
      // JDBC-URL der Datenbank ausgeben
      DatenbankEingabe.setText(dieDBBeschreibung.getURL());
      // Spaltenbeschreibungen auslesen
      ResultSet DBStruktur = dieDBBeschreibung.getColumns(null, null, "%", "%");
      // Ergebnisausgabe für die Metadaten
      ErgebnisAusgeben(DBStruktur);
    }
    catch(ClassNotFoundException eCNFE)
    { dieErgebnisAusgabe.append( "ODBC-Treiber nicht gefunden." + eCNFE);    }
    catch(SQLException eSQL)
    {
      dieErgebnisAusgabe.append("Fehler bei Aufbau DB-Verbindung.");
      dieErgebnisAusgabe.append(eSQL.getSQLState() + eSQL);
    }
    return aktVerb;
  }
  // Ausführen eines SELECT-Statements
  private void SelectAusfuehren(String derSQLString)
  {
    try
    {
      // Anfrage ausführen
      ResultSet Ergebnis = dieAbfrage.executeQuery(derSQLString);
```

```java
      if(ErgebnisAusgeben(Ergebnis))
      {
        // Anfrage zur Liste alter Anfragen hinzufügen
        dasListenModell.addElement((Object)derSQLString);
        AlteAnfrageListe.setModel(dasListenModell);
      }
    }
    catch(SQLException eSQL)
    {
      dieErgebnisAusgabe.setText(  "SQL-Fehler: "+   eSQL.getSQLState() + eSQL);
    }
  }
  // Aufbereiten und Ausgeben der Ergebnisse
  private boolean ErgebnisAusgeben(ResultSet Ergebnis)
  {
    try
    {
      // Ausgabefeld löschen
      dieErgebnisAusgabe.setText("");
      // Ergebnis-Metadaten erzeugen
      ResultSetMetaData   dieErgebnisStruktur = Ergebnis.getMetaData();
      // Hilfsvariablen für die Zwischenspeicherung
      StringBuffer derErgebnisPuffer = new StringBuffer();
      StringBuffer derStringPuffer;
      // Hilfsvariablen für Metadaten
      int dieSpaltenZahl = dieErgebnisStruktur.getColumnCount();
      String[] dieSpaltenNamen = new String[dieSpaltenZahl];
      // Spaltennamen ausgeben
      for(int i = 0; i < dieSpaltenZahl; i++)
      {
        dieSpaltenNamen[i]  = dieErgebnisStruktur.getColumnName(i+1);
        derErgebnisPuffer.append(dieSpaltenNamen[i]);
        derErgebnisPuffer.append(" ");
      }
      derErgebnisPuffer.append("\n");
      // Datenzeilen ausgeben
      while(Ergebnis.next())
      {
        for(int k = 0; k < dieSpaltenZahl; k++)
        {
          derErgebnisPuffer.append(Ergebnis.getString(k+1));
          derErgebnisPuffer.append(" ");
        }
        derErgebnisPuffer.append("\n");
      }
      dieErgebnisAusgabe.setText(derErgebnisPuffer.toString());
      return true;
    }
```

```java
      catch(SQLException eSQL)
      {
        dieErgebnisAusgabe.setText(  "SQL-Fehler - "+  eSQL.getSQLState() + eSQL);
        return false;
      }
  }
  // <Enter> im Datenbankeingabefeld bzw. in der Abfrageeingabe abfangen
  public void keyReleased(KeyEvent dieTaste)
  {
    // Nur die Return/Enter-Taste wird verarbeitet.
    if(dieTaste.getKeyCode() == KeyEvent.VK_ENTER)
    {
      // Test, ob das Tastaturereignis vom Eingabefeld Abfrageeingabe stammt.
      if(dieTaste.getSource().equals(AbfrageEingabe))
      {
        // Inhalt der Abfrage holen und Abfrage ausführen;
        // das letzte Zeichen des Strings (Enter) wird entfernt.
        SelectAusfuehren(new String(AbfrageEingabe.getText().toCharArray(),
                                  0, AbfrageEingabe.getText().length()-1));
      }
      else
      {
        // Wenn Enter in der Datenbankeingabe Verbindung zur Datenbank aufbauen
        if(dieTaste.getSource().equals(DatenbankEingabe))
          VerbindungAufbauen( DatenbankEingabe.getText(),dieDatenbankVerbindung);
      }
    }
  }
  // "leer" implementierte Methoden der Schnittstelle KeyListener
  public void keyTyped(KeyEvent dieTaste){}
  public void keyPressed(KeyEvent dieTaste){}

  // MouseAdapter für die Liste alter Anfragen - lokale Klasse von Datenbankinterface
  class ListenDoppelClick extends MouseAdapter
  {
    protected JList dieListe;
    protected TextArea   dieBefehlsAusgabe;
    public ListenDoppelClick(JList L, TextArea T)
    {
      dieListe = L;
      dieBefehlsAusgabe = T;
    }

    // nur der Mausklick wird abgefangen
    public void mouseClicked(MouseEvent e)
    {
      // Hilfsvariablen: Das Datenmodell der Liste, der String mit dem aktuellen Eintrag
      String derEintrag;       ListModel dasListenModell;
```

```java
    // Bestimmt von der Mausposition das angeklickte Listenelement
    int aktuellerIndex = dieListe.locationToIndex(e.getPoint());

    dasListenModell = dieListe.getModel();
    derEintrag = (String) dasListenModell.getElementAt(aktuellerIndex);
    dieListe.ensureIndexIsVisible(aktuellerIndex);

    // Bei einfachem Klick wird das ausgewählte Element in
    // das Abfrageeingabefeld übertragen
    if(e.getClickCount() == 1)
    {
      dieBefehlsAusgabe.setText((String) derEintrag);
    }

    // Bei Doppelklick wird die Abfrage sofort ausgeführt
    if(e.getClickCount() == 2)
    {
      // Falls noch nicht verbunden, Verbindung herstellen.
      if(!bereitsVerbunden)
        VerbindungAufbauen( DatenbankEingabe.getText(),
                             dieDatenbankVerbindung);
      else
      {
        // nur wenn der String vorhanden ist, Abfrage ausführen
        if(derEintrag.length() > 0)
          SelectAusfuehren((String) derEintrag);
      }
    }
  }
}

// Routine zum Aufbau der Benutzerschnittstelle mit Hilfe eines GridBagLayout;
private void SchnittstelleAufbauen()
{
  // Quellcode aus Platzgründen nicht angegeben
}
}
```

Codebeispiel 150:   ***Generische Datenbankschnittstelle mit Metadatenausgabe***

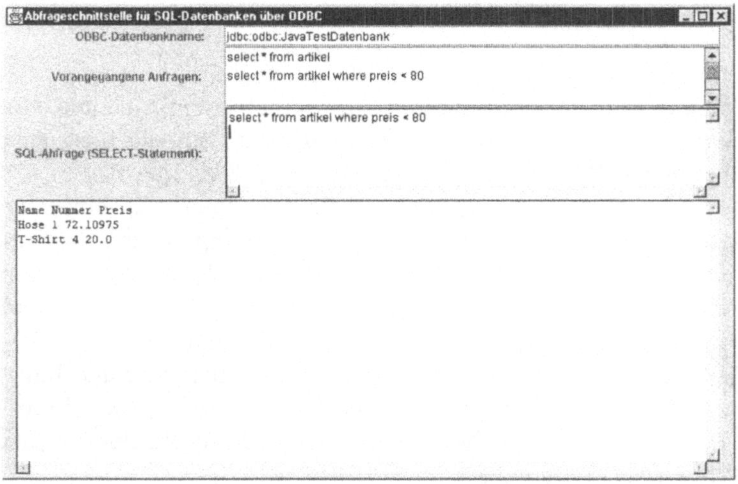

Abfrageschnittstelle für SQL-Datenbanken über ODBC

ODBC-Datenbankname: jdbc:odbc:JavaTestDatenbank

Vorangegangene Anfragen:
select * from artikel
select * from artikel where preis < 80

select * from artikel where preis < 80

SQL-Anfrage (SELECT-Statement):

Name Nummer Preis
Hose 1 72.10975
T-Shirt 4 20.0

Abbildung 64:   *Generisches Datenbankinterface*

10.6 Hinweise und Aufgaben

Eine Übersicht zu JDBC-Treibern für unterschiedliche Datenbanksysteme findet sich im WWW unter der Adresse http://java.sun.com/products/jdbc/drivers.html. Datenbankschnittstellen können in Java auch *ohne* JDBC entwickelt werden. In diesem Fall ist ein herstellerspezifisches API zu verwenden, das als Klassenbibliothek in das Java-Programm eingebunden wird (z. B. das API für die objektorientierte Datenbank Poet, vgl. http://www.poet.de).

Aufgaben

Aufgabe 61: Entwickeln Sie ein Eingabeformular für die Testdatenbank aus Codebeispiel 136 - Codebeispiel 142, das die Aufnahme neuer Datensätze, das Löschen von Datensätzen und das Löschen von Einträgen ermöglicht.

Aufgabe 62: Entwickeln Sie das Datenbankbeispiel so weiter, daß auf die Datenbank als RMI-Objekt zugegriffen wird. Das Eingabeformular soll dabei der lokale Client sein, die Methoden zum Datenbankzugriff gehören zu einem entfernten Objekt. Ggf. benötigen Sie hierfür eine netzwerkfähige Datenbank (z. B. die frei verfügbare relationale Datenbank mysql, vgl. http://www.tcx.se, für die es verschiedene JDBC-Treiber gibt, vgl. z. B. http://www.gwe.co.uk/java/jdbc/).

Aufgabe 63: Vervollständigen Sie das Metadatenbeispiel um die Möglichkeit, gezielt Information über einzelne Tabellen und Spalten auszugeben.

Aufgabe 64: Entwickeln Sie die generische Datenbankschnittstelle mit Hilfe der Swing-Klasse JTable so weiter, daß die Ausgabe nicht mehr in einem einfachen Textfeld, sondern in einer Tabelle erfolgt. Das Tabellenmodell (TableModel) generieren Sie dabei auf der Basis der Ergebnis-Metadaten für jede Abfrage.

11 Ausblick

Neben den in den Kapiteln 4 – 9 vorgestellten Anwendungsmöglichkeiten von Java existieren zahlreiche weitere Spezifikationen und APIs, auf die hier nicht näher eingegangen werden kann – man kann behaupten, daß es inzwischen nur wenige Bereiche der Softwareentwicklung gibt, für die man Java nicht einsetzen könnte. Das Spektrum reicht von Personal Java für kleine eingebettete Anwendungen (z. B. auf *Personal Digital Assistants* (PDAs) oder beim Einsatz von *smart cards*) über die Entwicklung Java-basierter Hardware (*Java Chips*) und Betriebssysteme (Java-OS) bis hin zu komplexen Multimedia- und 3D-Anwendungen (*Java Sound API, Java 3D-API*) oder der Lokalisierung und Internationalisierung von Software (Paket *java.text*). Als Ausblick sollen zwei Bereiche kurz vorgestellt werden, die erhebliche praktische Bedeutung für den Einsatz von Java als Entwicklungswerkzeug haben:

- Die Entwicklung wiederverwendbarer Softwarekomponenten (*Java Beans*) und
- die Beziehung zwischen Java und der WWW-Skriptsprache JavaScript, die die programmtechnische Durchlässigkeit zwischen HTML-Seiten im WWW, den in ihnen enthaltenen Skripten (JavaScript) und Applets (Java) ermöglicht.

11.1 Java Beans: Entwicklung von *component ware* mit Java

Eine relative junge Entwicklung in der Softwaretechnologie ist die Idee der *component ware*, die auf einem relativ hohen Abstraktionsniveau Softwarekomponenten mit öffentlichen Schnittstellen ausstatten, die ihre beliebige Kombinierbarkeit gewährleisten soll, ohne daß die Implementierung im Detail bekannt wäre. Die Grundkonzepte der Objektorientierung weisen eine für diesen Ansatz zu feine Granularität auf, d. h. man benötigt eine abstraktere Beschreibung der Funktionalität und des Verhaltens von Komponenten, die selbst durch *eine Reihe von Klassen* implementiert sein können. In der Java 2-Plattform steht zu diesem Zweck das Paket java.beans bereit. Die Ziele der Komponentenentwicklung mit Java Beans sind:

- Die Möglichkeit, Komponenten unterschiedlicher Granularität zu entwickeln, d. h. sowohl Komponenten im Sinne von Bausteinen der Applikationsentwicklung als auch eigenständig zu nutzende Anwendungen, die z. B. zu komplexen Dokumenten kombiniert werden können (Spreadsheet und Zeitplaner in einer Webseite). In diesem Sinn stellen *Java Beans* eine Analogie zu Schnittstellenkonzepten wie OLE (*object linking and embedding*) oder ActiveX dar. Der Regelfall einer *Bean* sind Steuerelemente mittlerer Größe, für die über die in Java Beans vorgesehenen Schnittstellen ein Maximum an normierter Funktionalität erreicht werden soll.

- Die Portabilität der Komponenten als plattformneutrale Anwendungen, ohne dabei die Integration in plattformspezifische Ausführungsumgebungen (z. B. Visual Basic) auszuschließen. Brücken-APIs sollen die Interoperabilität zwischen Java Beans, ActiveX-Komponenten/Microsoft COM und Live Object (OpenDoc) gewährleisten.
- Ein einheitliches API, das die Obermenge der auf je einer Plattform tatsächlichen realisiert. Dabei muß für jede Plattform gewährleistet sein, daß ein Default-Verhalten für nicht-unterstützte Bean-Funktionalität bereitsteht (Beispiel: Nicht mögliche Menüverschmelzung durch Öffnen eines zusätzlichen, räumlich getrennten Menüs ersetzen).
- Die Einfachheit der APIs, die die schnelle Realisierung sog. *lightweight components* unterstützt (ohne die Entwicklung umfangreicher Steuerelemente auszuschließen).

Ein Java *Bean* ist aufbauend auf diesen Vorgaben wie folgt definiert: *A Java Bean is a reusable software component that can be manipulated visually in a builder tool* (Graham HAMILTON, *Java Beans Specification* 1.01, Juli 1997, S. 9). Die Definition impliziert, daß Beans auch und vor allem mit Hilfe visueller IDEs wie *Visual Age*, *Visual Café* oder *Java Workshop* erstellt werden können. Die APIs sind aber gleichzeitig für den Programmierer transparent, so daß Beans auch ohne graphische Entwicklungsumgebungen zu erstellen und nutzen sind. Das java.beans-Paket stellt für die Komponentenentwicklung folgende Funktionalitätsbereiche bereit:

- Eigenschaften (*properties*) und Anpassung (*customization*) von Komponenten,
- Ereignisverarbeitung, um unterschiedliche Komponenten auf einfache Weise miteinander zu verknüpfen und sie kommunizieren zu lassen (Interoperabilität),
- Introspektion (*introspection*), die einem Entwicklungswerkzeug erlaubt, die Arbeitsweise eines *Bean* zu analysieren, und
- Persistenz und Verpacken von Komponenten, so daß ein in einem Entwicklungswerkzeug angepaßtes bzw. modifiziertes *Bean* persistent im neuen Zustand gespeichert werden kann.

Java Beans müssen nicht von einer bestimmten Basisklasse abgeleitet sein, bei „sichtbaren" Komponenten gilt lediglich die bekannte Voraussetzung, daß sie Unterklassen von java.awt.Component sein müssen. Der Schwerpunkt liegt auf der visuellen Darstellung von Programmfunktionalität (*control*), weniger auf „programmatischen" Aspekten wie etwa bei dem SQL-Pakt oder einer RMI-Realisierung. Insofern haben Beans ein anderes Anwendungsszenario als eine „gewöhnliche" Klassenbibliothek. Die wichtigsten Merkmale eines *Bean* sind:

- Seine Eigenschaften (*properties*),
- seine Methoden, die von anderen Komponenten aufgerufen werden können und
- die Ereignisse/Nachrichten, die es auslöst.

Java Beans werden in unterschiedlichen Kontexten eingesetzt:

- Zur Designzeit im Kontext eines Entwicklungswerkzeugs. Dabei soll das *Bean* modifiziert und angepaßt werden; es muß der Umgebung daher die für das Design relevanten Informationen bereitstellen.
- Zur Laufzeit, wo das *Bean* in eine Applikation integriert läuft und der Informationsfluß bzw. die Anforderungen an die Anpaßbarkeit meist deutlich geringer sind.

Java Beans unterliegen dem Java-Sicherheitsmodell, d. h. es gelten die gleichen Einschränkungen, die das Laufzeitsystem z. B. für unsichere Applets (*untrusted Applets*) aufstellt (kein Durchgriff auf das Dateisystem, beschränkte Speichermanipulation etc.). Dies wirkt sich auch auf die Grundfunktionalität von Beans zur Laufzeit bzw. zur Designzeit aus: Zur Designzeit soll der *Bean*-Entwickler vollen Zugriff auf das *Bean*-API ermöglichen, während dies zur Laufzeit kaum möglich ist, wenn ein *Bean* Teil eines unsicheren Applets ist. Da Beans in der Regel eingebettet in eine Applikation laufen, nutzen sie auch deren Adreßraum und laufen auf derselben virtuellen Java-Maschine wie der Container, der das *Bean* enthält. Dies gilt für Applets ebenso wie für Applikationen. Das Java Beans API sieht den Einsatz von Beans in Client-Server-Umgebungen vor, wobei es dem Entwickler freigestellt ist, für eine sinnvolle Verteilung der Funktionalität zwischen Client und Server zu sorgen. Dabei kann auf alle relevanten Netzwerk-APIs des JDK zurückgegriffen werden (z. B. RMI, Sockets, CORBA).

Bei der Entwicklung von Beans sollte man grundsätzlich davon ausgehen, daß ein *Bean* in einer nebenläufigen Umgebung eingesetzt wird und es daher flexibel auf parallele Anforderungen reagieren können muß (Nachrichten, Änderung von Eigenschaften etc.). Im einfachsten Fall stellt man sicheres Verhalten durch Synchronisation eines *Bean* her.

Bei der Entwicklung wiederverwendbarer Software ist der Aspekt der Internationalisierung bzw. Lokalisierung ein wichtiger Aspekt (Distribution einer Komponenten in Regionen mit unterschiedlichen (natürlichen) Sprachen etc.). Grundsätzlich kann der im JDK vorhandene Support für die Verwaltung von Lokalisierungsressourcen für Beans genutzt werden (Paket java.text).

Eine ausführliche Darstellung der Entwicklung von JavaBeans sowie weiterführender APIs im Umfeld der Java-Komponententechnologie findet sich bei PIEMONT 1998; Zusatzmaterial und Beispiele zu Java Beans und verwandter Technologien findet sich auch im Online-Material zu diesem Buch.

11.2 Java und JavaScript

Neben der Möglichkeit, Java-Applets in WWW-Seiten zu integrieren, bieten interpretierte Skriptsprachen wie JavaScript eine zusätzliche Möglichkeit, Programmfunktionen im WWW zu integrieren. JavaScript ist eine interpretierte objekt-basierte Skriptsprache, die syntaktisch an Java angelehnt ist und deren Anweisungen direkt in die HTML-Datei eingefügt wird.[22] Dies bedeutet, daß JavaScript anders als Java nur im Kontext des World Wide Web und in Kombination mit einem JavaScript-fähigen WWW-Browser einsetzbar ist. Der Code wird vom Browser nach dem Laden des Dokuments interpretiert und ausgeführt. Im Unterschied zu Java verfügt JavaScript über keine strenge Typprüfung, auch Funktionen ohne Bindung an Objekte sind zulässig. JavaScript nutzt eine vordefinierte Objekthierarchie des WWW-Browsers, die den Zugriff auf Eigenschaften des Browsers bzw. des aktuellen Dokuments zuläßt. Tabelle 50 zeigt die Unterschiede zwischen Java und JavaScript.

Kriterium	Java	JavaScript
Programmausführung	Quellcode wird vor dem Versenden kompiliert, der Bytecode von der JVM des Browsers interpretiert.	Kein Compiler, in der HTML-Seite eingebetteter Quellcode wird interpretiert.
Objektorientierung	Vollständig objektorientiert, „alles ist eine Klasse“.	Lediglich objekt-*basiert*, ohne Klassen und Vererbung; Objekte können aber erzeugt werden.
Einsatz in HTML	Einbettung als Applet.	Direkte Kodierung in HTML bzw. Einbettung einer JavaScript-Quellcodedatei.
Variablendeklaration	Streng typisiert, Deklaration zur Kompilierungszeit erforderlich.	Keine strenge Typprüfung, Auswertung erst zur Laufzeit.
Objektreferenzen	Müssen zur Compilezeit verfügbar sein, um Typprüfung zu ermöglichen.	Prüfung zur Laufzeit.
Programmfunktionalität	Methoden sind an Klassen bzw. deren Instanzen gebunden.	Funktionen ohne Bezug zu bestimmten Objekten können definiert werden. Gleichzeitig haben die vordefinierten Objekte in JavaScript auch Methoden.

Tabelle 50:   Vergleich von JavaScript und Java

Die Verwendung von JavaScript in HTML-Seiten kann konkret auf folgende Arten erfolgen:

- als Einbettung eines Skripts in den HTML-Seitenkopf (<head>...</head>) durch das SCRIPT-Tag,
- durch Laden eines externen JavaScript-Sourcefiles in die HTML-Seite:

---

[22] Ursprünglich wurde sie unter dem Namen *LiveScript* von Netscape entwickelt. Derzeit unterstützen sowohl der Netscape Navigator als auch der Microsoft Internet-Explorer JavaScript, wenn auch mit einigen Unterschieden, vgl. FLANAGAN 1997:267ff.

```
<SCRIPT LANGUAGE="JavaScript" SRC="JavaScriptCode.js"></SCRIPT>
```
* durch Aufruf von JavaScript-Befehlen (oder Befehlsfolgen) innerhalb von HTML-Marken.

Das folgende Beispiel zeigt ein im Kopf einer HTML-Seite eingebettetes Skript, das eine JavaScript-Funktion deklariert. Die Funktion wird durch ein weiteres Skript im Rumpf des Dokuments aufgerufen, das beim Laden des Dokuments automatisch ausgeführt wird und eine Message Box öffnet:

```
<HTML>
  <HEAD>
  <TITLE>Erstes JavaScript-Beispiel</TITLE>
  <SCRIPT language="JavaScript">
    function TestFunktion()
    {
      alert("Nachricht in Fenster");
      return ("Macht nichts");
    }
  </SCRIPT>
  </HEAD>
  <BODY>
   <SCRIPT language="JavaScript">
    TestFunktion();
   </SCRIPT>
   <P>Hier steht beliebiger Text mit HTML-Markup</P>
  </BODY>
</HTML>
```

Codebeispiel 151:   Einbettung von JavaScript in HTML

Die Kontrollstrukturen, Operatoren und Separatoren von JavaScript sind syntaktisch weitgehend mit denen von Java identisch, zu den Ausnahmen gehört z. B. das Schlüsselwort **var**, mit dem eine Variable deklariert und erzeugt werden kann; da JavaScript nicht streng typisiert ist, ist eine „generische" Variablenvereinbarung möglich:

var Variablenname [= Wert];

JavaScript erlaubt den Zugriff auf die vordefinierte Objekthierarchie des aktuellen Browserfensters und deren Methoden:

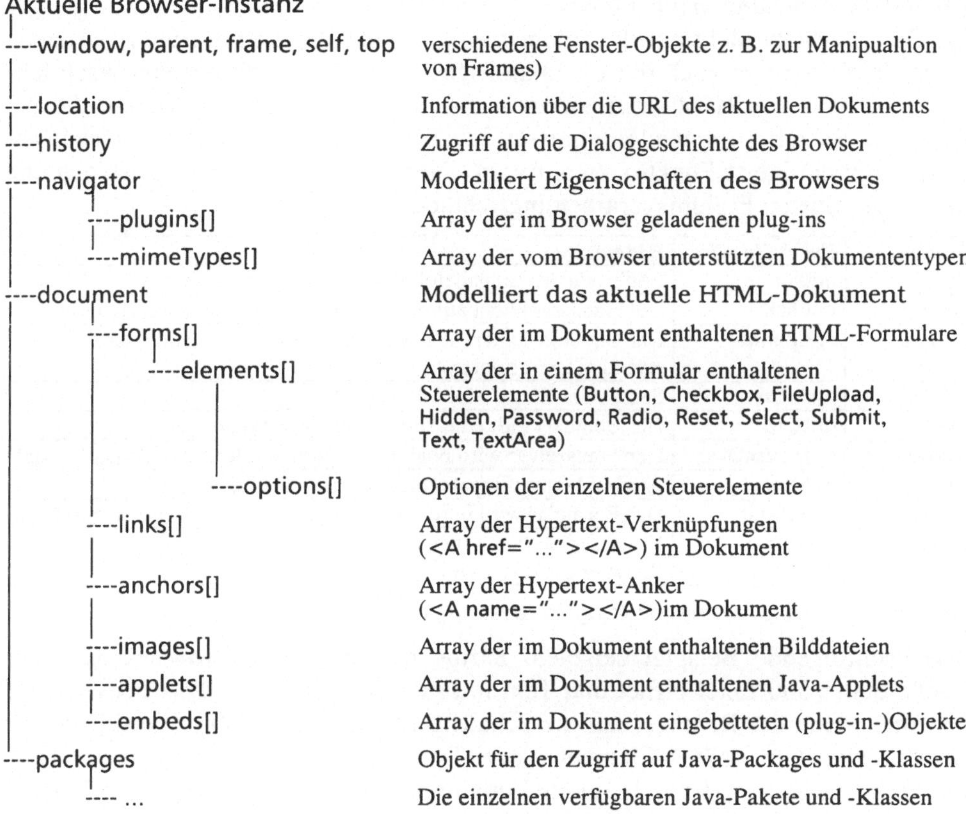

Abbildung 65:   JavaScript-Objekthierarchie im WWW-Browser (Netscape)

Die einzelnen Objekt haben jeweils eine Reihe von Eigenschaften und Methoden, die bei der JavaScript-Programmierung verwendet werden können, z. B. hat das document-Objekt u. a.

* Eigenschaften für die Farbdarstellung, die Adresse des Dokuments und seinen Titel (**fgcolor**, **bgcolor**, **linkColor**, **location**, **title**) und
* Methoden für die Manipulation des Dokuments (öffnen, löschen, schließen, in das Dokument schreiben etc. (**open()**, **close()**, **clear()**, **write()**, **writeln()**).

Der Zugriff erfolgt wie in Java durch den Punktoperator, z. B.

* greift die Anweisung **document.forms[0].elements[0]** auf das erste Element des ersten Formulars eines Dokuments zu oder
* liefert **document.title** den in der **TITLE**-Marke angegebenen Dokumenttitel als Zeichenkette.

Ereignisverarbeitung in JavaScript
JavaScript erlaubt nicht nur die automatische Ausführung von Skripten bei Laden einer Datei, sondern auch die interaktionsgesteuerte Verarbeitung von Nachrichten: Innerhalb von HTML-Marken kann man *event handler* deklarieren, die bei Eintreten eines bestimmten Ereignisses JavaScript-Befehle ausführen oder in einem Skript definierte Funktionen aufrufen. Tabelle 51 zeigt die Ereignistypen und ihre zugeordneten Ereignisverarbeitungsmethoden.

Ereignis	*Event Handler*	*Bedeutung*
blur	onBlur	Entfernen des Eingabefokus von einem Steuerelement.
click	onClick	Der Benutzer klickt auf ein Steuerelement oder einen Hyperlink.
change	onChange	Der Benutzer ändert den Wert in einem Eingabefeld (<text>, <textarea>, <select>).
focus	onFocus	Setzen des Eingabefokus.
load	onLoad	Der Benutzer lädt eine Seite in den WWW-Browser.
mouseover	onMouseOver	Der Mauszeiger wird über ein Hyperlink oder einen Anker bewegt.
select	onSelect	Auswahl eines Eingabefelds in einem Formular.
submit	onSubmit	Das Formular wird durch Klick auf den *submit*-Button abgeschickt.
unload	onUnload	Verlassen der Seite (bei Wechsel zu einer anderen Seite im WWW-Browser oder bei Schließen des WWW-Browser).

Tabelle 51: Ereignisverarbeitung in JavaScript

Das nachfolgende Beispiel zeigt ein Skript, das ein neues Browserfenster der Größe 600 * 500 Pixel öffnet und Text in das Fenster schreibt. Das Fenster wird geöffnet, wenn der Benutzer auf die Schaltfläche im Ausgangsbrowser klickt; die Schaltfläche (ein INPUT-Element vom Typ Button) deklariert die onclick-Methode, die die im Skript definierte Funktion neuesFensterErzeugen() aufruft:

```
<HTML>
  <HEAD>
    <SCRIPT language="JavaScript">
    function neuesFensterErzeugen()
    {      UnterFenster = window.open("", "neuesFenster", "width=600,height=500");
           UnterFenster.document.writeln("<H1>Neues Fenster</H1>");
    }
    </SCRIPT>
  </HEAD>
  <BODY>
    <FORM>
      <INPUT  type="button" value="Neues Fenster &ouml;ffnen."
              onclick="neuesFensterErzeugen()"></INPUT>
    </FORM>
    <P> &Ouml;ffnen eines Fensters in einem neuen Browserfenster. </P>
  </BODY>
</HTML>
```

Codebeispiel 152: Ereignisverarbeitung und Fenstersteuerung mit JavaScript

Abbildung 66:   Ereignisverarbeitung und Fenstersteuerung mit JavaScript

LiveConnect – Schnittstelle zwischen Java und JavaScript
Die JavaScript-Objekthierarchie in Abbildung 65 zeigt, daß innerhalb von Java-Script sowohl Objekte für die im Dokument enthaltenen Applets als auch für Java-Pakete und -Klassen enthalten sind. Man kann also aus den Skripten heraus auf Java-Objekte zugreifen. Man hat aus JavaScript heraus Zugriff

- auf die Java-Systemklassen der virtuellen Java-Maschine des Browsers und
- die öffentlichen Methoden und Eigenschaften der im Dokument geladenen Applets.

Der Zugriff kann nach folgendem Schema erfolgen:

- document.applets[0]; Zugriff auf das erste Applet im Document bzw.
- var eineVariable = document.applets.einApplet.eineMethode(); Aufruf einer öffentlichen Methode eines Applets und Zuweisung des Rückgabewerts an eine JavaScript-Variable.

JavaScript verfügt über die Objekte JavaClass, JavaObject, JavaMethod und JavaArray, die jeweils eine Java-Klasse, ein Java-Objekt, eine Java-Methode und einen Java-Array kapseln und so den Zugriff auf Java ermöglichen. Der Zugriff

auf die Java-Systemklassen erfolgt unter Angabe des vollqualifizierten Pfadna-
mens. Beispielsweise gibt der folgende JavaScript-Befehl Eigenschaften der aktuellen Laufzeitumgebung aus, wie Abbildung 67 zeigt:

```
var eineJavaEigenschaft =   java.lang.System.getProperty("java.vendor") +
                            ", Version: " + java.lang.System.getProperty("java.version");
alert(eineJavaEigenschaft);
```

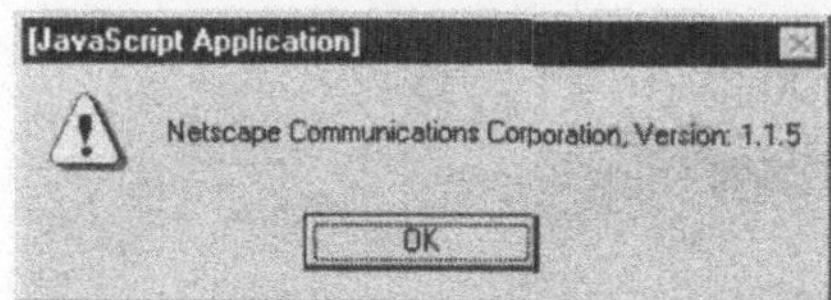

Abbildung 67:   Zugriff auf Java-Klassen durch JavaScript

Umgekehrt kann man auch aus Java-Applets heraus mit den in einer HTML-Seite
enthaltenen Skripten interagieren. Dies setzt voraus, daß das Java-Applet das Paket netscape.javascript importiert. In diesem Paket ist das Objekt JSObject enthalten, über dessen Methoden man im Applet Zugriff auf die Objekthierarchie des
Browsers hat und JavaScript-Befehle ausführen lassen kann. JSObject verfügt
über Methoden, mit denen man

*   beliebige JavaScript-Befehle ausführen kann (JSObject.eval(String dieBefehle)),
*   Zugriff auf Objekte der JavaScript-Objekthierarchie erhalten kann
    (JSObject.getMember(String „eineMethode", Object[] dieArgumente)) und
*   Methoden von JavaScript-Objekten aufrufen kann (JSObject.call(String
    dieMethode, Object[] dieArgumente)).

Das folgende Beispiel zeigt ein Applet, das im Browser per JavaScript ein zweites
Browser-Fenster öffnet, HTML-Text in dieses Fenster ausgibt und zusätzlich ein
Nachrichtenfenster im Browser öffnet:

```
import java.applet.Applet;
import netscape.javascript.*;

public class BrowserSteuerung extends Applet
{
  public void init()
  {
    // JSObject für den aktuellen Browser, in den das Applet eingebettet ist
    JSObject derBrowser = JSObject.getWindow(this);
    // Ausgabe einer Message-Box mit Hilfe von eval
    derBrowser.eval("alert('Nachrichtenfenster aus dem Applet heraus gestartet')");
    // Erzeugen eines neuen Browserfensters durch Zugriff auf self.open
    JSObject neuesFenster = (JSObject) derBrowser.eval("self.open( " +
                            "''','neuesFenster','titlebar=no,left=-1," +
                            "top=-1,width=800,height=650,alwaysRaised=yes," +
                            "scrollbars=yes');");
```

```
    // Zugriff auf das document-Objekt des neuen Browserfensters
    JSObject dasNeueDokument = (JSObject) neuesFenster.getMember("document");
    // Öffnen des neuen Fensters und Textausgabe
    dasNeueDokument.call("open", null);
    String derHTMLText = new String(  "<HTML><BODY>Testausgabe in das neue " +
                                      "Dokument</BODY></HTML>");
    Object[] dieCallArgumente = { derHTMLText };
    dasNeueDokument.call("write", dieCallArgumente);
  }
}
```

Codebeispiel 153:   Aufruf von JavaScript-Befehlen aus einem Applet

Um das Beispiel ausführen zu können, sind folgende Voraussetzungen zu erfüllen:

- Die Netscape-Klassen, d. h. das Paket **netscape.javascript** muß im CLASSPATH verfügbar sein (z. B. durch Hinzufügen des Pfads ... \Netscape\Communicator\ Program\Java\Classes\java40.jar).
- In der APPLET-Marke der HTML-Seite des Applets muß das Attribut MAYSCRIPT angegeben sein, um dem Browser zu signalisieren, daß das Applet auf JavaScript zugreift:
  ```
  <APPLET code='BrowserSteuerung.class' width='600' height='50' MAYSCRIPT>
  </APPLET>
  ```

12 Anhänge

12.1 Syntax von Java in erweiterter Backus-Naur-Form

Die Programmiersprache Java ist nach einer Grammatik aufgebaut, die in leicht verkürzter Form nachfolgend angegeben ist.[23] Zur Darstellung der Regeln dieser Grammatik wird die erweiterte Backus-Naur-Notation verwendet, wobei folgende Konventionen gelten:

- Alle Nichtterminalsymbole der Grammatik sind kursiv geschrieben (z. B. *KompilierungsEinheit*).
- Alle terminalen Symbole von Java sind in halbfetter Quellcodeschrift dargestellt (z. B. **.,;*[], {}**), um Verwechslungen mit den Operatoren der EBNF (**::==, { }, []**) zu vermeiden.
- Der Operator **::==** verbindet linke und rechte Regelseite (zu lesen als: linke Seite der Regel *ist zu expandieren als* rechte Seite der Regel).
- Auswahlmöglichkeiten sind durch **|** getrennt (z. B. *Typ* **::==** *primitiverTyp* **|** *ReferenzTyp*).
- Ist ein Symbol optional, so wird es in eckige Klammern eingeschlossen, z. B.: *KlassenDeklaration* **::==** {*Modifikator*} **class** *Bezeichner* [*Oberklassenangabe*] Das Beispiel besagt, daß bei der Deklaration von Klassen eine Vererbungsangabe gemacht werden kann, aber nicht muß.
- Tritt ein Symbol einmal oder öfter auf, so wird dies durch eine zusätzliche Produktion deutlich gemacht bzw. folgende Notation verwendet: *Symbol* { *Symbol* } (z. B. Produktion 26).
- Kann ein Symbol beliebig oft auftreten, so wird es in geschweifte Klammern eingeschlossen, z. B.: *FormalerParameter* { **,** *FormalerParameter* } in Produktion 66: *Klassenrumpf* **::==** **{** {*KlassenRumpfDeklaration*} **}** Das Beispiel besagt, daß ein Klassenrumpf wenigstens aus einem Paar geschweifter Klammern besteht, innerhalb derer beliebig viele – auch keine – *KlassenRumpfDeklarationen* auftreten können.

Alphabetische Übersicht der Grammatikregeln
Die Indices verweisen auf die laufende Nummer der Produktionen.

AdditionsAusdruck$_{131}$	*ArgumentListe*$_{110}$	*Bezeichner*$_{19}$
Anweisung$_{82}$	*ArrayErzeugung*$_{111}$	*BlockAnweisung*$_{80}$
AnweisungMitBeschriftung$_{85}$	*ArrayInitialisierung*$_{60}$	*BreakAnweisung*$_{100}$
AnweisungOhneFolgende	*ArrayTyp*$_{15}$	*CastAusdruck*$_{139}$
Unteranweisung$_{83}$	*ArrayZugriff*$_{115}$	*CatchBlock*$_{106}$
AnweisungsAusdruck$_{87}$	*Ausdruck*$_{117}$	*ContinueAnweisung*$_{101}$
AnweisungsBlock$_{79}$	*AusdrucksAnweisung*$_{86}$	*DezimalNumeral*$_{23}$

---

[23] Als Quelle für die Produktionen dieser Grammatik dient die offizielle Sprachspezifikation von Java, vgl. GOSLING, JOY & STEELE 1997: 421ff.

Dimensionen$_{113}$
DimensionsAusdruck$_{112}$
DoAnweisung$_{96}$
EigenschaftsDeklaration$_{55}$
EigenschaftsZugriff$_{114}$
einfacherName$_{17}$
Eingabe$_{1}$
EingabeElement$_{2}$
einstelligerAusdruck$_{133}$
EinzeltypImport$_{45}$
EinzelZeichen$_{36}$
exklusiverODERAusdruck$_{126}$
Exponent$_{31}$
ExponentBeginn$_{33}$
FinalBlock$_{107}$
ForAnweisung$_{97}$
ForInitialisierung$_{98}$
FormalerParameter$_{67}$
ForModifikation$_{99}$
GanzzahlLiteral$_{22}$
GanzzahlTyp$_{9}$
GleichheitsAusdruck$_{128}$
GleitkommaTypSuffix$_{32}$
GleitkommazahlLiteral$_{30}$
GleitkommazahlTyp$_{10}$
HexadezimalNumeral$_{26}$
HexadezimalZiffer$_{27}$
IfAnweisung$_{88}$
IfElseAnweisung$_{89}$
ImportDeklaration$_{44}$
ImportNachBedarf$_{46}$
inklusiverODERAusdruck$_{125}$
JavaBuchstabe$_{20}$
JavaZifferOderBuchstabe$_{21}$
KlassenDeklaration$_{48}$
KlassenInstanzErzeugung$_{109}$
KlassenMitgliedsDeklaration$_{54}$
KlassenOderSchnittstellenTyp$_{12}$
KlassenRumpf$_{52}$
KlassenRumpfDeklaration$_{53}$
KlassenTyp$_{13}$

KlassenTypListe$_{69}$
KompilierungsEinheit$_{42}$
KonditionalAusdruck$_{122}$
konditionalerODERAusdruck$_{123}$
konditionalerUNDAusdruck$_{124}$
KonstantenAusdruck$_{94}$
KonstruktorDeklaration$_{72}$
KonstruktorDeklarator$_{73}$
KonstruktorRumpf$_{74}$
Leerzeichen$_{3}$
leereAnweisung$_{84}$
linkeSeite$_{120}$
Literal$_{5}$
LokaleVariablenDeklaration$_{81}$
MethodenAufruf$_{116}$
MethodenDeklaration$_{62}$
MethodenDeklarator$_{65}$
MethodenKopf$_{63}$
MethodenRumpf$_{70}$
Modifikator$_{49}$
MultiplikationsAusdruck$_{132}$
Name$_{16}$
NichtNullZiffer$_{25}$
NullLiteral$_{41}$
numerischerTyp$_{8}$
Oberklassenangabe$_{50}$
OktalNumeral$_{28}$
OktalZiffer$_{29}$
PaketDeklaration$_{43}$
ParameterListe$_{66}$
PostdekrementAusdruck$_{138}$
PostfixAusdruck$_{134}$
PostinkrementAusdruck$_{137}$
PrädekrementAusdruck$_{136}$
PräinkrementAusdruck$_{135}$
primärerAusdruck$_{108}$
primitiverTyp$_{7}$
qualifizierterName$_{18}$
ReferenzTyp$_{11}$
ResultatTyp$_{64}$
ReturnAnweisung$_{102}$

SchnittstellenDeklaration$_{75}$
SchnittstellenListe$_{51}$
SchnittstellenMitglieds
　　　　　　　　Deklaration$_{78}$
SchnittstellenTyp$_{14}$
SchnittstellenVererbungs
　　　　　　　　angabe$_{76}$
SchnittstelllenRumpf$_{77}$
ShiftAusdruck$_{130}$
SprachElement$_{4}$
statischeInitialisierung$_{71}$
SwitchAnweisung$_{90}$
SwitchAnweisungsBlock$_{92}$
SwitchBeschriftung$_{93}$
SwitchBlock$_{91}$
SynchronizedAnweisung$_{104}$
ThrowAnweisung$_{103}$
ThrowsAngabe$_{68}$
TryAnweisung$_{105}$
Typ$_{6}$
TypDeklaration$_{47}$
UNDAusdruck$_{127}$
UnicodeEingabeZeichen$_{38}$
UnicodeEscape$_{37}$
VariablenDeklaration$_{57}$
VariablenDeklarationsListe$_{56}$
VariablenID$_{58}$
VariablenInitialisierung$_{59}$
VariablenInitialisierungen$_{61}$
VergleichsAusdruck$_{129}$
WahrheitswertLiteral$_{34}$
WhileAnweisung$_{95}$
ZeichenkettenLiteral$_{39}$
ZeichenkettenZeichen$_{40}$
ZeichenLiteral$_{35}$
Ziffer$_{24}$
Zuweisung$_{119}$
ZuweisungsAusdruck$_{118}$
ZuweisungsOperator$_{121}$

Lexikalische Struktur von Java-Programmen

Eingabe$_{1}$ ::== { *EingabeElement$_{2}$* } | **ASCII-control-Z**

EingabeElement$_{2}$ ::== *Leerzeichen$_{3}$* | *Kommentar* | *SprachElement$_{4}$*

Leerzeichen$_{3}$ ::== **Leerzeichen | horizontalerTabulator | Seitenvorschub | Zeilenvorschub | Wagenrücklauf | CRLF**

SprachElement$_{4}$ ::== *Bezeichner$_{19}$* | *Schlüsselwort* | *Literal$_{5}$* | *Separator* | *Operator*

Literale, Typen, Namen und Bezeichner

$Literal_5$ ::== $GanzzahlLiteral_{22}$ | $GleitkommazahlLiteral_{30}$ | $WahrheitswertLiteral_{34}$ |
$ZeichenLiteral_{35}$ | $ZeichenkettenLiteral_{39}$ | $NullLiteral_{41}$

Typ_6 ::== $primitiverTyp_7$ | $ReferenzTyp_{11}$

$primitiverTyp_7$ ::== $numerischerTyp_8$ | **boolean**
$numerischerTyp_8$ ::== $GanzzahlTyp_9$ | $GleitkommazahlTyp_{10}$
$GanzzahlTyp_9$ ::==   **byte** | **short** | **int** | **long** | **char**
$GleitkommazahlTyp_{10}$ ::==   **float** | **double**

$ReferenzTyp_{11}$ ::== $KlassenOderSchnittstellenTyp_{12}$ | $ArrayTyp_{15}$
$KlassenOderSchnittstellenTyp_{12}$ ::== $Name_{16}$
$KlassenTyp_{13}$ ::== $KlassenOderSchnittstellenTyp_{12}$
$SchnittstellenTyp_{14}$ ::== $KlassenOderSchnittstellenTyp_{12}$
$ArrayTyp_{15}$ ::== $primitiverTyp_7$[] | $Name_{16}$[] | $ArrayTyp_{15}$[]

$Name_{16}$ ::== $einfacherName_{17}$ | $qualifizierterName_{18}$
$einfacherName_{17}$ ::== $Bezeichner_{19}$
$qualifizierterName_{18}$ ::== $Name_{16}$. $Bezeichner_{19}$

$Bezeichner_{19}$ ::== $JavaBuchstabe_{20}$ {$JavaZifferOderBuchstabe_{21}$}
$JavaBuchstabe_{20}$ ::==   -- ein Unicodezeichen, das in Java als Buchstabe gilt --
$JavaZifferOderBuchstabe_{21}$ ::==   -- ein Unicodezeichen, das in Java als Buchstabe oder Ziffer gilt --

$GanzzahlLiteral_{22}$ ::== $DezimalNumeral_{23}$[**l**|**L**] |
$HexadezimalNumeral_{26}$ [**l**|**L**] |
$OktalNumeral_{28}$ [**l**|**L**]

$DezimalNumeral_{23}$ ::==   **0** | $NichtNullZiffer_{25}$ {$Ziffer_{24}$}
$Ziffer_{24}$ ::==   **0** | **1** | **2** | **3** | **4** | **5** | **6** | **7** | **8** | **9**
$NichtNullZiffer_{25}$ ::==   **1** | **2** | **3** | **4** | **5** | **6** | **7** | **8** | **9**
$HexadezimalNumeral_{26}$ ::==   **0 x** $HexadezimalZiffer_{27}$ {$HexadezimalZiffer_{27}$} |
0 X $HexadezimalZiffer_{27}$ {$HexadezimalZiffer_{27}$}
$HexadezimalZiffer_{27}$ ::==   **0** | **1** | **2** | **3** | **4** | **5** | **6** | **7** | **8** | **9** | **a** | **b** | **c** | **d** | **e** | **f** | **A** | **B** | **C** | **D** | **E** | **F**
$OktalNumeral_{28}$ ::==   **0** $OktalZiffer_{29}$ {$OktalZiffer_{29}$}
$OktalZiffer_{29}$ ::==   **1** | **2** | **3** | **4** | **5** | **6** | **7**

$GleitkommazahlLiteral_{30}$ ::== $Ziffer_{24}$ {$Ziffer_{24}$} . {$Ziffer_{24}$} [$Exponent_{31}$]
[$GleitkommaTypSuffix_{32}$] |
. $Ziffer_{24}$ {$Ziffer_{24}$} [$Exponent_{31}$] [$GleitkommaTypSuffix_{32}$] |
$Ziffer_{24}$ {$Ziffer_{24}$} $Exponent_{31}$ [$GleitkommaTypSuffix_{32}$] |
$Ziffer_{24}$ {$Ziffer_{24}$} [$Exponent_{31}$] $GleitkommaTypSuffix_{32}$

$Exponent_{31}$ ::== $ExponentBeginn_{33}$ [**+** | **-**] $Ziffer_{24}$ {$Ziffer_{24}$}
$GleitkommaTypSuffix_{32}$ ::==   **f** | **F** | **d** | **D**
$ExponentBeginn_{33}$ ::==   **e** | **E**

$WahrheitswertLiteral_{34}$ ::==   **true** | **false**

$ZeichenLiteral_{35}$ ::==   '$EinzelZeichen_{36}$' | 'EscapeSequenz'[24]
$EinzelZeichen_{36}$ ::== $UnicodeEscape_{37}$ | $UnicodeEingabeZeichen$
$UnicodeEscape_{37}$ ::==   \u $HexadezimalZiffer_{27}$ $HexadezimalZiffer_{27}$
$HexadezimalZiffer_{27}$ $HexadezimalZiffer_{27}$

---

[24] Zu den Einzelzeichen gehören nicht ', \, **CR** (*carriage return*) und **LF** (*line feed*).

$UnicodeEingabeZeichen_{38}$ ::== -- *ein beliebiges zulässiges Eingabezeichen* –

$ZeichenkettenLiteral_{39}$ ::== *"{ZeichenkettenZeichen$_{40}$}"*

$ZeichenkettenZeichen_{40}$ ::== $EinzelZeichen_{36}$ | $EscapeSequenz^{25}$

$NullLiteral_{41}$ ::== **null**

Programmaufbau

$KompilierungsEinheit_{42}$ ::== $[PaketDeklaration_{43}]$ $\{ImportDeklaration_{44}\}$ $\{TypDeklaration_{47}\}$
$PaketDeklaration_{43}$ ::== **package** $Name_{16};$
$ImportDeklaration_{44}$ ::== $EinzeltypImport_{45}$ | $ImportNachBedarf_{46}$
$EinzeltypImport_{45}$ ::== **import** $Name_{16}$;
$ImportNachBedarf_{46}$ ::== **import** $Name_{16}.*;$
$TypDeklaration_{47}$ ::== $KlassenDeklaration_{48}$ | $SchnittstellenDeklaration_{75}$;

Aufbau von Klassen und Schnittstellen

$KlassenDeklaration_{48}$ ::== $\{Modifikator_{49}\}$ **class** $Bezeichner_{19}$ $[Oberklassenangabe_{50}]$
$[SchnittstellenListe_{51}]$ $KlassenRumpf_{52}$

$Modifikator_{49}$ ::== **public** | **protected** | **private** | **static** | **abstract** | **final** | **native** |
synchronized | **transient** | **volatile**
$Oberklassenangabe_{50}$ ::== **extends** $KlassenTyp_{13}$
$SchnittstellenListe_{51}$ ::== **implements** $SchnittstellenTyp_{14}$ { , $SchnittstellenTyp_{14}$ }

$KlassenRumpf_{52}$ ::== { $\{KlassenRumpfDeklaration_{53}\}$ }
$KlassenRumpfDeklaration_{53}$::== $KlassenMitgliedsDeklaration_{54}$ |
$statischeInitialisierung_{71}$ |
$KonstruktorDeklaration_{72}$

$KlassenMitgliedsDeklaration_{54}$ ::== $EigenschaftsDeklaration_{55}$ | $MethodenDeklaration_{62}$

$EigenschaftsDeklaration_{55}$ ::== $\{Modifikator_{49}\}$ Typ_6 $VariablenDeklarationsListe_{56}$;
$VariablenDeklarationsListe_{56}$ ::== $VariablenDeklaration_{57}$ { ,$VariablenDeklaration_{57}$ }
$VariablenDeklaration_{57}$ ::== $VariablenID_{58}$ | $VariablenID_{58}$ = $VariablenInitialisierung_{59}$
$VariablenID_{58}$ ::== $Bezeichner_{19}$ | $VariablenID_{58}[]$
$VariablenInitialisierung_{59}$ ::== $Ausdruck_{117}$ | $ArrayInitialisierung_{60}$
$ArrayInitialisierung_{60}$ ::== { $[VariablenInitialisierungen_{61}]$ }
$VariablenInitialisierungen_{61}$ ::== $VariablenInitialisierung_{59}$ { , $VariablenInitialisierung_{59}\}$

$MethodenDeklaration_{62}$ ::== $MethodenKopf_{63}$ $MethodenRumpf_{70}$
$MethodenKopf_{63}$ ::== $\{Modifikator_{49}\}$ $ResultatTyp_{64}$ $MethodenDeklarator_{65}$
$[ThrowsAngabe_{68}]$
$ResultatTyp_{64}$ ::== Typ_6 | **void**
$MethodenDeklarator_{65}$ ::== $Bezeichner$ ($[ParameterListe]$) | $MethodenDeklarator$ []
$ParameterListe_{66}$ ::== $FormalerParameter$ { , $FormalerParameter$ }
$FormalerParameter_{67}$ ::== Typ_6 $VariablenID_{58}$
$ThrowsAngabe_{68}$ ::== **throws** $KlassenTypListe_{69}$
$KlassenTypListe_{69}$ ::== $KlassenTyp_{13}$ { , $KlassenTyp_{13}$ }
$MethodenRumpf_{70}$ ::== $AnweisungsBlock_{79}$ | ;

$statischeInitialisierung_{71}$ ::== **static** $AnweisungsBlock_{79}$

---

[25] " und \ dürfen nicht verwendet werden.

$KonstruktorDeklaration_{72}$ ::== $\{Modifikator_{49}\}$ $KonstruktorDeklarator_{73}$ $[ThrowsAngabe_{68}]$
                                        $KonstruktorRumpf_{74}$
$KonstruktorDeklarator_{73}$ ::== $einfacherName_{14}$ ($[ParameterListe_{66}]$)
$KonstruktorRumpf_{74}$ ::==   **{** [**this** ($[ArgumentListe_{110}]$); |
                                        super ($[ArgumentListe_{110}]$);]
                                        $\{BlockAnweisung_{80}\}$ **}**

$SchnittstellenDeklaration_{75}$ ::== $\{Modifikator_{49}\}$ **interface**
                                        $SchnittstellenVererbungsangabe_{76}$
                                        $SchnittstelllenRumpf_{77}$
$SchnittstellenVererbungsangabe_{76}$ ::==   **extends** $SchnittstellenTyp_{14}$ { , $SchnittstellenTyp_{14}$ }
$SchnittstelllenRumpf_{77}$ ::==   **{** $\{SchnittstellenMitgliedsDeklaration_{78}\}$ **}**
$SchnittstellenMitgliedsDeklaration_{78}$ ::== $EigenschaftsDeklaration_{55}$ | $MethodenKopf_{63}$;

Anweisungen
$AnweisungsBlock_{79}$ ::==   **{** $\{BlockAnweisung_{80}\}$ **}**
$BlockAnweisung_{80}$ ::== $LokaleVariablenDeklaration_{81}$ | $Anweisung_{82}$

$LokaleVariablenDeklaration_{81}$ ::== Typ_{6} $VariablenDeklarationsListe_{56}$;

$Anweisung_{82}$ ::== $AnweisungOhneFolgendeUnteranweisung_{83}$ |
                                        $AnweisungMitBeschriftung_{85}$ | $IfAnweisung_{88}$
                                        | $IfElseAnweisung_{89}$ | $WhileAnweisung_{95}$ |
                                        $ForAnweisung_{97}$
$AnweisungOhneFolgendeUnteranweisung_{83}$ ::== $AnweisungsBlock_{79}$ | $leereAnweisung_{84}$ |
                                        $AusdrucksAnweisung_{86}$ | $SwitchAnweisung_{90}$ |
                                        $DoAnweisung_{96}$ | $BreakAnweisung_{100}$ |
                                        $ContinueAnweisung_{101}$ | $ReturnAnweisung_{102}$ |
                                        $SynchronizedAnweisung_{103}$ |
                                        $ThrowAnweisung_{104}$ | $TryAnweisung_{105}$

$leereAnweisung_{84}$ ::==   ;

$AnweisungMitBeschriftung_{85}$ ::== $Bezeichner_{19}$: $Anweisung_{82}$

$AusdrucksAnweisung_{86}$ ::== $AnweisungsAusdruck_{87}$;

$AnweisungsAusdruck_{87}$ ::== $ZuweisungsAusdruck_{118}$ | $KlassenInstanzErzeugung_{109}$ |
                                        $MethodenAufruf_{116}$ | $PräinkrementAusdruck_{135}$ |
                                        $PrädekrementAusdruck_{136}$ | $PostinkrementAusdruck_{137}$ |
                                        $PostdekrementAusdruck_{138}$

$IfAnweisung_{88}$ ::==   **if** ($Ausdruck_{117}$) $Anweisung_{82}$
$IfElseAnweisung_{89}$ ::==   **if** ($Ausdruck_{117}$) $Anweisung_{82}$ **else** $Anweisung_{82}$

$SwitchAnweisung_{90}$ ::==   **switch** ($Ausdruck_{117}$) $SwitchBlock_{91}$
$SwitchBlock_{91}$ ::== $\{SwitchAnweisungsBlock_{92}\}$
$SwitchAnweisungsBlock_{92}$ ::== $\{SwitchBeschriftung_{93}\}$ $\{BlockAnweisung_{80}\}$
$SwitchBeschriftung_{93}$ ::==   **case** $KonstantenAusdruck_{94}$: | **default** :
$KonstantenAusdruck_{94}$ ::== $Ausdruck^{26}$

---

[26] Für den Aufbau der Konstantenausdrücke in case-Labels gelten einige Einschränkungen
(nur Literale primitiver Typen/Stringliterale und explizite Typumwandlungen auf diese Ty-

$WhileAnweisung_{95}$	::==	**while** ($Ausdruck_{117}$) $Anweisung_{82}$
$DoAnweisung_{96}$	::==	**do** $Anweisung_{82}$ **while** ($Ausdruck_{117}$);
$ForAnweisung_{97}$	::==	**for** ([$ForInitialisierung_{98}$] ; [$Ausdruck_{117}$] ; [$ForModifikation_{99}$]) $Anweisung$
$ForInitialisierung_{98}$	::==	$AnweisungsAusdruck_{87}$ { , $AnweisungsAusdruck_{87}$} | $LokaleVariablenDeklaration_{81}$
$ForModifikation_{99}$	::==	$AnweisungsAusdruck_{87}$ { , $AnweisungsAusdruck_{87}$}

$BreakAnweisung_{100}$	::==	**break** [$Bezeichner_{19}$] ;
$ContinueAnweisung_{101}$	::==	**continue** [$Bezeichner_{19}$] ;
$ReturnAnweisung_{102}$	::==	**return** [$Ausdruck_{117}$] ;
$ThrowAnweisung_{103}$	::==	**throw** $Ausdruck_{117}$;
$SynchronizedAnweisung_{104}$	::==	**synchronized** ($Ausdruck_{117}$) $AnweisungsBlock_{79}$

$TryAnweisung_{105}$	::==	**try** $AnweisungsBlock_{79}$ $CatchBlock_{106}$ { , $CatchBlock_{106}$} | **try** $AnweisungsBlock_{79}$ $CatchBlock_{106}$ { , $CatchBlock_{106}$} $FinalBlock_{107}$
$CatchBlock_{106}$	::==	**catch** ($FormalerParameter_{67}$) $AnweisungsBlock_{79}$
$FinalBlock_{107}$	::==	**finally** $AnweisungsBlock_{79}$

Ausdrücke

$primärerAusdruck_{108}$	::==	$Literal_5$ | **this** | ($Ausdruck_{117}$) | $KlassenInstanzErzeugung_{109}$ | $ArrayErzeugung_{111}$ | $EigenschaftsZugriff_{114}$ | $ArrayZugriff_{115}$ | $MethodenAufruf_{116}$

$KlassenInstanzErzeugung_{109}$	::==	**new** $KlassenTyp_{13}$ ($ArgumentListe_{110}$)
$ArgumentListe_{110}$	::==	$Ausdruck_{117}$ { , $Ausdruck_{117}$ }

$ArrayErzeugung_{111}$::== **new** $primitiverTyp_7$ $DimensionsAusdruck_{112}$ [$Dimensionen_{113}$] \|
new $KlassenOderSchnittstellenTyp_{112}$ $DimensionsAusdruck_{112}$
[$Dimensionen_{113}$]

$DimensionsAusdruck_{113}$	::==	[$Ausdruck_{117}$] { [$Ausdruck_{117}$] }
$Dimensionen_{114}$	::==	[] { [] }

$EigenschaftsZugriff_{115}$	::==	$primärerAusdruck_{108}$. $Bezeichner_{19}$ | **super** . $Bezeichner_{19}$
$ArrayZugriff_{116}$	::==	$Name_{16}$ [$Ausdruck_{117}$]
$MethodenAufruf_{117}$	::==	$Name_{16}$ ([$ArgumentListe_{110}$]) | $primärerAusdruck_{108}$. $Bezeichner_{19}$ ([$ArgumentListe_{110}$]) | **super.** $Bezeichner_{19}$ ([$ArgumentListe_{110}$])

$Ausdruck_{118}$	::==	$ZuweisungsAusdruck_{118}$

$ZuweisungsAusdruck_{119}$	::==	$Zuweisung_{119}$ | $KonditionalAusdruck_{122}$
$Zuweisung_{120}$	::==	$linkeSeite_{120}$ $ZuweisungsOperator_{121}$ $ZuweisungsAusdruck_{118}$
$linkeSeite_{121}$	::==	$Name_{16}$ | $EigenschaftsZugriff_{114}$ | $ArrayZugriff_{115}$
$ZuweisungsOperator_{122}$	::==	=|*= |/= | %=|+=|-=|<<=|>>=|>>>=|&=|^=||=

$KonditionalAusdruck_{123}$	::==	$konditionalerODERAusdruck_{123}$ | $konditionalerODERAusdruck_{123}$ **?** $Ausdruck_{117}$: $KonditionalAusdruck_{122}$

---

pen; nicht alle Operatoren für Ausdrücke sind zugelassen, z. B. keine In- oder Dekremente),
vgl. GOSLING, JOY & STEELE 1997:364f.

$konditionalerODERAusdruck_{124}$ ::== $konditionalererUNDAusdruck_{124}$ |
$konditionalererODERAusdruck_{123}$ ||
$konditionalererUNDAusdruck_{124}$

$konditionalerUNDAusdruck_{125}$ ::== $inklusiverODERAusdruck_{125}$ |
$konditionalererUNDAusdruck_{124}$ **&&**
$inklusiverODERAusdruck_{125}$

$inklusiverODERAusdruck_{126}$ ::== $exklusiverODERAusdruck_{126}$ |
$inklusiverODERAusdruck_{125}$ |
$exklusiverODERAusdruck_{126}$

$exklusiverODERAusdruck_{127}$ ::== $UNDAusdruck_{127}$ | $exklusiverODERAusdruck_{126}$ ^
$UNDAusdruck_{127}$

$UNDAusdruck_{128}$ ::== $GleichheitsAusdruck_{127}$ | $UNDAusdruck_{127}$ &
$GleichheitsAusdruck_{128}$

$GleichheitsAusdruck_{129}$ ::== $VergleichsAusdruck_{129}$ |
$GleichheitsAusdruck_{128}$ == $VergleichsAusdruck_{129}$ |
$GleichheitsAusdruck_{128}$!= $VergleichsAusdruck_{129}$

$VergleichsAusdruck_{130}$ ::== $ShiftAusdruck_{130}$ |
$VergleichsAusdruck_{129}$ < $ShiftAusdruck_{130}$ |
$VergleichsAusdruck_{129}$ > $ShiftAusdruck_{130}$ |
$VergleichsAusdruck_{129}$ <= $ShiftAusdruck_{130}$ |
$VergleichsAusdruck_{129}$ >= $ShiftAusdruck_{130}$ |
$VergleichsAusdruck_{129}$ **instanceof** $ReferenzTyp_{11}$

$ShiftAusdruck_{131}$ ::== $AdditionsAusdruck_{131}$ |
$ShiftAusdruck_{130}$ << $AdditionsAusdruck_{131}$ |
$ShiftAusdruck_{130}$ >> $AdditionsAusdruck_{131}$ |
$ShiftAusdruck_{130}$ >>> $AdditionsAusdruck_{131}$

$AdditionsAusdruck_{132}$ ::== $MultiplikationsAusdruck_{132}$ |
$AdditionsAusdruck_{131}$ + $MultiplikationsAusdruck_{132}$ |
$AdditionsAusdruck_{131}$ – $MultiplikationsAusdruck_{132}$

$MultiplikationsAusdruck_{133}$ ::== $einstelligerAusdruck_{133}$ |
$MultiplikationsAusdruck_{132}$ * $einstelligerAusdruck_{133}$ |
$MultiplikationsAusdruck_{132}$ / $einstelligerAusdruck_{133}$ |
$MultiplikationsAusdruck_{132}$ % $einstelligerAusdruck_{133}$

$einstelligerAusdruck_{134}$ ::== $PostfixAusdruck_{134}$ |
$PräinkrementAusdruck_{135}$ | $PrädekrementAusdruck_{136}$ |
+ $einstelligerAusdruck_{133}$ | - $einstelligerAusdruck_{133}$ |
~ $einstelligerAusdruck_{133}$ | ! $einstelligerAusdruck_{133}$ |
$CastAusdruck_{139}$

$PostfixAusdruck_{135}$ ::== $primärerAusdruck_{108}$ | $Name_{16}$ |
$PostinkrementAusdruck_{137}$ | $PostdekrementAusdruck_{137}$

$PräinkrementAusdruck_{136}$ ::==   ++ $einstelligerAusdruck_{133}$

$PrädekrementAusdruck_{137}$ ::==   -- $einstelligerAusdruck_{133}$

$PostinkrementAusdruck_{138}$ ::== $PostfixAusdruck_{134}$ ++

$PostdekrementAusdruck_{139}$ ::== $PostfixAusdruck_{134}$ --

$CastAusdruck_{140}$ ::==   ($primitiverTyp_7$ [$Dimensionen_{113}$]) $einstelligerAusdruck_{133}$ |
($Ausdruck_{117}$) $einstelligerAusdruck_{133}$ |
($Name_{16}$ $Dimensionen_{113}$) $einstelligerAusdruck_{133}$

Vereinfachungen gegenüber der offiziellen Sprachspezifikation

- Produktionen für Kommentare, Separatoren, Operatoren und Schlüsselwörter sind nicht wiedergegeben, vgl. aber Kap. 2.1.
- Die Behandlung der Zuordnung von else-Zweigen bei if-else-Anweisungen ist nicht berücksichtigt wiedergegeben.
- Das Ziel der Java-Grammatik von GOSLING, JOY & STEELE 1997:415-434, mit nur einem *token look-ahead* bei der Syntaxprüfung die Struktur eines Programms eindeutig bestimmen zu können, wird hier nicht verfolgt, um Vereinfachungen in den Produktionen zu ermöglichen

12.2 Operatorenpräzedenz

Folgende Tabelle gibt eine Übersicht der in Java zulässigen Operatoren, geordnet nach ihrer Präzedenz. Zusätzlich sind eine kurze Beschreibung ihrer Bedeutung, Assoziativität und Operandentypus angegeben.

Operator	*Typ*	*Gruppierung*	*Bedeutung*
++	arithmetisch	rechts	unäres Prä- oder Postinkrement
--	arithmetisch	rechts	unäres Prä- oder Postdekrement
+ —	arithmetisch	rechts	unäres Plus bzw. Minus
~	Integer-Datentyp	rechts	bitweises Komplement
!	BOOLEscher Ausdruck	rechts	unäres logisches Komplement
(Datentyp-bezeichner)	beliebig	rechts	Cast-Operation/Datentypumwandlung
* / %	arithmetisch	links	Multiplikation, Division, Rest (Modulo)
+ —	arithmetisch	links	Addition, Subtraktion
+	String	links	Verketten von Strings
<<	Integer-Datentyp	links	bitweises Verschieben nach links
>>	Integer-Datentyp	links	bitweises Verschieben nach rechts
>>>	Integer-Datentyp	links	bitweises Verschieben nach rechts mit Nullextension[27]
< <=	arithmetisch	links	kleiner/kleiner gleich
> >=	arithmetisch	links	größer/größer gleich
instanceof	Objekt, Datentyp	links	Vergleich von Datentypen
==	primitiv	links	Gleichheitsprüfung
!=	primitiv	links	Ungleichheitsprüfung
==	Objekt	links	Gleichheitsprüfung
!=	primitiv	links	Ungleichheitsprüfung

---

[27] Dies ist hinsichtlich des Operatoreninventars von Java der einzige Unterschied zu C++; der Operator ist notwendig, da die Ganzzahl-Datentypen in Java immer vorzeichenbehaftet sind.

Operator	Typ	Gruppierung	Bedeutung
&	Integer-Datentyp	links	bitweises UND
&	BOOLEscher Ausdruck	links	BOOLEsches UND
^	Integer-Datentyp	links	bitweises XOR
^	BOOLEscher Ausdruck	links	BOOLEsches XOR
|	Integer-Datentyp	links	bitweises ODER
|	BOOLEscher Ausdruck	links	BOOLEsches ODER
&&	BOOLEscher Ausdruck	links	logisches UND
||	BOOLEscher Ausdruck	links	logisches ODER
? :	BOOLEscher Ausdruck, beliebig, beliebig	rechts	ternärer konditionaler Operator
=	Variable, beliebig	rechts	Zuweisung
*= /= %= += —= <<= >>= >>>= &= ^= |=	Variable, beliebig	rechts	Operation und Zuweisung

Tabelle 52:   Operatorenpräzedenz in Java

12.3 Übersicht der Pakete in der Java 2-Plattform

Da es im Rahmen dieser Einführung nicht möglich ist, *alle* Pakete zu diskutieren, soll die nachfolgende Übersicht zumindest einen kleinen Überblick in die Vielfalt der im Java JDK 1.2 zur Verfügung stehenden Klassen geben. Neben dem Paketnamen wird dabei jeweils die Zuordnung zu den JDK-Generationen sowie eine knappe Erläuterung gegeben. Die Übersicht ist alphabetisch sortiert, um den Zusammenhang von Hauptpaketen und ihren Unterpaketen zu verdeutlichen (z. B. java.awt, java.awt.event etc.).

Paket	JDK	Kurzbeschreibung
java.applet	1.0	Klassen für Applets
java.awt	1.0	Abstract Windowing Toolkit (Benutzerschnittstellenprogrammierung)
java.awt.color	1.2	Klassen für die Beschreibung von Farbräumen nach dem Format des *International Color Consortium*
java.awt.datatransfer	1.1	Datenübertragung zwischen Anwendungen über die Zwischenablage (*clipboard*)
java.awt.dnd	1.2	Funktionalität für die Unterstützung von drag & drop-Operationen
java.awt.event	1.1	Ereignisprogrammierung (Ereignisklassen, Lauscherklassen, Adapterklassen)
java.awt.font	1.2	Klassen für die Beschreibung von Schriften

Paket	*JDK*	*Kurzbeschreibung*
java.awt.geom	1.2	Graphikprimitive im Java-2D-API wie Rechtecke, Linien, Bögen etc.
java.awt.im	1.2	Hilfsklassen für die Zeicheneingabe (*input methods*)
java.awt.image	1.1	Klassen für die Bildverarbeitung (Bitmaps, Bildfilter, Speicherklassen für Bitmaps etc.)
java.awt.image.renderable	1.2	Klassen für vom Ausgabemedium (*rendering device*) unabhängige Bildverarbeitung
java.awt.peer	1.0	Klassen, die die Schnittstelle zwischen den AWT-Klassen und der aktuellen graphischen Benutzerschnittstelle (z. B. MS-Windows, OSF-Motif etc.) bilden
java.awt.print	1.2	Hilfsklassen für die Druckausgabe von AWT-Komponenten
java.beans	1.1	Komponentenentwicklung (Java Beans)
java.beans.beancontext	1.2	Beschreibung eines *bean context*, d. h. eines Behälters für Java Beans
java.io	1.0	Klassen für die Ein- und Ausgabeprogrammierung
java.lang	1.0	Basispaket von Java (Klassen Object, String, System, Error, Exception etc.)
java.lang.ref	1.2	Klassen für die Ermittlung von Information über Referenzen in einem Java-Programm
java.lang.reflect	1.1	Beschreibung von Klassen und deren Binnenstruktur (*class reflection*)
java.math	1.1	Klassen für die Darstellung sehr großer Zahlenwerte (BigDecimal und BigInteger)
java.net	1.0	Netzwerkprogrammierung
java.rmi	1.1	Klassen für *remote method invocation*
java.rmi.activation	1.2	Hilfsklassen für die Aktivierung von RMI-Objekten
java.rmi.dgc	1.1	Verteilte Speicherbereinigung (*distributed garbage collection*) für RMI-Objekte
java.rmi.registry	1.1	Schnittstellen für die Beschreibung der Funktionalität einer RMI-Registry
java.rmi.server	1.1	Klassen für den Aufbau eines RMI-Servers
java.security	1.1	Funktionalität der Java-Sicherheitsarchitektur (Schlüsselpaare, Permissions, Zertifikate etc.)
java.security.acl	1.1	Aufbau von Zugangskontrollisten (*access control lists*)
java.security.cert	1.2	Klassen für die Manipulation und die Verwaltung von Zertifikaten (X509 v3-Zertifikate)
java.security.interfaces	1.1	Hilfsklassen für die Generierung von Schlüsselpaaren nach dem DSA-Algorithmus (*digital signature algorithm*)
java.security.spec	1.2	Beschreibung von Schlüsselspezifikationen nach verschiedenen Standards (*DSA, public key cryptography standard (PKCS), DER, X509*)
java.sql	1.1	Datenbankprogrammierung (*Java Database Connectivity, JDBC*)
java.text	1.1	Klassen für die Lokalisierung von Text, Zeit- und Datumsangaben, Zahlenformaten etc.

Paket	*JDK*	*Kurzbeschreibung*
java.util	1.0	Sammelpaket für Hilfsklassen wie strukturierte Datentypen, Zufallszahlen, Zeit- und Datumsinformation
java.util.jar	1.2	Klassen für Erzeugung und Manipulation von jar-Dateien
java.util.zip	1.1	Klassen für Erzeugung und Manipulation von zip- und GZIP-Dateien
javax.accessibility	1.2	Unterstützung für alternative Eingabegeräte, z. B. Brailleschrift-Eingabegeräte)
javax.swing	1.2	Benutzerschnittstellenkomponenten von Swing/*Java Foundation Classes*
javax.swing.border	1.2	Klassen für die Generierung von Rändern um Swing-Komponenten
javax.swing.colorchooser	1.2	Farbwahlkomponente und Farbauswahlmodelle
javax.swing.event	1.2	Zusatzklassen für die Ereignisverarbeitung in Swing
javax.swing.filechooser	1.2	Dateiauswahlkomponente und Dateifilter für Swing
javax.swing.plaf	1.2	*pluggable-look-and-feel* (*plaf*), modifizierbares Benutzerschnittstellendesign
javax.swing.table	1.2	Tabellenkomponente von Swing
javax.swing.text	1.2	Hilfsklassen für den Aufbau von Texteditoren mit Swing
javax.swing.text.html	1.2	Klassen für den Aufbau von HTML-Editoren
javax.swing.text.html. parser	1.2	Einfacher HTML-Parser mit Hilfsklassen wie Element, Entity und DTD
javax.swing.text.rtf	1.2	Klassen für den Aufbau von RTF-Editoren (*rich text format*)
javax.swing.tree	1.2	Baumdarstellungskomponente von Swing
javax.swing.undo	1.2	Funktionalität für die Implementierung von UNDO-fähigen Komponenten in Swing
org.omg.CORBA	1.2	Basispaket für die Programmierung CORBA-kompatibler Java-Programme (*common object request broker architecture*)
org.omg.CORBA. DynAnyPackage	1.2	Fehlerklassen für die CORBA-Programmierung
org.omg.CORBA. ORBPackage	1.2	Hilfsklassen für Fehler des ORB (*object request broker*)
org.omg.CORBA. TypeCodePackage	1.2	Hilfsklassen für Fehler, die in CORBA-TypeCode-Operationen auftreten
org.omg.CORBA.portable	1.2	Hilfsklassen für die Implementierung eines ORB
org.omg.CosNaming	1.2	Klassen für die Kommunikation mit dem Namensdienst (*COS naming service*)
org.omg.CosNaming. NamingContextPackage	1.2	Hilfsklassen für Fehler des Namensdiensts

Tabelle 53:   Übersicht aller Pakete im JDK der Java 2-Plattform

12.4 Verzeichnis der Abkürzungen

4GL	*Fourth Generation Language*	API	*Application Programming Interface*
ADT	Abstrakter Datentyp		

ASCII	*American Standard Code for Information Interchange*	JIT	*Just in Time(-Compiler)*
AWT	*Abstract Windowing Toolkit*	JVM	*Java Virtual Machine*
COM	*Component Object Model*	MIME	*Multipurpose Internet Mail Extensions*
CORBA	*Common Object Request Broker Architecture*	ODBC	*Open Database Connectivity*
CRLF	*Carriage Return Line Feed*	OLE	*Object Linking and Embedding*
DDL	*Data Definition Language*	OMG	*Object Management Group*
DER		OODBMS	*Object Oriented Database Management System*
IDE	*Integrated Development Environment*	ORB	*Object Request Broker*
DML	*Data Manipulation Language*	OSF	*Open Software Foundation*
DNS	*Domain Name System*	PDA	*Personal Digital Assistant*
DSA	*Digital Signature Algorithm*	PKCS	*Public Key Cryptography Standard*
DTD	*Document Type Definition*	PLAF	*Pluggable Look and Feel*
EBNF	*Extended Backus-Naur Format*	RMI	*Remote Method Invocation*
FTP	*File Transfer Protocol*	RPC	*Remote Procedure Call*
GIF	*Graphics Interchange Format*	RTF	*Rich Text Format*
GUI	*Graphical User Interface*	SQL	*Structured Query Language*
GZIP	Verlustfreies Datenkompressionsverfahren	TCP/IP	*Transmission Control Protocol/Internet Protocol*
HTML	*Hypertext Markup Language*	UI	*User Interface*
HTTP	*HyperText Transfer Protocol*	UDP	*Universal Datagram Protocol*
JCA	*Java Cryptography Architecture*	UML	*Unified Modeling Language*
JCE	*Java Cryptography Extensions*	URL	*Uniform Resource Locator*
JDBC	*Java Database Connectivity*	WWW	*World Wide Web*
JDC	*Java Developer Connection*	XML	*Extensible Markup Language*
JDK	*Java Development Kit*	ZIP	Verlustfreies Datenkompressionsverfahren
JFC	*Java Foundation Classes*		

12.5 Verzeichnis der Codebeispiele

Codebeispiel 1:   Schematischer Aufbau der Programmbeispiele 16
Codebeispiel 2:   Die Klasse HelloWorld 18
Codebeispiel 3:   Vererbung von Bootsklassen 20
Codebeispiel 4:   Klassen als strukturierte Datentypen 25
Codebeispiel 5:   Verwendung von Dokumentationskommentaren 38
Codebeispiel 6:   Verwendung von Kommentaren 49
Codebeispiel 7:   Aufbau einer Kompilierungseinheit 51
Codebeispiel 8:   Paketzuordnung 53
Codebeispiel 9:   Einengende explizite Typkonversion mit dem cast-Operator 58
Codebeispiel 10:   cast-Operationen bei Referenz-Datentypen (Objekten) 59
Codebeispiel 11:   Erzeugung und Manipulation mehrdimensionaler Arrays 61
Codebeispiel 12:   Verwendung voll qualifizierter Namen 63
Codebeispiel 13:   Verwendung von Namensräumen 64
Codebeispiel 14:   Verwendung von Eigenschaften 65
Codebeispiel 15:   Verwendung statischer Variablen (Klassenvariablen) 66
Codebeispiel 16:   Verwendung von lokalen Variablen 67

Codebeispiel 17:   Verwendung von Parametern 67
Codebeispiel 18:   Sichtbarkeit gleichnamiger Eigenschaften, Parameter und lokaler Variablen ..68
Codebeispiel 19:   Auswertung von Ausdrücken 69
Codebeispiel 20:   Auswertung von Arrayzugriffen...70
Codebeispiel 21:   Allokationsanweisungen...73
Codebeispiel 22:   Anwendung von Vergleichsoperatoren bei Referenz-Datentypen...................77
Codebeispiel 23:   Anwendung von Bitoperatoren..77
Codebeispiel 24:   Konditionale logische Vergleiche, Bedingungsoperator und Zuweisungen 79
Codebeispiel 25:   if-Anweisung 81
Codebeispiel 26:   switch-Anweisung (Fallunterscheidung) 83
Codebeispiel 27:   while-Schleife (bedingte Iteration) 84
Codebeispiel 28:   do-while-Schleife (bedingte Iteration) 85
Codebeispiel 29:   Zählschleifen (for-Anweisung)...87
Codebeispiel 30:   break-Anweisung...89
Codebeispiel 31:   Schleifenunterbrechung mit continue 90
Codebeispiel 32:   Anwendung der return-Anweisung..92
Codebeispiel 33:   Schema der Ausnahmeverarbeitung mit try/catch 94
Codebeispiel 34:   Definition einer Ausnahmeklasse am Beispiel java.io.IOException 95
Codebeispiel 35:   Explizite Ausnahmeauslösung mit throw 96
Codebeispiel 36:   Auslösen von Ausnahmen mit throws/throw..98
Codebeispiel 37:   Beispiele für Klassendeklarationen 112
Codebeispiel 38:   Sichtbarkeit von Klassen inner- und außerhalb ihres Pakets 114
Codebeispiel 39:   Reihenfolge von Felddeklarationen 114
Codebeispiel 40:   Deklaration von Eigenschaften..116
Codebeispiel 41:   Anwendung von super in Instanzmethoden..117
Codebeispiel 42:   Semantik der Parameterübergabe an Methoden 119
Codebeispiel 43:   Aufruf mehrerer Konstruktoren einer Klasse 121
Codebeispiel 44:   Reihenfolge der Instantiierung von Eigenschaften...............................122
Codebeispiel 45:   Methodenzugriffe in der Vererbungshierarchie...................................126
Codebeispiel 46:   Statische Methoden und Eigenschaften 127
Codebeispiel 47:   Finale und abstrakte Klassen 129
Codebeispiel 48:   Einsatz innerer Klassen 130
Codebeispiel 49:   Verwendung lokaler Klassen..132
Codebeispiel 50:   Ableiten einer anonymen Unterklasse 133
Codebeispiel 51:   Aufbau und Anwendung von Schnittstellen..135
Codebeispiel 52:   Verwendung von Objekten vom Typ einer Schnittstelle.........................136
Codebeispiel 53:   Ausgabe von Informationen über Klassen und Objekte (class reflection).....148
Codebeispiel 54:   Methoden zur Zeichenkettenmanipulation 152
Codebeispiel 55:   Zerlegen von Zeichenketten mit StringTokenizer 153
Codebeispiel 56:   Darstellung des Applet-Lebenszyklus durch Textausgabe 157
Codebeispiel 57:   HTML-Einbettung von HelloWorldApplet 157
Codebeispiel 58:   Syntax der APPLET-Marke..158
Codebeispiel 59:   Einlesen von Parametern in ein Applet..160
Codebeispiel 60:   Attribut- und Parameterkodierung in der APPLET-Marke......................160
Codebeispiel 61:   Programmparametrisierung durch Properties und Property-Dateien 164
Codebeispiel 62:   Systemfunktionen 167
Codebeispiel 63:   Iterative Berechnung der Fakultät 173
Codebeispiel 64:   Rekursive Berechnung der Fakultät...174
Codebeispiel 65:   Klasse für die Modellierung eines Knotens in einem Binärbaum................180
Codebeispiel 66:   Implementierung eines geordneten Binärbaums.................................184

Codebeispiel 67:   Anwendung des Binärbaums: Erzeugen, Einfügen, Durchlaufen 186
Codebeispiel 68:   Sortieren und Suchen mit der Arrays-Klasse 194
Codebeispiel 69:   Eine Warteschlange als Beispiel für einen Listen-Datentyp 198
Codebeispiel 70:   Auftraggeber für eine Warteschlange.. 199
Codebeispiel 71:   Verbraucher, der Elemente aus einer Warteschlange entnimmt.................... 200
Codebeispiel 72:   Steuerklasse für den Test der Warteschlange 201
Codebeispiel 73:   Anwendungsbeispiel für eine Hash-Tabelle... 205
Codebeispiel 74:   Deassemblierter Bytecode von HelloWorld... 211
Codebeispiel 75:   Aufbau von policy-Einträgen 219
Codebeispiel 76:   Beispiele für policy-Einträge.. 219
Codebeispiel 77:   Einlesen und Ausgaben einer Datei... 230
Codebeispiel 78:   Textausgabe in eine Datei 232
Codebeispiel 79:   Verketten von Eingabeströmen 234
Codebeispiel 80:   Manipulation des Dateisystems mit java.io.File.................................... 237
Codebeispiel 81:   Objektserialisierung mit Objektströmen... 240
Codebeispiel 82:   Erzeugen verschiedener Fenstertypen 246
Codebeispiel 83:   Fenster mit Schaltfläche (Button)... 249
Codebeispiel 84:   Verwendung unterschiedlicher Layoutmanager 253
Codebeispiel 85:   Schematische Anwendung von GridBagConstraints.................................... 254
Codebeispiel 86:   Verwendung eines GridBagLayoutManager.. 255
Codebeispiel 87:   Abfangen von Mausereignissen (primitive Ereignisse).............................. 262
Codebeispiel 88:   Verarbeiten semantischer Ereignisse.. 263
Codebeispiel 89:   Mehrfachverarbeitung von Ereignissen (event multicast).......................... 265
Codebeispiel 90:   Einsatz von Adapterklassen.. 267
Codebeispiel 91:   Steuerung von Komponenten eines Fensters I 269
Codebeispiel 92:   Steuerung von Komponenten eines Fensters II 270
Codebeispiel 93:   Menüs und Zugriff auf die Zwischenablage.. 276
Codebeispiel 94:   Erzeugen von Rahmen um Swing-Komponenten 281
Codebeispiel 95:   Registrierung von Tastatur-Shortcuts in Swing.................................... 282
Codebeispiel 96:   Fenstererzeugung in Swing 284
Codebeispiel 97:   RadioButtons und CheckBoxes in Swing.. 285
Codebeispiel 98:   Fortschrittsbalken (JProgressBar) 286
Codebeispiel 99:   Rollbalken (JScrollBar).. 286
Codebeispiel 100: Stellregler (JSlider) 286
Codebeispiel 101: Editierbare Klapplisten (JComboBox) 287
Codebeispiel 102: Geteilte Darstellungsflächen (JSplitPane)... 287
Codebeispiel 103: Listen (JList) und Registerkarten (JTabbedPane) 288
Codebeispiel 104: Baumdarstellung (JTree)... 289
Codebeispiel 105: Tabellen (JTable) 290
Codebeispiel 106: Ändern des look-and-feel der Benutzerschnittstelle............................... 292
Codebeispiel 107: Setzen graphischer Attribute im Graphikkontext 295
Codebeispiel 108: Einsatz eines Graphikkontexts außerhalb von paint()/upate()...................... 297
Codebeispiel 109: Ausgabe von Graphikprimitiven 300
Codebeispiel 110: Animation einer Sinuskurve.. 304
Codebeispiel 111: Animation mit double buffering.. 307
Codebeispiel 112: Laden von Bilddateien 308
Codebeispiel 113: Zeichnen einer Pfad- und Frameanimation 309
Codebeispiel 114: Erzeugen eines Pfads (GeneralPath) 315
Codebeispiel 115: Definition eines Linienmusters 316
Codebeispiel 116: Definition eines Farbgradienten (GradientPaint) 317

Codebeispiel 117: Transparente Objekte zeichnen (Alpha-Kanal, AlphaComposite)..................318
Codebeispiel 118: Schriftmanipulation im Java 2D-API 320
Codebeispiel 119: Anwendung von Bildfiltern im Graphik-2D-API......................................322
Codebeispiel 120: Schema für die Ableitung von Unterklassen von Thread....................326
Codebeispiel 121: Verwenden von Threads mit Hilfe von Runnable 327
Codebeispiel 122: Threads für die Textausgabe an die Konsole......................................328
Codebeispiel 123: Konkurrierende Threads mit Visualisierung..333
Codebeispiel 124: Schema der Threadsteuerung durch Prioritäten..................................337
Codebeispiel 125: Simulation des Leihverkehrs als Beispiel für Synchronisation 341
Codebeispiel 126: Synchronisation eines Anweisungsblocks..342
Codebeispiel 127: Adreßbestimmung mit InetAddress..346
Codebeispiel 128: „Minibrowser" – Ausgeben einer HTML-URL....................................348
Codebeispiel 129: „Dia-Show" einer URL-Liste im Browser..350
Codebeispiel 130: Ein Echo-Client (Socketprogrammierung) 353
Codebeispiel 131: Ein Echo-Server (Socketprogrammierung) 356
Codebeispiel 132: Aufbauschema RMI-fähiger Klassen 359
Codebeispiel 133: Ableiten einer Schnittstelle von java.rmi.remote..............................360
Codebeispiel 134: Implementierung eines RMI-fähigen remote object............................361
Codebeispiel 135: Client für den Zugriff auf ein remote object......................................362
Codebeispiel 136: Herstellen einer Datenbankverbindung 369
Codebeispiel 137: Ausführen eines SQL-Statements..370
Codebeispiel 138: Ausführen von Statements in einer Schleife..370
Codebeispiel 139: Ausführen eines Updates 371
Codebeispiel 140: Schema der Ergebnisausgabe für ein ResultSet..................................371
Codebeispiel 141: Auslesen von Anfrageergebnissen mit getXXX-Methoden..................372
Codebeispiel 142: Auslesen von Anfrageergebnissen über Spaltennummern....................372
Codebeispiel 143: Erzeugen eines prepared statement..375
Codebeispiel 144: Erzeugen einer stored procedure 375
Codebeispiel 145: Aufruf einer stored procedure..376
Codebeispiel 146: Ausführen einer Transaktion mit commit() 376
Codebeispiel 147: Rollback in der Ausnahmebehandlung..377
Codebeispiel 148: Erzeugen einer Datenbanktabelle 378
Codebeispiel 149: Ausführen eines Updates 379
Codebeispiel 150: Generische Datenbankschnittstelle mit Metadatenausgabe 386
Codebeispiel 151: Einbettung von JavaScript in HTML..392
Codebeispiel 152: Ereignisverarbeitung und Fenstersteuerung mit JavaScript................394
Codebeispiel 153: Aufruf von JavaScript-Befehlen aus einem Applet 397

12.6 Verzeichnis der Tabellen

Tabelle 1:   Umfang der Java-Klassenbibliotheken 29
Tabelle 2:   Entwicklungswerkzeuge im JDK 1.2..31
Tabelle 3:   Zusatzwerkzeuge für remote method invocation und Sicherheit........................31
Tabelle 4:   Optionen des Java-Compilers 33
Tabelle 5:   Optionen des Java-Interpreters 34
Tabelle 6:   Optionen bei der Archiverstellung mit jar 37
Tabelle 7:   Besondere Angaben in Dokumentationskommentaren für javadoc......................38
Tabelle 8:   Schlüsselwörter von Java..46

Tabelle 9:   Escape-Sequenzen in Zeichenkettenliteralen 47
Tabelle 10:   Kodierung von Zeichenkettenliteralen 48
Tabelle 11:   Separatoren in Java 49
Tabelle 12:   Operatoren in Java 50
Tabelle 13:   Bestandteile einer Kompilierungseinheit 51
Tabelle 14:   Übersicht der Datentypen in Java 54
Tabelle 15:   Ganzzahl-Datentypen und ihr Darstellungsbereich 54
Tabelle 16:   Besondere Werte bei Division und Modulo von Gleitkomma-Zahlen ... 55
Tabelle 17:   Defaultbelegungen für die primitiven Datentypen 56
Tabelle 18:   Zugriffsmodifikatoren für Eigenschaften und Methoden 125
Tabelle 19:   Syntax der Schnittstellendeklaration 134
Tabelle 20:   Übersicht zur Objektorientierung in Java 139
Tabelle 21:   Methoden der Basisklasse Object 140
Tabelle 22:   Wrapper-Klassen für primitive Datentypen 153
Tabelle 23:   Eigenschaften von Integer 154
Tabelle 24:   Methoden der Klasse java.applet.Applet 161
Tabelle 25:   Schnittstellen und Klassen im Collection framework in java.util 188
Tabelle 26:   Komplexe Datenstrukturen in java.util (in Auswahl) 189
Tabelle 27:   Klassifikation von Sicherheitsproblemen 211
Tabelle 28:   Typen von Zugriffsrechten (Unterklassen von Permission) 221
Tabelle 29:   Klassifikation der Basisklassen für Ein-/Ausgabeströme 224
Tabelle 30:   Flächen- und Fensterklassen im AWT 245
Tabelle 31:   Kontrollelemente im AWT 247
Tabelle 32:   Zuordnung von Komponenten und Ereignistypen im AWT 260
Tabelle 33:   Lauscherschnittstellen und ihre Ereignisverarbeitungsmethoden 261
Tabelle 34:   Steuerelemente von AWT und Swing im Vergleich 279
Tabelle 35:   Neue Steuerelemente in Swing 280
Tabelle 36:   Fensterklassen in AWT und Swing im Vergleich 280
Tabelle 37:   Neue AWT-Pakete im JDK 1.2 294
Tabelle 38:   Operatorklassen für die Manipulation von Bilddaten 321
Tabelle 39:   Klassen für die Speicherung von Bilddaten 321
Tabelle 40:   Tabelle Artikel für die JDBC-Beispiele 364
Tabelle 41:   Schnittstellen in java.sql (JDBC) 366
Tabelle 42:   Klassen in java.sql (JDBC) 366
Tabelle 43:   Die wichtigsten SQL-Befehle in JDBC 368
Tabelle 44:   Datentypen in java.sql 373
Tabelle 45:   Zuordnung zwischen JDBC-Datentypen und Java-Datentypen 373
Tabelle 46:   Methoden für den Zugriff auf JDBC-Datentypen 374
Tabelle 47:   Abfrage einer Datenbanktabelle 379
Tabelle 48:   Ausgewählte Methoden von DatabaseMetaData 381
Tabelle 49:   Vergleich von JavaScript und Java 391
Tabelle 50:   Ereignisverarbeitung in JavaScript 394
Tabelle 51:   Operatorenpräzedenz in Java 406
Tabelle 52:   Übersicht aller Pakete im JDK der Java 2-Plattform 408

12.7 Verzeichnis der Abbildungen

Abbildung 2:   Ausgabe der Dokumentationsdatei im WWW-Browser 39
Abbildung 3:   Inprise JBuilder V. 2 41

Abbildung 4:   Darstellung von Klassen in UML 101
Abbildung 5:   UML-Schema für Objekte 102
Abbildung 6:   Darstellung von Ober-/Unterklassenbeziehungen............................103
Abbildung 7:   Schemata für Beziehungen zwischen zwei Klassen und deren Kardinalität........104
Abbildung 8:   Beispiele für Beziehungen mit Kardinalitätsangabe.........................104
Abbildung 9:   Darstellung von Schnittstellen in UML 105
Abbildung 10: Schnittstellenbeispiel: UML-Notation und Java-Quellcode 106
Abbildung 11: Paketdiagramm in UML 106
Abbildung 12: Komponenten- und Implementierungsdiagramme............................107
Abbildung 13: Aufbau einer Klasse in Java...113
Abbildung 14: Schema der diamond inheritance 124
Abbildung 15: Die Klasse Applet und ihre Oberklasse 155
Abbildung 16: Lebenszyklus eines Applets im WWW-Browser...............................156
Abbildung 17: Schematische Darstellung rekursiver Fuinktionsaufrufe 174
Abbildung 18: Eigenschaften eines (Binär-)Baums...176
Abbildung 19: Schrittweiser Aufbau eines Binärbaums 177
Abbildung 20: PolicyTool mit geöffneter policy-Datei und Rechteeditor.................220
Abbildung 21: Schematische Darstellung der Verkettung von Datenströmen...........224
Abbildung 22: Klassenhierarchien der Byte- und Zeicheneingabeströme 226
Abbildung 23: Klassenhierarchien der Byte- und Zeichenausgabeströme.................227
Abbildung 24: Stromverkettung bei Verwendung eines SequenceInputStream 234
Abbildung 25: Fenstertypen im AWT 247
Abbildung 26: Fenster mit Schaltfläche (Button) 249
Abbildung 28: BorderLayout (schematisch)...250
Abbildung 29: GridLayout (schematisch)...251
Abbildung 30: Verwendung unterschiedlicher LayoutManager 253
Abbildung 31: Eingabeformular (GridBagLayout)...256
Abbildung 32: Schema der Ereignisverarbeitung im JDK 1.0.*...............................257
Abbildung 33: Schema der Ereignisverarbeitung ab JDK 1.1.* 257
Abbildung 34: Übersicht der Ereignisklassen im AWT 258
Abbildung 35: Beispielfenster Nachrichtenverarbeitung 265
Abbildung 36: Fenster mit verschiedenen Kontrollelementen..................................269
Abbildung 37: Aufbau von Menüs 271
Abbildung 38: Kaskadierende Menüs...271
Abbildung 39: Tastaturkürzel in Menüs 277
Abbildung 40: Funktionsweise von Swing-Komponenten 278
Abbildung 41: Ränder und ToolTips in Swing...281
Abbildung 42: Aufbau von Fenstern in Swing(JFrame, JApplet)..............................283
Abbildung 43: Hauptfenster mit Unterfenstern (JFrame, JInternalFrame) 285
Abbildung 44: Zusammenfassende Darstellung der Swing-Steuerelemente 291
Abbildung 45: Java-look-and-feel 292
Abbildung 46: Windows-look-and-feel 293
Abbildung 47: Motif-look-and-feel 293
Abbildung 48: Ausgabe von Graphikprimitiven...301
Abbildung 49: Animation einer überlagerten Sinuskurve...308
Abbildung 50: Pfadanimation mit Bilddateien 309
Abbildung 51: Transformationsoperationen bei additiver Anwendung.....................314
Abbildung 52: Transformationsoperationen 314
Abbildung 53: Erzeugen und Füllen eines Pfadobjekts 316
Abbildung 54: Verwendung von Linienmustern...317

Abbildung 55: Farbgradient als Füllung eines Pfads...318
Abbildung 56: Transparente Überlagerung von Formen...319
Abbildung 57: Manipulation von Schriften...320
Abbildung 58: Bildmanipulation (Streckung, Bildfilter)..323
Abbildung 59: Threads als Fortschrittsbalken...333
Abbildung 60: Schema der Steuerung von Threads...335
Abbildung 61: Schema der Client-Server-Kommunikation mit Socket und ServerSocket..........353
Abbildung 62: Ausgabe des EchoServer...356
Abbildung 63: Generisches Datenbankinterface...387
Abbildung 64: JavaScript-Objekthierarchie im WWW-Browser (Netscape)............393
Abbildung 65: Ereignisverarbeitung und Fenstersteuerung mit JavaScript............395
Abbildung 66: Zugriff auf Java-Klassen durch JavaScript.......................................396

12.8 Literatur- und Quellenverzeichnis

Literatur

APPELRATH, Hans-Jürgen; Ludewig, Jochen (1995³). Skriptum Informatik – eine konventionelle Einführung. Stuttgart B. G. Teubner; Zürich: Hochschulverlag an der ETH.

APPELRATH, Hans-Jürgen et. al. (1998). Starthilfe Informatik. Stuttgart & Leipzig: B. G. Teubner.

BOLES, Dietrich (1999): Programmieren spielend gelernt mit dem Java-Hamster-Modell. Stuttgart & Leipzig: B. G. Teubner.

ARNOLD, Ken; GOSLING, James (1998²). The Java Programming Language. Reading et al.: Addison Wesley Longman [The Java Series].

BALZERT, Heide (1996A). Methoden der objektorientierten Systemanalyse. Heidelberg: Spektrum Akademischer Verlag.

BALZERT, Helmut (1996B). Lehrbuch der Software-Technik. Bd. 1, Software-Entwicklung. Heidelberg: Spektrum Akademischer Verlag.

BOOCH, Grady; RUMBAUGH, James; JACOBSON, Ivar (1999). The Unified Modeling Language User Guide. Reading/MA et al.: Addison Wesley Longman [The Object Technology Series].

CHAN, Patrick (1999). The Java Developers Almanac 1999. Reading/MA et al.: Addison Wesley Longman [The Java Series].

CHAN, Patrick; LEE, Rosanna; KRAMER, Doug (1998²). The Java Class Libraries, Vol. 1. java.io, java.lang, java.math, java.net, java.text, java.util. Reading/MA et al.: Addison Wesley Longman [The Java Series].

CHAN, Patrick; LEE, Rosanna (1998²). The Java Class Libraries, Vol. 2. java.applet, java.awt, java.beans. Reading/MA et al.: Addison Wesley Longman [The Java Series].

CHAN, Patrick; LEE, Rosanna; KRAMER, Doug (1999). The Java Class Libraries, Vol. 1. Supplement for the Java 2 Platform Standard Edition, v1.2. Reading/MA et al.: Addison Wesley Longman [The Java Series].

CORNELL, Gary; HORSTMANN, Cay S. (1996). Core Java. Mountain View/CA: SunSoft Press.

DATE, C. J.; DARWEN, Hugh (1997⁴). A Guide to the SQL Standard. Reading/MA: Addison Wesley Longman.

EIRUND, Helmut (1993). Objektorientierte Programmierung. Stuttgart: Teubner.

FLANAGAN, David (1996). Java in a Nutshell. Sebastopol/CA et al.: O'Reilly.

FLANAGAN, David (1997). JavaScript. Das umfassende Referenzwerk. Köln et al.: O'Reilly.

FOWLER, Martin; SCOTT, Kendall (1998[10]). UML Distilled. Applying the Standard Object Modeling Language. Reading/MA et al.: Addison Wesley Longman [The Object Technology Series].

GONG, LI (1998). Java™ Security Architecture (JDK1.2). Version 1.0. Sun Microsystems, Oktober 1998 ($Doku-Pfad$/guide/security/spec/security-spec.doc.html).

GONG, LI (1999). Inside Java™ 2 Platform Security. Architecture, API Design, and Implementation. Reading/MA et al.: Addison Wesley Longman [The Java Series].

GOSLING, James; JOY, Bill; STEELE, Guy (1997). Java. Die Sprachspezifikation. Bonn et al.: Addison Wesley Longman [The Java Series].

HAMILTON, Graham; CATTELL, Rick; FISHER, Maydene (1998). JDBC. Datenbankzugriff mit Java. Bonn et al.: Addison Wesley Longman [The Java Series].

HAYES, Roger; GHIASSI, Manoochehr (1998). "'Runnability' Testing of Java Programs." In: JavaWorld, Februar 1998, http:// www.javaworld.com/javaworld/jw-08-1998/jw-08-runtest.html.

HUGHES, Merlin et al. (1997). Java Network Programming. Greenwich/CT: Manning.

JEPSON, BRIAN (1997). Java Database Programming. New York et al.: John Wiley.

KOPP, Herbert (1997). Bildverarbeitung interaktiv. Stuttgart: B. G. Teubner [Informatik und Praxis].

KNUDSEN, Jonathan (1998). Java Cryptography. Sebastopol/CA et al.: O'Reilly.

LEA, Doug (1997). Concurrent Programming in Java. Entwurfsprinzipien und Muster. Bonn et al.: Addison Wesley Longman [The Java Series].

LINDHOLM, Ted; YELLIN, Frank (1997). Java. Die Spezifikation der virtuellen Maschine. Bonn et al.: Addison Wesley Longman [The Java Series].

MANGIONE, Carmine (1998). „Performance Tests Show Java as Fast as C++." In: JavaWorld, Februar 1998, http:// www.javaworld.com/javaworld/jw-02-1998/jw-02-jperf.html.

MCGRAW, Gary; FELTEN Edward (1997). Java Security. Hostile Applets, Holes, and Antidotes. New York et al.: John Wiley.

MURPHY, Kieron (1996). "So why did they Decide to Call it Java?" In: JavaWorld, Oktober 1996, http:// www.javaworld.com/javaworld/jw-10-1996/jw-10-javaname.html.

NEFFENGER, John (1998). „Which Java VM Scales Best?" In: JavaWorld, August 1998, http://www.javaworld.com/javaworld/jw-08-1998/jw-08-volanomark.html.

NEFFENGER, John (1999). „The Volano Report: Which Java Platform is Fastest, most Scalable?" In: JavaWorld, März 1999, http://www.javaworld.com/javaworld/jw-03-1999/jw-03-volanomark.html.

ORFALI, Robert; HARKEY, Dan; EDWARDS, Jeri (1998). Instant CORBA. Führung durch die CORBA-Welt. Bonn et al.: Addison Wesley Longman.

OTTMANN, Thomas; WIDMAYER, Peter (1996[3]). Algorithmen und Datenstrukturen. Heidelberg: Spektrum Akademischer Verlag.

PIEMONT, Claudia (1998). Komponenten in JAVA™. Heidelberg: dpunkt.

ROULO, Mark (1998). "Accelerate your Java Apps!" In: JavaWorld, September 1998, http://www.javaworld.com/javaworld/jw-09-1998/jw-09-speed.html.

SCHICKER, Edwin (1996). Datenbanken und SQL. Stuttgart: B. G. Teubner [Informatik und Praxis].

SRIDHARAN, Prashant (1997). Advanced Java Networking. Upper Saddle River/NJ: Prentice Hall PTR.

SUN MICROSYSTEMS (1999). "Secure Computing With Java™: Now And The Future. A White Paper." Sun Microsystems, Mai 1999, http://www.javasoft.com/marketing/collateral/security.html.

VOGEL, Andreas; DUDDY, Keith (1997). Java Programming with CORBA. New York et al.: John Wiley.

VAN HOFF, Arthur (1996). „Animation in Java Applets." In: JavaWorld 3/1996, http://www.javaworld.com/jw-03-1996/jw-03-animation.html.

WEINER, Scott R.; ASBURY, Stephen (1998). Programming with JFC. New York et al.: John Wiley.

Beispiele des Java Development Kit
Die Java 2-Plattform enthält eine Reihe illustrativer Beispiele für die Anwendung der Klassen des JDK. Sie finden sich im Verzeichnis $JDK-Pfad$/demo und sind in die Bereiche Applet und jfc (Swing) untergliedert.

JDK-Dokumentation
In der Dokumentation des JDK finden sich

- die mit javadoc generierten Beschreibungen für alle Klassen und Schnittstellen ($Doku-Pfad$/api),
- Beschreibungen für die Entwicklungswerkzeuge ($Doku-Pfad$/tooldocs),
- konzeptuelle Beschreibungen wichtiger Bereiche der Programmierung mit Java ($Doku-Pfad$/guide/ mit insg. 28 thematischen Unterverzeichnissen).

JavaWorld
Die monatlich erscheinende elektronische Zeitschrift *JavaWorld* (http://www.javaworld.com) enthält Artikel zu allen aktuellen Themen, die Java betreffen. Besonders instruktiv sind regelmäßige Kolumnen zu Themen wie Sicherheitsarchitektur von Java oder objektorientierte Programmierung, die auch beim Verfassen dieses Buches herangezogen wurden (vgl. Kap. 3.8 und 5.6).

Online-Ressourcen
Unzählige WebSites bieten hilfreiche Informationen zu Java an, wie eine Recherche zu einem Thema mit Bezug zu Java über eine Suchmaschine zeigt. Um den Einstieg zu erleichtern, sind hier lediglich drei aufgeführt:

- *JavaSoft* (http://www.javasoft.com) – die offizielle Java-Site von Sun Microsystems. Sie enthält jeweils aktuelle Versionen der Entwicklungswerkzeuge und weitere Java-APIs bzw. deren Spezifikation.
- *Java Developer Connection* (JDC, http://www.jdc.com) – Web-Server mit technischer Hintergrundinformation sowie Vorabversionen neuer Java-APIs und -werkzeuge. Eine Registrierung ist erforderlich, aber kostenlos.
- *Gamelan* (http://www.gamelan.com) – Eine sehr umfangreiche Sammlung an relevantem Material zu Java (Beispiele, Übersicht kommerzieller Entwicklungswerkzeuge, Lehrmaterialien, Anwendungsbeispiele, Nachrichten zu Java etc.).

12.9 Glossar

abgeleitete Klasse *(derived class)*
Klasse, die von einer anderen Klasse, ihrer → Oberklasse, abgeleitet ist, und die Methoden und Eigenschaften der Oberklasse erbt (→ Generalisierung, → Vererbung, → Spezialisierung). In Java sind alle Klassen direkt oder über Zwischenklassen indirekt von der → Basisklasse Object abgeleitet.

abstrakte Klasse *(abstract class)* Klasse, von der man keine → Objekte instantiieren kann. In einer abstrakten Klasse können deshalb die Methodenimplementierungen fehlen.

abstrakter Datentyp *(abstract data type, ADT)*
Ein abstrakter Datentyp kapselt die in ihm enthaltene Datenstruktur und verbirgt sie vor dem Benutzer *(data hiding)*. Nach außen sind nur die mit dem abstrakten Datentyp zulässigen Operationen, nicht aber seine konkrete innere Struktur sichtbar. Ein abstrakter Datentyp ist also prinzipiell auf verschiedene Weise realisierbar. In Java sind die Schnittstellen im *Java Collection Framework* Beispiele für abstrakte Datentypen: Sie spezifizieren die Funktionalität und die Zugriffsmöglichkeiten, geben aber keine konkrete Implementierung vor.

Aggregation *(aggregation)*
Aggregation (lat. „sich einer Herde anschließen") beschreibt eine Beziehung zwischen Klassen, bei der eine Klasse Objekte vom → Typ anderer Klassen als → Eigenschaften enthält (Teil-Ganzes-Beziehung).

Algorithmus *(algorithm)*
Ein Algorithmus (benannt nach *Al-Khwarizmi*, persischer Mathematiker, 9. Jhdt.) ist ein Problemlösungsverfahren, das durch ein → Programm realisiert und von einer Rechenmaschine ausgeführt werden kann. Zu den Eigenschaften eines Algorithmus gehören

- seine *Korrektheit*, d. h. die Tatsache, daß der Algorithmus das Problem korrekt löst,

- seine *Finitheit*, also die *endliche Länge* des Verfahrens selbst und des von ihm benötigten Speicherplatzes,

- seine *Terminiertheit*, d. h. die Eigenschaft, nach endlich vielen Schritten zu einem Ende zu kommen, die

- die *Determiniertheit* des Algorithmus als Eigenschaft, für gleiche Eingabedaten auch gleiche Ergebnisse zu liefern, und

- der *Determinismus*. Hat ein Algorithmus zu jedem Zeitpunkt seiner Ausführung bei gegebenen Eingabedaten nur genau eine Möglichkeit der Fortsetzung, so heißt er *deterministisch*.

Zusätzlich fordert man von einem Algorithmus

- *Effektivität*, gemessen durch die Kriterien Laufzeit und Speicherbedarf und

- *Abstraktheit*, also die Anwendbarkeit des Algorithmus auf eine Problem*klasse* (statt eines Einzelproblems),

Anweisung *(statement)*
Eine Anweisung einer Programmiersprache ist die kleinste vom Computer auszuführende Einheit eines Programms.

Applet
Programmtyp in Java, der im Unterschied zu einer → Applikation in HTML-Seiten eingebettet und in einem Web-Browser ausgeführt werden kann. Jedes Applet muß Unterklasse von java.applet.Applet sein. Ein Applet ist auch als Applikation lauffähig, wenn es die main-Methode implementiert.

Applikation *(application)*
Im Gegensatz zu einem → Applet ein Programm, das eigenständig lauffähig ist und das eine Klasse mit der → Programmeintrittsmethode main enthält, über die das Programm gestartet werden kann.

Architekturneutralität *(architectural neutrality)*
Eigenschaft einer Programmiersprache, Programme zu erzeugen, die in unterschiedlichen Rechnerarchitekturen ohne Änderung ausgeführt werden können. Architekturneutralität ist eine herausragende Eigenschaft der Java 2-Plattform.

Array *(array)*
Ein Array (eng. „geordnete Ansammlung von Personen oder Dingen") ist eine Datenstruktur fester Größe, die aus Elementen *gleichen* → *Typs* aufgebaut ist. Arrays sind in Java eindimensional, d. h. ein Array mit *n* Dimensionen wird in Java als *eindimensionaler* Array modelliert, bestehend aus Elementen, die Arrays mit *n*-1 Dimensionen enthalten, deren Elemente wiederum *n*-2-dimensionale Arrays sind etc.

Assoziation *(association)*
Form der Beziehung zwischen zwei Klassen, bei der im Unterschied zu → Aggregation, → Komposition und → Vererbung die beiden Klassen weder voneinander abgeleitet sind noch die eine Klasse Objekte vom Typ der anderen Klasse als Eigenschaft enthält. Eine Assoziation besteht z. B. dann, wenn eine Klasse Methoden einer anderen Klasse verwendet oder auf deren Eigenschaften zugreift. Assoziation ist nur zwischen Klassen bzw. Objekten möglich, die über entsprechende Zugriffsrechte für die jeweils andere verfügen.

Attribut *(attribute)* → Eigenschaft

Ausdruck *(expression)*
Syntaktisch korrekte Kombination von Sprachelementen und Operatoren einer Programmiersprache, die bei der Ausführung eines Programms nach vorgegebe-

nen Regeln von → Anweisungen und der Kontrollflußsteuerung ausgewertet wird.

Basisklasse *(base class)*
Wurzel einer → Klassenhierarchie, von der alle anderen Klassen abgeleitet sind. In Java ist die Klasse **Object** die Wurzel aller Klassen.

Bytecode *(bytecode)*
Der Java-Bytecode ist ein interpretierbares Binärformat, das durch Kompilieren eines Java-Programms entsteht. Java-Bytecode kann auf allen Betriebssystemplattformen ausgeführt werden, die über eine Implementierung einer → virtuellen Java-Maschine verfügen und daher Java-Programme interpretieren können.

Client *(client)*
Programm, das über ein Netzwerk Daten oder Dienstleistungen von einem → Server anfordert. Zur Abwicklung der Datenkommunikation zwischen Client und Server ist ein → Protokoll erforderlich.

Client-Server-Programmierung *(client-server programming)*
Bei der Client-Server-Programmierung ist die Programmfunktionalität in einem Netzwerk auf Diensteanbieter (Server) und –nutzer (Client) verteilt. Neben einfachen zweischichtigen Client-Server-Programmen existieren auch dreischichtige Architekturen *(three tier architecture)*, bei der der Client die Benutzerschnittstelle umfaßt (Präsentationslogik), der Server die Programmfunktionalität realisiert (Applikationslogik) und auf einer dritten Ebene ein Datenbanksystem die Datenspeicherung und -bereitstellung übernimmt.

Compiler
Ein Compiler ist ein Programm, das den Quellcode eines Programms in Maschinencode übersetzt. In Java entsteht dabei kein auf einem Rechner selbständig ausführbarer Code, sondern plattformneutraler → Bytecode, der von einer → virtuellen Java-Maschine interpretiert, d. h. ausgeführt werden kann.

component ware → Komponente

Datenkapselung *(data encapsulation)*
Entwicklungsmethode, bei der man durch Definition von Schnittstellen die konkreten Details der Implementierung einer Datenstruktur verbirgt. In Java dienen private Eigenschaften der Datenkapselung: Ihr Wert ist für andere Klassen nicht sichtbar und kann daher allenfalls über geeignete Zugriffsmethoden ausgelesen werden.

Datentyp *(data type)*
Ein Datentyp definiert Struktur, Wertebereich und zulässige Operationen einer Datenstruktur und gibt ihr einen Namen. In Java unterscheidet man *primitive* oder *einfache* Datentypen (z. B. int, char, float) und *Objekt-* oder → *Referenz-*

Datentypen (z. B. die vordefinierten Klassen der Java 2-Plattform wie java.lang.Object oder java.lang.String). Die Menge der primitiven Datentypen ist statisch, d. h. der Entwickler kann keine zusätzlichen primitiven Typen definieren. Die Menge der Objekttypen ist dagegen offen und wird vom Entwickler durch die Definition von → Klassen und → Schnittstellen erweitert.

Defaultwert *(default value)*

Der Defaultwert eines Datentyps ist diejenige Wertebelegung, die jede → Variable dieses Typs bei ihrer Instantiierung automatisch zugewiesen bekommt. In Java gibt es Defaultwerte für alle primitiven Datentypen (z. B. 0 für die Integer-Datentypen byte, short, int und long).

Eigenschaft *(attribute, field)*

Eine Eigenschaft einer Klasse ist Teil der → Klassendefinition und kann eine → Variable eines primitiven Datentyps, ein → Array oder ein Objekt (→ Referenz-Datentyp) sein. Die Werte der Eigenschaften eines Objekts bestimmen seinen Zustand zur Laufzeit.

Einprozessormaschine

Eine Einprozessormaschine verfügt nur über eine einzelne zentrale Recheneinheit *(central programming unit, cpu)* und daher zu einem Zeitpunkt auch nur einen Befehl verarbeiten kann.

Ereignis *(event)*

Ein Ereignis ist die Bezeichnung für den Eintritt eines Programms in einen Zustand, der die Versendung von → Nachrichten an Objekte des Programms auslöst. Dazu gehören *primitive* (low-level) Ereignisse wie Tastatureingabe oder Mausbewegung und *logische* (semantische) Ereignisse wie das Betätigen einer Schaltfläche oder die Auswahl eines Menüeintrags.

extensible markup language *(XML)*

Von der *standard generalized markup language* (SGML) abgeleitete Metasprache für die Definition von Informations- und Dokumentstrukturen.

Feld *(field)* → Eigenschaft

finale Eigenschaft *(final attribute, field)*

Der Wert einer finalen Eigenschaft kann nach seiner → Instantiierung nicht mehr geändert werden. Damit haben finale Eigenschaften die Funktion von Konstanten, wie sie in anderen Programmiersprachen als eigenes Sprachkonstrukt Verwendung finden. Alle Eigenschaften von → Schnittstellen sind final, d. h. sie dienen zur Angabe konstanter Werte.

finale Klasse *(final class)*

Eine finale Klasse läßt keine Ableitung zu, d. h. von ihr können keine Unterklassen gebildet werden. Sie stellt einen Endpunkt („ein Blatt") im Klassenbaum dar.

finale Methode *(final method)*
Eine als final gekennzeichnete Methode kann nicht von einer gleichnamigen Methode in einer Unterklasse überschrieben werden (→ Überschreiben).

Finalisierung *(finalization)*
Unter Finalisierung versteht man die Vernichtung nicht mehr referenzierter Objekte und die Freigabe des durch sie belegten Speichers durch die automatische Speicherverwaltung (→ Lebensdauer).

formaler Parameter *(formal parameter)*
Ein formaler Parameter einer → Methode besteht in Java aus einem Datentypbezeichner und einem Variablennamen, die einen Übergabewert der Methode spezifizieren. Zur Laufzeit eines Programms wird bei Aufruf einer Methode jeder formale Parameter durch den Wert eines *aktuellen* Parameters ersetzt. Überladene Methoden unterscheiden sich in Art und/oder Anzahl ihrer formalen Parameter (→ Überladen).

Generalisierung *(generalization)*
Die Generalisierung als Gegenstück zur → Spezialisierung bezeichnet die Bildung einer → Oberklasse zu einer oder mehreren → Unterklassen als Zusammenfassung gemeinsamer Eigenschaften und Methoden (*bottom-up*-Betrachtungsweise).

Gültigkeitsbereich *(scope)*
Der Gültigkeitsbereich einer → *Variablen* in einem Programm ist derjenige Bereich, in dem die Variable unter ihrem Namen verwendet werden kann. Dabei können Teile des Gültigkeitsbereichs einer Variablen durch den Gültigkeitsbereich einer gleichbenannten lokalen Variablen verdeckt sein. Die Variable ist für diesen Bereich nicht sichtbar (→ Sichtbarkeit). Der Gültigkeitsbereich eines → *Typs* sind diejenigen → Kompilierungseinheiten, in denen der Typ verwendet werden kann. Er läßt sich durch Zuordnung von Klassen- und Schnittstellendefinitionen zu einem Paket, durch import-Anweisungen und durch Zugriffsmodifikatoren steuern.

Hash-Tabelle *(hash table)*
Eine Hash-Tabelle ist eine Datenstruktur, bei der die Schlüsselwerte der in ihr gespeicherten Daten verwendet werden, um sie mit Hilfe einer Hash-Funktion auf einen Speicherplatz abzubilden. Dadurch ist ein schneller Zugriff auch bei sehr vielen gespeicherten Elementen möglich, da sich die Speicheradresse unmittelbar aus dem Schlüsselwert ergibt.

Hierarchie *(hierarchy)*
Unter einer Hierarchie versteht man eine Baumstruktur, deren Elemente durch *ist-ein*-Beziehungen miteinander in Verbindung stehen, z. B. ein Hund *ist-ein* Säugetier, eine Katze *ist-ein* Säugetier, ein Säugetier *ist-ein* Tier, etc.

Hüllenklasse *(wrapper class)*
Eine Hüllenklasse dient der Kapselung primitiver Datentypen. Für jeden primitiven Datentyp steht in Java eine Hüllenklasse zur Verfügung, die Konvertierungsmethoden zwischen den verschiedenen Datentypen bereithält und den Wert eines primitiven Datentyps speichern kann.

***HyperText Markup Language** (HTML)*
Die *HyperText Markup Language* ist ein deklaratives Dokumentformat, das zur Beschreibung von Dokumenten im → World Wide Web dient. HTML ist eine Anwendung der *Standard Generalized Markup Language* (SGML) und ist durch eine *document type definition* definiert. Neben Auszeichnungen (*markup*) für die Dokumentstruktur (Überschriften, Absätze, Tabellen etc.) enthält HTML auch die Möglichkeit, Verknüpfungen (*hyperlinks*) zwischen Dokument(-teilen) im WWW zu definieren und → Applets einzubetten.

***HyperText Transfer Protocol** (HTTP)*
Das *HyperText Transfer Protocol* ist das Kommunikationsprotokoll für die Versendung von Dokumenten im → World Wide Web. HTTP ist ein einfaches statusloses Protokoll, bei dem eine Netzwerkverbindung zwischen Client (→ Web-Browser) und → Server nur für die Dauer der Anforderung eines Dokuments besteht.

Instantiierung *(instantiation)*
Unter der Instantiierung eines → Objekts versteht man die *Erzeugung* des Objekts und seiner Eigenschaften als Referenz auf einen Speicherbereich und die Belegung der Eigenschaften mit → Defaultwerten bzw. den in einem → Konstruktor oder → Instanzinitialisierungsblock übergebenen bzw. vorgesehenen Werten.

Instanz
Unter einer Instanz versteht man die Realisierung einer Klasse als konkretes Objekt zur Laufzeit eines Programms.

Internet
Ältestes und weltweit größtes Rechner-Netzwerk, auf dessen Basis eine Vielzahl von Diensten realisiert ist (e-Mail, WWW, FTP, Telnet). Die Adressierung im Internet sowie der Datenaustausch basieren auf der → TCP/IP-Protokollfamilie.

***internet protocol** (IP)*
Das Internet-Protokoll definiert ein Adreßformat aus 32-Bit-Adressen, mit denen Rechner im → Internet eindeutig angesprochen werden können, sowie ein Format für den Austausch von Datenpaketen.

Interpreter *(interpreter)*
Ein Interpreter führt → Anweisungen einer Programmiersprache aus. Während in vielen interpretierten Programmiersprachen der Interpreter als Eingabe den

Quellcode eines Programms erhält, führt ein Java-Interpreter als Teil der → virtuellen Java-Maschine den kompilierten → Bytecode aus.

Klasse (*class*)
Eine Klasse ist eine Datenstruktur, die → Eigenschaften, → Methoden und → Konstruktoren enthält. Sie stellt einen → Referenz-Datentyp dar, von dem sich → Objekte instantiieren lassen.

Klassendefinition (*class definition*)
Eine Klassendefinition beschreibt Aufbau und Verhalten einer → Klasse durch Definition ihrer → Eigenschaften, → Konstruktoren und → Methoden sowie der → Zugriffsmethoden der Klasse und ihrer Einordnung in eine → Klassenhierarchie.

Klassenhierarchie (*class hierarchy*)
Eine Klassenhierarchie ist eine Hierarchie, deren Elemente die Klassen einer Programmiersprache sind. Die Klassenhierarchie von Java besteht aus den in der Java 2-Plattform enthaltenen Kernpaketen (*Java Core APIs*) sowie den von Entwicklern neu definierten Klassen. Ihre → Basisklasse ist die Klasse Object.

Kompilierungseinheit (*compilation unit*)
Eine Kompilierungseinheit ist eine logische Einheit, die von einem → Compiler zu einer oder mehreren → Bytecodedateien kompiliert wird (.class-Dateien). Sie kann eine Paketzuordnung, import-Anweisungen und Klassen- und Schnittstellendefinitionen enthalten. In der Regel entspricht sie physisch einer .java-Datei im Dateisystem.

Komponente (*component*)
Unter einer Komponente versteht man in der objektorientierten Programmierung diejenigen → Eigenschaften einer Klasse, die selbst Objekte sind (Subobjekte). Im Software Engineering bezeichnet dieser Begriff wiederverwendbare, integrierbare Programmodule mit klar definierten Schnittstellen (*component ware*). *Java Beans* ist eine solche Komponentenarchitektur.

Komposition (*composition*)
Komposition ist wie die Aggregation die Beziehung zwischen Klassen, die durch Einbettung eines Objekts in eine Klasse als deren Eigenschaft entsteht.

Konstruktor (*constructor*)
Konstruktoren sind methodenähnliche Mitglieder einer → Klasse, die der → Instantiierung der → Eigenschaften von Objekten dienen. Sie haben denselben Namen wie die Klasse und werden bei der Erzeugung von Objekten aufgerufen. Sie unterscheiden sich syntaktisch von Methoden dadurch, daß sie keinen Rückgabewert liefern. Eine Klasse kann über mehrere Konstruktoren verfügen, um für unterschiedlich strukturierte Eingabeparameter eine geeignete Instantiierung vorzusehen.

Kontrollfluß *(control flow)*
Der Kontrollfluß eines Programms beschreibt die Abarbeitungsreihenfolge der Anweisungen des Programms bei gegebenen Start- bzw. Eingabeparametern. Bedingungs-, Schleifen- und Sprunganweisungen sowie Fallunterscheidungen dienen der Steuerung des Kontrollflusses.

Kryptographie *(cryptography)*
Kryptographie (griech. κρυπτός, heimlich, γράφειν schreiben) befaßt sich mit der Entwicklung und Untersuchung von Verfahren zur Datenverschlüsselung, die für die Sicherheit von Computersystemen eine große Rolle spielen.

Lebensdauer *(life time)*
Die Lebensdauer eines → Objekts ist der Zeitraum, während der das Objekt existiert. Sobald ein Java-Programm den → Gültigkeitsbereich eines Objekts verlassen hat, kann es von der automatischen Speicherverwaltung aus dem Speicher entfernt werden. Damit endet seine Lebensdauer.

Literal *(literal)*
Ein Literal ist die Darstellung eines konstanten Werts eines Datentyps, z. B. das Zeichen 'a' des Datentyps char oder die Zeichenkette "abc" des Datentyp String.

Mehrfachvererbung *(multiple inheritance)*
Mehrfachvererbung tritt auf, wenn eine → Klasse von mehr als einer → Oberklasse abgeleitet ist. Sie ist in Java nur für → Schnittstellen möglich, d. h. eine Klasse kann nur von einer Oberklasse abgeleitet sein, aber mehrere Schnittstellen implementieren. Eine Schnittstellen kann von mehreren Schnittstellen abgeleitet sein.

Merkmal *(feature)* → Eigenschaft.

Metadaten *(meta data)*
Unter Metadaten versteht man Informationen, die andere (Primär-)Daten beschreiben. Metadaten sind z. B. die mittels der Klasse Class zu ermittelnden Informationen über konkrete Klassen in Java oder Beschreibungen zu Funktionalität und Struktur einer Datenbank.

Meta-Klasse *(meta class)*
Eine Meta-Klasse ist eine Klasse, deren → Instanzen (Objekte) selbst wieder → Klassen sind oder beschreiben. Zu den Metaklassen gehören in Java die Klasse Class sowie die im Paket java.reflect enthaltenen Klassen für die Strukturbeschreibung von Klassenbestandteilen (Method, Constructor etc.).

Methode *(method)*
Eine Methode faßt eine oder mehrere → Anweisungen zu einer logischen Einheit zusammen. Methoden definieren das Verhalten von Objekten und können unter Angabe von Übergabeparametern aufgerufen werden. Sie entsprechen dem

Konzept der Funktionen bzw. Prozeduren in prozeduralen Programmiersprachen (→ Programmierparadigma).

Methodensignatur *(method signature)*
Die Signatur einer Methode besteht aus dem Namen der Methode sowie aus Art und Anzahl ihrer → formalen Parameter.

Middleware
Middleware bezeichnet den Teil der Funktionalität eines Betriebssystems, der die Kommunikation verteilter Programm- oder Objektsysteme in Netzwerken ermöglicht. Zu den für Java verfügbaren Middleware-Architekturen gehören u. a. die Java *remote method invocation* (RMI) sowie CORBA.

Mitglied *(member)*
Die Mitglieder einer Klasse sind die in ihr enthaltenen Strukturelemente, also → Eigenschaften, → Methoden und → Konstruktoren.

Multithreading
Multithreading bezeichnet die Möglichkeit, mehr als einen → Kontrollfluß in einem → Programm zur gleichen Zeit ablaufen lassen zu können (→ Nebenläufigkeit).

Nachricht *(message)*
Eine Nachricht dient zur Kommunikation zwischen Objekten. In Java werden Nachrichten dazu verwendet, → Objekte, insb. Komponenten der Benutzerschnittstelle vom Eintreten eines → Ereignisses zu benachrichtigen.

Nebenläufigkeit *(concurrency)*
Nebenläufigkeit ist die Fähigkeit eines → Programms, mehrere → Kontrollflüsse gleichzeitig auszuführen. Bei Einprozessormaschinen setzt Nebenläufigkeit voraus, daß ein Schedulingmechanismus die Rechenleistung des Prozessors sequentiell auf die verschiedenen Kontrollflüsse verteilt.

Oberklasse *(superclass)*
Eine Oberklasse ist jede → Klasse, von der Unterklassen abgeleitet sind. Die Unterklassen erben alle → Eigenschaften, → Konstruktoren und → Methoden der Oberklasse, soweit diese nicht als **private** gekennzeichnet sind (→ Zugriffskontrolle). Beim Programmentwurf hat die Bildung von Oberklassen den Zweck, gemeinsame Funktionalität und Daten zusammenzufassen und den Unterklassen durch Vererbung zugänglich zu machen.

Objekt *(object)*
Ein Objekt ist die Realisierung einer → Klassendefinition als → Instanz einer → Klasse zur Laufzeit eines Programms. Objekte haben einen Zustand (→ Objektzustand) und eine Identität (→ Objektidentität, → Objektreferenz), durch die sie von anderen Objekten derselben Klasse unterschieden werden können, und zeigen ein Verhalten (→ Objektverhalten).

Objektidentität *(object identity)*
Die Identität eines Objekts ist diejenige Eigenschaft, die ein Objekt von allen anderen Objekten unterscheidbar macht. Sie ist in Java als Eigenschaft der Basisklasse **Object** realisiert.

Objektmodell *(object model)*
Unter einem Objektmodell versteht man die Gesamtheit der objektorientierten Eigenschaften, die eine Programmiersprache charakterisieren (Klassen, Objekte, Vererbungsmechanismen, Polymorphismus, Zugriffskontrolle etc.).

objektorientierte Datenbank *(object oriented data base)*
Eine objektorientierte Datenbank baut wie eine objektorientierte Programmiersprache auf einem → Objektmodell auf und dient dazu, Objekte persistent zu speichern (→ Persistenz) und über eine Datenmanipulationssprache zugänglich zu machen.

objektorientierte Programmierung *(object oriented programming)*
Die objektorientierte Programmierung ist ein Programmierparadigma, das auf den Konzepten der Objektorientierung aufbaut und anders als die prozedurale Programmierung nicht den Ablauf der Verarbeitung von → Anweisungen, sondern die Struktur der in einem Programm enthaltenen → Objekte in den Mittelpunkt stellt.

Objektreferenz *(object reference)*
Eine Objektreferenz ist ein Verweis auf einen Speicherbereich, in dem der Inhalt eines Objekts abgelegt ist. In Java enthalten Objektvariablen im Unterschied zu Variablen eines primitiven Datentyps nicht die Daten des Objekts selbst, sondern eine Objektreferenz. Über die Objektreferenz können Objekte voneinander unterschieden und auf Gleichheit geprüft werden (→ Objektidentität).

Objektzustand *(object state)*
Der Zustand eines → Objekts ist die Menge der Wertebelegungen seiner → Eigenschaften zu einem bestimmten Zeitpunkt während der → Lebensdauer des Objekts. Bei der → Instantiierung eines Objektes erhalten seine Eigenschaften → Defaultwerte zugewiesen, soweit sie nicht durch Aufruf eines → Konstruktors explizit auf einen bestimmten Wert gesetzt werden.

Objektverhalten *(object behavior)*
Das Verhalten eines Objekts bezeichnet die Änderung des → Zustands eines Objekts sowie die von ihm ausgelösten Nachrichten. Das Objektverhalten ist in den → Methoden des Objekts festgelegt.

Operator *(operator)*
Ein Operator steht für eine Rechenvorschrift, die festlegt, wie aus den Argumenten des Operators ein Ergebniswert zu berechnen ist. In Java gibt es Operatoren mit einem, zwei und drei Argumenten (*unäre*, *binäre* und *ternäre* Operato-

ren). Hinsichtlich ihrer Funktion lassen sich Zuweisungsoperatoren, Vergleichsoperatoren, arithmetische Operatoren, logische Operatoren, Bitoperatoren und Konvertierungsoperatoren unterscheiden.

Paket (*package*)

Ein Paket bündelt eine Mehrzahl von → Klassen- und Schnittstellendefinitionen in verschiedenen → Kompilierungseinheiten zu einer logischen Einheit und definiert einen eigenen Sichtbarkeitsbereich (Paketsichtbarkeit): Die in einem Paket enthaltenen Klassen sind gegenseitig sichtbar. Voll qualifizierte Paketnamen erlauben eine hierarchische Gliederung von Paketen, die in der Regel in entsprechende Verzeichnis- und Unterverzeichnisnamen übersetzt werden.

Parameter (*parameter*)

Unter einem Parameter versteht man einen Übergabewert an eine Methode (→ formaler Parameter).

Persistenz (*persistence*)

Persistenz bezeichnet die dauerhafte Speicherung von → Objekten, d. h. die Speicherung ihres Zustands in einer Datei oder Datenbank. Persistente Speicherung von Objekten erreicht man durch Serialisierung der Objekte.

Plattformunabhängigkeit (*platform independence*)

Eine Programmiersprache ist plattformunabhängig, wenn ihr Quellcode bzw. der kompilierte Binärcode auf verschiedenen Betriebssystemplattformen ohne Änderung und mit identischem Verhalten ausgeführt werden kann (→ Bytecode, → virtuelle Maschine).

Polymorphismus (*polymorphism*)

Unter Polymorphismus (griech. πολύ viel, μορφή Gestalt, „Vielgestaltigkeit") versteht man eine Reihe von Eigenschaften der → objektorientierten Programmierung: Dazu gehören die Möglichkeit, Methodennamen einer Klasse mehrfach zu vergeben, soweit sich die Methoden hinsichtlich ihrer formalen Parameter unterscheiden, und die Möglichkeit, → Objektreferenzen vom Typ einer → Oberklasse auch für die Referenzierung ihrer → Unterklassen zu verwenden.

Port (*port*)

Ein Port (engl. „Tor, Hafen") identifiziert als Kennziffer einen Dienstes auf einem → Server, der über ein Netzwerk angesprochen werden kann.

Portabilität (*portability*)

Die Portabilität bezeichnet die Eigenschaft eines → Programms, in verschiedenen Betriebssystemen und in unterschiedlichen Rechnerarchitekturen ausführbar zu sein. Der → Bytecode und das Konzept der → virtuellen Java-Maschine ermöglichen die Portabilität von Java-Programmen.

Programm (*program*)
Ein Programm ist in logischer Hinsicht die durch eine Rechenmaschine ausführbare Lösung einer Aufgabe. Ein Java-Programm besteht aus einer oder mehreren → Bytecodedateien, von denen wenigstens eine über die → Programmeintrittsmethode main verfügt und die von einem → Interpreter ausgeführt werden können.

Programmeintrittsmethode (*program entry method*)
Die Programmeintrittsmethode main ist der Punkt in einem Java-Programm, an dem der → Interpreter die Ausführung des Programms beginnt. Sie enthält in der Regel eine Allokationsanweisung, in der ein Objekt vom Typ der Klasse, die die main-Methode enthält, erzeugt wird. → Applets werden bei Ausführung nicht über die main-Methode gestartet, sondern über gesonderte Steuerungsmethoden, die der ausführende → Web-Browser aufruft.

Programmierparadigma (*programming paradigm*)
Unter einem Programmierparadigma versteht man die Zusammenfassung und Anwendung der Eigenschaften von Programmiersprachen gleichen Typs. Man unterscheidet das *prozedurale* (Fortran, Cobol, Pascal, C), das *objektorientierte* (SmallTalk, C++, Java), das *funktionale* (Lisp) und das *logische* Paradigma (Prolog).

Protokoll (*protocol*)
Ein Protokoll ist die Vereinbarung einer Kommunikationssprache für den Austausch von Daten zwischen → Programmen. Das Protokoll legt fest, wie die Kommunikation abgewickelt wird und wie die mit Hilfe des Protokolls übertragenen Daten strukturiert sind. Protokolle bilden eine wichtige Grundlage der → Client-Server- bzw. Netzwerkprogrammierung.

prozedurale Programmierung (*procedural programming*)
Die prozedurale Programmierung ist ein → Programmierparadigma, das die Zusammenfassung von Anweisungen zu Prozeduren (Unterprogrammen) und deren Abarbeitung in den Mittelpunkt stellt

Referenz-Datentyp (*reference type*)
Ein Referenz-Datentyp ist ein → Datentyp, bei dem in den → Variablen seines Typs nicht die Daten bzw. Inhalte selbst, sondern ein Verweis auf den Speicherort der Daten enthalten ist. In Java sind → Arrays, → Klassen und → Schnittstellen Referenz-Datentypen.

relationale Datenbank (*relational data base*)
Eine relationale Datenbank ist ein Datenspeicherungssystem, das die Daten in Tabellen speichert. Den Aufbau der Tabellen kann man formal als *Relationen* beschreiben. Jede Tabellenzeile besteht aus je einer Wertausprägung für jede Spalte der Tabelle (Attribute der Relation).

sandbox („Sandkasten")
Bezeichnung für das Sicherheitsmodell, unter dem → Applets in von der → virtuellen Java-Maschine eines → Web-Browsers ausgeführt werden. Es sieht starke Einschränkungen hinsichtlich der Zugriffsrechte von Applets bzgl. des ausführenden Rechners vor.

Schnittstelle *(interface)*
Eine Schnittstelle ist eine Sammlung von Konstantenwerten und Methodensignaturen ohne Implementierung, die einen semantisch zusammengehörenden Funktionalitätsbereich spezifiziert. Schnittstellen werden von → Klassen durch die Implementierung der in einer Schnittstelle enthaltenen → Methoden eingesetzt. Schnittstellen können wie Klassen durch → Vererbung eine → Hierarchie bilden. Dabei ist in Java auch die → Mehrfachvererbung zulässig.

Separator *(separator)*
Ein Separator oder Trennzeichen dient in einer Programmiersprache der syntaktischen Gliederung eines Programms, z. B. der Unterscheidung einzelner Anweisungen (;) oder der Auflistung von Werten oder Parametern (,).

Serialisierung *(serialization)*
Serialisierung ist der Prozeß der persistenten Abspeicherung von → Objekten. Dabei wird der → Objektzustand, d. h. die Menge aller → Eigenschaften des Objekts einschließlich der von den → Oberklassen geerbten → Attribute in eine bestimmte Reihenfolge gebracht und an einem Speicherort (Datei, Datenbank) so abgelegt, daß sich ein identisches Objekt zu einem späteren Zeitpunkt daraus rekonstruieren läßt.

Server *(server)*
Ein Server ist ein → Programm, das auf einem Rechner in einem Netzwerk läuft und bestimmte Dienste für seine Nutzer anbietet (→ Client).

Sichtbarkeit *(visibility)*
Die Sichtbarkeit einer → Variablen ist derjenige Bereich in einem → Programm, in denen der Wert der Variable sichtbar ist und modifiziert werden kann. Die Sichtbarkeit einer Variablen ist von ihrer → Lebensdauer bzw. ihrem → Gültigkeitsbereich zu unterscheiden.

Socket
Ein Socket („Sockel") ist ein Kommunikationsendpunkt eines → Programms, über den ein Kommunikationskanal zwischen Rechnern aufgebaut werden kann. Der Typ des über den Socket angebotenen Diensts ist durch seine → Portnummer gekennzeichnet.

Spezialisierung *(specialization)*
Spezialisierung bezeichnet die Ableitung von → Unterklassen von einer → Oberklasse (in top-down-Sichtweise). Da die Unterklassen über die geerbten

$\rightarrow$ Methoden und $\rightarrow$ Eigenschaften der Oberklasse hinaus zusätzliche eigene Methoden und Eigenschaften aufweisen, sind sie differenzierter oder „spezieller" als die Oberklasse.

statische Eigenschaft *(static attribute)*

Eine statische $\rightarrow$ Eigenschaft einer $\rightarrow$ Klasse ist auf die Klasse und nicht auf die $\rightarrow$ Instanzen der Klasse bezogen. Alle $\rightarrow$ Objekte derselben Klasse greifen auf dieselbe statische Eigenschaft zu; wird ihr Wert geändert, so wirkt sich diese Änderung für alle Instanzen der Klasse aus.

statische Methode *(static method)*

Eine statische Methode ist auf ihre $\rightarrow$ Klasse, nicht auf ihre $\rightarrow$ Instanzen bezogen. In statischen Methoden kodiert man Funktionalität, die für alle Instanzen einer Klasse benötigt wird oder die generische Dienste einer Klasse darstellt. Statische Methoden können nur auf statische Eigenschaften (Klasseneigenschaften) zugreifen.

Strom *(stream)*

Ein Strom ist eine Datenverbindung zwischen einer Datenquelle *(source)* und einer Datensenke *(sink)*. Die Funktionsweise eines Stroms abstrahiert von den verschiedenen konkreten Quellen und Senken (Dateien, Speicher, Netzwerkverbindung) und realisiert die generische Funktionalität des Datenaustauschs (Daten lesen, schreiben etc.).

Structured Query Language *(SQL)*

SQL ist eine international standardisierte Datenmanipulations- und Datendefinitionssprache für $\rightarrow$ relationale Datenbanken. SQL umfaßt alle für die Interaktion mit einem relationalen Datenbanksystem erforderlichen Operationen (Tabellen/Relationen erzeugen, Datensätze einfügen, ändern, löschen, Datensätze selektieren).

Superklasse *(superclass)* $\rightarrow$ Oberklasse

Thread

Ein Thread („Faden") ist ein einzelner Kontrollfluß in einem nebenläufigen Programm ($\rightarrow$ Nebenläufigkeit).

Transaktion *(transaction)*

Eine Transaktion ist bei einem Datenbanksystem oder bei synchronisierten Prozessen die kleinste logische Ausführungseinheit, die zur Ausführung gebracht wird bzw. rückgängig gemacht werden kann. Eine Transaktion kann eine Mehrzahl von $\rightarrow$ Anweisungen umfassen.

transmission control protocol *(TCP)*

Internet-Protokoll, das den Transport von Datenpaketen regelt (Transportschicht im Schichtenmodell der Internet-Protokolle).

Typ *(type)* → Datentyp

Typhierarchie *(type hierarchy)*

Eine Typhierarchie entsteht durch Oberklassen-/Unterklassenbeziehungen zwischen Objektdatentypen (→ Klassenhierarchie).

Typisierung *(typing)*

Typisierung bedeutet die Zuordnung eines → Datentyps zu jeder → Variablen in einem → Programm. Die Typisierung von Variablen schränkt die in ihr gespeicherten Werte auf den für ihren Datentyp zulässigen Wertebereich ein. Die Typisierung ist eine Eigenschaft höherer Programmiersprachen und erleichtert die Korrektheitsprüfung von Programmen. Sie steht im Gegensatz zu untypisierten Variablen, wie sie etwa in Skriptsprachen wie JavaScript verwendet werden. Java verwendet ein strenges Typensystem, das eine Prüfung der Typkorrektheit sowohl zur Kompilierungszeit als auch zur Laufzeit eines Programms möglich macht.

Typkonversion *(type conversion, type cast)*

Typkonversion bezeichnet die Umwandlung von Variablenwerten von einem → Datentyp in einen anderen. Eine Typkonversion kann erweiternd sein, wenn der Zieldatentyp einen größeren Wertebereich hat als der Ausgangsdatentyp, oder einengend, wenn der Zieldatentyp einen kleineren Darstellungsbereich hat als der Ausgangsdatentyp. Eine automatische Typumwandlung ist nur als erweiternde Typkonversion zulässig. Für eine einengende Umwandlung ist in Java immer eine explizite cast-Operation erforderlich.

Überladen *(overloading)*

Das Überladen von → Methoden und → Konstruktoren bezeichnet die Möglichkeit, in einer → Klasse mehr als eine Methode gleichen Namens definieren zu können, z. B. void drucken(int eineZahl), void drucken(String eineZeichenkette) als überladene Methoden einer Klasse. Dies hat zum Ziel, für unterschiedliche → Datentypen semantisch ähnliche Operationen mit gleichem Namen versehen zu können oder (bei Konstruktoren) geeignete Instantiierungsverfahren für Eingabedaten mit unterschiedlicher Datenstruktur bereithalten zu können. Das Überladen von Methoden ist ein Merkmal des → Polymorphismus in objektorientierten Programmiersprachen.

Überschreiben *(overriding)*

Das Überschreiben von Methoden ist die Verdeckung einer von einer Oberklasse geerbten Methode durch Definition einer Methode mit identischer Signatur (Name, Parameterart und -zahl, Rückgabewert) in einer Unterklasse. Die überdeckte Methode ist durch expliziten Zugriff auf die Oberklasse (super.ueberdeckteMethode()) weiterhin verfügbar.

uniform resource locator *(URL)*

Adressierungsformat für Ressourcen im → Internet. Ein *uniform resource locator* ist aus einem Protokollnamen (http, ftp, telnet etc.), einem Hostnamen oder einer IP-Nummer (ggf. unter Angabe eines Ports) und einer Pfad- und/oder Dateiangabe aufgebaut, z. B. http://aspra9.informatik.uni-leipzig.de/javabuch.

Unterklasse *(subclass)*

Eine Unterklasse ist eine → Klasse, die von einer → Oberklasse abgeleitet ist. In Java sind alle Klassen direkt oder indirekt Unterklassen der → Basisklasse Object, selbst wenn dies nicht direkt angegeben ist. Eine Unterklasse erbt alle nicht-privaten → Eigenschaften und → Methoden ihrer Oberklasse.

Variable *(variable)*

Eine Variable ist ein benannter Speicherbereich oder der benannte Verweis (Referenz) auf einen Speicherbereich, in dem ein Wert abgelegt werden kann. Der Wert der Variablen kann durch Zuweisung gesetzt oder verändert werden. In typisierten Sprachen wie Java haben alle Variablen einen Typ (→ Datentyp); der Wert der Variablen und Operationen mit der Variablen müssen dem Typ entsprechen.

virtuelle Java-Maschine *(Java virtual machine, JVM)*

Eine virtuelle Java-Maschine ist eine plattformspezifische Implementierung der *Java virtual machine specification*. Sie interpretiert den → Bytecode, lädt → Klassen, führt Typprüfungen durch und überwacht das jeweils gültige Sicherheitsmodell (→ *sandbox*). Sie kann als eigenständiges → Programm (Java-Interpreter) oder eingebettet in einen → Web-Browser realisiert sein.

Web-Browser

Ein Programm, das als → Client im → WWW HTML-Seiten über das → *Hypertext Transfer Protocol* (HTTP) laden und darstellen sowie Applets ausführen kann.

World Wide Web *(WWW)*

Das World Wide Web ist ein verteiltes Hypertextsystem im → Internet. Die Dokumente im WWW sind in der Regel mit Hilfe der → *HyperText Markup Language* (HTML) strukturiert. Die Hyperlinks verwenden zur Adressierung → *uniform resource locators*. Die Kommunikation zwischen einem Web-Server, der die Dokumente bereithält, und dem → Web-Browser als Client erfolgt über das → *HyperText Transfer Protocol*.

Zugriffskontrolle *(access control)*

Mechanismen der Zugriffskontrolle regeln die Möglichkeiten, nach denen → Objekte auf → Eigenschaften und → Methoden anderer Objekte und → Klassen zugreifen können. Kriterien für die Beschränkung der Zugriffsmöglichkeiten sind die Zugehörigkeit zum gleichen → Paket bzw. zur gleichen → Klassenhierarchie. Mit Hilfe von Zugriffsmodifikatoren kann man die Zugriffsmöglichkeiten für Klassen und ihre Methoden und Eigenschaften festlegen.

13 Sachverzeichnis

Im Sachverzeichnis verweisen Einträge in *kursiver Schrift* auf englische Fachbegriffe, Einträge in Quellcodeschrift auf Klassen, Pakete oder Utilities der Java 2-Plattform.

2D-API 297, 316ff

A

abstract (Schlüsselwort) 45, 128f, 134ff, 401
AbstractList 187
AbstractMap 187
AbstractSequentialList 187
AbstractSet 187
Access 365ff
ActionCommand 282
ActionListener 244, 248, 261ff
ActionListener 261ff
ActiveX-Komponenten 388f
Adapterklassen 260, 266f
Additionsoperator 50
AdjustmentListener 261
affine Transformation 311, 321
AffineTransform 312ff
Aggregation 103f, 109f, 110, 418f, 424
Aktions-Lauschobjekt 248
Algorithmus 170ff, 418f
Algorithmus, iterativer 170ff
Algorithmus, nicht-deterministischer 171
Algorithmus, rekursiver 170ff
Allokation 72, 167f, 208
Allokationsanweisungen 69, 72f, 80
Allokationsausdrücke 71
AlphaComposite 318f
Alphakanal 310, 318
ALT GR-Taste 259
ALT-Taste 259
Amplitudenmodifikation 320
Animationen 28, 163, 278, 297, 301ff, 417
Ansi92-SQL-Grammatik 381
Anweisung 79ff, 419
Applet 155ff, 419
applet sandbox 27, 212ff, 430

AppletContext 161, 169, 348ff
Appletkodierung 348
Applet-Lebenszyklus 157
Applet-Tag 158f
Appletviewer 34, 157, 161
Applikation 28, 34, 155, 219, 325, 419
Applikationsentwicklung 388
Arbeitsumgebung 30ff
Architekturneutralität 14, 17, 26, 419
Argumentarray 18, 154
Argumentliste 24, 71, 72, 209
Argumentwert 67
Array 59ff, 419
Array, mehrdimensionaler 23, 59ff, 69, 72, 89
Array-Allokation 72
Array-Allokation, geschachtelte 60
Array-Index 60f, 95
Array-Komponenten 145, 191
ArrayList 187
Array-Namen 71
Array-Referenz 59, 70
Arrays (Klasse) 187, 190ff
Arrays, dynamisch erweiterbare 189
Array-Typ 54, 59
Array-Variable 70
Array-Zugriff 70f
ASCII-kompatibel 46
ASCII-Zeichenstrom 44
Assoziation 103ff, 109, 419
Assoziativität 49, 69, 73, 405
Attribut 419
Ausdruck 68ff, 419
Ausdrücke 68ff
Ausdrücke, primäre 71f
Ausgabeströme 226f
Ausnahme 33, 92ff, 144, 276, 292

Ausnahmebehandlung 92ff
Auswahlanweisung 81ff
Auswertung von Ausdrücken 68ff
Auswertung von Operatoren 68ff
AWT 242ff
AWT-basiert 277
AWT-Basisklassen 279
AWT-Klassen 244ff, 277
AWT-Komponenten 260, 277
AWT-Pakete 294
AWT-Steuerelemente 243
AWT-Systemklasse 242

B

back buffering 305ff
backslash 47
backspace 47
Backus-Naur-Notation 398
BasicStroke 316ff
Basisklasse 420
Baumdarstellungskomponente 408
Beans 388ff
Bedingungsanweisung 81ff
Begrenzer 49
Benutzerkoordinatenraum 312
Benutzerschnittstellen 242ff
Benutzerschnittstellenentwicklung 30, 408
Benutzerschnittstellenkomponenten 244
Benutzerschnittstellenprogrammierung 406
Betriebssystem, präemptives 336
Betriebssystemarchitektur 13
Bezeichner 30, 44, 46ff, 62ff, 71, 80, 88ff, 400f
Bezeichner, vollqualifizierter 62, 185, 214, 365, 396

Bezier-Kurve 294
Bildverarbeitung 320ff
Binärbaum 175ff
Binärdatenstrom 224
Bit-Adresse 208
Bit-Datentyp 223
Bitkomplement 74
Bitmapdaten 320
Bitmapfilter 294
BitSet 187
bitweises Verschieben 50
Bit-Wert 372
Bit-Zeichen 43
boolean (Schlüsselwort) 45,
  56, 400
Boolean (Hüllenklasse) 153f
Boolesche Literale 47
Boolescher Datentyp 54ff,
  405f
border (Rahmen) 280f
BorderLayout 243, 250ff, 264,
  266, 274f, 303ff
break (Schlüsselwort) 45, 83ff,
  88ff, 403
BubbleSort 171, 206
BufferedImage 312
BufferedImageOp 321ff
BufferedReader 204, 231ff,
  346, 352
buffering 281, 304, 305, 307
Button 29, 243, 247ff, 259ff,
  268ff, 279, 393, 394
ButtonGroup 285ff
byte (Schlüsselwort) 23, 45,
  54ff, 400
Byte (Hüllenklasse) 153f
Bytecode 26, 32f, 139, 207ff,
  391, 420, 424, 428, 433
bytecode verifier 214f
Bytecodedatei 26, 209, 424,
  429
Bytecodefolgen 214
Bytecodeformat 208
Bytecode-Instruktionen 208
Bytecode-Modul 133
Bytecode-Strom 207
Bytecode-Verifikation 27, 214

C

call 119, 375, 396, 397

CallableStatement 366, 374
Canvas 247, 260, 264ff, 293f
CardLayout 251, 252
carriage return 44, 47, 400
case (Schlüsselwort) 45, 81ff,
  402
cast-Operation 27, 54ff, 73, 94,
  239, 432
cast-Operator 58, 73
catch (Schlüsselwort) 45, 92ff,
  403
CGI-Skript 159
char (Schlüsselwort) 23, 36,
  44f, 45, 54, 56, 400
Character (Hüllenklasse) 153f
C-Headerdateien 31
Checkbox 247, 260, 267ff, 285
Choice 247, 260, 267ff
Class (Klasse) 138ff, 144ff,
class (Schlüsselwort) 16ff, 45,
  111ff, 401
class loader 212f
class reflection 144ff
class-Dateien 26, 32, 53, 133,
  208, 212, 214, 424
classpath 21, 52, 215
Client 157, 283, 344, 420
Client-Server-Anwendungen
  13, 21, 363
Client-Server-Architektur 107,
  357
Client-Server-Kommunikation
  353, 356
Client-Server-Programmierung
  29, 30, 40, 351, 362, 420
Client-Server-Umgebungen
  390
Clipboard 272ff
ClipboardOwner 272f, 276
clone 140ff
Cloneable 137
Cobol 13, 19, 429
Collection 187
Collections 188, 195f
Color 294
COM 52, 277, 389
ComboBox 280, 286, 287
Comparable 137, 142

Compiler 31, 32, 33, 40, 52,
  56, 72, 76, 88, 120, 139, 168,
  357, 391, 420, 424
Compilezeit 391
Compilierungsphase 25
Component 118, 124, 128,
  155, 161, 244ff, 271, 279,
  283, 294ff, 380, 389
component ware 13, 389, 420,
  424
Component-Felder 244
ComponentListener 261
Connection 366, 369ff, 382f,
  417
const (Schlüsselwort) 45
Constraints 254, 255
Constructor 144ff
Container 244ff
ContainerListener 261
ContentHandler 350
ContentPane 283
continue (Schlüsselwort) 23,
  25, 45, 84, 88ff, 403
Controlklassen 245
CORBA 31, 137, 345, 357,
  363, 390, 408, 417, 426
customization 389

D

Dämon 338
Darstellungsconstraints 254
DatabaseMetaData 366, 379ff
DataBufferInt 321
DataFlavor 272, 276
datagram 344
Date 62, 63, 239, 264, 360
Dateiausgabestrom 239
Dateiauswahlkomponente 408
Datei-Dialogmaske 246
Dateieingabestrom 234, 240
Dateilesestrom 192, 203, 223
Dateinamensfilter 236f
Dateisystem, Manipulation
  235f
Dateisystem-Browser 323
Datenbank, JDBC-fähige 369,
  380f
Datenbank, objektorientierte,
  364, 387, 427

Datenbank, ODBC-fähige 367, 377
Datenbank, relationale 237f, 364ff, 381, 387, 429, 431
Datenbank-API 367
Datenbankinterface 367
Datenbank-Metadaten 368, 374, 379
Datenbankprogrammierung 364ff
Datenbankschnittstelle, generische 381
Datenbanktreiber 365ff
Datenbankverbindung 368f
Datenbeschreibungsformat 324
Datenkapselung 420
Datenmanipulationssprache 365, 368, 427
Datenmodellierungsklassen 278
Datenpipe 241
Datenpufferung 226
Datenstrom, gepufferter 224, 227, 231f, 294
Datenstromklasse 238
Datenstromobjekt 162
Datenstrukturen 170ff
Datentyp 53ff, 420
Datentyp, abstrakter 170ff, 418
Datentypkonvertierung 154, 495
DDL 368
Deassemblieren 31, 209, 211
Debuggen 40, 165
Debugging-Information 33
default (Schlüsselwort) 45, 81ff, 402
Defaultbelegung 56f
Defaultkonstruktor 72, 127, 138, 146, 180, 333
Defaultwert 72, 302, 305, 334, 421
Dekompilierer 209
Dekrement 73
Dekrementieren 69
Dekrement-Operator 50, 73
Device-Koordinaten 311
Dialog 245ff, 260
Diensteanbieter 197
Dienstenutzer 197

Dimension 294
direkt-manipulativ 40, 271, 324
Divisions-Operator 50
DML 368
DNS-Name 345, 346
do (Schlüsselwort) 45, 83ff, 403
document-Objekt 393, 397
Dokumentation 31, 37, 48f
Domänenkonzept 219
double (Schlüsselwort) 45, 55f, 400
Double (Hüllenklasse) 153f, 192
double buffering 305ff
do-while-Schleife 83ff
Driver 366
DriverManager 366
DSA-Algorithmus 407

E

EBNF 398
Eiffel 14, 19
Eigenschaft 17ff, 115f, 421
Eigenschaft, finale 115ff, 421
Eigenschaft, klassenbezogene 117, 126, 134
Eigenschaft, statische 126f, 431
Eigenschaft, transiente 239
Eigenschaft, Zugriffskontrolle 125f
Ein-/Ausgabeprogrammierung 223ff
Ein-/Ausgabeprogrammierung, Hilfsklassen, 227ff
Einfügeoperation 181
Eingabedatenstrom 229
Eingabestrom 225f
Einprozessormaschine 325, 421
else (Schlüsselwort) 45, 81ff, 402
e-Mail 338, 423
Endlosschleife 84ff, 198, 327ff, 338, 340, 350
Entwicklungsumgebung 30ff
Enumeration 163, 187ff, 195, 233, 377

Ereignis 256ff, 421
Ereignisverarbeitung 256ff
Ereignisverarbeitungsmethoden 261, 394
Ergebnismenge 381ff
Ergebnis-Metadaten 365, 381ff
Escape-Sequenz 47
eval 396
event 29f, 30, 243, 257ff, 302, 305, 323, 329, 354, 382, 394, 406, 421
Event Handler (JavaScript) 394f
EventListener 260
Event-Modell 258
EventObject 258ff
Exception 33, 92ff, 144, 276, 292
extends (Schlüsselwort) 45, 111ff, 123ff, 134ff, 401
Externspeichermedium 225

F

Farbauswahlmodell 408
Farbgradient 317
Farbwahlkomponente 408
Feld 421
Fenstergrößenänderung 306
fetch-Schleife 365, 371, 379
Field 145ff
FIFO 196
FilenameFilter 228, 235, 237
File-Objekt 228, 235f
FileReader 192, 203, 225, 228, 229, 230
FileWriter 228, 231, 232
final (Schlüsselwort) 25, 45, 401
Finalisierung 120ff, 162, 422
Finalität 111
finalizer 123, 138, 162
finally (Schlüsselwort) 45, 92ff, 403
finit 171
first-in-first-out-Prinzip 196
float (Schlüsselwort) 45, 55f, 400
Float (Hüllenklasse) 153f
FlowLayout 249ff, 266
FocusListener 261

Fokus-Bedingung 282
Fokuswechsel 258f
Font 294
FontMetrics 294
for (Schlüsselwort) 45, 83ff, 403
for-Schleife 64, 84ff
Fortran 13, 19, 429
Frame 245ff, 260
Frameanimation 308f
Framerate 302
ftp-Server 30
Füllmuster 317f

G

Gamelan 417
Ganzzahl 23, 26, 54, 74, 77, 83
Ganzzahl-Datentyp 45, 54ff, 405
Generalisierung 123, 422
Generalisierungsbeziehung 123
GeneralPath 310, 315ff
Gestaltungselement 244ff
GIF-Bilder 308
GlassPane 283
Gleichheitsprüfung 50
Gleitkommaliteral 46
Gleitkomma-Wert 55
Gleitkommazahl 23, 55, 74, 82, 372
Gleitkommazahl-Arithmetik 55
Gleitkommazahl-Datentyp 45, 55f
Glyph 311, 319
goto (Schlüsselwort) 45
Gradient 310, 317, 318, 324
GradientPaint 317f
Graph, zyklenfreier 176
Graphics 295ff
Graphics2D 295ff
Graphik-2D-API 297, 310, 316ff
Graphik-Ausgabegeräte 294
Graphikkontext 242, 294ff, 305ff, 322f
Graphikprimitiv 128, 242, 294, 300f, 311
Graphikprogrammierung 242ff, 293ff
GridBagConstraints 253ff

GridBagLayout 253ff, 282, 343, 386
GridBagLayoutManager 255
GridLayout 243, 249ff, 263, 268ff, 285
größer-als-Operator 50
größer-gleich-Operator 50
Gültigkeitsbereich 62ff, 422
GZIP-Format 226

H

Hashcode 119f, 139, 143ff
Hash-Funktion 189, 202, 422
HashMap 187, 202ff
HashSet 187
Hash-Tabelle 30, 139, 175, 188f, 202ff, 422
Hauptausführungsstrang 35, 301
Heap 208
HeapSort 171
Hexadezimalsystem 46
Hierarchie 422
Hilfsklassen, allgemeine 149ff
Host 345, 346, 361
Hostnamen 345f
HTML 34, 37, 157ff, 347f, 391ff, 408, 419, 433
HTML-URL 348
Hüllenklasse 153ff, 423
HyperText 351, 423, 433
Hypertextlinks 37

I

IDE 30, 40, 243, 389, 409
Identifikator 44
if (Schlüsselwort) 45, 81ff, 402
Image 305, 321
Implementierungsdiagramme 106f
implements (Schlüsselwort) 45, 111ff, 134ff, 401
import (Schlüsselwort) 45, 50ff, 401
import-Anweisung 51ff
InetAddress 345ff
Inkrement 73
Inkrementieren 69
Inkrement-Operator 50

inorder-Traversierung 178, 179
InputStream 223ff
InputStreamReader 204, 232f, 233, 346ff
instanceof (Schlüsselwort) 45, 75f, 403f
Instantiierung 22, 56, 59, 120, 122, 135, 138, 144ff, 186, 189, 228, 232f, 310, 327, 348, 362, 380, 421ff
Instanz 423
Instanzinitialisierungsblock 112, 122, 138, 423
Instanzmethode 117
Instanzvariable 115
int (Schlüsselwort) 45, 54f, 400
Integer (Hüllenklasse) 153f
Integer-Datentyp 55f, 405f
Integer-Komponenten 60
Integer-Objekt 91, 154
Integer-Variable 54, 81
Integer-Wert 92, 141, 142, 228
Integrated Development Environment 243, 409
interface (Schlüsselwort) 45, 134ff, 402
Interface-Datentyp 54
Internet 5, 13, 27ff, 52, 62, 107, 223, 344ff, 423, 433
Internetadresse 345
Internet-Domänenname 52
Internet-Explorer 391
Internethost 347
Internetprotokoll 350
Interoperabilität 389
Interpreter 15, 18, 23, 25f, 28, 31ff, 423
Introspektion 389
int-Wert 92, 150ff, 160, 180
int-Wertes 97
IOException 92ff
IP 344ff, 423
IP-Netz 345
IP-Nummer 345ff, 433
ist-ein-Beziehung 109
ist-Teil-von 104
ItemListener 261
Iterationsanweisung 83ff

J

jar-Datei 31ff, 158, 169, 216, 218
jar-Werkzeug 36
Java Beans 388ff
Java class loader 212f
Java Collection Framework 187ff
Java Development Kit 15, 21, 29ff
Java Foundation Classes 242, 277, 417
Java Virtual Machine 26, 207ff
java.applet 29f, 155ff
java.awt 29f, 242ff
java.awt.font 294
java.awt.geom 294
java.awt.image 294
java.beans 388f
java.io 29f, 223ff
java.lang 29f
java.lang.reflect 138, 144ff, 184, 186
java.math 373
java.net 29f, 344ff
java.rmi 30, 357ff
java.rmi.dgc 358
java.rmi.registry 358
java.rmi.server 357ff
java.security 220ff
java.sql 30, 62f, 364ff
java.text 388, 390
java.util 29f, 149ff, 187ff
Java-Archiv 31
Java-Ausführungsumgebung 33ff, 162, 212ff
Java-Bean-Komponente 258
Java-Bytecode 207f, 211, 420
javac 18, 31ff, 41
Java-Code 17, 27, 39, 211, 216
Java-Codemodule 62
Java-Compiler 26, 31ff, 44, 53, 133
Java-Datenbankprogramm 373
Java-Datenbanktreiber 365
Java-Datenstrom 223
Java-Datentyp 26, 372f
Java-Debugger 31, 34
Java-Dokumentation 15
Java-Grammatik 405

Java-Implementierung 163, 179
Java-Interpreter 25f, 28ff, 53, 155, 158, 216, 277, 424, 433
Java-Kernsystem 51
Java-Klasse, Aufbau 17
Java-Klassenbibliothek 5, 29
Java-Klassendatei 31
Java-Klassenpfad 21
Java-Kompilierungseinheit 31
Java-Komponente 106
Java-Komponententechnologie 390
Java-Laufzeitsystem 5, 93, 165, 213, 215, 220f
Java-Maschine 26ff, 118, 138, 162, 174, 207ff, 323, 390, 395, 420, 424, 428, 430, 433
Java-OS 389
Java-plug-in 28, 323
Java-Quellcode 31, 40, 106, 107, 211, 361
Java-Referenzplattformen 31
JavaScript 159, 388ff, 391ff, 432
JavaScript-Befehl 394ff
JavaScript-Funktion 392
JavaScript-Objekt 396
JavaScript-Objekthierarchie 393ff
JavaScript-Programmierung 393ff
JavaScript-Quellcodedatei 391
Java-Sicherheitsarchitektur 215ff, 390
Java-Sicherheitssystem 207ff
JavaSoft 417
Java-Sprachelemente 44f
Java-Stack 208
Java-Syntax 398
Java-Systemklassen 395, 396
Java-Token 44
Java-Umgebung 220
JavaWorld 168, 221, 417
javax.swing 277ff
JBuilder 35, 40f, 41, 168, 363
JButton 279
JCA 222
JCE 222
JComboBox 280, 287, 290

JDBC 238, 345, 364ff
JDBC-Beispiele 364ff
JDBC-Datenbanktreiber 365ff
JDBC-Datentyp 366, 372ff
JDBC-Klassen 365
JDBC-ODBC-Brücke 367ff
JdbcOdbcDriver 367
JDBC-Treibertypen 367
JDBC-URL 369, 383
JDK 15, 21, 29ff
JDK-Debugger 325
JDK-Dokumentation 37, 417
JDK-Versionen 28, 294
JFC 242, 277, 417
JFrame 282ff
JIT-Compiler 26, 222
JList 279, 288, 290, 323, 382, 385
JProgressBar 286
JRadioButton 285ff
JScrollBar 279, 286
JScrollPane 279, 282, 288
JSlider 286
JSObject 396f
JSplitPane 280, 287, 323
JTabbedPane 280, 287f
JTable 278, 280, 282, 289f, 324, 380, 387
JTree 280, 288f, 323, 380

K

Kapselung 21, 423
Kardinalität 103f, 109
Kernel 322f
KeyEvent 258ff, 272ff, 282, 385
KeyListener 244, 261ff, 382, 385
keystore 217f
Klammerung 69, 80, 85
Klasse 15, 18, 111ff, 424
Klasse, abgeleitete 418
Klasse, abstrakte 128f, 418
Klasse, Aufbau 111ff
Klasse, Eigenschaften 115ff
Klasse, finale 128f, 421
Klasse, innere 129ff
Klasse, Konstruktoren 120ff
Klasse, Methoden 116ff

Klasse, RMI-fähige 31, 358ff, 359, 361
Klassen-Datentyp 54
Klassendefinition 111ff, 424
Klassenhierarchie 155ff, 424
Klassenmodifikatoren 112
Klassenname, vollqualifizierter 62, 185, 214, 365, 396
Klassenpfad 21, 52, 215
Klassensystem, Aufbau 29f
kleiner-als-Operator 50
kleiner-gleich-Operator 50
Kodierungsbasis, -schema, -standard, -tabelle 43
Kodierungsvorschrift 226, 227
Kollektionen 187
Kollektionsklasse 196
Kommandozeilenargument 16ff, 163
Kommandozeileninterface 241
Kommentar 48ff
Kompilierungseinheit 32, 37, 50ff, 62f, 113f, 126, 422, 424, 428
Kompilierungszeit 391, 432
Komplement 50, 74, 405
Komplement, logisches (Negation) 50
Komplement-Operator 73ff
Komplexitätsanalyse, -klassen 170
Komponente 242ff, 389f, 424
Komponententechnologie 13, 389, 420, 424
Komposition 103ff, 424
konditionaler Operator 50
Konsistenzprüfung 215
Konstruktor 15, 18, 120ff, 242
Konstruktorargument 153
Konstruktoren 120ff
Konstruktorenaufruf 121, 130
Konstruktorenparameter 63
Konstruktor-Objekt 185
Konstruktorrumpf 120
Kontrollfluß 79ff, 425
Kontrollflußanweisungen 79ff
Kontrollflußsteuerung 13, 17, 44, 79ff, 420
Koordinatenraum 311ff

Koordinatensystem 294, 297, 311ff
Kryptographie 212, 216, 222, 425

L

Label 247, 260, 267ff
Lauscherklasse 257, 406
Lauscherschnittstelle 258, 261, 266
LayeredPane 283
Layoutmanager 243, 249ff, 282
Layoutmodus 245
Layoutparameter 253
Layouttyp 249ff, 323
Lebensdauer 66, 425
lexikalische Struktur 44
LineNumberReader 225, 229f,
LinkedList 187
Linksshift 50
Linux 31
List (strukturierter Datentyp, java.util.List) 187, 197ff
List (Steuerelement, java.awt.List) 247, 260, 267ff
Liste, verkettete 196ff
Listener 257ff, 260f, 266
Literal 43f, 46f, 59, 69, 98, 151, 425
LiveConnect 395
LiveScript 391
localhost 346, 352ff
Lokalisierung 31, 388, 390
long (Schlüsselwort) 45f, 54f, 400
Long (Hüllenklasse) 153f
lookup 358ff
loopback(-Adresse) 346, 356

M

Mandelbrot-Baum 343
Mantisse 372
Map 187
Mausaktion 259
Mausereignis 258ff, 283
Mausposition 386
Mehrebenensprung 89
Mehrebenen-Sprunganweisung 89

Mehrfachvererbung 21ff, 105f, 125, 134ff, 425
Mehrprozessormaschine 28
member 19, 426
Menu 271ff
Menüs 271ff
MenuBar 271ff, 283
Menü-Shortcuts 242
Mergesort 190
Metadaten 365ff, 378ff, 425
Metadatentyp 24
Metainformation 209
Meta-Klasse 139, 425
META-Taste 259
Method 145ff
Methode 116ff, 425
Methode, finale 116ff, 422
Methode, klassenbezogene 117, 126, 134, 154
Methode, native 31, 34, 45, 116ff, 162, 168, 400
Methode, statische 126f, 431
Methode, Zugriffskontrolle 125f
Methodenaufruf, geschachtelter 72
Methodenmodifikator 117
Methodensignatur 116f, 426
Middleware, (-Architektur) 31, 345, 367, 426
Mitglied 18f, 64, 426
Modellierung, objektorientierte 21, 100ff, 128, 168,
Modifier 145ff
Modifikator 112ff, 120, 125f, 131, 134, 145, 326, 398
Modula-II 24
Modulo-Operator 50, 55, 74, 405
Motif 242f, 278, 285, 291f
MouseAdapter 382, 385
MouseEvent 258ff
MouseListener 261ff, 297, 300
MouseMotionAdapter 267ff
MouseMotionListener 258, 261ff, 297, 300
MS-Access 365ff
MS-Windows 31, 367
MultipleMaster 320
multiplicities 103

Multiplikationsoperator 50
Multithreading 17, 27, 325ff, 426
muß-Beziehung 109

N

Nachrichtenlauschobjekt 249
Nachrichtenverarbeitungsmethode 261
Name, vollqualifizierter 62, 185, 214, 365, 396
Namen 62ff
Namensdienst 358, 408
Namenskonflikt 52, 62
Namensparameter 160
Namensraum 64ff, 114, 213
Namensresolution 67
Namenszuweisung 333
Nameserver 345
Naming 358
Naming-Service 361f
NaN (*not-a-number*) 55
native (Schlüsselwort) 45, 401
Nebenläufigkeit 17, 28, 88, 137ff, 325ff, 426, 431
Negation 50
Netscape 277, 391ff
Netzwerk-API 390
Netzwerke, Adressierung 345, 350, 358, 361, 423, 433
Netzwerke, Programmierung 344ff
new (Schlüsselwort) 45, 72f, 403
newline 47
Nichtatomarität 338
Nichtterminalsymbol 398
not-a-number (NaN) 55
null (Schlüsselwort) 47, 71, 401
Nullextension 50

O

OAK 14
Oberklasse 15, 18, 10ff, 115ff, 426, 431
Object 31, 75, 139ff, 158, 208, 345, 357ff, 388, 426f
object request broker 357
Object-Array 180, 191

ObjectInputStream 228ff
ObjectOutputStream 228ff
ObjectSpace 40
Objekt 15, 18, 100ff, 426
Objekt, Grundfunktionalität 139
Objekt, Instantiierung 120ff
Objektausgabestrom 239
Objekteingabestrom 239, 240
Objektidentität 427
Objektinstantiierung 146
Objektmodell 100ff, 427
Objektorientierung 19ff, 100ff
Objektreferenz 427
Objektserialisierung 238ff
Objektverhalten 427
Objektzustand 100ff, 111ff, 427
ODBC-Datenquelle 377, 381f
ODER, bitweises/Boolesches 50
ODER, exklusives 77
ODER, inklusives 77
ODER, logisches 50
ODER-Verknüpfung 23
Oktaldarstellung 46
Online-Dokumentation 31
Online-Ressourcen 417
Online-Verbindung 356
Online-Zeitschrift 168, 221
OODBMS 238
OpenDoc 389
OpenType 320
Operandenstack 208
Operandentypus 405
Operator 48ff, 427
Operator, bitweiser 77
Operatorenpräzedenz 14, 49, 69, 405f
Operatorklasse 321
ORB 357
OSF-Motif 277
OutputStream 223ff

P

package (Schlüsselwort) 45, 50ff, 401
Paint 311
Paket 21, 29ff, 45, 50ff, 428
Paketzuordnungsanweisung 45

Panel 155, 245, 251ff, 260, 264ff, 279, 287, 290
Parameter 428
Parameter, formaler 117, 422
Parameterkodierung 160
Parameterübergabe 119, 376
Pascal 13, 19, 24, 429
Path 310
PDA 388
peer 243, 277
Permission 216, 219ff, 407
persistente Speicherung 46, 137, 141, 237f, 389, 427f
Persistenz 428
personal digital assistant 388
Pfad 315f
Pfadtrennzeichen 163
Pipe 226, 227, 241
plaf (*pluggable look and feel*) 278, 291f
Plattformneutralität, -unabhängigkeit 26, 29, 242, 249, 256, 389, 420, 428
pluggable look and feel (plaf) 278, 291f
plug-in 28, 323, 393
Point 294
pointer 24
Policy 219ff
PolicyEntry 219f
PolicyTool 220
Polygon 294
Polymorphismus 21, 118, 120, 138, 427f, 432
Popup-Menü 271
PopupMenu 271ff
Port 225, 347, 351, 428
Portabilität 26, 428
Portierung 13, 17, 26
Portnummer 351, 430
Post-Dekrement 80, 405
Post-Inkrement 80
postorder-Traversierung 178
Prä-Dekrement 80
präemptives Betriebssystem 336
Prä-Inkrement 73, 80, 88
Präprozessor 25
Präsentationslogik 344, 420

Präzedenz von Operatoren 69, 73, 405
preorder-Traversierung 178
PreparedStatement 366, 374ff
PrintWriter 231, 232
private (Schlüsselwort) 45, 125f, 401
Programm 429
Programmaufbau 44f
Programmeintrittsmethode, -punkt 18, 28, 34, 126, 326, 419, 429
Programmentwicklung 30ff
Programmierparadigma 429
Programmiersprache, prozedurale 17, 19, 21, 100, 426
Programmierung, iterative 172ff
Programmierung, objektorientierte 100ff, 427
Programmierung, prozedurale 17, 19, 21, 100, 425f, 429
Programmierung, rekursive 172ff
Programmstruktur 50ff
Programmstrukturierung 80
Programmtypen 28
Properties 163, 163ff, 323. 389f
protected (Schlüsselwort) 27, 45, 113ff, 125f, 385, 401
Protokoll 344ff, 429
Protokollierung 212
prozedurale Programmierung 17, 19, 21, 100, 426
Prozessorzuteilung 334
Pseudo-Zufallszahl 189
public (Schlüsselwort) 45, 111ff, 125f, 134ff, 401
Pufferung 29, 227
pull-down-Auswahlliste 247

Q
QuickSort 171, 190, 206

R
Rahmen (border) 280, 281
Random 188
RandomAccessFile 228, 235f
Raster 321

Reader 223ff
Rechte 216, 219ff, 407
Rechteverwaltung 31
Rechtsshift 50
Rectangle 294
Referenz 23, 25, 43, 47, 111, 119, 135, 138, 161, 165, 214, 358ff, 423, 433
Referenzänderung 71
Referenz-Datentyp 22f, 45, 47, 53ff, 64, 77, 119, 123, 148, 184, 190, 208, 228, 421, 424, 429
Referenzobjekt 342
Referenzparameter 119
Referenztyp 76, 111, 115
Referenzvariable 119
reflection-Klasse 179
Registerkarten-Panel 288
Registrierungsdienst 31
Rekursion 173f, 183
Rekursionsschritt 174
Remote 357ff
remote method invocation 31, 357ff, 374, 407, 426
remote procedure call 357
RemoteObject 358ff
RemoteServer 359f
Ressourcenzuteilung 336
ResultSet 366, 371ff
ResultSetMetaData 366, 379ff
return (Schlüsselwort) 45, 88ff, 403
return-Anweisung 23, 88, 91f, 98
RMI 31, 357ff, 374, 407, 426
RMI-Aktivierungssystem 31
RMI-API 357
RMI-Client 358
RMI-Compiler 31, 361
rmiregistry 31, 358, 361
RMI-Registry 407
RMI-Server 358, 407
Robustheit und Sicherheit 27
RPC 357
RTF 37, 280
RTF-Editor 408
Rückwärts-Schrägstrich 47
Runnable 1367, 303, 327ff, 335f

Runtime 165ff

S
sandbox 27, 212ff, 430
Schedulingmechanismus 336f, 426
Schleifenanweisung 83ff
Schleifenausdruck 99
Schleifenausführung 84, 90
Schleifenbedingung 46, 84
Schleifenfortsetzungspunkt 90
Schleifenrumpf 45, 64, 83ff
Schleifentypen 83ff
Schleifenunterbrechung 90
Schleifenvariable 64, 172
Schlüsselspeicher 217f
Schlüsselwörter 44ff
Schnittstelle 134ff, 430
Schnittstellen, Verwendung 136
Schnittstellendeklaration 45, 63, 134
Schnittstellenrumpf 134
Schnittstellentyp 111, 136
Scrollbar 247, 260, 267ff
ScrollPane 245ff, 260
security manager 215f
SecurityManager 162
SELECT-Statement 381, 383
Separator 23f, 43f, 48f, 392, 399, 405, 430
SequenceInputStream 232ff
Serialisierbarkeit 141, 238
Serialisierung 46, 115, 227, 237ff, 324, 428, 430
Serializable 137
Serifen 319
Server 344ff, 430
ServerSocket 351ff
Servlet 28, 30
Set 187
Shape 311, 315ff
short (Schlüsselwort) 45, 54f, 400
Short (Hüllenklasse) 153f
Shortcut 272
short-Komponente 60
Sicherheit 211ff
Sicherheitsarchitektur 207, 215ff, 390

Sicherheitslösungen, flexible 216
Sicherheitsstrategien 219
Sicherheitswerkzeuge, kryptographische 216ff
Sichtbarkeit 430
Sichtbarkeitsebene 125
Sichtbarkeitsmodifikator 125
Skriptsprache 391, 432
Skriptsprache, objekt-basierte 391
SmallTalk 14, 19, 429
Socket 344, 351ff, 430
Socketprogrammierung 353ff
Socketverbindung 215, 221, 351ff
Solaris 336, 343
SortedMap 187
SortedSet 187
Sortieren 190ff
Spaltenbeschreibung 383
Spaltentyp 381
Spaltenwert 378
Spaltenzahl 251, 324, 382
Speicherallokation 167, 216
Speicherbereinigung 34, 162, 166, 207
Speicherung, persistente 46, 137, 141, 237f, 389, 427f
Speicherverwaltung 25f
Spezialisierung 100ff, 115ff, 430
Spezifikationsformat 350
Spider 363
Splitviewer 287
Sprachmerkmale 22ff
Sprunganweisung 88ff
SQL 367ff, 431
SQL-Schlüsselwörter 380
Stack 30, 187, 196, 208
Standard-Ausgabestrom 161, 229
Standard-Dialogfenster 280
Standard-Fehlerausgabe 162, 165
Standard-Konstruktor 120ff, 148
Standard-Sicherheitsumgebung 273

Standard-Zeichenmethoden 297
Statement 366, 375, 369ff, 419
static (Schlüsselwort) 45, 126ff, 401
Stellregler 280, 286
Steuerfenster 269
stored procedure 374ff
StreamTokenizer 62, 153, 191ff, 203, 229, 241
String 149ff
String-Array 161, 192, 290
StringBuffer 33, 91, 97, 121, 149, 152, 156, 159, 210, 236, 384
String-Literal 401
String-Methoden 151
String-Objekt 74f, 150, 179, 184f, 226, 272
String-Operationen 380
String-Parameter 95
String-Repräsentation 142ff, 148
StringSelection 273, 275
StringTokenizer 149, 152f, 169, 229
String-Variable 55f
String-Vergleich 150
String-Verkettung 74, 152
Stroke 310, 316ff
Strom 431
Stromzerleger 192f, 203
structured query language 367ff, 431
Struktur, lexikalische 43ff
Subfenster 246, 278, 280, 283, 324
Subklasse 111, 139f, 132, 245, 268, 326
Substring 150ff
Subsystem 110, 212
Subtraktionsoperator 50
Subtyp 102, 359f
Suchen 190ff
Sun 5, 14, 28, 30, 40, 52, 167, 168, 207, 211, 217f, 266, 277, 323, 336, 369, 417
SunSoft 415
super (Schlüsselwort) 45, 117f, 120ff, 402f

Swing 242f, 277ff, 323, 417
Swing-Element 278ff, 285, 292
Swing-Fenster 280, 283
Swing-Klasse 279, 323, 324, 387
Swing-Paket 30, 124, 277ff
Swing-Panel 287
Swing-Tabelle 278, 289
switch (Schlüsselwort) 45, 81ff, 402
SyBase 365
Sychronisationsanweisung 79
sychronized (Schlüsselwort) 45, 338ff, 401
Symantec 40
Symbol 107, 398
Synchronisation 28, 116, 163, 303, 338, 341f, 390
Synchronisationsfehler 342
Synchronisationsmechanismus 338
System 161ff
SystemColor 294
Systemfunktionen 161ff
Systemkoordinatensystem 310, 312

T

Tastaturaktion 281
Tastaturbelegung 40
Tastaturcode 259
Tastaturdruck 257
Tastaturereignis 258f, 282, 385
Tastaturkombination 281
Tastaturkürzel 271ff
Tastatur-Shortcut 242
Tastaturunterstützung 281
TCP 344ff, 351, 423, 431
TCP/IP 344ff, 423
Teil-Ganzes-Beziehung 103, 418
TEX 282
TextArea 247, 260, 267ff
Textausgabe 319f
Texteingabefeld 247, 249, 280
TextField 247, 252ff, 267ff, 279
TextListener 261
TexturePaint 317f
Theorembeweiser 27

this (Schlüsselwort) 45, 67f,
116f, 120ff, 402f
this-Zeiger 46, 68, 71, 116f,
120f, 142f, 198, 209f, 401f
Thread 28, 35, 45, 46, 116,
168, 325ff, 336, 338, 431
Threadgruppe 333, 338, 343
Threadnummer 340
Threadpriorität 336
Threadsteuerung 337
Threadsynchronisation 339
throw (Schlüsselwort) 45, 92ff,
403
throws (Schlüsselwort) 45,
92ff, 403
throws-Anweisung 88, 97
Timestamp 300, 366, 373
Token 44, 152f, 193, 203f,
229, 405
Toolkit 242, 273ff, 323
Tooltips 281ff
Top-Level-Fenster 246
Top-Level-Klasse 129, 133
Transaktion 374ff, 431
Transaktionsdauer 339
Transferable 272ff
Transformation, affine 311,
321
Transformationsoperation 313f
transient (Schlüsselwort) 45,
115, 239, 401
transmission control protocol
344ff, 351, 423, 431
Transparenz 317f
Transparenzwert 318
Traversierung (eines Baums)
178ff
Traversierungsreihenfolge 181
TreeMap 187
TreeSet 187
Trennzeichen 48ff
try (Schlüsselwort) 45, 92ff,
403
try-Block 93f
Typdeklaration 50ff
Typhierarchie 432
Typimport 51ff, 98
Typisierung 53ff, 432, 138
Typkonversion 57f, 149, 432
Typname 51f, 72

Typprüfung 27, 75f, 138, 391
Typsicherheit 207
Typsuffix 46
Typumwandlung 54ff, 73, 76,
153, 207, 401, 432

U
Überladen 72, 74, 115, 118,
138, 432
Überschreiben 27, 118, 432
UDP 344
UI-Klasse 278, 292
UIManager 291f
UML 100ff, 168
UML-Diagramm 104ff
UML-Notation 105ff
UML-Schema 102, 168
Umriß 315f
UND, bitweises/Boolesches 50
UND, logisches 50
UND-Verknüpfung 23
Ungleichheitsprüfung 50
UnicastRemoteObject 359, 360
UNICODE 44, 47f
UNICODE-Alphabet 48
UNICODE-Zeichen 44, 47f, 56
UNICODE-Zeichenstrom 44
UNICODE-Zeichentabelle 44
uniform ressource locator 29,
34, 347ff, 433
UNIX 31
Unterklasse 100ff, 111ff, 433
Unterklassenbildung 45, 341,
433
untrusted applet 213, 215, 390
UPDATE-Operation 379
URL 29, 34, 37, 95, 157ff,
219, 309, 347ff, 380, 393,
433
URLConnection 350
URL-Format 361, 369
URL-Liste 350
URL-Syntax 358

V
Variable 16, 22, 23, 33, 35,
36ff, 45f, 56ff, 73, 86, 91f,
111ff, 131ff, 151, 174f, 208f,
214, 310, 326, 422, 427ff,
433

Variablenbezeichner 115
Variablendeklarationsliste 24
Variablenmodifikator 115
Vector 51, 181ff, 233, 348, 349
Vererbbarkeit 116
Vererbung 123ff
Vergleich, konditionaler 79
Verifikation 27, 214, 216
VeriSign 218
Verschieben, bitweises 50
Versionsinformation, -
verwaltung 38, 40
Viewport 282
virtuelle Java-Maschine 207ff,
433
void (Schlüsselwort) 45, 69,
88, 117, 401
volatile (Schlüsselwort) 45,
115, 326, 401
vollqualifizierter Name, Klas-
senbezeichner 62, 185, 214,
365, 396
Von-Neumann-Paradigma 325

W
Wagenrücklauf 44, 47, 400
Warteschlange 196ff
WeakHashMap 187
Web-Browser 27f, 323, 419,
423, 429, 433
Web-Server 28
Werteart 171
Wertebelegung 60, 421
Werteberechnung 69
Wertebereich 57, 334, 367,
420, 432
Werteliste 60
Werteliteral 44, 59, 69
Wertetupel 364
Werteübertragung 78
Werteveränderung 338
Wertevergleich 75
Wertezuweisung 68
Wertinkonsistenz 195, 338
while (Schlüsselwort) 45, 83ff,
403
while-Schleife 83ff
Window 245ff, 260
WindowAdapter 269, 270

WindowListener 261, 273, 276, 297, 300ff, 329, 354
Windows 31, 167, 274, 285, 291, 292, 336, 367
Windows-Explorer 287
Windows-Plattform 31
Windows-Systemsteuerung 377
Windows-Terminologie 311
World Wide Web 5, 13, 14, 27, 31, 149, 391, 433
Wrapper-Klasse 153, 192
WWW 5, 13, 14, 27, 31, 149, 391
WWW-Applet 155
WWW-Skriptsprache 388

X
XML 37, 421
XOR, bitweises/Boolesches 50, 406

Z
Zählervariable 61, 84ff, 88
Zeichenausgabestrom 227
Zeichen-Datentyp 23, 44, 53, 54
Zeicheneingabestrom 225f, 348
Zeichenkettenliteral 47f, 150, 209
Zeichenkettenverarbeitung 149ff
Zeichenkodierung 34, 43
Zeichenlesestrom 233
Zeichenliteral 47
Zeichentyp 56f
Zeiger 14, 24, 45, 46, 111, 118, 366
Zeiger-Datentyp 14, 24, 27, 111, 179
Zeilenbegrenzer 47
Zellenadressierung 324

Zellenbereich 290
Ziel-URL 358
ZIP-Datei 33f, 241
ZIP-Format 226
Zufallszahlengenerator 195
Zugangskontrolliste 407
Zugangsmodifikator 125, 138, 209, 422, 434
Zugriffskontrolle 125ff, 433
Zugriffsrecht 216, 219ff, 407
Zuweisung, rechtsassoziative 73
Zuweisungsoperator 50
Zweierkomplementdarstellung 54
Zwischenablage 271ff
zyklenfreier Graph 176